ELEMENTE DER MATHEMATIK

THÜRINGEN

8. Schuljahr

Herausgegeben von

Heinz Griesel

Helmut Postel

Friedrich Suhr

Werner Ladenthin

Schroedel

ELEMENTE DER MATHEMATIK 8
Thüringen

Herausgegeben von
Prof. Dr. Heinz Griesel, Prof. Helmut Postel, Friedrich Suhr, Werner Ladenthin

Bearbeitet von
Christine Fiedler, Reinhard Kind, Werner Ladenthin, Prof. Dr. Matthias Ludwig,
Prof. Helmut Postel, Friedrich Suhr

Für Thüringen bearbeitet von
Christine Fiedler, Thomas Hecker

Abgestimmt auf dieses Unterrichtswerk sind umfangreiche Unterrichtsmaterialien entwickelt worden:
Band 1 Best.-Nr. 87001   Band 3 Best.-Nr. 87003
Band 2 Best.-Nr. 87002   Band 4 Best.-Nr. 87004

Zum Schülerband erscheint: Lösungen Best.-Nr. 87429
Dem Schülerband liegt eine CD-ROM „Mathematik interaktiv" bei.

© 2012 Bildungshaus Schulbuchverlage Westermann Schroedel Diesterweg Schöningh Winklers GmbH,
Georg-Westermann-Allee 66, 38104 Braunschweig
www.westermann.de

Das Werk und seine Teile sind urheberrechtlich geschützt. Jede Nutzung in anderen als den gesetzlich zugelassenen bzw. vertraglich zugestandenen Fällen bedarf der vorherigen schriftlichen Einwilligung des Verlages. Nähere Informationen zur vertraglich gestatteten Anzahl von Kopien finden Sie auf www.schulbuchkopie.de.

Für Verweise (Links) auf Internet-Adressen gilt folgender Haftungshinweis: Trotz sorgfältiger inhaltlicher Kontrolle wird die Haftung für die Inhalte der externen Seiten ausgeschlossen. Für den Inhalt dieser externen Seiten sind ausschließlich deren Betreiber verantwortlich. Sollten Sie daher auf kostenpflichtige, illegale oder anstößige Inhalte treffen, so bedauern wir dies ausdrücklich und bitten Sie, uns umgehend per E-Mail davon in Kenntnis zu setzen, damit beim Nachdruck der Verweis gelöscht wird.

Druck A^4 / Jahr 2021
Alle Drucke der Serie A sind im Unterricht parallel verwendbar.

Redaktion: Claus Peter Witt
Herstellung: Reinhard Hörner
Umschlagentwurf: Loeper & Wulf, Hannover
Illustrationen: Dietmar Griese
Zeichnungen: Günter Schlierf; Langner & Partner; Timo Leuders
Satz: Triltsch, Print und digitale Medien GmbH, Ochsenfurt
Druck und Bindung: Westermann Druck GmbH, Georg-Westermann-Allee 66, 38104 Braunschweig

ISBN 978-3-507-**87423**-7

Inhaltsverzeichnis

Zum Aufbau des Buches 5

Bleib fit im Umgang mit rationalen Zahlen 7
Bleib fit im Umgang mit Termen und Gleichungen . 9

1. Terme und Gleichungen mit Klammern 13

1.1 Auflösen einer Klammer 14
1.2 Minuszeichen vor einer Klammer –
 Subtrahieren einer Klammer 21
1.3 Ausklammern 23
1.4 Auflösen von zwei Klammern
 in einem Produkt 26
1.5 Binomische Formeln   Zum Selbstlernen.... 29
1.6 Faktorisieren einer Summe 32
1.7 Vermischte Übungen 34
 Im Blickpunkt: Pascal`sches Dreieck –
 Potenzieren von Summen 36
1.8 Mischungsaufgaben 38
1.9 Formeln – Gleichungen mit Parametern ... 40
1.10 Gleichungen vom Typ $T_1 \cdot T_2 = 0$ 43
1.11 Lösen von Ungleichungen durch Umformen .. 45
1.12 Bruchterme 49
1.13 Aufgaben zur Vertiefung 51
Bist du fit? 52

2. Quadratwurzeln – Reelle Zahlen 53

2.1 Quadratwurzeln 54
 Im Blickpunkt: Schnelle Berechnung
 von Wurzeln mit dem Heronverfahren 65
2.2 Reelle Zahlen 67
2.3 Zusammenhang zwischen Radizieren
 und Quadrieren 69
2.4 Rechenregeln für Quadratwurzeln
 und ihre Anwendung 73
2.5 Umformen von Wurzeltermen
 Zum Selbstlernen..................... 78
2.6 Überblick über die reellen Zahlen......... 80
2.7 Kubikwurzeln 83
2.8 Aufgaben zur Vertiefung 85
 Im Blickpunkt: Wie viele rationale
 und irrationale Zahlen gibt es? 86
Bist du fit? 88

Bleib fit im Umgang mit Prozenten........... 89

3. Satz des Thales – Satz des Pythagoras 91

3.1 Satz des Thales 92
 Im Blickpunkt: Thales von Milet 96
3.2 Satz des Pythagoras 97
3.3 Berechnen von Streckenlängen 102
3.4 Umkehren des Satzes des Pythagoras 110
Bist du fit? 112

Bleibt fit im Umgang mit dem Dreisatz......... 113

4. Lineare Funktionen 115

4.1 Funktionen als eindeutige Zuordnungen...... 116
 Im Blickpunkt: Graphen zeichnen
 mit Computer und GTR 123
4.2 Proportionale Funktionen 125
4.3 Lineare Funktionen und ihre Graphen 135
4.4 Orthogonalität von Geraden 142
4.5 Nullstellen linearer Funktionen –
 Grafische Deutung des Lösens linearer
 Gleichungen   Zum Selbstlernen 143
 Auf den Punkt gebracht:
 Mathematisches Problemlösen.......... 147
4.6 Bestimmen von Gleichungen
 linearer Funktionen 149
 Im Blickpunkt: Regressionsgeraden
 durch Punktwolken 151
4.7 Vermischte Übungen................... 153
4.8 Aufgaben zur Vertiefung 155
Bist du fit? 156

Bleib fit im Umgang mit Zufallsexperimenten 157

5. Daten und Zufall 159

5.1 Zweistufige Zufallsexperimente –
 Baumdiagramme 160
5.2 Pfadregeln 166
5.3 Aufgaben zur Vertiefung 173
 Im Blickpunkt: Klassische Probleme aus der
 Geschichte der Warheinlichkeitsberechnung .. 174
Bist du fit? 176

Bleib fit im Umgang mit Flächen- und
Volumenberechnungen..................... 177

6.	**Berechnungen an Körpern**	181
6.1	Prismen	182
6.2	Zylinder	196
	Auf den Punkt gebracht: Modellieren.	204
6.3	Pyramiden	206
6.4	Kegel	213
6.5	Kugel – Volumen und Oberflächeninhalt **Zum Selbstlernen**	219
	Im Blickpunkt: Dreitafelprojektion	222
6.6	Aufgaben zur Vertiefung	224
Bist du fit?		225

Projekte

Funktionen – Messen und Darstellen 226
Pythagoras 228

Teste dich – Vermischte Übungen 230

Anhang

Lösungen zu Bist du fit? 236
Lösungen zu Teste dich – Vermischte Übungen 241
Verzeichnis mathematischer Symbole 246
Stichwortverzeichnis 247
Bildquellenverzeichnis 248

Symbole

 Dieser Arbeitsauftrag ist für die Bearbeitung in Partnerarbeit konzipiert.

 Dieser Arbeitsauftrag ist für die Bearbeitung durch eine Gruppe aus mehreren Schüler(innen) konzipiert.

5. Rote Aufgabennummern kennzeichnen Aufgaben, die die Selbstständigkeit und Problemlösefähigkeit der Schülerinnen und Schüler in besonderer Weise herausfordern.

7. Blaue Aufgabennummern (und Überschriften) kennzeichnen Zusatzstoffe.

DGS Hier bietet sich der Einsatz eines dynamischen Geometrie-Systems an.

TAB Hier bietet sich der Einsatz eines Tabellenkalkulations-Programmes an.

CAS Hier bietet sich der Einsatz eines Computer-Algebra-Systems an.

GTR Hier bietet sich der Einsatz eines grafikfähigen Taschenrechners bzw. eines Programms zum Darstellen von Funktionsgraphen an.

A In den Einheiten zum Selbstlernen kennzeichnet dieses Symbol einen Auftrag.

Zur allgemeinen Zielsetzung

Elemente der Mathematik ist auf der Basis des Lehrplans für das Gymnasium in Thüringen konzipiert. Die zentralen Kompetenzen, die die Schülerinnen und Schüler erwerben sollen, werden deutlich herausgestellt, aber auch vielfältige Erweiterungsmöglichkeiten für thematische Profilbildungen angegeben.

Bei der Darstellung der Lerninhalte werden im Rahmen der **inhaltsbezogenen Kompetenzen** alle Aspekte von Mathematik (als Anwendung, als Struktur sowie als kreatives und intellektuelles Handlungsfeld) ausgewogen berücksichtigt. Insbesondere wurden auch Ergebnisse und Schlussfolgerungen aus der TIMS- und der PISA-Studie angemessen eingearbeitet. Zum Erwerb der **Lernkompetenzen** ermöglicht **Elemente der Mathematik** eine breite Palette unterschiedlichster schülerorientierter Unterrichtsformen: Beim gemeinsamen Entdecken, Erforschen, Beschreiben und Erklären erfahren die Schüler, dass nicht nur die Lösung eines Problems, sondern auch der Lösungsweg wichtig ist und dass dabei insbesondere die Analyse von Fehlern hilfreich ist. Argumentieren, Kommunizieren, Problemlösen und Modellieren gelangen so in den Vordergrund des unterrichtlichen Geschehens. Stets werden den Unterrichtenden konkrete Hilfen an die Hand gegeben, um solche problem- und handlungsorientierte Lernsituationen zu schaffen, in denen die Schüler und Schülerinnen ihr mathematisches Wissen möglichst eigenständig entwickeln und strukturieren können.

Zu den Lerninhalten

Aus den im Lehrplan angegebenen inhaltsbezogenen und allgemeinen mathematischen Kompetenzen, die am Ende der 8. Klasse erworben sein sollen, wurde folgende Themenabfolge für den Unterricht in Klasse 8 entwickelt:

Kapitel 1: Terme und Gleichungen mit Klammern – Lernbereich „Arithmetik/Algebra"
Dieses Kapitel behandelt Terme mit einer und mehreren Variablen mit Klammern. Einen hohen Stellenwert nimmt das Aufstellen von Termen zur Beschreibung von Sachsituationen ein. Die erarbeiteten Termumformungsregeln werden stets auch geometrisch verdeutlicht. An geeigneten Stellen werden Möglichkeiten zur Verwendung von grafikfähigen Taschenrechnern, Tabellenkalkulation und Computer-Algebra-Systemen aufgezeigt.

Kapitel 2: Quadratwurzeln – Reelle Zahlen – Leitidee „Arithmetik/Algebra"
Am Problem der Bestimmung der Seitenlänge eines Quadrates mit vorgegebenem Flächeninhalt erfahren die Schüler die Unvollständigkeit der rationalen Zahlen; hier wird die Notwendigkeit einer erneuten Zahlbereichserweiterung deutlich. Für Quadratwurzeln werden iterativ Näherungswerte bestimmt und Regeln für Termumformungen mit ihnen erarbeitet. Auch Kubikwurzeln werden behandelt.

Kapitel 3: Satz des Thales – Satz des Pythagoras – Lernbereich „Geometrie"
Behandelt werden Sätze zu rechtwinkligen Dreiecken. Der Satz des Pythagoras wird aus einem Berechnungsproblem gewonnen und mithilfe eines Zerlegungsbeweises begründet. Im Vordergrund stehen die vielfältigen Anwendungen in ebenen und räumlichen Figuren. Das Umkehren dieser Sätze wird thematisiert.

Kapitel 4: Lineare Funktionen – Lernbereich „Funktionen"
Nach einer allgemeinen Beschreibung funktionaler Abhängigkeiten durch Vorschriften, Gleichungen, Terme, Tabellen und Graphen werden proportionale und lineare Funktionen systematisch behandelt. Dabei wird Wert gelegt auf die Behandlung realitätsnaher Fragestellungen; dabei werden durchgängig an geeigneten Stellen Möglichkeiten zum Einsatz eines grafikfähigen Taschenrechners aufgezeigt.

Kapitel 5: Daten und Zufall – Lernbereich „Stochastik"
Als Hilfsmittel zur Darstellung zweistufiger Zufallsexperimente wird zunächst das Baumdiagramm eingeführt und dann bei der Berechnung von Wahrscheinlichkeiten mithilfe der Pfadregeln eingesetzt.

Kapitel 6: Berechnungen an Körpern – Lernbereich „Geometrie"
Ausgehend von Prismen werden Zylinder, Pyramiden und Kegel zeichnerisch mit Schrägbild, Zweitafelbild und Netz dargestellt. Ausgehend von Anwendungen werden Oberflächeninhalt und Volumen berechnet.

Zum methodischen Aufbau

1. Jedes Kapitel beginnt mit einer Einstiegsseite, die an die Erfahrungen der Schüler(innen) anknüpft und erste Aktivitäten zur Thematik ermöglicht. Diese Seite eignet sich für einen offenen Einstieg und gibt einen Ausblick auf das Thema des Kapitels.

2. Die folgenden Lerneinheiten bieten eine Möglichkeit zur systematischen Behandlung der Kapitelinhalte – je nach Vorgehen in der Lerngruppe können Teile davon auch in die Bearbeitung der Lernfelder integriert werden.

    Jede Lerneinheit beginnt mit einem offenen **Einstieg** (ohne Lösung im Buch), der die Schülerinnen und Schüler zu einer eigenständigen Problembearbeitung und -lösung anregt. Es kann sich eine **Aufgabe** mit **Lösung** oder eine **Einführung** anschließen, die alternativ oder ergänzend die Thematik bearbeiten. Durch ihre sorgfältige, schülergerechte Darstellung eignen sie sich sowohl zum eigenständigen Erarbeiten als auch zum Herausstellen von Problemlösestrategien. Der übersichtlichen Darstellung wegen folgen hier schon **weiterführende Aufgaben**, die im Unterricht in aller Regel erst nach einer erfolgten Festigung der zuerst behandelten Inhalte an einigen Übungsaufgaben thematisiert werden sollten. Sie dienen der Abrundung und Weiterführung der Theorie. Ihr Thema wird den Unterrichtenden in einer Überschrift genannt. In aller Regel sollten weiterführende Aufgaben im Unterricht bearbeitet werden und nicht als Hausaufgaben gestellt werden.

    Die im Lernprozess erarbeiteten Ergebnisse werden häufig in einer **Information** zusammengefasst. In ihr werden auch Begriffe eingeführt und Ausblicke gegeben. Wesentliche Inhalte werden dabei optisch deutlich in einem Kasten mit einem roten Rahmen hervorgehoben. Hier wird großer Wert gelegt auf prägnante, altersgemäße Formulierungen, die auch beispielgebunden sein können.

    Die folgenden Übungsaufgaben sind unter besonderer Berücksichtigung des Erwerbs sowohl inhaltsbezogener als auch prozessbezogener Kompetenzen konzipiert worden. Sie dienen zur Festigung des Gelernten, der operativen Durcharbeitung und der Vernetzung der Lerninhalte mit denen früherer Themen; dabei sind überall offene Aufgaben integriert. Zur soliden Durcharbeitung wird konsequent das Analysieren typischer Schülerfehler und entsprechendes Argumentieren gefordert. Auch die Übungsaufgaben ermöglichen Unterricht in vielfältigen schülerbezogenen Aktivitäten, bis hin zu **Partnerarbeit** und **Teamarbeit** sowie **Spielen**.

    Einige Aufgaben enthalten in einem blauen Rahmen Musterbeispiele für Schreibweisen und Lösungswege. Manche Aufgaben enthalten Selbstkontroll-Möglichkeiten für Schülerinnen und Schüler. Aufgaben, die die Selbstständigkeit und Problemlösefähigkeit in besonderer Weise herausfordern, sind durch eine rote Aufgabennummer gekennzeichnet.

3. Abschnitte mit der Überschrift **Vermischte Übungen** finden sich an den Stellen eines Kapitels, an denen eine besonders starke Vermischung der bisher erworbenen Qualifikationen angebracht ist.

4. Am Kapitel-Ende folgt dann der Abschnitt **Aufgaben zur Vertiefung**, der neben einer Vernetzung auch eine Ergänzung des Lehrstoffes auf einem erhöhten Niveau zum Ziel hat.

5. Den Abschluss eines jeden Kapitels bildet der Abschnitt **Bist du fit?**, in dem in besonderer Weise die erworbenen Grundqualifikationen getestet werden. Die Lösungen dieser Aufgaben sind im Anhang des Buches angegeben, sodass sie von den Schülerinnen und Schülern gut zum eigenständigen Üben für eine Klassenarbeit verwendet werden können.

6. Unter der Überschrift **Im Blickpunkt** werden innermathematische, aber insbesondere auch fachübergreifende, komplexere Themen, die von besonderem Interesse sind und in engem Zusammenhang mit dem Lerninhalt des Kapitels stehen, als Ganzes behandelt. Diese Abschnitte eignen sich auch zur Differenzierung und Förderung von eigenständigen Schüleraktivitäten über einen etwas größeren Zeitraum.

7. Um Schüler und Schülerinnen im eigenständigen Erarbeiten mathematischer Themen zu schulen, enthält jedes Kapitel eine Lerneinheit **Zum Selbstlernen**, in der das Thema so aufbereitet ist, dass es von den Lernenden ganz selbstständig bearbeitet werden kann.

8. An geeigneten Stellen werden unter der Überschrift **Auf den Punkt gebracht** die für diese Klassenstufe vorgesehenen prozessbezogenen Kompetenzen akzentuiert zusammengefasst.

9. Der Abschnitt **Teste dich – Vermischte Übungen** enthält Übungen, die sich auch auf Themen früherer Schuljahre beziehen. Sie sind besonders geeignet für die eigenständige Vorbereitung der Schüler(innen) auf Abschlussarbeiten. Daher sind ihre Lösungen im Anhang angegeben.

10. Am Ende des Buches befindet sich ein Vorschlag für **Projekte**. Diese können zu verschiedenen Zeitpunkten im Unterricht eingesetzt werden und ermöglichen auch einen offenen Einstieg in das entsprechende Kapitel. Die hier vorgestellten Projekte sind für die eigenständige Arbeit der Schüler mehrfach erprobt und erfahren zudem eine Unterstützung mit Zusatzmaterialien, die kostenlos über das Internet abgerufen werden können (www.elemente-der-mathematik.de).

11. Für offenere Unterrichtseinstiege in größere Unterrichtseinheiten werden im Internet **Lernfelder** angeboten:
    In unterschiedlichen Problemsituationen können die Schülerinnen und Schüler zentrale Inhalte und Verfahren auf eigenen Lernwegen durch Anknüpfen an Alltags- und Vorerfahrungen selbstständig und häufig handlungsorientiert entdecken. Der Aufbau eigener Vorstellungen und die Bearbeitung einer Vielfalt von Lösungsansätzen wird gefördert durch die Anregung, diese Lernfelder in der Regel in Partner- und Gruppenarbeit zu bearbeiten. Der Austausch über das Problem mit dem Partner bzw. in der Gruppe sowie der Bericht über die Erfahrungen in der ganzen Klasse fördern insbesondere prozessbezogene Kompetenzen wie Problemlösungen sowie Argumentieren und Kommunizieren.

Bleib fit im... Umgang mit den rationalen Zahlen

Zum Aufwärmen

1. *Peters Geldgeschichten*

   a) (1) Peter führt den Hund von Frau Meier regelmäßig spazieren. Dafür bekommt er 20 € im Monat. Frau Meier hat für Juli bis Dezember im Voraus bezahlt:
   $(+20\ €) + (+20\ €) + (+20\ €) + (+20\ €) + (+20\ €) + (+20\ €)$.
   Wie berechnet man diese Summe durch Multiplizieren?

   (2) Am 30. September ist Frau Meier nach Mallorca geflogen, mit ihrem Hund! Peter muss leider drei Bezahlungen rückgängig machen:
   $(+20\ €) + (+20\ €) + (+20\ €) + (+20\ €) + (+20\ €) + (+20\ €) - (+20\ €) - (+20\ €) - (+20\ €)$.
   Welches Produkt kann er anstelle der roten Änderung addieren?

   b) (1) Für das Mittagessen in der Schule hat er fünfmal 3,50 € im Voraus ausgegeben:
   $(-3,50\ €) + (-3,50\ €) + (-3,50\ €) + (-3,50\ €) + (-3,50\ €)$.
   Wie addiert man negative rationale Zahlen?
   Wie kann man diese Änderung durch Multiplizieren berechnen?

   (2) Übersehen wurden am Donnerstag die Bundesjugendspiele und am Freitag ein Feiertag. Da kann er glücklicherweise zwei der Ausgaben für das Mittagessen in der Schule wieder rückgängig machen:
   $(-3,50\ €) + (-3,50\ €) + (-3,50\ €) + (-3,50\ €) + (-3,50\ €) - (-3,50\ €) - (-3,50\ €)$.
   Wie subtrahiert man negative rationale Zahlen?
   Welches Produkt kann man anstelle der roten Änderung addieren?

   c) Wie ändert sich sein Geldvorrat insgesamt? Erkläre mithilfe der Teilaufgaben a) und b), wie man rationale Zahlen (mit positiven und negativen Vorzeichen) multipliziert.

Zum Erinnern

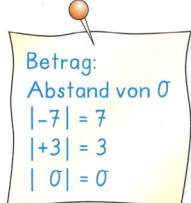

Betrag:
Abstand von 0
$|-7| = 7$
$|+3| = 3$
$|\ 0\ | = 0$

(1) Addieren rationaler Zahlen

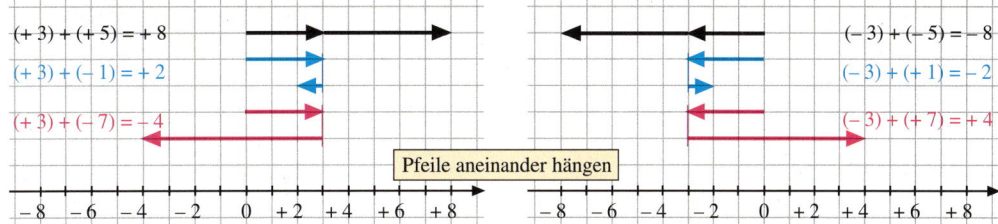

Pfeile aneinander hängen

- Zwei rationale Zahlen mit *gleichen Vorzeichen* werden addiert, indem man die Beträge addiert und das gemeinsame Vorzeichen übernimmt.
- Zwei rationale Zahlen mit *verschiedenen Vorzeichen* und *verschiedenen* Beträgen werden addiert, indem man den kleineren Betrag von dem größeren subtrahiert und das Vorzeichen beim größeren Betrag übernimmt. Bei *verschiedenen* Vorzeichen und *gleichen* Beträgen ist die Summe 0.

Die entgegengesetzte Zahl erhält man durch Ändern des Vorzeichens: −5 ist die entgegengesetzte Zahl von +5.

(2) Subtrahieren rationaler Zahlen

Eine rationale Zahl wird subtrahiert, indem man ihre entgegengesetzte Zahl addiert.

Beispiele: $(+5) - (+6) = (+5) + (-6) = -1 \qquad (+5) - (-6) = (+5) + (+6) = +11$

BLEIB FIT IM UMGANG MIT DEN RATIONALEN ZAHLEN

(3) Multiplizieren rationaler Zahlen

(a) Mit positiven Zahlen multiplizieren

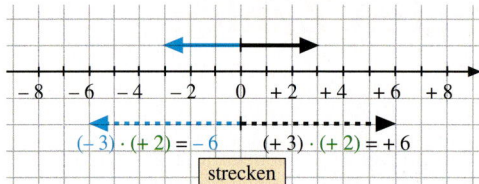

(b) Mit negativen Zahlen multiplizieren

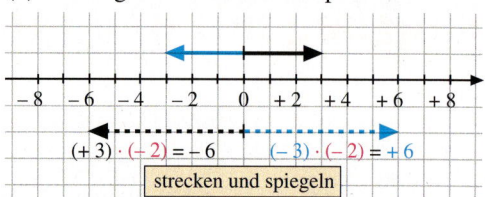

Zwei rationale Zahlen werden multipliziert, indem man ihre Beträge multipliziert und das Vorzeichen wie nebenstehend bestimmt. Außerdem gelten:

$a \cdot 0 = 0; \quad 0 \cdot a = 0.$

> plus mal plus ergibt plus
> plus mal minus ergibt minus
> minus mal plus ergibt minus
> minus mal minus ergibt plus

Den Kehrwert eines Bruches erhält man durch Vertauschen von Zähler und Nenner.

(4) Dividieren rationaler Zahlen

Durch eine rationale Zahl ungleich 0 wird dividiert, indem man mit dem Kehrwert multipliziert.

Beispiel: $(+6) : (-3) = (+6) : \left(-\frac{3}{1}\right) = (+6) \cdot \left(-\frac{1}{3}\right) = -2$

Zum Trainieren

2. a) Ordne nach der Größe: 25; −15; 5,5; $-\frac{25}{2}$; 12,1; −25,5; $-\frac{99}{4}$

b) Bilde die Beträge der Zahlen aus Teilaufgabe a) und ordne die Beträge.

3. a) Zeichne in ein Koordinatensystem die Punkte A(−4|−1); B(−1|−1); C(1|1); D(5|1); E(4|−3); F(−5|−3) und verbinde sie der Reihe nach zu einem Vieleck.

b) Addiere (−3) zu allen Koordinaten in Teilaufgabe a). Zeichne die entstehenden Punkte in einer anderen Farbe. Wie entsteht das neue Vieleck aus dem vorherigen?

Achte auf die Null!

4. a) (+12) + (−8)
(+24) + (+16)
(+8) + (−15)
(−21) + (+10)
(−17) + (+33)
(−12) + (−14)
(−117) + (+117)
(−27) + (−27)

b) (+15) − (−8)
(+17) − (+9)
(+22) − (+25)
(−19) − (+11)
(−13) − (−5)
(−24) − (−30)
(+63) − (+63)
(+25) − (−25)

c) (−5) · (+3)
(−4) · (−16)
(−5) · (+15)
(+9) · (−20)
(+11) · (−7)
(+12) · (+11)
0 · (−17)
(−8) · (+8)

d) (−30) : (+6)
(−21) : (−7)
(−24) : (+12)
(+39) : (+3)
(+48) : (−4)
0 : (8 + (−8))
0 : (−50)
(−12) : 0

5. a) (−100 + 8) · 0,5
−7,5 : (−5) − 3,5 : (−5)
−0,3 − 0,8 · (−2)

b) −25 − 30 − 5
(−5) · (−6) · (−2)
100 : (−2) : (−2)

c) $(-2)^4 - 24$
$-6 + (-4)^3$
$(5 - 10)^2$

d) $\left(-\frac{2}{5}\right) \cdot \left(-\frac{1}{3}\right)$
$\left(-\frac{2}{5}\right) + (-0,5)$
$\left(-\frac{1}{4}\right) : \left(+\frac{1}{2}\right)$

6. Mit drei Zahlen aus dem Korb kann man Aufgaben bilden, bei denen das Ergebnis zwischen −20 und −10 liegt. Finde mehrere solche Aufgaben.

7. a) Gib einen einzigen Term an, mit dem man das Rückgeld berechnen kann.

b) Wie viel sollte man dem Kassierer geben, damit er einen glatten Betrag zurückgeben kann?

c) Wie ändert sich das Rückgeld, wenn man noch zusätzlich eine Schokolade für 1,50 € kauft?

d) Wie ändert sich das Rückgeld, wenn man noch weitere Flaschen mit 2 € Pfand abgibt?

```
Einkaufsparadies
   Eldorado
Obst/Gemüse       3,45
Speisequark       0,55
Vollmilch 3,5%    0,59
Eier Freilandh.   1,79
Mort. m.
Pistazien         0,98
Summe EUR         7,36*
Pfand            −1,50
Summe EUR         5,86*
Gegeben Bar      20,00
Rückgeld EUR     14,14
```

Bleib fit im...
Umgang mit Termen und Gleichungen

Zum Aufwärmen

1. Das Kantenmodell rechts soll in verschiedenen Größen hergestellt werden.

   a) Zum Bestimmen des Materialbedarfs wurden folgende Terme aufgestellt. Erläutere sie
   (1) $4x + 12x + 4x + 12x + 4x$
   (2) $2 \cdot 4x + 2 \cdot 12x + 4x$

   b) Ermittle einen möglichst einfachen Term für den Materialbedarf.

   c) Bestimme den Materialbedarf für eine Kantenlänge $x = 5$ (gemessen in cm).

2. Verdreifacht man eine Zahl und addiert anschließend 10, so erhält man 4. Um welche Zahl handelt es sich?

3. Rechts wurde die Gleichung $5x + 1 = 3x + 7$ mit unbekannten Gewichtsstücken und Einheitsgewichtsstücken an einer Waage veranschaulicht.
   Überlege anhand der Waage ein Vorgehen zum Lösen der Gleichung. Notiere für jeden Schritt eine Gleichung.

Zum Erinnern

(1) Term

Ein Term liefert eine Rechenvorschrift; diese kann auch Variablen enthalten. Durch Einsetzen von rationalen Zahlen für die Variablen erhält man den Wert des Terms.

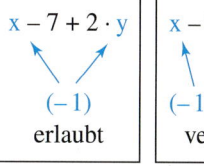
erlaubt

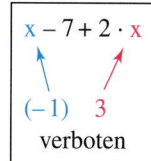
verboten

Kommt in einem Term eine Variable mehrmals vor, dann muss für diese Variable überall dieselbe Zahl eingesetzt werden.
Bei verschiedenen Variablen darf auch dieselbe Zahl eingesetzt werden.

Zwei Terme heißen *wertgleich*, wenn sich bei *jeder* beliebigen Einsetzung übereinstimmende Werte ergeben.
Bei einer **Termumformung** wird ein Term in einen anders aufgebauten, aber wertgleichen Term umgeformt. Man verbindet die beiden wertgleichen Terme durch ein Gleichheitszeichen.

> **Vorrangregeln für die Berechnung von Termen**
> (1) Wenn nichts anderes geregelt ist, rechnet man von links nach rechts.
> (2) Das Innere einer Klammer wird zuerst berechnet.
> (3) Wo keine Klammer steht, geht Punktrechnung vor Strichrechnung und Potenzrechnung noch vor Punktrechnung und vor Strichrechnung.

(2) Zusammenfassen gleichartiger Glieder

Die Terme $4ab^2$ und $-3ab^2$ unterscheiden sich nur in den *Zahlfaktoren* (*Koeffizienten*); man nennt sie **gleichartig**. $7x^2y$ und $4xy^2$ sind dagegen nicht gleichartig.

Man addiert (subtrahiert) gleichartige Glieder, indem man die Zahlfaktoren (Koeffizienten) addiert (subtrahiert).

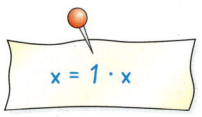

Beispiele:

(1) $7a + 5a$
    $= 12a$

(2) $8x - x$ *Zahlfaktor 1 denken*
    $= 7x$

(3) $-5xy^2 + 3xy^2$
    $= -2xy^2$

(4) $2x - x^3 + 10x$
    $= 2x + 10x - x^3$
    $= 12x - x^3$

Aufeinander folgende Additions- und auch Subtraktionsschritte darf man beliebig vertauschen.

(3) Multiplizieren und Dividieren eines Produkts

Man multipliziert ein Produkt mit einer Zahl, indem man *nur einen* Faktor mit der Zahl multipliziert.

Man dividiert ein Produkt durch eine Zahl, indem man *nur einen* Faktor durch die Zahl dividiert.

Beispiele:
$6 \cdot (7x^2w) = (6 \cdot 7) \cdot x^2w = 42x^2w$
$(63u^2y) : 9 = (63 : 9) \cdot u^2y = 7u^2y$

(4) Lösung einer Gleichung

Eine Zahl ist **Lösung** einer Gleichung oder Ungleichung, wenn die Zahl die Gleichung bzw. Ungleichung erfüllt, d.h. wenn nach dem Einsetzen der Zahl für die Variable eine wahre Aussage entsteht. Alle Lösungen einer Gleichung bzw. Ungleichung zusammengefasst ergeben deren **Lösungsmenge**.

Beispiel:

Die Zahl 4 ist Lösung der Gleichung $x^2 = 2 \cdot x + 8$, denn $4^2 = 2 \cdot 4 + 8$ ist eine wahre Aussage. Auch die Zahl (-2) ist Lösung dieser Gleichung, denn $(-2)^2 = 2 \cdot (-2) + 8$ ist ebenfalls eine wahre Aussage.
Da es keine weiteren Lösungen dieser Gleichung gibt, ist die Lösungsmenge $L = \{-2; 4\}$.

(5) Lösen einer Gleichung durch Umformen

Gleichungen heißen zueinander **äquivalent**, wenn sie dieselbe Lösungsmenge haben. Mithilfe der folgenden Regeln kann man aus einer Gleichung eine dazu äquivalente Gleichung erhalten.

Additions- und Subtraktionsregel

- Addiert oder subtrahiert man auf beiden Seiten einer Gleichung dieselbe Zahl, so ändert sich die Lösungsmenge nicht.

Multiplikations- und Divisionsregel

- Multipliziert (dividiert) man beide Seiten einer Gleichung mit derselben Zahl (durch dieselbe Zahl) ungleich 0, so ändert sich die Lösungsmenge nicht.

Bleib fit im Umgang mit Termen und Gleichungen

Strategie beim Bestimmen der Lösungsmenge einer Gleichung

Um die Variable auf einer Seite zu isolieren, geht man in folgenden Schritten vor:

(1) *Zusammenfassen* gleichartiger Glieder auf beiden Seiten der Gleichung (Anwenden von Termumformungsregeln)

(2) *Sortieren* der Summanden: mit Variable auf eine Seite, ohne Variable auf die andere Seite der Gleichung (Anwenden der Additions- und Subtraktionsregel für Gleichungen)

(3) *Isolieren* der Variablen durch Division durch deren Vorfaktor (Anwenden der Multiplikations- und Divisionsregel für Gleichungen)

Beispiel:
$4 + 2x + 6 = x + 2 + 5x$
$2x + 10 = 6x + 2$
$-4x = -8$
$x = 2$
Lösungsmenge $L = \{2\}$

Zum Trainieren

4. Berechne die Werte der Terme.
(1) $5xy - x + y + z$ (2) $5xy - x - y + z$ (3) $5xy - (x+y) - z$

a) $x = 1;\ y = 1;\ z = 2$
b) $x = 0;\ y = 5;\ z = 0$
c) $x = \frac{1}{2};\ y = \frac{2}{3};\ z = \frac{1}{6}$
d) $x = 0{,}2;\ y = 15;\ z = -2$

5. Vereinfache die Terme.

a) $9a - 12 + 0{,}5a$
b) $1{,}4ax - 1{,}5bx - 5{,}2ax$
c) $r + 7v^2 - 11r + 6r^2 - 7r$
d) $2{,}3abc - 3{,}2abc + 0{,}3abc$
e) $-\frac{3}{4}r + \frac{7}{8}u + \frac{3}{2}u$
f) $8q - 5q^2 - 7q + 3q^2$
g) $20a^2 \cdot 5b$
h) $18y^2 \cdot (-5x)$
i) $\frac{5}{14}u^2 \cdot \frac{7}{10}t$
j) $38x^2y^3 : 19$
k) $7u^2v : (-100)$
l) $45x^2z^2 : (-9)$
m) $(4x)^2$
n) $(\frac{3}{5}ab)^2$
o) $(1{,}2xyz)^2$

6. Ein Hersteller von Gesellschaftsspielen benötigt rechteckige Pappen in verschiedenen Größen.

a) Die Pappen sollen doppelt so lang wie breit sein. Stelle einen Term für die Größen, also den Flächeninhalt der Pappe auf und berechne den Flächeninhalt für Pappstücke, die 12 cm, 24 cm und 36 cm breit sind.

b) Wenn man die Pappdeckel passend einmal knickt und zusammenfaltet, entstehen Quadrate. Welchen Flächeninhalt hat ein solches Quadrat im Vergleich mit dem Ausgangsrechteck? Begründe auch am Term.

c) Im Lager werden die Pappdeckel übereinander gestapelt. Eine Pappe ist 3 mm dick. Stelle eine Formel für die Stapelhöhe von n Pappen auf. Welchen Rauminhalt hat ein Stapel von 1 000 Pappen, die die Größe aus Teilaufgabe a) haben, bzw. deren Breite x beträgt?

7. Marie hat sich einen Metallbaukasten gewünscht. Darin befinden sich Streben mit der Länge a und längere mit der Länge b. Sie hat zur Übung einen Kasten gebaut. Durch welchen Term wird die Gesamtlänge aller Streben richtig angegeben? Begründe.

(1) $10a + 8b$
(2) $2(7a + 6b)$
(3) $12b + 14a$

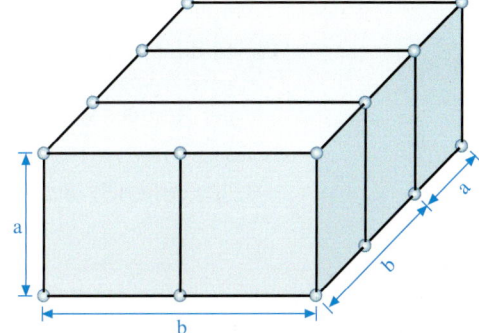

8. Bestimme die Lösungsmenge der Gleichung. Führe – falls möglich – auch eine Probe aus.

a) $-23x + 48x = 20$
b) $67y = 18y + 98$
c) $1,8x + 0,3 - 0,4x = 6,6 - 0,7x$
d) $2x + 5 = 2x + 5$
e) $13z + 7 + 19z = 10 + 22z - 3$
f) $2 + 3t - 3 - 2t - 4 + 4t = 0$
g) $0,002x - 7 = 0,001x$
h) $\frac{x}{7} + 5 = 47$
i) $5x - 5 = 7x - 3$
j) $\frac{1}{2} - x = x + \frac{1}{3}$
k) $x \cdot 10 = x \cdot 12$
l) $\frac{2}{3}x + 3 = \frac{1}{6}x - 11$

9. Löse das Zahlenrätsel mithilfe einer Gleichung.
   a) Wenn man 15 zu einer Zahl addiert, erhält man das Vierfache der gesuchten Zahl.
   b) Wenn man eine Zahl verdreifacht, dann vom Ergebnis 19 subtrahiert so erhält man 100.
   Wie heißt diese Zahl?

10. Ralf hat in einem Test die Gleichung $4x - 12 = -x$ gelöst. Nach dem Test vergleicht er sein Ergebnis mit seinen Freunden.
    Wer hat richtig gerechnet?

11. Zwei Würfel sind gemäß der folgenden Netze beschriftet. Durch Werfen der beiden Würfel kann man Gleichungen erzeugen. Welche Gleichungen haben die Lösungsmenge L = { }, welche haben L = ℚ, welche haben L = {3}?

12. Ein Rechteck hat die Länge 15 cm und einen Umfang von 40 cm. Stelle eine Gleichung für die unbekannte Breite des Rechtecks auf und löse sie.

13. Links siehst du das Logo des Deutschen Roten Kreuzes.
    a) Stelle den Umfang und den Flächeninhalt des Kreuzes mit Formeln dar.
    b) Der Umfang des Kreuzes beträgt 100 cm. Wie lang ist eine Seite? Löse mit einer Gleichung.
    c) Auf das rechteckige Blech einer Autotür (90 cm breit, 70 cm hoch) soll das rote Kreuz lackiert werden. An den Rändern soll mindestens 5 cm Platz bleiben. Berechne die maximale Fläche des Kreuzes.

14. In die rechteckige Wand einer Fabrikhalle soll ein Tor eingesetzt werden. Welche Höhe muss das Tor haben, damit der Rest der Wand und das Tor den gleichen Flächeninhalt haben?

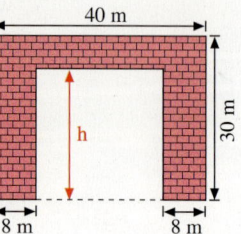

1. TERME UND GLEICHUNGEN MIT KLAMMERN

In Klasse 7 hast du das Aufstellen von Termen und das Umformen von Termen, in denen keine Klam-mern vorkommen, geübt.
Du kennst aber auch schon Formeln zur Berechnung von Größen aus der Geometrie, die von mehreren Variablen abhängen und auch Klammern enthalten können.

- Erkläre die Bedeutung der Formeln und Variablen in ihnen.
- Kannst du zu den beiden Termen mit Klammern wertgleiche Terme angeben, die keine Klammern enthalten?

In diesem Kapitel wirst du das Arbeiten mit Termen erlernen, die Klammern enthalten.

1.1 Auflösen einer Klammer

Einstieg

Familie Meier will ein Baugrundstück erwerben.

a) Berechnet dessen Größe auf verschiedenen Wegen.

b) Gebt für jeden der Wege einen vollständigen Term an, je einmal mit Zahlen und einmal mit Variablen.

c) Überprüft eure Terme, indem ihr die Werte in sie einsetzt und dann ausrechnet.

d) Versucht, aus den obigen Überlegungen eine Termumformungsregel zu erschließen.

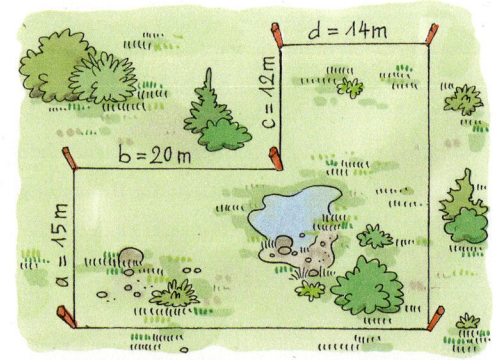

Aufgabe 1

Eine Firma verarbeitet rechteckige Stahlplatten verschiedener Größe.

a) Finde verschiedene Rechenwege für folgende Aufgaben:
  (1) Eine Platte mit den Seitenlängen $3x$ und z sowie eine Platte mit den Seitenlängen $3x$ und y sollen zusammengeschweißt werden (siehe Bild). Wie groß wird die Platte?
  (2) Von einer Platte mit den Seitenlängen $2x$ und y soll ein Streifen der Länge $2x$ und der Breite d abgeschnitten werden (siehe Bild). Wie groß ist die Platte nach dem Abschneiden?

b) Aus den verschiedenen Rechenwegen ergeben sich Regeln für Termumformungen, die geometrisch aber nur für positive Werte für die Variablen begründbar sind. Beweise mithilfe eines Rechengesetzes für rationale Zahlen, dass sie für alle rationalen Zahlen, also auch negative, gelten.

c) Forme entsprechend mithilfe eines Distributivgesetzes um:
  (1) $(-4) \cdot (3 + 2d)$ (2) $2u \cdot (2x - 3)$

Lösung

a) (1) *1. Weg:* Die entstandene Platte hat die Seitenlängen $3x$ und $y + z$, also den Flächeninhalt $3x \cdot (y + z)$.
  2. Weg: Die entstandene Platte setzt sich aus Platten mit den Flächeninhalten $3x \cdot y$ sowie $3x \cdot z$ zusammen, hat also den Flächeninhalt $3xy + 3xz$.
  Für positive Werte für die Variablen liefern beide Wege zueinander wertgleiche Terme:
  $3x(y + z) = 3xy + 3xz$

  (2) *1. Weg:* Schneidet man den Streifen ab, so hat die Platte die Seitenlängen $2x$ und $y - d$, also den Flächeninhalt $2x \cdot (y - d)$.
  2. Weg: Von der gesamten Platte mit dem Flächeninhalt $2x \cdot y$ wird ein Teilstück mit dem Flächeninhalt $2xd$ abgetrennt. Das Reststück hat also den Flächeninhalt $2xy - 2xd$.
  Für positive Werte der Variablen sind die Werte der beiden Terme offensichtlich wertgleich:
  $2x(y - d) = 2xy - 2xd$

Auflösen einer Klammer

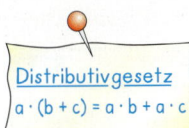
Distributivgesetz
$a \cdot (b + c) = a \cdot b + a \cdot c$

b) (1) Man kann die Termumformung
$3x(y + z) = 3xy + 3xz$
für beliebige Werte für die Variablen mit dem Distributivgesetz beweisen:

$a \cdot (b + c) = a \cdot b + a \cdot c$
$3x \cdot (y + z) = 3x \cdot y + 3x \cdot z$

(2) Entsprechend begründet man die Termumformung
$2x(y - d) = 2xy - 2xd$
mit dem Distributivgesetz für Differenzen:

$a \cdot (b - c) = a \cdot b - a \cdot c$
$2x \cdot (y - d) = 2x \cdot y - 2x \cdot d$

c) Auch hier verwenden wir das Distributivgesetz.

(1) $a \cdot (b + c) = a \cdot b + a \cdot c$
$(-4) \cdot (3 + 2d) = (-4) \cdot 3 + (-4) \cdot 2d$
$= -12 - 8d$

(2) $a \cdot (b - c) = a \cdot b - a \cdot c$
$2u \cdot (2x - 3) = 2u \cdot 2x - 2u \cdot 3$
$= 4ux - 6u$

Information

Bei der obigen Termumformung $3x(y + z) = 3xy + 3xz$ ist durch die Anwendung des Distributivgesetzes ein Term ohne Klammer entstanden.
Man sagt: Die Klammer wurde *aufgelöst*.
Aus einem Produkt wurde eine Summe.

> Man sagt auch:
> Es wurde ausmultipliziert.

Entsprechend wurde bei der Termumformung $2u \cdot (2x - 3) = 4ux - 6u$ ein Produkt in eine Differenz umgeformt. Summen und Differenzen sind Sonderfälle algebraischer Summen.

Algebraische Summe: Term mit Additions- und Subtraktionsschritten, der als Summe geschrieben werden kann.

Multiplizieren einer algebraischen Summe (Auflösen einer Klammer in einem Produkt)

Man multipliziert jedes Glied der algebraischen Summe in der Klammer mit dem Faktor. Die Zeichen + und − werden nach den Vorzeichenregeln gesetzt.

Beispiele: (1) $7 \cdot (4x + 3y) = 7 \cdot 4x + 7 \cdot 3y$
$= 28x + 21y$

(2) $-2x \cdot (3y - 6z) = -2x \cdot 3y + 2x \cdot 6z$
$= -6xy + 12xz$

> Den Faktor mit jedem Glied der Klammer multiplizieren

Weiterführende Aufgaben

2. *Dividieren von Summen und Differenzen*

a) Erläutere die Division einer Summe im Beispiel rechts.

b) Löse entsprechend die Klammer auf:
  (1) $(4a + 6b) : \frac{2}{3}$
  (2) $(8p - 12q) : 4$
  (3) $(6x - 9y) : (-3)$
  (4) $(12r - 9s) : \left(-\frac{3}{4}\right)$

c) Formuliere selber eine Regel für das Dividieren einer algebraischen Summe und begründe diese mithilfe des Distributivgesetzes.

> $(6a + 9b) : 3$
> $= (6a + 9b) \cdot \frac{1}{3}$
> $= 6a \cdot \frac{1}{3} + 9b \cdot \frac{1}{3}$
> $= 2a + 3b$

3. *Lösen von Gleichungen mit Klammern*

a) Erläutere das Lösen der Gleichung $6(x - 3) - 3x = 12$ im Beispiel rechts.

b) Löse entsprechend:
  (1) $2x - 8(x + 12) = 54 - 18x$
  (2) $(15x - 5) : (-5) = (-14x - 2) : \frac{1}{2}$
  (3) $2x - 3\left(1 + \frac{2}{3}x\right) = -2$

> $6(x - 3) - 3x = 12$
> $6x - 18 - 3x = 12$
> $3x - 18 = 12$
> $3x = 30$
> $x = 10$
>
> *Probe:* 10 ist Lösung der Gleichung, denn
> $6(10 - 3) - 3 \cdot 10 = 12$ ist wahr.
>
> Lösungsmenge: $L = \{10\}$

16   **TERME UND GLEICHUNGEN MIT KLAMMERN**

 4. *Auflösen von Klammern mit einem Computer-Algebra-System*

Bei einigen Termen löst ein Computer-Algebra-System Klammern sofort nach der Eingabe auf, bei anderen jedoch nicht. Mithilfe des Befehles **expand** kannst du das Ausmultiplizieren dann erreichen.
Untersuche, welche Klammern dein CAS sofort auflöst und welche nicht.

expand ⟨engl.⟩ ausdehnen

Übungsaufgaben

5. Löse die Klammer auf. Wende dazu ein Distributivgesetz an.

a) $5 \cdot (x + y)$
$0{,}7 \cdot (3 + x)$
$(-8) \cdot (y + 7)$

b) $(x + y) \cdot 7$
$(x + 4) \cdot 9{,}5$
$(1 + x) \cdot (-3)$

c) $x \cdot (a + b)$
$(x + y) \cdot z$
$(r + s) \cdot t$

d) $(1 + y) \cdot x$
$(-k) \cdot (r + 1)$
$a \cdot (1 + b)$

e) $9 \cdot (x - y)$
$(x - y) \cdot 7$
$(x - y) \cdot (-5)$

f) $x \cdot (1 - y)$
$(x - 1) \cdot (-1)$
$(-3) \cdot (a - b)$

g) $(1 - u^2) \cdot 4$
$r \cdot (r - 1)$
$(1 - t) \cdot (-s)$

h) $4 \cdot (-a - b)$
$(-2) \cdot (-3 + x)$
$(-1 - u) \cdot (-u)$

6. a) $7(8x + 5)$
$4(9t + 1)$
$10(8b + 6)$

b) $10(3x - 2y)$
$-9(7a - 4b)$
$-15(4d - 9c)$

c) $a(7x + 5y)$
$t(3r - 14s)$
$(-c) \cdot (8a + 7b)$

d) $c(0{,}5x + 3{,}7y)$
$(2{,}4a - 7{,}6b) \cdot 5$
$\left(\frac{2}{9}u + \frac{7}{9}v\right) \cdot (-18)$

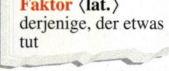 **Faktor** ⟨lat.⟩ derjenige, der etwas tut

7. Bilde alle Produkte mit den Termen aus den Körben rechts. Löse dann die Klammern auf.

8. a) $5a(7b + c)$
$9r(x + 11y)$
$4z(6x - 7y)$
$(-5s)(3t + 20u)$

b) $(15r + 5s) \cdot (-t)$
$\left(-\frac{2}{5}\right)(20v - 65t)$
$0{,}3a(0{,}5b + 1{,}2c)$
$\frac{x}{2}\left(\frac{x}{3} + \frac{y}{2}\right)$

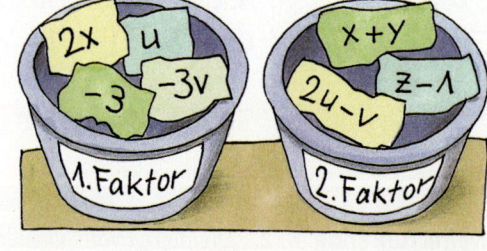

 9. Erstellt jeder fünf Aufgaben zum Auflösen einer Klammer. Der Nachbar löst sie. Anschließend kontrolliert ihr.

10. Löse die Klammer auf. Wende dazu das Distributivgesetz für drei Summanden an.

a) $a(3x + 8y + 7z)$
$4x(a + 9b + 5c)$
$(-12t)(4u + 5v + w)$
$(20r + 15s + 12t) \cdot (-8q)$

b) $y(2{,}5x + 7{,}1y + 8{,}3z)$
$6{,}3(x - 0{,}2y + 2{,}2z)$
$(70x + 4{,}5y + 0{,}3) \cdot 0{,}2z$
$(-2{,}5)(k + 0{,}4t + 5z) \cdot k$

c) $\frac{3}{4}(12t - 92k - 104q)$
$-35r\left(\frac{4}{5}r + \frac{6}{7} - \frac{8}{35}s\right)$
$\frac{5}{12}a\left(\frac{3}{5}a - \frac{4}{15}b + \frac{9}{10}c\right)$

 11. Welche Terme sind wertgleich? Überlegt euch ein geschicktes Vorgehen.

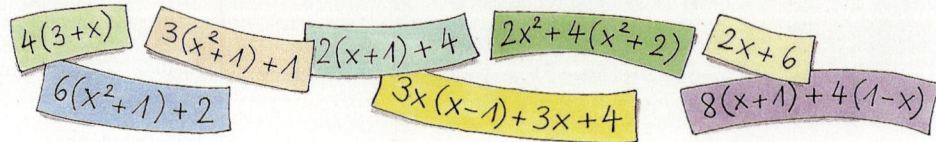

Auflösen einer Klammer

12. Tim hat mit einem Computer-Algebra-System eine Summe multipliziert.

a) Die erste Ausgabe erfüllt nicht seine Erwartungen. Erläutere, welche Umformung das CAS vorgenommen hat.

b) Kontrolliere den 2. Versuch von Tim.

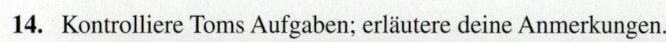

13. a) $3ab \cdot (4a^2 - 5ab + 3b^2)$

b) $4uv \cdot (5u^2v - 6uv - 7uv^2)$

c) $-2pq^2 \cdot (3p^2 - 3pq + 4p^2q + q^2)$

d) $(4x^2y - 2xy^2 + 4x - 7y) \cdot 3x^2y^3$

e) $\frac{1}{2}rs^2(4rs^3 - 2r^2s^2 + 3r^3s + s^4)$

f) $0{,}2xy^3 \cdot (4x^3y - 2x^2y^2 + 3xy^3 - 5y)$

14. Kontrolliere Toms Aufgaben; erläutere deine Anmerkungen.

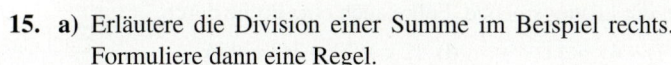

15. a) Erläutere die Division einer Summe im Beispiel rechts. Formuliere dann eine Regel.

b) Löse entsprechend die Klammer auf.

$(2x + 4y) : 2$
$= 2x : 2 + 4y : 2$
$= x + 2y$

(1) $(6a - 3b) : 3$

(2) $(8a + 12b) : 4$

(3) $(\frac{1}{2}x + \frac{3}{2}y) : \frac{1}{2}$

(4) $(14c - 8d^2) : (-4)$

(5) $(8u^2 - \frac{1}{2}) : (-\frac{3}{4})$

(6) $(3p + 4{,}5q) : 1{,}5$

(7) $(2{,}5r - 3s^2) : 0{,}5$

16. Löse jede Klammer auf. Fasse dann zusammen.

a) $2(a - 4) + 3(5 + 2a)$

b) $7(4 - 2b) + 4(4 + b)$

c) $4(2x^2 - x) + 3(x^2 + x)$

d) $6(4 - 3d) + 7(2d - d^2)$

e) $0{,}7(y^2 - y) - 0{,}3(2y - 1)$

f) $\frac{1}{2}(6u^2 - 4u) + \frac{2}{3}(9u^2 - 6u)$

17. Vereinfache so weit wie möglich.

a) $5a - 3b + 7(a - b)$
$xy - 9x + x(3 - y)$
$7(x + y) + 3(x - y)$

b) $0{,}8(15x - 25y) - 7x + 11y$
$b + 25(1{,}6a + 3{,}2b) - 40a$
$2(0{,}5r - 1{,}5s) + 7(6r + 8s)$

c) $\frac{1}{3}(9r - 12s) + 5s - 4r$
$7a + \frac{3}{5}b + \frac{1}{2}(22 - b)$
$-\frac{x}{4}(8 - 8x) + \frac{x}{5}(5x + 20)$

18. Herr Hultsch überrascht seine Klasse gerne mit Zahlenzaubereien:

„Denke dir eine Zahl. Multipliziere sie mit der um 2 verminderten Zahl. Addiere dazu das Vierfache der gedachten Zahl.
Subtrahiere davon das Ergebnis der mit sich selbst multiplizierten gedachten Zahl.
Nenne mir dein Ergebnis und ich sage dir deine gedachte Zahl."

Führe die Zahlenzauberei mit verschiedenen Zahlen durch. Wie findet Herr Hultsch die gedachte Zahl? Begründe, indem du einen Term aufstellst.

19. Übertrage in dein Heft und setze jeweils das fehlende Zeichen + oder − ein, sodass die Termumformung richtig ist.

a) $7a \;\square\; 3b + 9(a \;\square\; 2b) = 16a - 15b$
b) $(x \;\square\; 4y) \cdot 2 + 3(-6x \;\square\; y) = -16x + 5y$
c) $-4(3r \;\square\; 2) + 6(\;\square\; 2r + 5) = 22$
d) $\frac{3}{4}u(20 \;\square\; 8v) + \frac{2}{3}v(9u \;\square\; 33) = 15u - 22v$

20. Glühlampen und deren Kartons gibt es in mehreren Größen. Rechts siehst du das Netz.

a) Stelle einen Term für die benötigte Papiermenge auf. Vernachlässige dabei die Abschrägungen an den Laschen, d. h. berechne diese auch als Rechtecke.

b) Berechne damit den Papierbedarf für folgende Kartons (Längenangaben in cm):
(1) E 27-Glühbirne: a = 6;   h = 10,5
(2) E 14-Kerze: a = 3,5;   h = 10

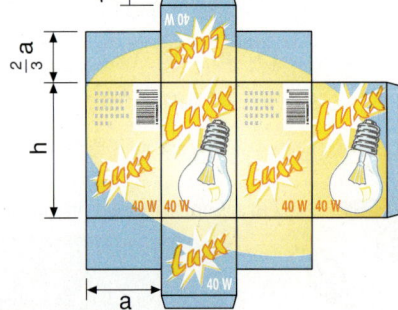

21. Löse Marks Zahlenrätsel rechts.

22. Bestimme die Lösungsmenge. Führe auch eine Probe durch.

a) $5(x-7) - 4x = 11$
b) $7(x-2) - 2x = 6$
c) $6(1,5x - 2,5) - 1,5x = 0$
d) $12x + 20 = 2(3x + 1)$
e) $61x + 4x = 2x + 3(5 - 6x)$
f) $4 \cdot (7x + 5) - 48x = 10x - 10$

Addiere ich zu meiner gedachten Zahl das Doppelte der um 11 verminderten Zahl, so erhalte ich 17.

23. a) Erkläre die beiden Lösungswege. Vergleiche und bewerte sie.

b) Bestimme die Lösungsmenge auf einem günstigen Weg.
(1) $4(x + 3) = 28$
(2) $(x - 2) \cdot 6 = 6$
(3) $(x + 5) : 2 = 0$
(4) $2 \cdot (x - 3) = 3 \cdot (x - 7)$
(5) $3 \cdot (x + 1) = 6 \cdot (x + 2)$
(6) $(4x - 8) : 4 = 1$

24. Gunnar, Volker und Gregor haben eine Gleichung auf verschiedene Weisen gelöst. Beschreibe jeweils die Abfolge der einzelnen Lösungsschritte. Vergleiche die drei Lösungswege und bewerte sie.

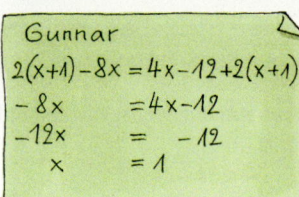
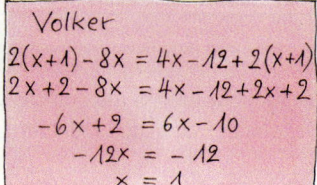
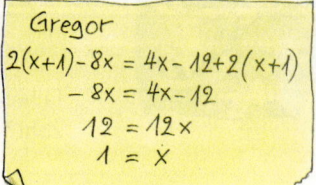

Auflösen einer Klammer

25. Bestimme die Lösungsmenge.

a) $3 \cdot (4x) + 7 \cdot (5x) = 2x + 5$

b) $9 \cdot (3x) + 4 \cdot (3x) = 30x + 5$

c) $8 \cdot (2x) - 3 \cdot (3x) = 2x + 25$

d) $9 \cdot (3x) - 4 \cdot (2x) = 28 + 25x$

e) $5x = 9 \cdot (2x) - 3 \cdot (4x) - 1$

f) $4 \cdot (3x) + 2 \cdot (24x) = 144 + 4 \cdot (6x)$

26. Bestimme die Lösungsmenge. Mache eine Probe.

a) $10 = 15x + 40 + 3(5 - 4x)$

b) $2x = 54 - 18x + 8(x + 12)$

c) $9(4 - 6x) + (3 - 5x) = -20$

d) $12(x - 0{,}4) + 0{,}9 = 10x - 0{,}7$

27. Für welches x erhält der Term den angegebenen Wert?

a) $8x \cdot (5 - 12) - 23$; Wert: $481 \; [-319; -599]$

b) $12 \cdot (13 - x) + 48$; Wert: $-828 \; [198; 204]$

c) $3(x + 1) + 4x$; Wert: $-1 \; [0; -\frac{3}{8}; 5]$

28. a) Sarah und Lukas haben die Lösungsmenge der Gleichung auf zwei Weisen bestimmt. Rechne weiter. Vergleiche die Lösungswege und bewerte sie.

Sarah
$\frac{3}{4}(x+8) = \frac{1}{3}(x-12) \;|\; \cdot 12$
$9(x+8) = 4(x-12)$
$9x + 72 = 4x - 48 \;|\; -4x - 72$

Lukas
$\frac{3}{4}(x+8) = \frac{1}{3}(x-12)$
$\frac{3}{4}x + 6 = \frac{1}{3}x - 4 \;|\; -\frac{1}{3}x - 6$
$\frac{3}{4}x - \frac{1}{3}x = -10$

b) Wie kann man eine Gleichung mit Brüchen geschickt lösen? Formuliere eine Strategie.

c) Bestimmt die Lösungsmenge auf verschiedene Weise. Vergleicht.

(1) $\frac{3}{2}(x + 9) = \frac{2}{3}(30 - x)$

(2) $-\frac{3}{4}(1 + \frac{2}{3}x) = -\frac{1}{2}$

(3) $\frac{5}{6}(2x + 14) = \frac{5}{9}(x - \frac{5}{3})$

29. Bestimme die Lösungsmenge geschickt. Mache eine Probe.

a) $\frac{3}{4} = \frac{x}{9}$

b) $-\frac{3x}{16} = \frac{15}{20}$

c) $\frac{x}{2} + \frac{1}{5}x = 7$

d) $\frac{1}{2} - \frac{4}{5}t = \frac{1}{4}$

e) $\frac{x+2}{3} = \frac{4}{5}$

30. Löse das Zahlenrätsel mithilfe einer Gleichung.

a) Wenn man die Differenz von 7 und einer Zahl mit 5 multipliziert, erhält man 15.

b) Wenn man eine Zahl um 1,5 vergrößert und das Ergebnis verdoppelt, erhält man ein Drittel der gesuchten Zahl.

c) Wenn man das Doppelte einer Zahl um 5 vergrößert und die Summe durch 3 dividiert, erhält man 7.

d) Wenn man das Dreifache einer Zahl von 10 subtrahiert und die Differenz mit 1,5 multipliziert, erhält man 6.

31. Denkt euch Zahlenrätsel aus. Stellt sie euch gegenseitig und löst sie. Wie viele Zahlenrätsel schafft ihr in 15 Minuten?

32. Ein Quader hat drei verschiedene Kantenlängen. Die Summe der Längen aller 12 Kanten beträgt 144 cm. Die mittlere Kantenlänge ist doppelt so groß wie die kürzeste Kantenlänge. Die längste Kante ist um 12 cm länger als die kürzeste.
Wie lang ist die kürzeste Kante? Berechne auch das Volumen des Quaders.

33. Uwe stellt beim Ausmessen eines Quaders fest: Die Grundfläche ist doppelt so groß wie jede der beiden kleineren Seitenflächen. Jede der größeren Seitenflächen ist um 10 cm² kleiner als die Grundfläche. Die Oberfläche hat eine Größe von 280 cm².
Wie groß ist die Grundfläche?

34. Ein Vater hat Haselnüsse gepflückt und in seine beiden Jackentaschen verteilt. Darauf sagt er zu seinem Sohn: „Ich habe in der rechten Tasche dreimal so viele Nüsse wie in der linken. Nehme ich aber 30 Nüsse von der rechten Tasche in die linke, so befinden sich in der linken Tasche dreimal so viel wie in der rechten."
Wie viele Nüsse hat er ursprünglich in jeder Tasche?

35. Betrachte das Bild rechts. Stelle eine Aufgabe und löse sie.

36. Eine Großmutter ist 84 Jahre alt, ihre Enkelin ist 8 Jahre alt.
  a) In wie viel Jahren wird die Großmutter fünfmal so alt wie die Enkelin sein?
  b) Vor wie viel Jahren war sie zwanzigmal so alt?

37. In 16 Jahren wird ein Vater doppelt so alt wie sein Sohn sein. Zusammen sind beide heute 40 Jahre alt. Wie alt ist jeder?

38. Ein Junge ist doppelt so alt wie seine Schwester. Vor 4 Jahren war der Junge viermal so alt wie seine Schwester. Wie alt sind der Junge und seine Schwester jetzt?

39. Ole hat zwei Kusinen, Eva und Ute. Er ist 21 Jahre älter als Eva und 5 Jahre älter als Ute. Die Hälfte des Alters von Eva ist gleich einem Drittel des Alters von Ute. Wie alt sind sie?

40. Aus dem Kapitel „Lîlâvati" (die Reizende) seines Werkes „Krönung des Systems" von dem Inder Bhâskara (1150 n. Chr.):
„Von einem Schwarm Bienen lässt $\frac{1}{5}$ sich auf einer Kadombablüte, $\frac{1}{3}$ auf einer Silindhablüte nieder. Der dreifache Unterschied der beiden Zahlen flog nach den Blüten einer Kutaja. Eine Biene blieb übrig, welche in der Luft hin- und herschwebte, gleichzeitig angezogen durch den lieblichen Duft einer Jasmine und eines Pandamus. Sage mir die Anzahl der Bienen."

41. Aus dem Buch „Die Wunder der Rechenkunst" von Johann Christoph Schäfer (1857):

Jemand hatte in einem Stall,
Ein Heerdchen Schafe, ein eigner Fall
Fand, wie Du sehen wirst, Statt dabei.
Nahm er davon die Hälft' und drei
Und wenn er den Rest sich achtfach dachte
Oder zu ihnen noch sieben brachte,
So bekommt er stets dieselbe Zahl.
Wieviele Schafe hat er wohl im Stall?

1.2 Minuszeichen vor einer Klammer – Subtrahieren einer Klammer

Einstieg

a) Anna hat 100 € zum Geburtstag bekommen. Sie möchte davon eine Hose und einen Pullover kaufen. Da sie noch nicht genau ausgesucht hat, bezeichnet sie den Hosenpreis mit h Euro und den Pulloverpreis mit p Euro. Schreibt den Term für das Restgeld mit Variablen – einmal mit und einmal ohne Klammern.

b) Herr Pingel hat ebenfalls 100 € und möchte eine Lederjacke kaufen. Er entdeckt stets kleine Mängel an den Waren und versucht, einen Preisnachlass herauszuhandeln. Schreibt auch für sein Restgeld verschiedene Terme mit Variablen.

Aufgabe 1

Betrachte den Term. Vor der Klammer steht ein Minuszeichen. Wir sagen kurz: *Minusklammer*. Löse die Klammer auf.

a) $-(-3x + 5y)$ b) $a - (2b + 3c)$ c) $7z - (5y - 3z)$ d) $3x - 4(2x + 5y)$

Lösung

$=(...)$ heißt: entgegengesetzte Zahl bilden, also mit (-1) multiplizieren.

a)
$$\begin{aligned}-(-3x+5y) &= (-1)\cdot(-3x+5y)\\ &= (-1)\cdot(-3x) + (-1)\cdot 5y\\ &= +3x + (-5y)\\ &= 3x - 5y\end{aligned}$$

b)
$$\begin{aligned}a - (2b + 3c) &= a + (-1)\cdot(2b + 3c)\\ &= a + (-2b - 3c)\\ &= a - 2b - 3c\end{aligned}$$

c)
$$\begin{aligned}7z - (5y - 3z) &= 7z + (-1)\cdot(5y - 3z)\\ &= 7z + (-5y + 3z)\\ &= 7z - 5y + 3z\\ &= 10z - 5y\end{aligned}$$

d)
$$\begin{aligned}3x - 4(2x + 5y) &= 3x - (8x + 20y)\\ &= 3x + (-1)\cdot(8x + 20y)\\ &= 3x + (-8x - 20y)\\ &= 3x - 8x - 20y\\ &= -5x - 20y\end{aligned}$$

Information

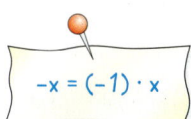

$-x = (-1) \cdot x$

Auflösen einer Minusklammer – Subtrahieren einer Klammer

(1) Steht ein Minuszeichen vor einer Klammer, so heißt die Klammer *Minusklammer*. Das Minuszeichen vor der Klammer kann als Multiplikation mit (-1) aufgefasst werden. Das Multiplizieren mit (-1) liefert die entgegengesetzte Zahl. Man löst eine Minusklammer auf, indem man jedes Glied der algebraischen Summe in der Klammer mit (-1) multipliziert.

$$\begin{aligned}-(-3x+2y) &= (-1)\cdot(-3x+2y)\\ &= (-1)\cdot(-3x) + (-1)\cdot 2y\\ &= +3x + (-2y)\\ &= 3x - 2y\end{aligned}$$

Minusklammer auflösen bewirkt Umpolen der Zeichen.

(2) Subtrahieren bedeutet das Addieren der entgegengesetzten Zahl.

$$\begin{aligned}7x - 4\cdot(2x - 5y) &= 7x - (8x - 20y)\\ &= 7x + (-(8x - 20y))\\ &= 7x + (-8x + 20y)\\ &= 7x - 8x + 20y\\ &= -x + 20y\end{aligned}$$

Übungsaufgaben

2. Löse die Minusklammer auf.

a) $-(a+b)$
  $-(x-y)$

b) $-(4x+y)$
  $-(-u-7v)$

c) $-(3+x)+2$
  $-(a^2-b^2)-b^2$

d) $-(3x-y)+2(x-y)$
  $-(r+0{,}9x)+r(1-x)$

3. Subtrahiere die Klammer.

a) $x-(y+z)$
  $x-(y-z)$

b) $3x-(x-y)$
  $5r-(-r-s)$

c) $6a-(-3b+4a)$
  $4x-(-5x-7z)$

d) $8-(2-a+b)$
  $7r-(-s+2r+5)$

4. Von einem Stab der Länge x wird ein Stück der Länge y und eines der Länge 2z abgeschnitten. Stelle verschiedene Terme für die Restlänge des Stabes auf.

5. Auf einem Konto befindet sich ein Guthaben von h Euro. Eine Rechnung der Höhe r Euro wird um einen Treuegutschein von t Euro ermäßigt und von dem Konto bezahlt. Erstelle verschiedene Terme für das Restguthaben auf dem Konto.

6. Löse die Klammer auf. Fasse gleichartige Glieder zusammen.

a) $2{,}5a-(8{,}3a+b)$
  $0{,}3u-(1{,}1u-4{,}5v)$

b) $7x-15(2x+y)$
  $r-2{,}5(0{,}4r-s)$

c) $a-\frac{5}{6}(30b-\frac{12}{5}a)$
  $\frac{4}{5}s-\frac{2}{3}(-t^2+\frac{6}{5}s)$

7. Kontrolliere Noras Hausaufgaben und erläutere deine Anmerkungen.

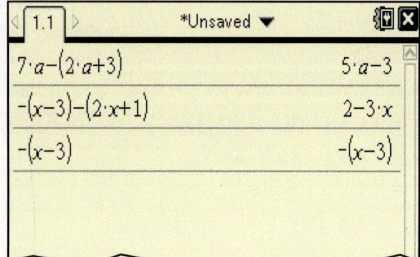

1) $(x^2+y)-(x^2-y)$
 $= x^2+y-x^2-y$
 $= 0$

2) $u^2-2(v+u^2)$
 $= u^2-2v-u^2$
 $= -2v$

3) $-(r-(s-r))$
 $= -r+(s+r)$
 $= -r+s+r$
 $= s$

8. Denkt euch Aufgaben zu Minusklammern aus. Stellt sie euch gegenseitig.

9. a) $(a-b)-(a+b)$
  $(r^2-s)-(r^2-s)$

b) $m(m-n)-(m^2-1)$
  $-(x+7)-(4-x)$

c) $uv(u-v)-v(-uv-u^2)-v^2(u+v)$
  $p^2q(p-q)-2p(p^2-pq^2)+pq(p^2-q)$

10. Der Platzhalter ▲ steht für eines der Zeichen + oder −, der Platzhalter ▬ für einen Teilterm. Setze im Heft passend ein.

a) $-4(3x+2)$ ▲ $3x-4=+3x-12$ ▬

b) $x(2-7)+4x$ ▲ $2=6x$ ▲ $4-3x+1-$ ▬ -7

c) $3(a-4)+2a-6-a=4$ ▬ -10

d) ▬ $+3a$ ▲ $9-(a-2)=2a-8$ ▲ $3a$ ▲ 2

11. In einigen Fällen löst ein CAS Minusklammern sofort nach der Eingabe auf, in anderen jedoch nicht. Untersuche, wie man mit dem CAS Minusklammern stets auflösen kann.

```
7·a−(2·a+3)        5·a−3
−(x−3)−(2·x+1)     2−3·x
−(x−3)             −(x−3)
```

12. Bestimme die Lösungsmenge. Mache eine Probe.

a) $2y-(y+4)=3-(6-3y)$

b) $x-2(x-1)=8-3(2+x)$

c) $(2-3x)\cdot 5-4(8-x)=0$

d) $5(4-3a)-6(2-4a)=1-(8-9a)$

e) $5-\frac{2}{5}(x+24)=-\frac{3}{4}(15+x)$

f) $\frac{1}{5}w=(\frac{1}{4}-w)-4(\frac{1}{2}w-2)$

Ausklammern

1.3 Ausklammern

Einstieg

Susanne hat Klammern aufgelöst. Sie hat die Aufgaben aber nicht notiert.
Wie könnten die Aufgaben geheißen haben?

```
a) 3x + 3x        d) 3p²q + 6pq
b) 8a + 12b       e) 8x³z − 4x²z
c) 4x + ax        f) 7u − 7
```

Aufgabe 1

Beim Auflösen einer Klammer entsteht aus einem Produkt eine Summe. Wie kann man umgekehrt aus einer Summe ein Produkt herstellen?

a) Die Summe $3xy + 4xz$ enthält in beiden Summanden den gleichen Faktor x. Verwandle den Term in ein Produkt mit einem Faktor x.

b) Verwandle entsprechend in ein Produkt: (1) $6x + 4y$ (2) $20x + 12xy$

Lösung

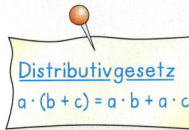

Distributivgesetz
$a \cdot (b + c) = a \cdot b + a \cdot c$

a) Wir wenden das Distributivgesetz von rechts nach links an.

$$a \cdot b + a \cdot c = a \cdot (b + c)$$
$$3xy + 4xz = x \cdot 3y + x \cdot 4z = x \cdot (3y + 4z)$$

b) (1) Wir suchen in den Summanden $6x$ und $4y$ einen gemeinsamen Faktor. Das ist die Zahl 2. Dann wenden wir das Distributivgesetz von rechts nach links an.

$$6x + 4y = 2 \cdot 3x + 2 \cdot 2y$$
$$= 2 \cdot (3x + 2y)$$

(2) Wir gehen zunächst schrittweise vor und suchen in $20x$ und $12xy$ einen gleichen Faktor. Wir finden z. B. die Zahl 4, klammern sie aus und wenden das Distributivgesetz von rechts nach links an und erhalten $4 \cdot (5x + 3xy)$.
In der Klammer finden wir dann noch x als gemeinsamen Faktor und klammern auch diesen aus.
Du kannst den Faktor $4x$ auch in einem Schritt ausklammern.

$$20x + 12xy = 4 \cdot 5x + 4 \cdot 3xy$$
$$= 4 \cdot (5x + 3xy)$$
$$= 4 \cdot (x \cdot 5 + x \cdot 3y)$$
$$= 4x(5 + 3y)$$

Mehrere Lösungen sind möglich.

$$20x + 12xy = 4x \cdot 5 + 4x \cdot 3y$$
$$= 4x(5 + 3y)$$

Information

Faktor ⟨lat.⟩
Math. Vervielfältigungszahl

In der Termumformung $4x \cdot 5 + 4x \cdot 3y = 4x \cdot (5 + 3y)$ wurde $4x$ als Faktor vor die Klammer gesetzt.
Wir sagen: *$4x$ wurde ausgeklammert.*
Die Summe wurde in ein Produkt umgeformt. Man spricht daher statt vom **Ausklammern** auch vom **Faktorisieren** der Summe.

Weiterführende Aufgabe

2. *Ausklammern einer Summe oder Differenz*
Fasse zusammen.
a) $3(x^2 + y) + 7(x^2 + y)$
b) $9(a + b) − 13(a + b)$

$$7(a + b) + 4(a + b)$$
$$= (7 + 4) \cdot (a + b) = 11(a + b)$$

Übungsaufgaben

3. Klammere einen gemeinsamen Faktor aus.

a) $5a + 5b$ b) $11x − 11y$ c) $7x + 7yz$ d) $9 − 9x$ e) $25a − 15b$
$13r + 13s$ $19u − 19v$ $2rs + 2t^2$ $\frac{4}{5}u + \frac{4}{5}$ $3r^2 + 18s^2$

TERME UND GLEICHUNGEN MIT KLAMMERN

4. Klammere eine Variable als Faktor aus. Kontrolliere im Kopf durch Ausmultiplizieren.

   a) $4b + ab$
   $3x - xy$
   $rs + rr$

   b) $xy - xz$
   $uv + vw$
   $t + t^2$

   c) $a + 5ab$
   $x^2 - 2xy$
   $r^2 - r$

   d) $4ab - 9bc$
   $a^2b + zb^2$
   $x^2y + x$

   e) $4ab + 3a^2$
   $5rs - r$
   $-8uv^2 - u^2x$

5. Kontrolliere, ob richtig gerechnet wurde. Korrigiere, falls nötig.

   Anna
   $4xy - 4xz$
   $= 4x(y + z)$

   Bert
   $12ab + 18ab^2$
   $= 3ab(4 + 6b)$

   Christian
   $-30cd - 24ce$
   $= -6c(5d - 4e)$

   Dario
   $6x^6y + 4x^3z$
   $= 2x^3(x^2y + 2z)$

   Elke
   $15pq + 24pq^2 + 3q$
   $= 3q(5p + 8pq)$

   Fabian
   $-27u^2v + 15uvw$
   $= -3v(9u^2 + 5uw)$

6. Suche in den Teiltermen gleiche Faktoren. Klammere dann aus.

   a) $3x + 2xy$
   $7ab^2 + 2ac$

   b) $5pq - 3nq$
   $7rs - 7px$

   c) $-9x + (-9y)$
   $24x + 12y$

   d) $8ab - 16c^2$
   $2xy + 2xz$

   e) $77ab - 7bc$
   $9xy - 3x$

   f) $-9xy - (-9xz)$
   $-4ab^2 + (-24ac^2)$

   g) $24uv - 36u^2$
   $100p^2 + 125p^3$

   h) $75r^2s - (-50r^2s)$
   $16a^2 - 24a^3b$

7. Setze für □ eine passende Zahl oder Variable ein, sodass du ausklammern kannst. Sicher findest du mehrere Möglichkeiten.

   a) $3x + \Box y$
   b) $7ab - 8\Box$
   c) $8a + 7\Box$
   d) $9x^2y + 2\Box y$
   e) $4\Box z^2 - \Box yz$

8. Klammere aus. Du kannst auch schrittweise vorgehen.

   a) $8a^2 + 4a$
   $27x^4 - 3x$
   $2x^5 - 5x^2$

   b) $9a^2b - 3a^4b$
   $10a^5b + 8a^3b^2$
   $\frac{3}{4}x + \frac{3}{4}y + \frac{3}{4}z$

   c) $4ab^2 + 6a^2b + 10ab$
   $-12x^2y - 9xy^2 + 5xy$
   $10pq + 15p^2q - 20pq^2$

   $15x^2y + 20xz^2$
   $= 5(3x^2y + 4xz^2)$
   $= 5x(3xy + 4z^2)$

9. Klammere so aus, dass der Term in der Klammer möglichst einfach wird.

   a) $9ab + 9ac$
   $5r^2 - 5rs$
   $7xy + 7x$

   b) $4xy + 4xz$
   $17xy^2 - 17y^2z$
   $9rq^2 + 7rt^2$

   c) $8uv - vw$
   $0{,}5ab + abc$
   $\frac{1}{12}xy + \frac{1}{12}yz$

   d) $a^2b - ac$
   $800xy^2 + 24yt^2$
   $18u^2v - 999uv$

   e) $15uv - 5ut + 20ur - 45uv$
   $12rs - 18st - 30s^2 - 42rst$
   $\frac{2}{5}ab + \frac{2}{5}a^2c - \frac{4}{5}abc - \frac{1}{5}a$

   f) $8ab + 12a^2 + 60ab^2$
   $75x^3uv + 125x^2r^2 - 150x^4$
   $42rs + 56st - 35s^2 + 91rst$

10. Übertrage die Aufgaben ins Heft und ergänze die ausgewischten Stellen so, dass die Termumformung korrekt ist.

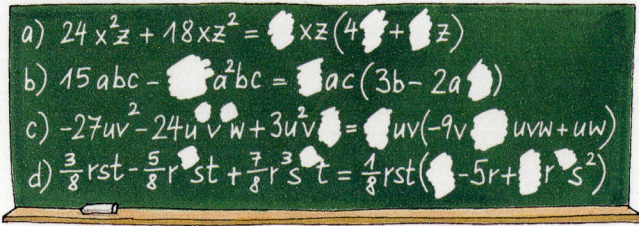

Ausklammern

 11. Denke dir fünf Terme aus, bei denen du eine Klammer ausmultiplizieren kannst. Nenne deinem Partner nur den Ergebnisterm ohne Klammern.
Schafft er es, die ursprünglichen Aufgaben herauszufinden?

12. Die Formel für den Umfang eines Rechtecks mit der Seitenlänge a und b gibt man häufig so an: u = 2a + 2b. Klammere aus und verdeutliche dann am Rechteck, dass beide Formeln wertgleiche Terme beinhalten.

13. Fasse zusammen. Klammere dazu eine Klammer, also eine Summe oder eine Differenz, aus.
- **a)** $5(x+y) + 11(x+y)$
- **b)** $17(x-y) + 9(x-y)$
- **c)** $2(5x-4y) - 8(5x-4y)$
- **d)** $2{,}5(a+9b) + 4{,}5(9b+a)$
- **e)** $\frac{2}{3} \cdot (4u - 11v) + 1 \cdot (4u - 11v)$
- **f)** $\frac{5}{8}\left(\frac{r}{11} - \frac{s}{13}\right) - \left(\frac{r}{11} - \frac{s}{13}\right)$

14. Schreibe die Aufgaben ins Heft und ersetze die Platzhalter.
- **a)** $12 - 3x = -3 \cdot (\square + x)$
- **b)** $-x + xy = -x(1 - \square)$
- **c)** $-ab - 8a = -a(\square + 8)$
- **d)** $9x - 12xy = \square \cdot (-3 + 4y)$
- **e)** $a^2 - ab = \square \cdot (-a + b)$
- **f)** $xy - y^2 = \square \cdot (y - x)$

15. Klammere den Faktor (-1) aus.
- **a)** $-5 - a$
  $-b - 7$
- **b)** $-r^2 - 9$
  $-ab + 20$
- **c)** $-4 + q$
  $-q + 4$
- **d)** $a - b$
  $x^2 - a^3$
- **e)** $x^2 - y^2 + 1$
  $r - s^2 + rs$
- **f)** $\frac{4}{5} + x + y$
  $-a + b - \frac{1}{2}$

16. Schreibe den Term mit einer Minusklammer.
- **a)** $-8x - 3$
- **b)** $3x - 2y$
- **c)** $-8a + 5b$
- **d)** $3x + 4y - 7z$
- **e)** $-2a + 5b - 9c$
- **f)** $-x - 2y - 3z$

$$4x - y = (-1) \cdot (-4x) + (-1) \cdot y$$
$$= (-1) \cdot (-4x + y)$$
$$= -(-4x + y)$$

17. Tobias hat Minusklammern aufgelöst, aber nur die Ergebnisse notiert. Wie könnten die Aufgaben geheißen haben?

1) $5x - y - 7$ 2) $3a - 2b + 4$ 3) $-7x - 14y$ 4) $7a - 2x - 4y + 9$

 18. **a)** In der ersten Aufgabe hat das Computer-Algebra-System ohne ausdrücklichen Befehl ausgeklammert. Welches Ziel hat es verfolgt?
b) Ausklammern kann man stets mit dem Befehl **factor** erreichen. Kontrolliere das Ergebnis.

$2 \cdot x \cdot (4 \cdot y - 6 \cdot x)$	$-4 \cdot x \cdot (3 \cdot x - 2 \cdot y)$
$24 \cdot x \cdot y - 18 \cdot y^2 \cdot z$	$24 \cdot x \cdot y - 18 \cdot y^2 \cdot z$
factor$(24 \cdot x \cdot y - 18 \cdot y^2 \cdot z)$	$6 \cdot (4 \cdot x - 3 \cdot y \cdot z) \cdot y$

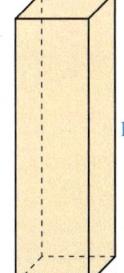

19. **a)** Skizziere ein Netz eines Quaders mit quadratischer Grundfläche und erstelle einen Term für den Oberflächeninhalt. Dieser Term soll keine Klammern enthalten.
b) Klammere in diesem Term so aus, dass der Term in der Klammer möglichst einfach wird. Veranschauliche dann diesen Term durch eine geeignete Fläche.
c) Berechne den Oberflächeninhalt für a = 3,5 und h = 7,5 mit beiden Termen. Wie viele Rechenschritte benötigst du bei dem einen Term, wie viele bei dem anderen?

1.4 Auflösen von zwei Klammern in einem Produkt

Einstieg

Der Garten der Familie Meyer hat die Form eines Rechtecks. Rechts ist die Größe der Rasenfläche, der Blumenbeete, der Spielfläche und der anderen Beete mit vier Teilrechtecken veranschaulicht.

a) Berechne die Größe des Gartens auf zwei Weisen. Gib für jede der Berechnungsweisen einen Term mit den Variablen a, b, c, d an.

b) Berechne die Größe der Gesamtfläche durch Einsetzen der Werte für a, b, c, d.

c) Die Gültigkeit von
$(a + b) \cdot (c + d) = a \cdot c + a \cdot d + b \cdot c + b \cdot d$
kann so nur für positive Zahlen nachgewiesen werden.
Wie kann man beweisen, dass diese Formel auch für negative Zahlen gilt?

Aufgabe 1

a) Wende zum Auflösen der Klammern zweimal das Distributivgesetz an.
Formuliere dann eine Regel über das Auflösen von zwei Klammern in einem Produkt.
(1) $(a + b) \cdot (p + q)$ (2) $(a - b) \cdot (c + d - e)$

b) Wende diese Regel auf die folgenden Produkte an.
(1) $(3a + 7b) \cdot (4b + 2c)$ (2) $(2a - 4b) \cdot (-7a - 2b + 9)$

Lösung

a) (1) Führe für die Summe p + q eine neue Variable c ein, d. h. setze c = p + q.
$(a + b) \cdot (p + q) = (a + b) \cdot c$ ◁ *Distributivgesetz einmal angewandt*
$= a \cdot c + b \cdot c$
$= a \cdot (p + q) + b \cdot (p + q)$ ◁ *Distributivgesetz nochmals angewandt*
$= a \cdot p + a \cdot q + b \cdot p + b \cdot q$

(2) $(a - b) \cdot (c + d - e) = a \cdot (c + d - e) - b \cdot (c + d - e)$
$= a \cdot c + a \cdot d - a \cdot e - b \cdot c - b \cdot d + b \cdot e$

Auflösen von zwei Klammern in einem Produkt

Jedes Glied der einen Klammer wird mit jedem Glied der anderen Klammer multipliziert.
Die Zeichen + und − werden nach den Vorzeichenregeln bestimmt.

---

b)
(1) $(3a + 7b) \cdot (4b + 2c) = 3a \cdot 4b + 3a \cdot 2c + 7b \cdot 4b + 7b \cdot 2c$
$= 12ab + 6ac + 28b^2 + 14bc$

(2) $(2a - 4b) \cdot (-7a - 2b + 9) = -2a \cdot 7a - 2a \cdot 2b + 2a \cdot 9 + 4b \cdot 7a + 4b \cdot 2b - 4b \cdot 9$
$= -14a^2 - 4ab + 18a + 28ab + 8b^2 - 36b$
$= -14a^2 + 24ab + 18a + 8b^2 - 36b$

Auflösen von zwei Klammern in einem Produkt

Übungsaufgaben

2. a) Erkläre am nebenstehenden Bild:
   $(a + b) \cdot (c - d) = ac - ad + bc - bd$
   Warum ist diese Überlegung nur für positive Zahlen a, b, c, d mit d < c gültig?

   b) Entwirf ein ähnliches Bild zu der folgenden Gleichung:
   $(a - b)(c - d) = ac - ad - bc + bd$

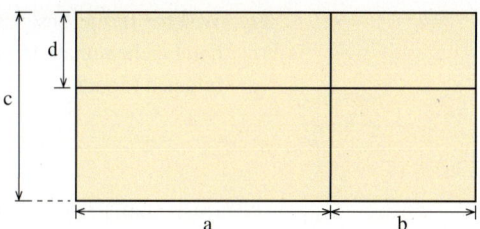

3. Löse die Klammern auf.

   a) $(x + 7)(y + 4)$ b) $(x + y)(a + b)$ c) $(-x + y)(2 + a)$
   $(a + 9)(b - 3)$ $(x - y)(u + v)$ $(-a - b)(x - y)$
   $(a - 1)(b - 8)$ $(x - y)(u - v)$ $(-1 - r)(u + v)$

   $(a + 5) \cdot (b + 2)$
   $= (a + 5) \cdot b + (a + 5) \cdot 2$
   $= ab + 5b + 2a + 10$

4. Für den Flächeninhalt der Figur links haben Christopher und Britta Terme aufgestellt.

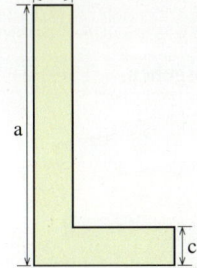

Christopher: $A = a \cdot b - (a - c) \cdot (b - c)$

Britta: $A = a \cdot c + b \cdot c - c \cdot c$

   a) Erläutere die Überlegungen von Christopher und Britta.
   b) Zeige auch durch Termumformung, dass beide Terme wertgleich zueinander sind.

5. Löse die Klammern auf und fasse gegebenenfalls zusammen.

   a) $(a - b)(10 - a)$ b) $(8a - 3b)(5c - 7d)$ c) $(1 - r)(\frac{2}{5} - r)$
   $(2a + b)(3 - c)$ $(3x - y)(x - 5y)$ $(\frac{1}{8} - t)(t + \frac{1}{8})$
   $(8r + s)(s - 2t)$ $(-a + 6b)(3a - 9)$ $(9a - \frac{1}{2}b)(\frac{1}{3}a + 4b)$
   $(9x - 4y)(6z + 3)$ $(-a - b^2)(a - 3)$

6. Stellt euch gegenseitig Aufgaben zum Auflösen von zwei Klammern und löst sie. Wie viele Aufgaben schafft ihr in 10 Minuten?

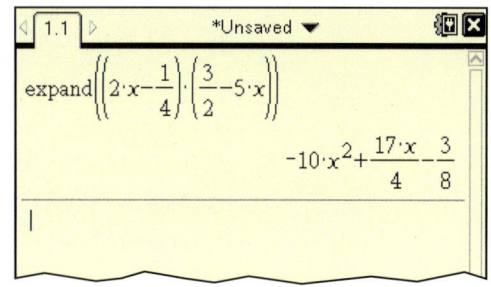

CAS 7. Computer-Algebra-Systeme multiplizieren mit dem Befehl **expand** auch Summen miteinander. Kontrolliere das Beispiel rechts. Gib eigene Beispiele ein. Vergleiche die Form der Ausgabe mit deinen Erwartungen.

8. Löse die Klammern auf und fasse gegebenenfalls zusammen.

   a) $(x - 0{,}3)(x + 7)$ b) $(4a - 1{,}5)(0{,}3 - 2a)$ c) $(-x - y)(x + 2y)$
   $(a + 11)(a - 8)$ $(a - 7x)(4x + 1)$ $(2a + 9b)(a + 7b)$
   $(9 - x)(4 + x)$ $(a + 2b)(a - b)$ $(-r - 2s)(-r + s)$

9. a) $(z + 3)(7 + z + t)$ b) $(-a + b)(4 + a - b)$ c) $(2a + 4b)(7a - 2b)$
   $(a^2 - a)(c + d - 1)$ $(-x - y)(r - s - t)$ $(3x - 2y)(4x - 7y)$
   $(-r + s^2)(r + u - v)$ $(-u + v)(-a - b + c)$ $(3x^2 - 2x - 1)(2x + 5)$

10. Bilde alle Produkte mit den Faktoren aus den Körben links und löse dann die Klammern auf.

11. Welche Terme beschreiben den Flächeninhalt der abgebildeten Figur?

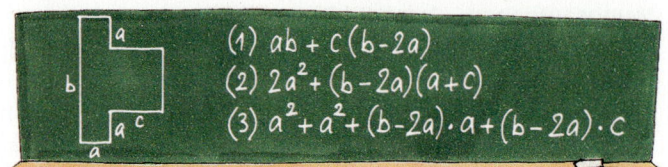

(1) $ab + c(b-2a)$
(2) $2a^2 + (b-2a)(a+c)$
(3) $a^2 + a^2 + (b-2a) \cdot a + (b-2a) \cdot c$

12. Löse die Klammern auf und fasse zusammen.

a) $6y^2 + (2x + 3y)(3x - 2y)$
b) $3xy - (2x - 9y)(x + 6y)$
c) $41 - (11 - 5x)(3 - x^2) + 5x^3 - 15x$
d) $(a - b)(2a + b) - (a + 4b)(3a - 2b)$
e) $8xy - (2x - 5y)(2x - 3y) + 3x^2$
f) $4 - (2x^2 - y^2)(x - y) + 3x^3 - 2xy^2$

$$4vw - (2v + w)(v - w)$$
$$= 4vw - [2v^2 - 2vw + vw - w^2]$$
$$= 4vw - [2v^2 - vw - w^2]$$
$$= 4vw - 2v^2 + vw + w^2$$
$$= 5vw - 2v^2 + w^2$$

13. Welche Terme sind wertgleich zueinander? Überlegt euch ein geschicktes Vorgehen.

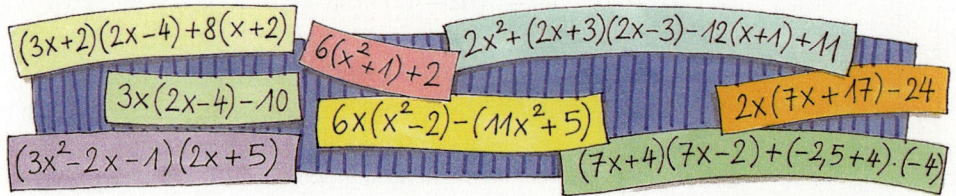

$(3x+2)(2x-4) + 8(x+2)$
$6(x^2+1) + 2$
$2x^2 + (2x+3)(2x-3) - 12(x+1) + 11$
$3x(2x-4) - 10$
$6x(x^2-2) - (11x^2+5)$
$2x(7x+17) - 24$
$(3x^2 - 2x - 1)(2x + 5)$
$(7x+4)(7x-2) + (-2,5+4) \cdot (-4)$

14. Bestimme die Lösungsmenge. Du kannst die Ergebnisse mit einer Probe überprüfen.

a) $(5x - 2)(x + 4) = 5(x^2 + 2)$
b) $(2x - 5)(5x - 2) = 10x^2 - 34x$
c) $(3x - 1)(4x + 2) = (2x + 1)(6x - 2)$
d) $(4x + 3)(6x - 5) = (2x + 3)(12x - 13)$
e) $(x + 7)(x - 4) = x^2 + 2$
f) $(2x + 1)(3x - 1) = 6x^2$
g) $(x - 2)(x - 5) = x^2 - 3$
h) $(2x + 3)(5 - x) = x - 2x^2 + 27$
i) $(3a - 4)(2a + 1) - (6a^2 - 9) = 15$
j) $(3x - 5)(3x + 2) = (x - 7)(9x + 1) + 50$
k) $(x - 8)(x + 14) - (x + 3)(x + 2) + 1 = 0$
l) $(3x - 4)(4x - 3) - (5 - 2x)(7 - 6x) = 34$
m) $(v - 0,2)(v + 0,3) = (v - 0,3)(v + 0,2)$

$$(x - 2)(x - 1) = x^2 - 7$$
$$x^2 - x - 2x + 2 = x^2 - 7$$
$$x^2 - 3x + 2 = x^2 - 7 \quad | -x^2$$
$$-3x + 2 = -7$$
$$x = 3$$
$$L = \{3\}$$

15. Suche Fehler in Michels Rechnung. Korrigiere dann.

$$x^2 - (x+1)(x-3) = 7$$
$$x^2 - x^2 - 3x + x - 3 = 7$$
$$-2x - 3 = 7$$
$$-2x = 4$$
$$x = -2$$

Probe:
L.S. $(-2)^2 - (-2+1)(-2+3) = 2$
R.S. 7

Binomische Formeln

1.5 Binomische Formeln *Zum Selbstlernen*

Ziel

Terme wie $(3x + 5)^2$ oder $(u - 2v)^2$ oder auch $(3a + 3b) \cdot (3a - 3b)$ kannst du inzwischen mit den Regeln zum Auflösen von zwei Klammern in einem Produkt umformen. Die hier genannten Terme stellen insofern Sonderfälle dar, dass eine Summe bzw. eine Differenz mit sich selbst oder eine Summe mit einer entsprechenden Differenz multipliziert wird.

Hier lernst du Formeln kennen, mit deren Anwendung diese besonderen Produkte schneller und damit zeitsparend aufgelöst werden können.

Zum Erarbeiten

Binomische Formeln

 Verwandle zunächst in ein Produkt. Löse dann die Klammern auf.

a) $(a + b)^2$ b) $(a - b)^2$ c) $(a + b) \cdot (a - b)$

Wir schreiben das Quadrat als Produkt und erhalten durch Ausmultiplizieren:

a) $(a + b)^2 = (a + b) \cdot (a + b) = a^2 + ab + ba + b^2 = a^2 + 2ab + b^2$
b) $(a - b)^2 = (a - b) \cdot (a - b) = a^2 - ab - ba + b^2 = a^2 - 2ab + b^2$
c) $(a + b) \cdot (a - b) = a^2 - ab + ba - b^2 = a^2 - b^2$

binomisch ⟨lat.⟩
Math. zweigliedrig

> **Binomische Formeln**
> Für alle rationalen Zahlen für a und b gilt:
> 1. Binomische Formel: $(a + b)^2 = a^2 + 2ab + b^2$
> 2. Binomische Formel: $(a - b)^2 = a^2 - 2ab + b^2$
> 3. Binomische Formel: $(a + b) \cdot (a - b) = a^2 - b^2$

Man quadriert eine Summe, indem man zum Quadrat des ersten Summanden das doppelte Produkt beider Summanden und das Quadrat des zweiten Summanden addiert.

Anwenden der binomischen Formeln

Will man den Term $(3x + 5)^2$ ausrechnen, so könnte man ihn in das Produkt $(3x + 5) \cdot (3x + 5)$ verwandeln und ausmultiplizieren.

Man spart jedoch Zeit, wenn man die 1. binomische Formel anwendet.

Erkläre zunächst die Rechnung rechts.

Wende eine binomische Formel an:
(1) $(7x + 5)^2$
(2) $(4x - 2)^2$
(3) $(3x + 2)(3x - 2)$

$$(a + b)^2 = a^2 + 2 \cdot a \cdot b + b^2$$
$$(3x + 5)^2 = (3x)^2 + 2 \cdot 3x \cdot 5 + 5^2$$
$$= 3x \cdot 3x + 6x \cdot 5 + 25$$
$$= 9x^2 + 30x + 25$$

Beim Beispiel oben rechts erfolgten folgende Überlegungen: Der erste Summand $3x$ entspricht der Variablen a in der binomischen Formel, der zweite Summand 5 der Variablen b. Daher wurde an jeder Stelle für a der Term $3x$ und für b die Zahl 5 eingesetzt. Anschließend werden die Produkte vereinfacht.

Entsprechend kann man bei den folgenden Beispielen binomische Formeln anwenden:

(1) Wir wenden die
1. binomische Formel an:
$(7x + 5)^2$
$= (7x)^2 + 2 \cdot 7x \cdot 5 + 5^2$
$= 49x^2 + 70x + 25$

(2) Wir wenden die
2. binomische Formel an:
$(4x - 2)^2$
$= (4x)^2 - 2 \cdot 4x \cdot 2 + 2^2$
$= 16x^2 - 16x + 4$

(3) Wir wenden die
3. binomische Formel an:
$(3x + 2) \cdot (3x - 2)$
$= (3x)^2 - 2^2$
$= 9x^2 - 4$

Zum Üben

1. a) Der Garten der Familie Hansel hat die Form eines Quadrats.
   (1) Berechne die Größe des Gartens auf zwei Weisen.
   (2) Welche Formel folgt daraus?
   (3) Die Gültigkeit der Formel ergibt sich auf diese Weise nicht für alle rationalen Zahlen. Begründe, warum.

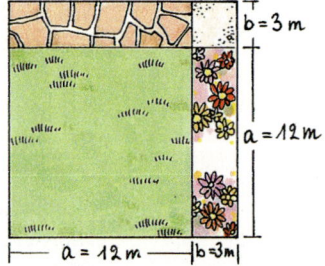

b) Löse die Klammer auf:
$(a - b)^2$
Veranschauliche die Teilterme des Ergebnisses dann an dem nebenstehenden Bild.
Welche einschränkende Bedingung muss bei der Veranschaulichung für die Variablen gelten?

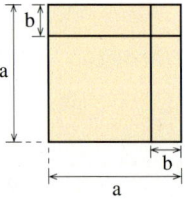

2. Sage die binomischen Formeln auch mit anderen Variablen als a und b auf.
   a) $(x + y)^2 = \ldots$
   $(x - y)^2 = \ldots$
   $(x + y)(x - y) = \ldots$

   b) $(p + q)^2 = \ldots$
   $(p - q)^2 = \ldots$
   $(p + q)(p - q) = \ldots$

   c) $(klim + bim)^2 = \ldots$
   $\vdots$

3. Wende die binomischen Formeln an.
   a) $(x + 5)^2$
   $(7 + x)^2$
   $(u + v)^2$
   $(p + q)^2$

   b) $(x - 6)^2$
   $(9 - x)^2$
   $(v - w)^2$
   $(r - s)^2$

   c) $(x + 8)(x - 8)$
   $(u + 5)(u - 5)$
   $(3 - r)(3 + r)$
   $(x - y)(x + y)$

   d) $(x - 0{,}8)^2$
   $(-3x + 2y)^2$
   $(0{,}2x - y)^2$
   $\left(\frac{1}{2}x + \frac{2}{3}y\right)^2$

4. Die Umformung rechts wurde von einem Mitschüler durchgestrichen. Sie ist falsch. Warum?

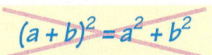

5. Sind die linke und die rechte Seite wertgleich? Überprüfe und korrigiere, falls nötig.

a) $(a-b)^2 = a^2 - b^2$
b) $(a-b)^2 = a^2 - ab + b^2$
c) $(a+b)(a-b) = a^2 - b^2$
d) $(q-p)^2 = p^2 - 2pq + q^2$
e) $(q+p)^2 = q^2 + p^2 + 2pq$
f) $(p+q)(p-q) = q^2 - p^2$
g) $(r+s)^2 = r + 2rs + s$
h) $(r-s)^2 = r^2 - s^2 + 2rs$
i) $(r+s)(r-s) = -s^2 + r^2$
j) $(u+v)(v-u) = u^2 - v^2$

6. a) $(2x + 3)^2$
   $(3x + 2y)^2$
   $(0{,}5x - 3)^2$

   b) $(1{,}5 + x)^2$
   $(x - 0{,}8)^2$
   $(a + 3{,}2)(a - 3{,}2)$

   c) $(0{,}2x - y)^2$
   $(x + 2{,}5y)^2$
   $(x - 0{,}1y)(x + 0{,}1y)$

   d) $\left(\frac{4}{5} - y\right)^2$
   $\left(\frac{1}{2}x + \frac{2}{3}y\right)^2$
   $\left(\frac{1}{3}x + y\right)\left(\frac{1}{3}x - y\right)$

7. a) $(-4 + x)^2$
   $(x + (-3))^2$
   $(-2 - x)^2$
   $(1 - (-x))^2$

   b) $(-r + s)^2$
   $(-r - s)^2$
   $(r + (-s))^2$
   $(-r + (-s))^2$

   c) $(-6x + y)^2$
   $(+4x + (-3y))^2$
   $(-5x - 7y)^2$
   $(-3x - (-4y))^2$

   d) $(-3a + 2b)^2$
   $(-a + 4b)(-a - 4b)$
   $(8u - 7v)(8u + 7v)$
   $(6u + 5v)(-6u + 5v)$

Binomische Formeln

8.
a) $(3x^2 + 4y)^2$
   $(4a^3 - 3b)^2$
   $(p^2 - q^2)(p^2 + q^2)$

b) $(2x - 3xy)^2$
   $(4c^2 + 2cd)^2$
   $(2rs - 3s^2)(2rs + 3s^2)$

c) $(\frac{1}{3}a^2b - \frac{1}{4}ab^2)^2$
   $(\frac{u^2}{4} + 3uv)^2$

9. Löse die Klammern auf und fasse dann zusammen. Wende dazu eine binomische Formel an, wenn es möglich ist.

a) $(4a - 9)(4a + 9)$
b) $(4a - 9)(-4a - 9)$
c) $(4a - 9)(9a - 4)$
d) $(-4a + 9)(4a - 9)$
e) $(4a + 9)(9 + 4a)$
f) $(4a - 9)(-9 + 4a)$

10. Schneide aus Papier zweimal die abgebildete Figur aus und beschrifte die Seiten. Zerschneide dann eine davon und lege sie zu einem Rechteck zusammen. Klebe beide ins Heft und begründe, dass damit eine binomische Formel dargestellt ist. Welche?

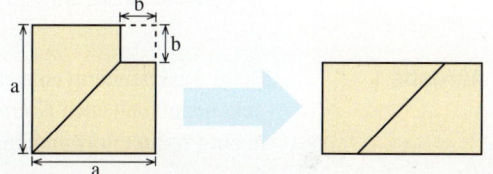

11. Berechne mithilfe der binomischen Formeln.

a) 81^2; 79^2; $81 \cdot 79$
b) 102^2; 98^2; $102 \cdot 98$
c) $1{,}01^2$; $0{,}99^2$; $1{,}01 \cdot 0{,}99$

$71^2 = (70 + 1)^2 = 70^2 + 2 \cdot 70 \cdot 1 + 1^2$
$= 4\,900 + 140 + 1$
$= 5\,041$

12. Verwende ein Computer-Algebra-System, um binomische Formeln aufzulösen. Kontrolliere, inwieweit die Ergebnisse deinen Erwartungen entsprechen.

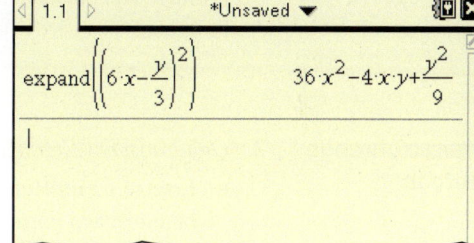

13. Vereinfache.

a) $(a + 3b)^2 + (a + b)(4a + b)$
b) $(a + 4b)^2 + (7a + b)(7a - b)$
c) $(3{,}5a + b)^2 + (a + 1{,}5b)^2$
d) $(4x + y)^2 - (x + y)(3x + y)$
e) $(0{,}5x + 0{,}3y)^2 - (0{,}2x - 0{,}4y)^2$
f) $(\frac{a}{2} - 2b)^2 + (6a - \frac{b}{3})^2$

14. Vereinfache den Term $(a + b)^2 - (a - b)^2$ und veranschauliche das Ergebnis geometrisch.

15. Bestimme die Lösungsmenge. Mache eine Probe.

a) $(x + 5)^2 = (x - 4)^2$
b) $(x - 7)(x + 7) = (x + 8)^2 - 1$
c) $(x - 11)^2 - (x + 9)^2 = 0$
d) $(x + \frac{1}{3})^2 - (x - \frac{1}{2})(x + \frac{1}{2}) + \frac{5}{36} = 0$
e) $(4x - 1)^2 = (2x + 5)(8x - 3) - 5$
f) $(\frac{x}{4} + 1)(\frac{x}{4} - 1) - (\frac{x}{2} - 2)(\frac{x}{8} + 5) + 9 = 0$
g) $(2x - 15)^2 = (1 + 2x)^2 - 30x - 14$
h) $(2 + 3z)^2 = (1 + 3z)^2 + 8z + 1$
i) $(x + 2)(3 + x) > (3 - x)^2 + 5x$
j) $(1 - 4t)(1 + 4t) \geq (3 + 2t)(1 - 8t) + 20$

16. Müllers Baugrundstück hat die Form eines Quadrates. Durch eine Änderung des Bebauungsplanes muss an den beiden an die Straße grenzenden Seiten ein 2 m breiter Streifen abgegeben werden. Dadurch wird das Grundstück um 120 m² kleiner.
Stelle eine Frage und beantworte diese.

1.6 Faktorisieren einer Summe

Einstieg Robert hat seine Hausaufgaben zu den binomischen Formeln erledigt. Er hat aber nur die Ergebnisse notiert. Wie könnten die Aufgaben geheißen haben?

a) $c^2 + 2cd + d^2$ c) $g^2 - h^2$ e) $9z^2 - 24z + 16$
b) $e^2 - 4ef + 4f^2$ d) $4u^2 - 12uv + 9v^2$ f) $\frac{1}{4}x^2 - \frac{1}{9}y^2$

Aufgabe 1 Beim Ausklammern entsteht aus einer Summe ein Produkt. Das Umformen einer Summe in ein Produkt nennt man auch *Faktorisieren*. Nicht nur durch einfaches Ausklammern kann man eine Summe in ein Produkt umwandeln, sondern auch mithilfe der binomischen Formeln.

Faktorisiere: **a)** $4x^2 - 9y^2$ **b)** $49r^2 - 126rs + 81s^2$

Lösung

a) Wende die 3. binomische Formel von rechts nach links an.

$$a^2 - b^2 = (a+b) \cdot (a-b)$$
$$4x^2 - 9y^2 = (2x)^2 - (3y)^2 = (2x+3y) \cdot (2x-3y)$$

b) Wende die 2. binomische Formel von rechts nach links an.

$$a^2 - 2 \cdot a \cdot b + b^2 = (a-b)^2$$
$$49r^2 - 126rs + 81s^2 = (7r)^2 - 2 \cdot 7r \cdot 9s + (9s)^2 = (7r - 9s)^2$$

Weiterführende Aufgaben

2. *Quadratisches Ergänzen*

a) Ersetze ☐ im Heft durch einen Term, sodass sich der entstehende Term als Ergebnis einer binomischen Formel schreiben lässt.
(1) $x^2 + 2xy + \square$
(2) $u^2 + 10u + \square$
(3) $4a^2 - 12ab + \square$
(4) $m^2 - 2mn + \square$
(5) $p^2 + 4p + \square$
(6) $9u^2 - 24uv + \square$

b) Erläutere das Bild rechts. Warum nennt man das Verfahren quadratisches Ergänzen?

3. *Umkehrung des Auflösens zweier Klammern in einem Produkt*

Du weißt, wie man Klammern beim Multiplizieren von Summen auflöst. Dieses Verfahren kann man in umgekehrter Richtung durchführen.
Faktorisiere. Gehe dabei schrittweise vor.

a) $3x + ax + 3y + ay$
b) $28xy - 4x + 21y - 3$
c) $4ac + 4ad - 3bc - 3bd$

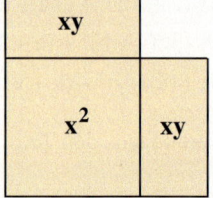

Aus jeweils zwei Summanden einen gemeinsamen Faktor ausklammern.

$2a^2b + 2a^3 + 3ab^2 + 3a^2b$
$= 2a^2 \cdot (b+a) + 3ab \cdot (b+a)$
$= (2a^2 + 3ab) \cdot (b+a)$ — Schrittweises Faktorisieren

Zweimaliges Faktorisieren gelingt nur, wenn im ersten Schritt zwei gleiche Klammern entstehen!

Faktorisieren einer Summe

Übungsaufgaben

4. Faktorisiere mithilfe der binomischen Formeln.

a) $u^2 - v^2$
$r^2 - 121s^2$
$1 - 16a^2$
$k^2 - 625$

b) $x^2 + 2xy + y^2$
$r^2 - 2rs + s^2$
$x^2 + 2x \cdot 7 + 49$
$u^2 - 2uv + v^2$

c) $a^2 + 20a + 100$
$x^2 - 20x + 100$
$a^2 - 2a + 1$
$x^2 + 14x + 49$

d) $25 - 10x + x^2$
$36 + 12b + b^2$
$100 - 20x + x^2$
$k^2 + k - 625 - k$

5. Kontrolliere Rebeccas Hausaufgaben.

a) $x^2 - a^2 = (x-a)^2$

b) $4a^2 - 12ab + 9b^2 = (2a - 3b)^2$

c) $4u^2 + 16uv + 16v^2 = (2u + 8v)^2$

d) $(\frac{1}{4}p^2 - 2pq + 4q^2)^2 = (\frac{1}{2}p + q)^2$

6. Fülle die Lücken im Heft aus.

a) $x^2 + \square + y^2 = (x + y)^2$
$a^2 + 12a + \square = (a + 6)^2$
$\square - 2r + r^2 = (1 - r)^2$
$a^2 + \square + b^2 = (a + \square)^2$

b) $x^2 - 8x + \square = (x + \square)^2$
$\square + 36b + b^2 = (\square + b)^2$
$a^2 + 6ab + \square = (a + \square)^2$
$x^2 + 5xy + \square = (x + \square)^2$

c) $r^2 - 2{,}4rs + \square = (r - \square)^2$
$4x^2 + \square + 9y^2 = (2x + 3y)^2$
$25a^2 - \square + 49b^2 = (5a - 7b)^2$
$100r^2 + \square + 81s^2 = (\square + 9s)^2$

7. Bei einem Computer-Algebra-System dient der Befehl **factor** zum Faktorisieren. Kontrolliere das Beispiel rechts. Wähle dann eigene Beispiele.

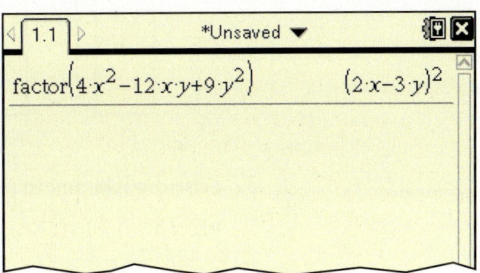

8. Klammere zunächst aus und wende dann eine binomische Formel an.

a) $7a^2 + 14ab + 7b^2$
$8a^2 - 98b^2$
$45x^2 - 30xy + 5y^2$

b) $24a^2 - 120ab + 150b^2$
$108x^2 + 252xy + 147y^2$
$980u^2 - 320v^2$

c) $11a^2 + 44ab + 44b^2$
$1\,600x^2 - 2\,400xy + 900y^2$
$500r^2 - 12\,500s^2$

9. Führe das quadratische Ergänzen im Heft durch.

a) $z^2 - 2zw + \square$
$x^2 - 8x + \square$
$16p^2 + 8pq + \square$

b) $4c^2 + 12cd + \square$
$25a^2 + 80ab + \square$
$9w^2 - 20vw + \square$

c) $z^2 + z + \square$
$x^4 + 2x^2 + \square$
$9u^2v^4 - u^2v^2 + \square$

d) $\frac{4}{9}p^2 + \frac{2}{3}p + \square$
$\frac{9}{16}a^2 + b + \square$
$c^4d^2 - \frac{2}{3}c^2d + \square$

10. Denke dir fünf Aufgaben aus, bei denen dein Partner quadratisch ergänzen soll. Kontrolliert euch gegenseitig.

11. Nina hat ihre Hausaufgaben zum Auflösen von zwei Klammern in einem Produkt erledigt und nur die Ergebnisse notiert. Kannst du herausfinden, wie die Aufgaben gelautet haben könnten?

a) $pr + ps + qr + qs$
b) $ab + ac - 2b - 2c$
c) $de + 3d + 2e + 6$
d) $2uv - u + 4v - 2$

1.7 Vermischte Übungen

1. Vereinfache den Term $0{,}7x - 6{,}2 + 2{,}1x + 9{,}1 - 8{,}3x - 10{,}9 + \frac{x}{2}$.

2. a) Das nebenstehende Bild veranschaulicht für positive Werte der Variablen die Termumformung
   $x^2y + x^2y = (2x)xy$
   Erläutere, warum.

   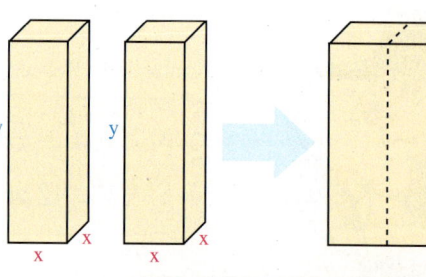

   b) Welche Termumformungen gehören zu folgenden Bildern?

   (1)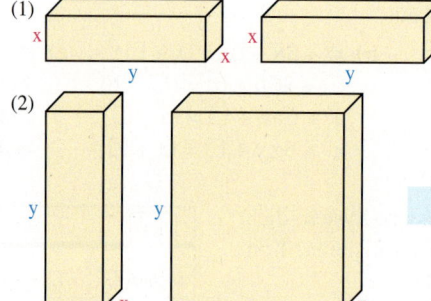

   (2)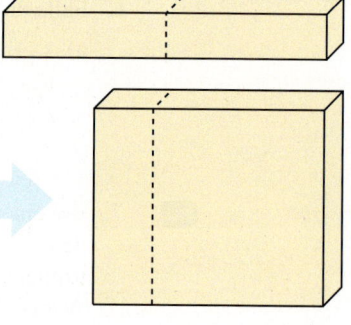

3. Löse die Klammern auf und vereinfache so weit wie möglich.

   a) $(7x - 3y) - (5x - y)$
   $7x(2x - 1 + y)$
   $-(a - 2b) - 3(b - 2a)$

   b) $(9a - 11)(3 - 4b)$
   $(2x + 7)(5y - 1)$
   $(4u + v)(v + 9u)$

   c) $(4x - 3y)(x + 5y) - (2x + y)^2$
   $(7r - 5s)^2 - (5s - 7r)^2$
   $(1 - 6x^2)^2 + (6 - x^2)^2$

4. Klammere so aus, dass der Term in den Klammern möglichst einfach wird. Denke auch an negative Faktoren.

   a) $-abc - 15a$
   $-u^2v + v^3$
   $-7a - 35b$

   b) $8x^2 + 24x^3$
   $6r^2 - 9rs$
   $55r - 11s$

   c) $80r^2s - 64rs + 56rs$
   $28a^3b + 7ab - 49ab^3$
   $39a + 13x^2$

   d) $3 \cdot \frac{a}{b} - \frac{a^2}{b} - \frac{ax}{b}$
   $\frac{20}{s} + \frac{8a}{s} - \frac{40b}{s}$

5. Faktorisiere, wenn möglich.

   a) $9x^2 - 64y^2$
   $36u^2 - 121v^2$
   $a^4 - b^2$
   $9a^2 + 64b^2$

   b) $25a^2 + 30ab + 9b^2$
   $256u^2 + 32u + 1$
   $900r^2s^2 - 60rst + t^2$
   $49 + u^2 - 7u$

   c) $5x^2 + 10xy + 5y^2$
   $11r^2 - 22rs + 11s^2$
   $65u^2v^2 - 65$
   $5z - z^2$

6. Bestimme die Lösungsmenge. Mache eine Probe.

   a) $(x - 4)(x + 5) = x^2 - 17$
   $(9 - x)(4 + x) = 45 - x^2$
   $(x - 4)(7 - x) = 11x + 16 - x^2$
   $(3 - x)(5 - x) = 3 - 2x + x^2$
   $(x + 3)(2x - 2) = (2x - 1)(x + 5) + 4$

   b) $(x - 4)(x + 5) - (x - 1)(x + 1) = 1$
   $(2 - x)(x - 3) + (3 - x)(2 - x) = -7$
   $(x - 1)(x - 2) - (x - 9)(x - 12) = 20$
   $(x + 1)^2 + (x + 2)^2 = (x + 4)^2 + (x + 3)^2 - 8x - 20$
   $(x - 1)^2 - (x - 2)^2 = (x - 4)^2 - (x - 3)^2 + 2$

Vermischte Übungen

7. Milchtüten gibt es in verschiedenen Größen. Der links abgebildete Typ hat das nebenstehende Netz.

   a) Stelle einen Term für das benötigte Verpackungsmaterial auf.

   b) Berechne die Menge für:
      (1) 1-Liter-Packungen: $a = 7{,}5$; $h = 19{,}5$
      (2) 0,5-Liter-Packungen: $a = 7{,}5$; $h = 10$
      (Längenangaben in cm)

   c) Berechne das Volumen der Milchpackungen. Nimm Stellung zu dem Ergebnis.

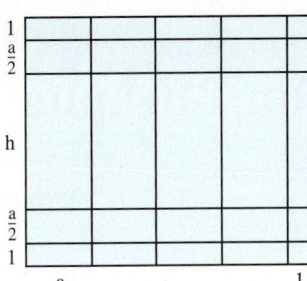

8. Das Bild veranschaulicht eine Termumformung für positive Zahlen a, b mit $a > b$. Zeichne es ab und vervollständige die Beschriftung rechts. Um welche Termumformung handelt es sich?

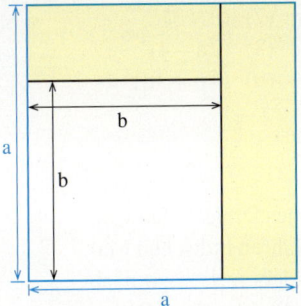 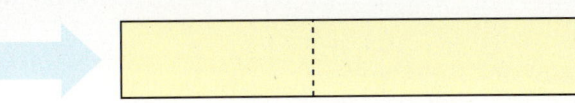

9. Ein Baugrundstück in einem Neubaugebiet sollte ursprünglich quadratisch sein. Durch Planänderungen ging an einer Seite ein 1 m breiter Streifen für eine breitere Straße und an einer benachbarten Seite ein 2 m breiter Streifen für die Vergrößerung des Spielplatzes verloren. Dadurch wurde es insgesamt um 79 m² kleiner.
Fertige eine Skizze für diesen Sachverhalt an. Berechne dann die ursprüngliche Größe des Baugrundstücks.

10. Vergrößert man die Seitenlänge eines Quadrats um 2 cm, so ergibt sich ein um 72 cm² größeres Quadrat. Bestimme dessen Seitenlänge.

11. Bei einer Party mit gleich vielen Jungen und Mädchen soll ein Tanzspiel veranstaltet werden, bei dem jeder Junge mit jedem Mädchen tanzen soll. Vor Beginn kommen noch 1 Junge und 2 Mädchen hinzu. Dadurch sind 20 Tänze mehr erforderlich. Wie viele Jungen und Mädchen sind auf der Party?

12. Aus einem Quadrat mit der Seitenlänge a wird durch Verkürzen und Verlängern zweier Seiten um eine Strecke x ein Rechteck erzeugt.

    a) Vergleiche Rechteck und Quadrat miteinander hinsichtlich Flächeninhalt und Umfang.

    b) Formuliere ein allgemeines Ergebnis.

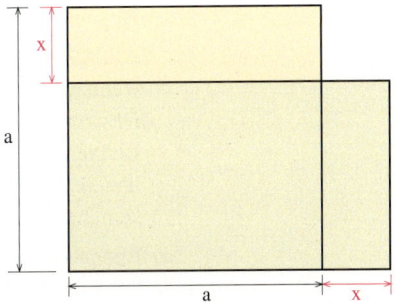

Im Blickpunkt

Pascal'sches Dreieck – Potenzieren von Summen

Mithilfe der 1. binomischen Formel kannst du Summen mit dem Exponenten 2 potenzieren (quadrieren). Auch für größere Exponenten als 2 gibt es entsprechende Formeln.

> Subtrahieren durch Addieren der entgegengesetzten Zahl:
> $a - b = a + (-b)$

1. a) Zeige, dass gilt: $(a+b)^3 = a^3 + 3a^2b + 3ab^2 + b^3$
   Erläutere die Formel auch an der Zeichnung.

   b) Berechne mithilfe der Formel von Teilaufgabe a).
   (1) $(p+q)^3$ (4) $(2m+3n)^3$ (7) $(u-3)^3$
   (2) $(a+2)^3$ (5) $(3x^2+5z)^3$ (8) $(2a-4)^3$
   (3) $(u+2v)^3$ (6) $(a-b)^3$ (9) $(4p-3q)^3$

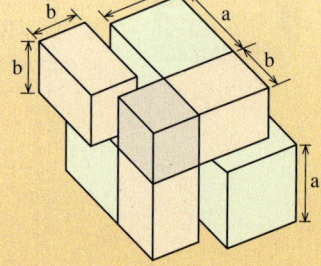

2. Das Zahlendreieck rechts heißt Pascal'sches Dreieck. Obwohl dieses Dreieck schon vor mehr als 1000 Jahren indischen Mathematikern bekannt war, wird es besonders in Europa nach dem französischen Mathematiker und Philosophen Blaise PASCAL (1623–1662) benannt. Pascal hat dieses Zahlendreieck eingehend untersucht.

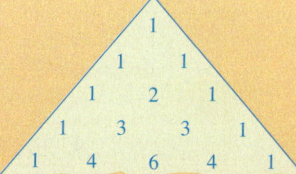

Blaise Pascal war ein mathematisches Wunderkind. Er entdeckte in jungen Jahren, völlig auf sich gestellt, große Teile der Geometrie neu und fand mit 16 Jahren einen Satz, der nach ihm benannt wurde. Auch grundlegende Arbeiten zu Problemen der Wahrscheinlichkeitsrechnung stammen von ihm. Später widmete er sich religiösen und philosophischen Studien und Meditationen.

a) Im Pascal'schen Dreieck findest du die Vorfaktoren der Summanden in den Formeln für $(a+b)^3$, $(a+b)^2$ und auch $(a+b)^1$.
   (1) Gib an, wo.
   (2) Welchen Wert müsste nach dem Pascal'schen Dreieck $(a+b)^0$ haben?
   (3) Welche Vorfaktoren vermutest du aus dem Pascal'schen Dreieck für die Summanden in der Formel für $(a+b)^4$?
   Kontrolliere durch Rechnung; du kannst auch ein CAS verwenden.

b) Welche Gesetzmäßigkeiten erkennst du an dem Pascal'schen Dreieck? Formuliere sie. Setze dann damit das Zahlendreieck um 6 Zeilen fort. Kontrolliere mit CAS.

c) Das Pascal'sche Dreieck liefert die Zahlfaktoren der einzelnen Summanden, wenn man $(a+b)^n$ ausmultipliziert.
Das muss natürlich begründet werden. Betrachte dazu die Rechnung rechts. Erläutere den Zusammenhang mit der Entstehung des Pascal'schen Dreiecks.

$$(a+b)^3 = (a+b)^2 \cdot (a+b)$$
$$= (a^2 + 2ab + b^2) \cdot (a+b)$$
$$= a^3 + a^2b + 2a^2b + 2ab^2 + ab^2 + b^3$$
$$= a^3 + 3a^2b + 3ab^2 + b^3$$

d) Rechne entsprechend wie in Teilaufgabe c) und erläutere den Zusammenhang mit der Entstehung des Pascal'schen Dreiecks:
   (1) $(a+b)^4$ (2) $(a+b)^5$ (3) $(a+b)^6$

IM BLICKPUNKT: Pascal'sches Dreieck

3. Berechne mithilfe des Pascal'schen Dreiecks.

a) $(a+b)^6$
$(x+y)^7$
$(p+q)^9$

b) $(a-b)^5$
$(x-y)^6$
$(p-q)^9$

c) $(3a+1)^3$
$(4x+2)^3$
$(2c+3d)^5$

d) $(x-3y)^4$
$(4z-w)^5$
$(2x-3y)^6$

e) $(a+b^2)^3$
$(a^2-b^2)^4$
$(2p-3q^2)^5$

Besonderheiten des Pascal'schen Dreiecks

4. In der dritten Zeile des Pascal'schen Dreiecks stehen die Zahlen 1, 2, 1; ihre Summe ist 4. In der vierten Zeile stehen die Zahlen 1, 3, 3, 1 mit der Summe 8. Begründe, dass die Summe aller Zahlen sich von Zeile zu Zeile verdoppelt. Wie groß ist die Summe der Zahlen in der elften Zeile? Kann man ein allgemeines Bildungsgesetz angeben?

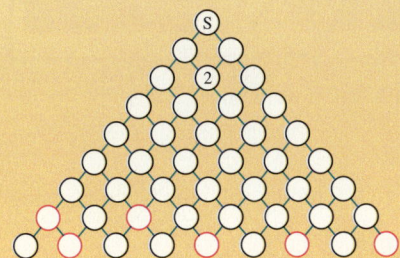

5. Man kann die Struktur des Pascal'schen Dreiecks auch als ein Netz von Wegen auffassen, die von dem Startpunkt S von „oben nach unten" zu den einzelnen Plätzen führen. Zu der Stelle 2 kann man von S aus auf zwei „kürzesten" Wegen kommen. Solche Probleme untersuchte Pascal bei Betrachtungen zu Wahrscheinlichkeiten. Bestimme jeweils die Anzahl der „kürzesten" Wege, die zu den einzelnen Plätzen führen.

6. Wenn man die Kreise als Eckpunkte auffasst, so bilden vier Nachbarpunkte eine Raute. Bis zur dritten Zeile entsteht so eine Raute, bis zur fünften Zeile sind es 6 Rauten. Erstaunlicherweise findet man diese Anzahlen als angeordnete Zahlen im Pascal'schen Dreieck.
Wie kann man das zugehörige Bildungsgesetz ausdrücken? Wie viele solcher Rauten würden in den ersten 102 Zeilen des Pascal'schen Dreiecks erkennbar sein?

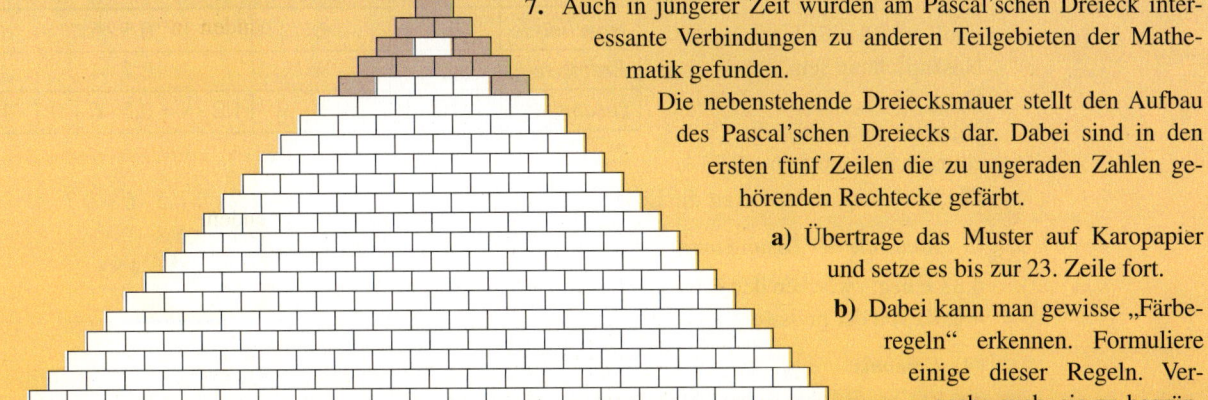

7. Auch in jüngerer Zeit wurden am Pascal'schen Dreieck interessante Verbindungen zu anderen Teilgebieten der Mathematik gefunden.
Die nebenstehende Dreiecksmauer stellt den Aufbau des Pascal'schen Dreiecks dar. Dabei sind in den ersten fünf Zeilen die zu ungeraden Zahlen gehörenden Rechtecke gefärbt.

a) Übertrage das Muster auf Karopapier und setze es bis zur 23. Zeile fort.

b) Dabei kann man gewisse „Färberegeln" erkennen. Formuliere einige dieser Regeln. Versuche auch, sie zu begründen.

c) Gibt es Zeilen, bei denen alle Steine gefärbt bzw. nicht gefärbt sind?

d) Was entsteht aus fünf nebeneinander liegenden Steinen, bei denen die inneren drei ungefärbt und die anderen beiden gefärbt sind?

1.8 Mischungsaufgaben

Einstieg

Nektar: wenig Frucht – viel Zuckerwasser

In der Fruchtsaft-Verordnung ist gesetzlich festgelegt, dass **Fruchtsaft** zu 100 % aus dem Fruchtsaft und Fruchtfleisch der entsprechenden Früchte bestehen muss. Um Lager- und Transportkosten zu sparen, darf aus Fruchtsaft im Laufe des Produktionsprozesses durch Entzug von Wasser ein Konzentrat hergestellt werden, das vor dem Verkauf wieder entsprechend verdünnt wird. Der nach dem Pressen unveränderte Saft wird als Direktsaft bezeichnet.

Für **Fruchtnektare** ist ein Fruchtsaftgehalt zwischen 25 % und 50 % vorgeschrieben, je nach Obstart. Bei Zitronen und Johannisbeere 25 %, bei Kirsche 35 %, bei Aprikose 40 %, bei Apfel, Traube und „Multivitamin" jeweils 50 %. Der Rest besteht aus Wasser. Fruchtnektar darf bis zu 20 % Zucker zugesetzt werden.

Fruchtsaftgetränke müssen einen Fruchtanteil von mindestens 40 % Fruchtsaft bei Kernobst oder Trauben haben, von mindestens 6 % bei Zitrusfrüchten und von mindestens 10 % bei anderen Früchten. Die restlichen Zutaten sind Zuckerwasser und weitere Lebensmittelzusatzstoffe.

L & P / 2993

150 l Apfelsaft und 120 l Apfelsaftgetränk mit 10 % Apfelsaft-Anteil werden gemischt.
Darf das Gemisch als Apfel-Nektar bezeichnet werden?

Einführung

Aus 500 g Haselnüssen zu 6 € pro kg und 700 g Erdnüssen zu 4 € pro kg soll eine Nussmischung hergestellt werden. Wie viel kostet 1 kg der Nussmischung?

(1) Modellannahme

Wir berücksichtigen den Arbeitsaufwand für das Mischen nicht. Dann ergibt sich der Preis der Mischung als Summe der Preise der Bestandteile.

(2) Aufstellen und Lösen einer Gleichung

Die gegebenen Größen werden in die nebenstehende Tabelle eingetragen.

x soll der Preis (in €) pro kg der Nussmischung sein.

Dann kann man die Tabelle ergänzen und erhält die Gleichung $1{,}2 \cdot x = 0{,}5 \cdot 6 + 0{,}7 \cdot 4$.

	Gewicht (in kg)	Preis pro kg (in €)	Preis absolut (in €)
Haselnüsse	0,5	6	0,5 · 6
Erdnüsse	0,7	4	0,7 · 4
zusammen	1,2	x	1,2 · x = 0,5 · 6 + 0,7 · 4

Die Rechnung rechts liefert die Lösungsmenge L = $\{\frac{29}{6}\}$.

$$1{,}2x = 0{,}5 \cdot 6 + 0{,}7 \cdot 4$$
$$1{,}2x = 5{,}8$$
$$x = \frac{29}{6} \approx 4{,}83$$

(3) Kontrolle der Lösung an der Realität

4,83 € liegt zwischen den Preisen 4 € und 6 €, und zwar näher an 4 €, da von der preiswerteren Nusssorte mehr genommen wird.

(4) Ergebnis

1 kg der Nussmischung kostet 4,83 €. Diesen Preis müsste man noch aufrunden, um den Arbeitsaufwand für das Mischen zu berücksichtigen, z. B. auf 4,90 €.

Weiterführende Aufgabe

1. *Ein weiterer Typ von Mischungsaufgaben – umgekehrte Fragestellung*

   Eine Getränkefirma erhält 50%igen und 90%igen Fruchtnektar. Von dem 90%igen Fruchtnektar erhält sie 5000 l. Es soll 75%iger Fruchtnektar hergestellt werden.
   Wie viel muss von dem 50%igen hinzugegossen werden? Schätze zunächst.

Mischungsaufgaben

Information

(1) Aufstellen der Gleichung bei Mischungsaufgaben

Die Gleichung zur Lösung der Mischungsaufgaben ergibt sich stets daraus, dass vor und nach der Mischung etwas gleich geblieben ist:
Bei den Nüssen in der Einführung ist das der Preis der Nusssorten zusammen bzw. der Nussmischung, bei den Fruchtsaftgetränken in Aufgabe 1, das Volumen des reinen Fruchtsaftes.

(2) Die Grundgleichung der Mischungsrechnung

Aus beiden aufgestellten Gleichungen erkennt man die Grundgleichung:
$m_1 \cdot p_1 + m_2 \cdot p_2 = (m_1 + m_2) \cdot p$
Hierbei können m_1, m_2, p_1, p_2, p unterschiedliche Bedeutung haben. Als Hilfe für das Aufstellen der Gleichung bietet sich die folgende Tabelle an.

A	m_1	p_1	$m_1 \cdot p_1$
B	m^2	p_2	$m_2 \cdot p_2$
zusammen	$m_1 + m_2$	p	$(m_1 + m_2) \cdot p = m_1 \cdot p_1 + m_2 \cdot p_2$

Was bedeuten jeweils m_1, m_2, p_1, p_2 und p aus der Grundgleichung der Mischungsrechnung in den einführenden Beispielen?

Übungsaufgaben

2. Aus 240 kg Messing-Abfällen CuZn30 wird durch Zusammenschmelzen mit 120 kg anderen Messing-Resten CuZn40 im Recycling neues Messing hergestellt.
Welchen Zink-Anteil hat das neue Messing?

Messing ist eine goldfarbene Legierung aus Kupfer und Zink. Je nach Mischungsverhältnis variiert die Farbe von goldorange (bei hohem Kupferanteil) bis hellgelb. Messing ist etwas härter als reines Kupfer. Die verschiedenen Messingsorten unterscheiden sich durch ihren Zinkanteil, der in der Bezeichnung in Prozent angegeben wird. Eine der am häufigsten verwendeten Legierungen ist CuZn37, die 37 Prozent Zink enthält. Die Legierung CuZn30 weist von allen Messingsorten die beste plastische Verformbarkeit auf. Messingsorten mit mehr als ca. 70 Prozent Kupfer werden als Tafelmessing oder Goldmessing bezeichnet.

3. 500 l eines Getränks bestehen zu 70 % aus Fruchtsaft und werden mit 800 l einer anderen Getränkesorte gemischt. Die Mischung hat einen Fruchtsaftgehalt von 60 %.
Wie viel Prozent Fruchtsaft enthält die zweite Sorte?

4. Eine Bonbonmischung soll 12 € je kg kosten. 20 kg zu 10,50 € je kg wurden mit 6 kg einer anderen Bonbonsorte gemischt. Wie teuer darf 1 kg dieser Sorte sein?

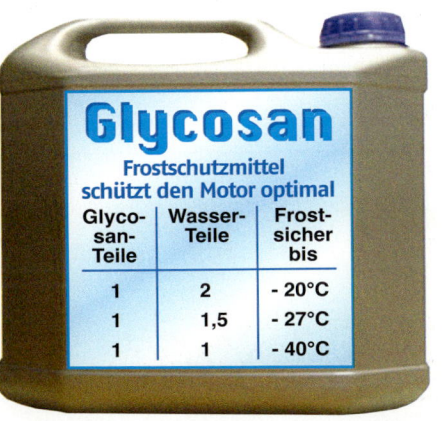

5. Der Kühlkreislauf eines Autos hat ein Fassungsvermögen von 5 l. Zur Zeit ist es auf einen Frostschutz bis $-20\,°C$ ausgelegt.
Wie viel Kühlflüssigkeit muss abgelassen und durch Frostschutzmittel ersetzt werden, damit Frostsicherheit gewährleistet ist bis

   a) $-27\,°C$,   b) $-40\,°C$?

6. Aus 400 Gramm 60%iger Essigsäure soll 50%ige hergestellt werden.

   a) Wie viel 15%ige Essigsäure muss man zugießen?

   b) Es werden 600 g von der 50%igen Essigsäure benötigt. Wievielprozentig muss die Essigsäure sein, die man zugießen muss?

1.9 Formeln – Gleichungen mit Parametern
1.9.1 Umformen von Formeln

Einstieg

Von zwei Rechtecken sind jeweils der Umfang u und eine Seitenlänge gegeben.
a) Berechnet die andere Seitenlänge für: (1) u = 20 cm; a = 6 cm (2) u = 24,3 cm; a = 4,2 cm
b) Erstellt eine Formel zur Berechnung der Seitenlänge b.

Aufgabe 1

Für den Flächeninhalt eines Dreiecks gilt die Formel: $A = \frac{g \cdot h}{2}$

Gegeben sind von einem Dreieck der Flächeninhalt A und die Höhe h. Berechne die Seitenlänge g.

Beispiel: A = 9,165 cm²; h = 3,9 cm

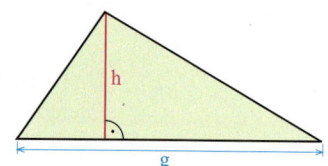

Lösung

Durch Anwenden der Umformungsregeln für Gleichungen isolieren wir in der Formel $A = \frac{g \cdot h}{2}$ die Variable g (z. B. auf der linken Seite).

> **Beachte:**
> Die Multiplikations- und Divisionsregel für Gleichungen gilt nur, falls mit einer Zahl ungleich 0 multipliziert (durch eine Zahl ungleich 0 dividiert) wird.

$A = \frac{g \cdot h}{2}$ Zunächst vertauschen wir beide Seiten.

$\frac{g \cdot h}{2} = A$ | · 2

$g \cdot h = 2A$ | : h   Die Division durch h auf beiden Seiten der Gleichung ist eine Äquivalenzumformung, da h als Höhe positiv und damit ungleich 0 ist.

$g = \frac{2A}{h}$

Beispiel: A = 9,165 cm²; h = 3,9 cm;

also: $g = \frac{2A}{h} = \frac{2 \cdot 9{,}165 \text{ cm}^2}{3{,}9 \text{ cm}} = \frac{18{,}33 \text{ cm}^2}{3{,}9 \text{ cm}} = 4{,}7 \text{ cm}$

Ergebnis: Die Seitenlänge beträgt 4,7 cm.

Weiterführende Aufgabe

2. *Formel für den Flächeninhalt eines Trapezes – Umformen mit CAS*

a) In Formelsammlungen findest du für den Flächeninhalt eines Trapezes die Formel:
$A = \frac{(a + c) \cdot h}{2}$
Begründe diese Formel. Es sind mehrere Wege möglich.

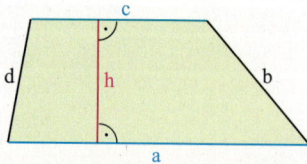

b) Isoliere
(1) die Variable h;
(2) die Variable a.
Kontrolliere mithilfe eines Computer-Algebra-Systems.

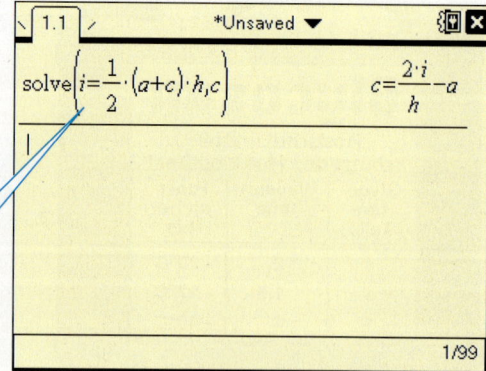

i statt A, da die meisten CAS nicht zwischen Groß- und Kleinbuchstaben unterscheiden.

Formeln – Gleichungen mit Parametern

Übungsaufgaben

3. Die Formel für den Oberflächeninhalt eines Quaders lautet:
   $A_0 = 2ab + 2ac + 2bc$.
   Isoliere die Variable a [die Variable b; die Variable c] auf einer Seite der Gleichung.
   Berechne den Wert für die fehlende Variable (Maße bei A_0 in cm², bei a, b und c in cm).

   a) $A_0 = 69{,}98$; $a = 2{,}9$; $b = 3{,}3$
   b) $A_0 = 80$; $a = 6{,}0$; $c = 2{,}5$
   c) $A_0 = 90$; $a = 2{,}5$; $b = 3{,}5$

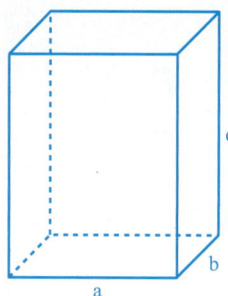

4. Stelle eine Formel für die Gesamtlänge k aller Kanten eines Quaders auf. Isoliere in der Formel die Variable a [die Variable b; die Variable c] auf der einen Seite.
   Bilde selbst Zahlenbeispiele.

5. Die Formel für das Volumen eines Quaders lautet: $V = a \cdot b \cdot c$.
   Isoliere die Variable a [die Variable b; die Variable c] auf einer Seite der Gleichung.
   Beispiele: (1) $V = 900 \text{ m}^3$; $b = 3 \text{ m}$; $c = 8 \text{ m}$ (2) $V = 720 \text{ cm}^3$; $a = 3{,}5 \text{ cm}$; $c = 4{,}5 \text{ cm}$
   Berechne die fehlende Seitenlänge.

6. Zum Firmenjubiläum schreibt ein Kaufhaus seinen Kunden in einem Monat für jeden Einkauf 7,5 % der Einkaufssumme als Bonuspunkte gut. Dabei wird auf ganze Bonuspunkte abgerundet.

   a) Berechne, wie viele Bonuspunkte es für folgende Einkäufe gibt:
      19,95 €, 37,35 €, 259,00 €, 79,53 €.

   b) Zur schnellen Berechnung der Anzahl der Bonuspunkte kann eine Tabellenkalkulation verwendet werden. Erstelle zunächst eine Formel, mit der man die (ungerundete) Zahl der Bonuspunkte aus der Einkaufssumme berechnen kann.

    c) Berechne mithilfe eines Tabellenkalkulations-Programmes die Anzahl der Bonuspunkte für die Einkäufe: 32,56 €, 49,87 €, 197,45 €, 299,00 €, 275,89 €.

   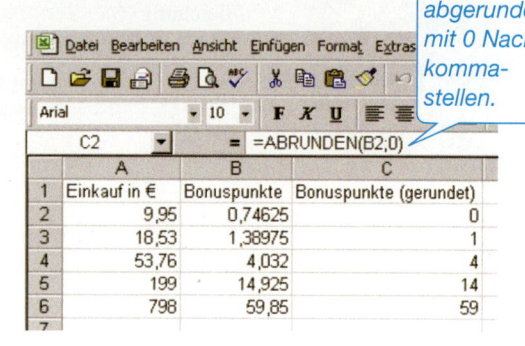

   So wird abgerundet mit 0 Nachkommastellen.

   d) Um an der Verlosung des Hauptgewinnes teilnehmen zu können, benötigt Frau Bode noch 13 Bonuspunkte. Für wie viel Euro muss sie noch einkaufen, um diese zu erhalten?

   e) Forme die Formel aus Teilaufgabe b) so um, dass man sie zur Berechnung der nötigen Einkaufssumme zu vorgegebener Anzahl von Bonuspunkten verwenden kann.

7. Geschäftsleute und Firmen benötigen für das Finanzamt die Rechnungsbeträge ohne die darin enthaltene Mehrwertsteuer.

   a) Herr Grotjahn hat für seine Bäckerei ein neues Regal für 298 € einschließlich Mehrwertsteuer gekauft. Berechne den Preis ohne Mehrwertsteuer.

   b) Erstelle eine Formel, mit der man aus dem Rechnungsbetrag einschließlich Mehrwertsteuer den Rechnungsbetrag ohne Mehrwertsteuer ermitteln kann.

    c) Berechne mithilfe eines Tabellenkalkulations-Programmes die Beträge ohne Mehrwertsteuer für folgende Rechnungsbeträge einschließlich Mehrwertsteuer:
      239 €, 199,95 €, 159,00 €, 395 €, 99,99 €.

1.9.2 Lösen von Gleichungen mit Parametern

Einstieg

a) Bestimmt die Lösungsmengen der Gleichungen.
   (1) $(x + 1)^2 - x(x + 2) = x$ (3) $(x + 3)^2 - x(x + 6) = x$ (5) $(x + 5)^2 - x(x + 10) = x$
   (2) $(x + 2)^2 - x(x + 4) = x$ (4) $(x + 4)^2 - x(x + 8) = x$ (6) $(x + 6)^2 - x(x + 12) = x$

b) Sicherlich sind euch Gemeinsamkeiten der Gleichungen und auch der Lösungsmengen aufgefallen. Formuliert eine allgemeine Vermutung und beweist diese.

Aufgabe 1

a) Bestimme die Lösungsmenge der Gleichung.
   (1) $(x + 1)^2 - (x - 1)^2 = 1$ (3) $(x + 3)^2 - (x - 3)^2 = 9$ (5) $(x + 5)^2 - (x - 5)^2 = 25$
   (2) $(x + 2)^2 - (x - 2)^2 = 4$ (4) $(x + 4)^2 - (x - 4)^2 = 16$ (6) $(x + 6)^2 - (x - 6)^2 = 36$

b) Die Gleichungen in Teilaufgabe a) haben eine bestimmte Form. Beschreibe diese mithilfe einer Variablen und äußere eine Vermutung über die Lösungsmenge. Beweise diese auch.

Lösung

a) Durch Umformung ergibt sich
   (1) $(x + 1)^2 - (x - 1)^2 = 1$ $L = \{\frac{1}{4}\}$ (4) $(x + 4)^2 - (x - 4)^2 = 16$ $L = \{1\}$
   (2) $(x + 2)^2 - (x - 2)^2 = 4$ $L = \{\frac{1}{2}\}$ (5) $(x + 5)^2 - (x - 5)^2 = 25$ $L = \{\frac{5}{4}\}$
   (3) $(x + 3)^2 - (x - 3)^2 = 9$ $L = \{\frac{3}{4}\}$ (6) $(x + 6)^2 - (x - 6)^2 = 36$ $L = \{\frac{3}{2}\}$

b) Alle Gleichungen aus Teilaufgabe a) haben die Form
$(x + a)^2 - (x - a)^2 = a^2$
mit einem bestimmten Wert für a. Für a = 1 ergibt sich Gleichung (1), …, für a = 6 ergibt sich Gleichung (6).
Die Ergebnisse aus Teilaufgabe a) legen die *Vermutung* $L = \{\frac{a}{4}\}$ nahe.
Zum Bestimmen der Lösungsmenge wendet man zunächst die binomischen Formeln an
$x^2 + 2ax + a^2 - [x^2 - 2ax + a^2] = a^2$
$x^2 - 2ax + a^2 - x^2 + 2ax - a^2 = a^2$
$4ax = a^2$

Fall 1: Ist a ≠ 0, so kann man die Gleichung durch 4a dividieren und erhält:
$x = \frac{a^2}{4a} = \frac{a}{4}$
Dies bestätigt die Vermutung.

Fall 2: Ist a = 0, so kann man die Gleichung nicht durch 4a dividieren, da dann 4a = 0 ist. Die Gleichung lautet in diesem Fall $0x = 0$; ihre Lösungsmenge ist die Menge $\mathbb{Q}$ aller rationalen Zahlen. Für den Spezialfall a = 0 trifft die Vermutung *nicht* zu.

Ergebnis: Die Gleichung $(x + a)^2 - (x - a)^2 = a^2$ hat die Lösungsmenge
$L = \{\frac{a}{4}\}$, falls a ≠ 0, und $L = \mathbb{Q}$, falls a = 0.

Information

Soll man die Lösungsmenge einer Gleichung mit mehr als einer Variablen bestimmen, so muss man wissen, welche Variable **Lösungsvariable** ist und welche Variablen **Parameter** sind.
Beim Bestimmen der Lösungsmenge muss man die Gleichung so umformen, dass die Lösungsvariable isoliert auf einer Seite steht.

Übungsaufgabe

2. Bestimme die Lösungsmenge; x ist Lösungsvariable.

a) $2x - a = 0$ b) $\frac{x}{2} - 5a = 0$ c) $3x + 12a = 0$ d) $x - a = 4x + 3a$
    $7x - 28a = 0$ $7(x + c) = 0$ $5(x - a) = 0$ $8x + 3a = x - a + 4$

Gleichungen vom Typ $T_1 \cdot T_2 = 0$

1.10 Gleichungen vom Typ $T_1 \cdot T_2 = 0$

Einstieg

a) Unter den Zahlen im Korb rechts sind die Lösungen folgender Gleichungen.
$(x + 1)(x - 3) = 0$
$(x - 2)(x - 7) = 0$
$(2x + 6)(x + 15) = 0$
Stelle möglichst einfach fest, welche Gleichung welche Lösungen hat.

b) Was ist euch in Teilaufgabe a) aufgefallen? Versucht, ein Verfahren für das Lösen solcher Aufgaben zu finden. Begründet auch.

Einführung

Bestimme die Lösungsmenge der Gleichung $(x - 5) \cdot (x + 3) = 0$. Bei dieser Gleichung führt das Ausmultiplizieren *nicht* auf eine einfach lösbare Gleichung. Zeige das.
Einfacher ist folgender Weg: Überlege, wann das Ergebnis einer Multiplikation null sein kann. Wenn beide Faktoren verschieden von null sind, ist auch das Ergebnis nicht null. Also:
$(x - 5) \cdot (x + 3) = 0$ kann nur erfüllt sein, wenn
$(x - 5) = 0$ *oder* $(x + 3) = 0$, sonst nicht. Also:
x = 5 *oder* x = –3

Probe für die Zahl 5:

$(5 - 5) \cdot (5 + 3) = 0$	(wahr?)
LS: $(5 - 5) \cdot (5 + 3)$	RS: 0
= 0 · 8	
= 0	

Probe für die Zahl –3:

$(-3 - 5) \cdot (-3 + 3) = 0$	(wahr?)
LS: $(-3 - 5) \cdot (-3 + 3)$	RS: 0
= –8 · 0	
= 0	

Ergebnis: Die Gleichung $(x - 5) \cdot (x + 3) = 0$ hat die Lösungsmenge L = {5; –3}.

Information

(1) Null als Ergebnis einer Multiplikation

Die Lösung der obigen Gleichung gelang durch Anwendung des folgenden Satzes:

> Ein Produkt ist gleich 0, wenn mindestens ein Faktor 0 ist, sonst nicht.

(2) Lösen einer Gleichung vom Typ $T_1 \cdot T_2 = 0$

Zum Lösen einer Gleichung von der Form, dass das Produkt zweier Terme T_1 und T_2 den Wert null haben soll, geht man so vor:

$T_1 \cdot T_2 = 0$
$T_1 = 0$ *oder* $T_2 = 0$

> $(x - 3) \cdot (6 - 2x) = 0$
> $x - 3 = 0$ *oder* $6 - 2x = 0$
> $x = 3$ *oder* $6 = 2x$
> $x = 3$ *oder* $3 = x$
> L = {3}

In der lateinischen Sprache wird zwischen dem ausschließenden oder *(aut) und dem einschließenden (vel) unterschieden.*

Das *oder* hier ist kein ausschließendes *entweder ... oder ...*
Es kann auch vorkommen, dass beide Terme zugleich null sind.

Übungsaufgaben

1. Bestimme die Lösungsmenge.

a) $(x - 4)(x - 9) = 0$
$(x - 5)(x + 3) = 0$
$(x - 8)(3 - x) = 0$

b) $(x - 1{,}5)(x - 2) = 0$
$(x + 1{,}1)(x + 6{,}6) = 0$
$(4{,}5 - x)(0{,}2 + x) = 0$

c) $y(y - 10) = 0$
$(z - 3{,}5)z = 0$
$(0{,}1 - z)z = 0$

2. Bestimme die Lösungsmenge.

a) $(3x - 6)(x + 4) = 0$
$(x - 11)(5x - 20) = 0$
$x(7x + 35) = 0$
$(9x - 99)(8 - x) = 0$
$(5 - 10x)(9 + 3x) = 0$

b) $(6x + 18)(2x - 14) = 0$
$(24 - 8x)(30 - 6x) = 0$
$(9x + 9)(7x + 21) = 0$
$(12x - 36)(33 - 11x) = 0$
$(14 + 2x)(14 - 2x) = 0$

c) $y(2y - 5) = 0$
$3z(12 + 5z) = 0$
$(8x - 12)x = 0$
$(16 + 10y)7y = 0$
$-z(35 - 7z) = 0$

3. Gebt jeder eine Gleichung an, die folgende Lösungsmenge hat. Vergleicht eure Gleichungen. Erklärt euch gegenseitig, wie ihr vorgegangen seid.

a) $\{4; 8\}$ b) $\{-7; 3\}$ c) $\{-2; -5\}$ d) $\{0; 6\}$ e) $\{\frac{3}{4}; -\frac{1}{2}\}$

4. Kontrolliere die Hausaufgaben von Tom, Tina, Tobias und Urs.

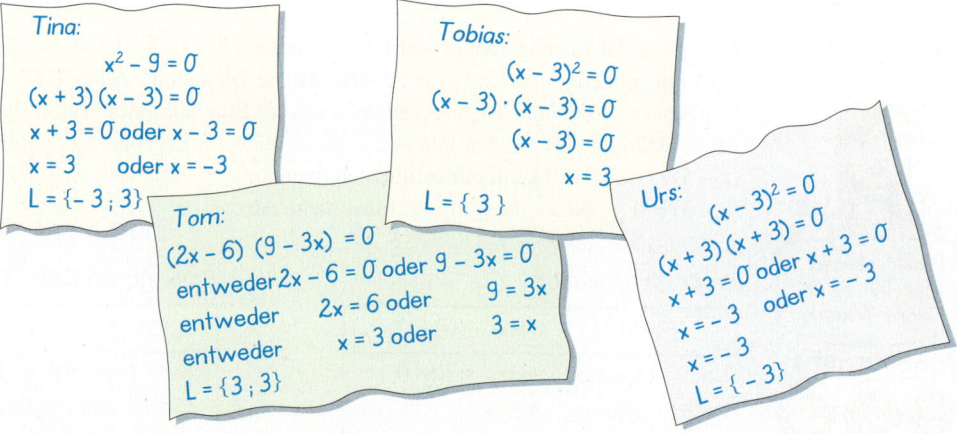

5. Bestimme die Lösungsmenge.

a) $x^2 - 7x = 0$
$x^2 + 5x = 0$
$4x - x^2 = 0$
$11x + x^2 = 0$

b) $x^2 - 9 = 0$
$y^2 - 64 = 0$
$25 - x^2 = 0$
$49 - x^2 = 0$

c) $6x^2 - 24 = 0$
$11z^2 - 11 = 0$
$40 - 10x^2 = 0$
$135 - 15x^2 = 0$

d) $3x^2 + 5x = 0$
$7x^2 - x = 0$
$4x - 11x^2 = 0$
$-3x - 2x^2 = 0$

6. Bestimme die Lösungsmenge für die Lösungsvariable x.

a) $(x - a)(x - 7) = 0$
b) $(x + s)(x - p) = 0$
c) $(x + r)(x + s) = 0$
d) $x(x - a) = 0$
e) $(2x - r)(x - 5) = 0$
f) $(3x - c)(4x + c) = 0$

7. Bestimme die Lösungsmenge. Beachte dabei: Du musst zunächst eine Termumformung wie Ausklammern oder Anwenden einer binomischen Formel durchführen.

a) $x^2 - 4x + 4 = 0$
$x^2 + 10x + 25 = 0$
$x^2 - 3x + \frac{9}{4} = 0$

b) $x^2 + 24x + 144 = 0$
$x^2 - 0{,}2x + 0{,}01 = 0$
$x^2 + \frac{1}{3}x + \frac{1}{36} = 0$

c) $(x - 3)(x - 4) = 12$
$(x - 2)(x + 4) + 8 = 0$
$(8y + 2)(9y + 3) = 6$

8. Fülle die Lücke im Heft aus, sodass die Gleichung die angegebene Lösungsmenge hat.

a) $(3x - 21)(5x - \Box) = 0$; $\{7; 5\}$
b) $(2x + \Box)(4x - 12) = 0$; $\{3; 8\}$
c) $(7x - \Box)(3x + 9) = 0$; $\{-3; 0\}$
d) $(\Box \cdot x + 7)8x = 0$; $\{1; 0\}$
e) $(\Box \cdot x - 1)(x + 6) = 0$; $\{-6; 0{,}1\}$
f) $(\Box \cdot x + 8)(x + 4) = 0$; $\{-4\}$

1.11 Lösen von Ungleichungen durch Umformen

Einstieg

Leergewicht: Gewicht des Fahrzeuges mit einem zu 90% gefüllten Tank und einem 75 kg schweren Fahrer.

a) Notiert eine Ungleichung. Löst sie; ihr könnt sie euch auch an einer Waage vorstellen.

b) Für welche Zahlen gilt $-2 \cdot x > -4$?

Aufgabe 1

Jonas stellt gerne Zahlenrätsel.

Wenn ich eine Zahl x mit 7 multipliziere und dann 8 addiere, erhalte ich eine Zahl, die kleiner als 36 ist.

a) Welche Zahlen erfüllen diese Bedingung? Notiere dazu eine Ungleichung für x. Gib deren Lösungsmenge an und stelle diese auf der Zahlengeraden dar.

b) Schreibe die bei der Lösung der Aufgabe vorkommenden Ungleichungen untereinander. Entscheide, ob sie zueinander äquivalent sind.

c) Gib ähnlich wie bei den Gleichungen Umformungsregeln für Ungleichungen an. Zeige aber anhand der Ungleichungen $-3 \cdot x < 24$ und $x < -8$:
Die Multiplikations- und Divisionsregel gilt bei Ungleichungen nicht für die Multiplikation mit einer *negativen* Zahl (bzw. für die Division durch eine *negative* Zahl).
Wie muss die Regel dann abgeändert werden?

Lösung

a) Die Ungleichung lautet: $7 \cdot x + 8 < 36$. Dann gilt:

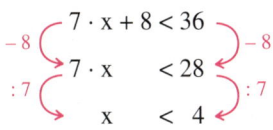

Die Lösungsmenge der Ungleichung besteht aus allen Zahlen, die kleiner als 4 sind.

Die Zahl 4 selbst gehört nicht zur Lösungsmenge. Dies zeigt eine Probe; sie führt auf die falsche Aussage $36 < 36$.

b) Die Zahlen, die kleiner als 4 sind, sind auch gerade diejenigen, deren Siebenfaches kleiner als 28 ist. Weiter ist die Forderung, dass das Siebenfache einer Zahl kleiner als 28

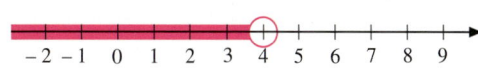

sein soll, gleichwertig dazu, dass das Siebenfache einer Zahl vermehrt um 8 kleiner als 36 ist. Die Lösungsmengen der drei Ungleichungen stimmen also überein. Die drei Ungleichungen sind untereinander äquivalent.

c) Multipliziert man beide Seiten der Ungleichung $x < -8$ mit der Zahl -3, so erhält man die Ungleichung $-3 \cdot x < 24$. Beide Ungleichungen sind *nicht* zueinander äquivalent.
Die Zahl -1 erfüllt z. B. die Ungleichung $-3 \cdot x < 24$, aber nicht die Ungleichung $x < -8$.

Probe für (−1):

$-3 \cdot (-1) < 24$ (w?)	
LS: $-3 \cdot (-1)$ $= 3$	RS: 24

$-1 < -8$ (w?)	
LS: -1	RS: -8

Die Aussage $3 < 24$ ist wahr. Die Aussage $-1 < -8$ ist falsch.

Die Multiplikations- und Divisionsregel gilt daher nur für *positive* Zahlen.
Offensichtlich muss man bei der Multiplikation mit einer negativen Zahl zusätzlich das Zeichen umdrehen.
Aus < wird > und aus > wird <.

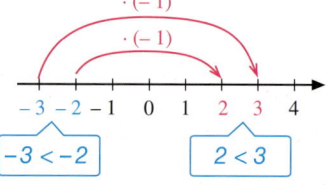

Information

(1) Beschreibende Form zur Vorgabe einer Menge

Die Ungleichung $7x + 8 < 36$ hat so viele Lösungen, dass man ihre Lösungsmenge nicht mehr in aufzählender Form angeben kann.
Statt *Menge aller rationalen Zahlen, die kleiner als 4 sind,* schreiben wir daher kurz: $\{x \in \mathbb{Q} \mid x < 4\}$
(gelesen: *Menge aller x aus $\mathbb{Q}$, für die gilt: x kleiner als 4*).
Diese **beschreibende Form** verwenden wir, um die Lösungsmenge einer Ungleichung anzugeben.

Darstellung auf der Zahlengeraden

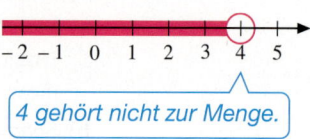

4 gehört nicht zur Menge.

(2) Umformungsregeln für Ungleichungen

Ähnlich wie bei Gleichungen erhalten wir Umformungsregeln.

Additions- und Subtraktionsregel

Addiert oder subtrahiert man auf beiden Seiten einer Ungleichung dieselbe Zahl, so ändert sich die Lösungsmenge nicht. Die Ungleichungen sind äquivalent zueinander.

$$x - 4 < 17$$
$$x - 4 + 4 < 17 + 4$$
$$x < 21$$

Multiplikations- und Divisionsregel

(a) Multipliziert (dividiert) man beide Seiten einer Ungleichung mit derselben *positiven* Zahl (durch dieselbe *positive* Zahl), so ändert sich die Lösungsmenge nicht. Die Ungleichungen sind äquivalent zueinander.

$$3x > 47$$
$$3x : 3 > 47 : 3$$
$$1 \cdot x > \frac{47}{3}$$
$$x > \frac{47}{3}$$

(b) Multipliziert (dividiert) man beide Seiten einer Ungleichung mit derselben *negativen* (durch dieselbe *negative*) Zahl, so muss man das Zeichen < bzw. > umdrehen.

$$-4x < 20$$
$$-4x : (-4) > 20 : (-4)$$
$$x > -5$$

Lösen von Ungleichungen durch Umformen

(3) Strategie beim Bestimmen der Lösungsmenge einer Ungleichung

Wie bei Gleichungen bestimmt man die Lösungsmenge einer Ungleichung, indem man die Variable auf einer Seite isoliert. Dazu verwendet man Termumformungen und Umformungsregeln für Ungleichungen.
Steht die Variable isoliert auf einer Seite, so kann man die Lösungsmenge unmittelbar ablesen.

$$\begin{array}{rl}
x + 3 + 3x > 7 - 2x + 8 & \\
4x + 3 > 15 - 2x & | +2x \\
6x + 3 > 15 & | -3 \\
6x > 12 & | :6 \\
x > 2 & \\
L = \{x \in \mathbb{Q} \mid x > 2\} &
\end{array}$$

(4) Ungleichungen mit dem Zeichen ≤ bzw. ≥

$a \leq b$ bedeutet $a < b$ oder $a = b$;
$a \geq b$ bedeutet $a > b$ oder $a = b$.

Ungleichungen mit dem Zeichen ≤ (bzw. ≥) sind also Kombinationen von Ungleichungen mit dem Zeichen < (bzw. >) und von Gleichungen. Daher gelten dieselben Umformungsregeln wie für Ungleichungen mit dem Zeichen < (bzw. >).

Beispiel: Zu bestimmen ist die Lösungsmenge von $3x + 7 \leq 22$.

$$\begin{array}{rl}
3x + 7 \leq 22 & | -7 \\
3x \leq 15 & | :3 \\
x \leq 5 & \\
L = \{x \in \mathbb{Q} \mid x \leq 5\} &
\end{array}$$

Darstellung der Lösungsmenge auf der Zahlengeraden.

Auch die 5 gehört hier zur Lösungsmenge.

Bei einer Ungleichung kann man die Probe nur für einzelne Beispiele durchführen.

Probe für die Zahl 2:

$3 \cdot 2 + 5 \leq 22$ (w?)	
LS: $3 \cdot 2 + 7$ $= 6 + 7$ $= 13$	RS: 22

Wegen $13 < 22$ gilt erst recht $13 \leq 22$. Also gehört 2 zur Lösungsmenge.

Probe für die Zahl 5:

$3 \cdot 5 + 7 \leq 22$ (w?)	
LS: $3 \cdot 5 + 7$ $= 15 + 7$ $= 22$	RS: 22

Wegen $22 = 22$ gilt erst recht $22 \leq 22$. Also gehört 5 zur Lösungsmenge.

Probe für die Zahl 6:

$3 \cdot 6 + 7 \leq 22$ (w?)	
LS: $3 \cdot 6 + 7$ $= 18 + 7$ $= 25$	RS: 22

Wegen $25 > 22$ gilt *nicht* $25 \leq 22$. Also gehört 6 nicht zur Lösungsmenge.

Weiterführende Aufgabe

2. *Sonderfälle für die Lösungsmenge bei Ungleichungen*
   Bestimme die Lösungsmenge: a) $5 + 3x < x + 8 + 2x$ b) $5 - x < 2x + 1 - 3x$

Übungsaufgaben

3. Lies die Mengenangabe. Markiere die Menge auf der Zahlengeraden.
   a) $\{x \in \mathbb{Q} \mid x < -1\}$ b) $\{x \in \mathbb{Q} \mid x < 3{,}5\}$ c) $\{x \in \mathbb{Q} \mid x > -2\}$ d) $\{x \in \mathbb{Q} \mid x > 1{,}5\}$

4. Welche Menge wird veranschaulicht? Notiere sie in der beschreibenden Form.

5. Bestimme die Lösungsmenge. Notiere auch jede Art der Umformung.
   a) $2x + 8 < 18$ c) $13x - 7 < 84$ e) $2{,}3 + 1{,}4x < 9{,}3$ g) $0 < \frac{2}{5} + \frac{1}{3}x + 0{,}6$
   b) $6r - 9 > -3$ d) $16x - 1{,}7 > 4{,}7$ f) $\frac{1}{8}x - 0{,}2 > -7{,}45$ h) $1 > \frac{3}{4}x + \frac{3}{4} - x$

6. a) Drei Schüler sind unterschiedlich vorgegangen, um die Lösungswege der Ungleichung $41 - 3x < 35$ zu bestimmen. Erkläre und vergleiche ihre Wege.

Stefan
$41 - 3x < 35 \quad | -41$
$-3x < -6 \quad | :3$
$-x < -2 \quad | \cdot (-1)$
$x > 2$
$L = \{x \in \mathbb{Q} \mid x > 2\}$

Laura
$41 - 3x < 35 \quad | +3x$
$41 < 35 + 3x \quad | -35$
$6 < 3x \quad | :3$
$2 < x$
$L = \{x \in \mathbb{Q} \mid x > 2\}$

Bastian
$41 - 3x < 35$
$35 > 41 - 3x \quad | +3x$
$3x + 35 > 41 \quad | -35$
$3x > 6$
$x > 2$
$L = \{x \in \mathbb{Q} \mid x > 2\}$

b) Bestimme die Lösungsmenge von (1) $18 - 8x < -6$; (2) $-24 - 7x > 11$.

7. Bestimme die Lösungsmenge.
a) $-5x + 3 > -17$ **c)** $9x + 4x > 5x - 1$ **e)** $-0{,}2x - 8 < 1$ **g)** $-7x - 13x < -\frac{1}{5}$
b) $2x - 8x < -42$ **d)** $0{,}6 - 3x < 3x - 2{,}4$ **f)** $-\frac{5}{9}x - 1 > -\frac{2}{3}$ **h)** $0{,}6 - 8x > 11x - \frac{3}{5}$

8. Welche Zahlen kommen infrage? Löse mithilfe einer Ungleichung.
a) Wenn man zu 12 eine der Zahlen addiert, erhält man weniger als 3.
b) Wenn man eine der Zahlen durch 3 dividiert, erhält man weniger als -10.
c) Wenn man vom Dreifachen einer der Zahlen 18 subtrahiert, erhält man eine negative Zahl.

9. Der Umfang eines Rechtecks ist größer als 20 cm. Die längere Seite ist um 2 cm länger als die kürzere Seite. Was kannst du über die Länge der kürzeren Seite aussagen?

10. Notiere Ungleichungen, deren Lösungsmenge dargestellt wird.

a) 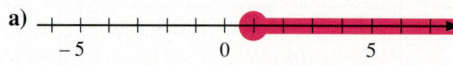 **b)**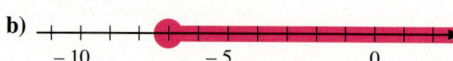

11. Veranschauliche die Menge auf der Zahlengeraden.
a) $\{x \in \mathbb{Q} \mid x \leq -1\}$ **b)** $\{x \in \mathbb{Q} \mid x \geq -1\}$ **c)** $\{x \in \mathbb{Q} \mid x \leq 2{,}5\}$ **d)** $\{x \in \mathbb{Q} \mid x \geq -3\tfrac{1}{5}\}$

12. Löse die Ungleichung.
a) $2x + 8 \leq 18$ **c)** $4a - 3{,}9 \geq -8{,}7$ **e)** $-\tfrac{1}{2}x + 3 \leq 5$ **g)** $\tfrac{8}{3} - \tfrac{7}{3}z \leq 5$
b) $3a - 4 \geq 17$ **d)** $\tfrac{1}{2}z + 8 \leq 10$ **f)** $-2 - \tfrac{1}{3}y \leq 0$ **h)** $-\tfrac{1}{8} - \tfrac{1}{8}u \geq \tfrac{1}{8}$

13. Welche der Ungleichungen hat die leere Menge bzw. die Menge $\mathbb{Q}$ als Lösungsmenge?
(1) $x < x + 1$ (2) $x > x$ (3) $2x \geq x$ (4) $29x - 3 < 29x + 3$ (5) $\tfrac{3}{4}x + 1 > 0{,}75x$

14. Bestimme die Lösungsmenge beider Ungleichungen. Was fällt dir auf?
a) $x + 9 - 4x \leq 9 - 3x$ **b)** $5x + 1{,}1 - 2x \geq 0{,}2 + 3x + 0{,}9$ **c)** $3x + \tfrac{2}{3} - 2x < x + \tfrac{8}{3}$
$\ x + 9 - 4x > 9 - 3x$ $\ 5x + 1{,}1 - 2x < 0{,}2 + 3x + 0{,}9$ $\ 3x + \tfrac{2}{3} - 2x \geq x + \tfrac{8}{3}$

15. Bestimme die Lösungsmenge. Rechne nur so weit, bis du diese erkennst.
a) $23x + 5 < 17x + 6x + 2$ **d)** $8x + 9 - 14x \geq 4 - 6x + 5$
b) $38x + 5 - 7x < 49x + 16 - 18x$ **e)** $0{,}4x + 3{,}8 - 2{,}9x \leq 5{,}1 - 2{,}5x + 1{,}3$
c) $7x + 5 - 19x < 24x + 12 - 36x$ **f)** $7{,}1x + 4{,}3 - 0{,}5x > 5{,}6 + 6{,}6x - 1{,}3$

Bruchterme

1.12 Bruchterme

Einstieg

André hat sich den Wert des Terms $\frac{2x-4}{2x-5}$ für einige Einsetzungen von einem Tabellenkalkulationsprogramm berechnen lassen. Er erhält die nebenstehenden Ergebnisse. Was fällt euch auf?

	A	B	C
1	x	(2*x-4)/(2*x-5)	
2	0	0,8	
3	0,5	0,75	
4	1	0,66666667	
5	1,5	0,5	
6	2	0	
7	2,5	#DIV/0!	
8	3	2	

B2 = =(2*A2-4)/(2*A2-5)

So erhältst du bequem die Werte in der 2. Spalte.

Aufgabe 1

Verhältnisgleichungen enthalten Terme, die im Zähler oder Nenner eine Variable enthalten. Solche *Bruchterme* sollen nun genauer betrachtet werden.

a) Berechne den Wert des Terms $\frac{4(x+1)}{2(x+1)x}$ für folgende Einsetzungen. Was stellst du fest?

(1) $x = -2$ (2) $x = -1$ (3) $x = 0$ (4) $x = \frac{1}{2}$ (5) $x = 13$

b) Erkennst du aus den Berechnungen in Teilaufgabe a) einen einfacheren, wertgleichen Term?

Lösung

a) Wir stellen die Ergebnisse in einer Tabelle zusammen.

Der Term $\frac{4(x+1)}{2(x+1)x}$ kann für -1 und für 0 nicht berechnet werden, weil sich durch Einsetzen im Nenner der Wert 0 ergibt und man nicht durch 0 dividieren kann.

x	$\frac{4(x+1)}{2(x+1)x}$
-2	$\frac{4 \cdot (-2+1)}{2 \cdot (-2+1) \cdot (-2)} = \frac{4 \cdot (-1)}{2 \cdot (-1) \cdot (-2)} = \frac{-4}{4} = -1$
-1	$\frac{4 \cdot (-1+1)}{2 \cdot (-1+1) \cdot (-1)} = \frac{4 \cdot 0}{2 \cdot 0 \cdot (-1)} = \frac{0}{0}$ nicht berechenbar
0	$\frac{4 \cdot (0+1)}{2 \cdot (0+1) \cdot 0} = \frac{4 \cdot 1}{2 \cdot 1 \cdot 0} = \frac{4}{0}$ nicht berechenbar
$\frac{1}{2}$	$\frac{4 \cdot (\frac{1}{2}+1)}{2 \cdot (\frac{1}{2}+1) \cdot \frac{1}{2}} = \frac{4 \cdot \frac{3}{2}}{2 \cdot \frac{3}{2} \cdot \frac{1}{2}} = \frac{6}{\frac{3}{2}} = 6 \cdot \frac{2}{3} = 4$
13	$\frac{4 \cdot (13+1)}{2 \cdot (13+1) \cdot 13} = \frac{4 \cdot 14}{2 \cdot 14 \cdot 13} = \frac{\cancel{4}^2 \cdot \cancel{14}^1}{\cancel{2}_1 \cdot \cancel{14}_1 \cdot 13} = \frac{2}{13}$

Kürzen vor dem Ausrechnen

b) Beim Einsetzen von 13 haben wir zum Schluss vor dem Ausrechnen gekürzt, und zwar mit der Kürzungszahl 2 bei den Faktoren 4 und 2 sowie mit der Kürzungszahl 14 (Wert der Klammer). Hieraus erkennt man den einfacheren Term $\frac{2}{x}$, der für $x \neq -1$ wertgleich zum Term $\frac{4 \cdot (x+1)}{2 \cdot (x+1) \cdot x}$ ist. Für $x \neq -1$ ist dieser jedoch im Gegensatz zum Term $\frac{2}{x}$ nicht berechenbar.

Information

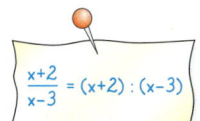

(1) Bruchterme

Terme wie $\frac{5}{x-2}$, $\frac{x+2}{x \cdot (x+1)}$, $\frac{x+y}{2x-3y}$ und $\frac{3+2}{3 \cdot (3+1)}$ heißen **Bruchterme**.

Ein Bruchstrich bedeutet Division. Den Quotienten $a : b$ kann man als Bruchterm $\frac{a}{b}$ schreiben und umgekehrt.

Ein Bruchstrich wirkt wie Klammern um den Zähler und um den Nenner.

(2) Definitionsbereich eines Termes mit nur einer Variablen

Wir fassen alle Zahlen x, für die der Term $\frac{4(x+1)}{2(x+1)\cdot x}$ berechnet werden kann, zu einer Menge zusammen: D = {x ∈ ℚ | x ≠ 0 und x ≠ −1}. Die Menge D heißt **Definitionsbereich** des Terms. Für die Angabe des Definitionsbereich eines Terms ist der Begriff **Restmenge** günstig.
Nimmt man aus der Menge ℚ beispielsweise die Menge {0; −1} heraus, so bleibt als Rest die Menge ℚ \ {0; −1} (gelesen: ℚ *ohne Menge mit 0 und −1*) übrig.

> Der **Definitionsbereich** eines Terms ist die Menge aller Zahlen, für die der Term definiert ist.

(3) Regel über das Erweitern und Kürzen

Bruchterme kannst du auf die gleiche Weise kürzen und erweitern wie Brüche.

> **Regel über das Erweitern und Kürzen**
>
> *Erweitern* bedeutet, Zähler und Nenner eines Bruchterms mit demselben von 0 verschiedenen Term zu multiplizieren.
> *Kürzen* bedeutet, Zähler und Nenner eines Bruchterms durch denselben von 0 verschiedenen Term zu dividieren.
> Erweitern und Kürzen ändert den Wert nicht; der gekürzte bzw. erweiterte Bruchterm kann jedoch einen anderen Definitionsbereich haben.
>
> *Beispiel:* Für x ≠ 7:
> $$\frac{3\cdot(x-7)}{2\cdot(x-7)} = \frac{3}{2}$$
> kürzen / erweitern

Weiterführende Aufgabe

2. *Multiplizieren eines Bruchterms mit einem Term*

Vereinfache: **a)** $\frac{2}{x}\cdot 3$ **b)** $\frac{(x+1)}{3}\cdot x$ **c)** $\frac{2}{x}\cdot x$ **d)** $\frac{7}{(x+1)\cdot x}\cdot (x+1)$ **e)** $\frac{5}{x\cdot(x+1)}\cdot x^2$

> Ein Bruchterm wird mit einem Term multipliziert, indem man den Zähler des Bruchterms mit dem Term multipliziert.
>
> *Beispiel:* Für x ≠ 0 gilt:
> $$\frac{(x+1)}{x}\cdot 3x = \frac{(x+1)\cdot 3x}{x} = 3(x+1)$$

Übungsaufgaben

3. Setze in die Terme $\frac{x}{x-2}$ und $\frac{x+2}{x\cdot(x+1)}$ für x ein: 3; 2; 1,5; 1; 0; −1; −2. Berechne, wenn möglich, den Wert. Welche Bedingung für x muss erfüllt sein, damit der Term definiert ist?

4. Bestimme den Definitionsbereich des Bruchterms.

a) $\frac{x+5}{x-7}$ **b)** $\frac{3x}{x+6}$ **c)** $\frac{x+5}{x}$ **d)** $\frac{3a}{a+5}$ **e)** $\frac{4x}{3x-12}$ **f)** $\frac{x+4}{7x+35}$ **g)** $\frac{2}{a\cdot(a+4)}$

5. Bringe den Bruchterm durch Kürzen auf die einfachste Form.

a) $\frac{12x}{4x^2}$ **b)** $\frac{7(x+1)}{x(x+1)}$ **c)** $\frac{2(x-7)(x+1)}{6(x-7)}$ **d)** $\frac{15x^2(x+7)^3}{9x(x+7)^2}$ **e)** $\frac{26x(x-4)(x+1)}{39(x-4)(x+4)}$

6. a) $\frac{x^2-2x}{x^3}$ **b)** $\frac{x}{x^3-x^2}$ **c)** $\frac{2x^4-x}{x^3+2x^2}$ **d)** $\frac{2x^4-4x^2}{6x^2}$ **e)** $\frac{6x^4+3x^3}{6x^5-12x^4}$

7. Multipliziere.

a) $\frac{4}{x}\cdot 3$ **b)** $\frac{3}{7(x+1)}\cdot x^2$ **c)** $\frac{3}{x}\cdot x^2$ **d)** $\frac{7}{x+1}\cdot 3(x+1)$ **e)** $\frac{x}{x+7}\cdot x(x+7)$

1.13 Aufgaben zur Vertiefung

1. a) In den Term 2n werden nacheinander die Zahlen 1, 2, 3, 4, 5, ... eingesetzt. Welche Zahlen erhält man als Wert des Terms?
   b) Stelle einen Term auf, der beim Einsetzen von 1, 2, 3, 4, 5, ... die ungeraden Zahlen ab 1 [ab 3] liefert.
   c) Bilde die Differenz zweier benachbarter Quadratzahlen. Welche Zahlen erhältst du? Begründe dies.
   Anleitung: $(n+1)^2 - n^2 = ?$

   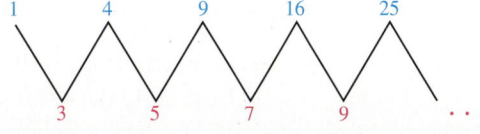

2. a) Setze die nebenstehende Folge von Quadraten fort.
   (1) Welche Gesetzmäßigkeiten erkennst du über die Anzahl der Punkte?
   (2) Das Quadrat soll n Punkte auf einer Seite haben. Wie viele Punkte hat es dann insgesamt?
   Erstelle einen Term und begründe damit die in Teilaufgabe (1) gefundene Gesetzmäßigkeit.

   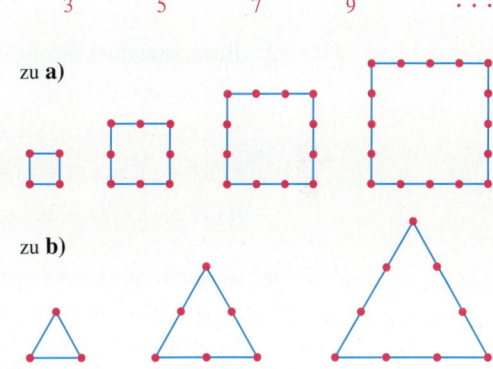

   b) Führe ähnliche Überlegungen wie in der Teilaufgabe a) mit der Folge von Dreiecken durch.

3. a) Bilde das Produkt aus einer natürlichen Zahl und der übernächsten natürlichen Zahl. Berechne mehrere Beispiele. Was fällt auf? Begründe.
   b) Zeige: Die Summe der Quadrate zweier aufeinander folgenden natürlichen Zahlen ist um 1 größer als das doppelte Produkt dieser Zahlen.

4. a) Zeige an der Figur rechts, dass für a, b, c > 0 gilt:
   $(a+b+c)^2 = a^2 + b^2 + c^2 + 2ab + 2ac + 2bc$
   b) Weise nach, dass die Formel aus Teilaufgabe a) auch für negative Zahlen gilt.
   c) Berechne mithilfe der Formel von Teilaufgabe a).
   (1) $(a-b+c)^2$ (4) $(7a-2b-8c)^2$
   (2) $(a+b-c)^2$ (5) $(p^2-3p+1)^2$
   (3) $(4a+2b+3c)^2$ (6) $(2a^2+b^2+3c)^2$

   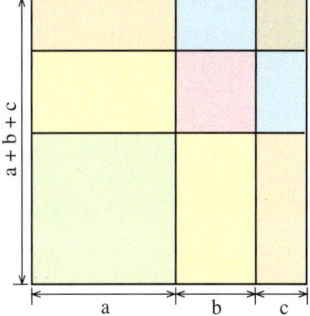

   CAS d) Stelle selbst Aufgaben, die du mithilfe der Formel aus Teilaufgabe a) bearbeiten kannst. Kontrolliere mit einem CAS.

5. Der Entwurf für das Firmen-Logo einer Fluggesellschaft soll in verschiedenen Größen aufgedruckt werden.
   a) Erstelle einen Term für die Größe der blauen [silbernen] Fläche.
   b) Wie groß sind die Flächen für a = 2 cm [5 cm; 30 cm]?

   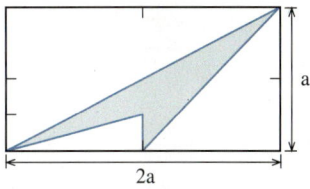

Bist du fit?

1. Löse die Klammern auf und vereinfache, wenn möglich.

a) $3a(7b+c)$ d) $-r(2r-s)$ g) $(9a+2)(3+b)$ j) $(2x+3)^2$

b) $8x(9y-12z)$ e) $x-(2x-3)$ h) $(7p-q)(2+q)$ k) $(4a-2b)^2+166 \cdot a$

c) $(x^2+1) \cdot 2x$ f) $7a^2-a(5+a)$ i) $(3u-2v)(u-4v)$ l) $(p+2q)(p-2q)$

2. a) $6(a-24b)+3(5b-2a)$ c) $-u(v-7)-(1-u)$ e) $(4a-3b)(a+5b)-(2a+b)^2$

b) $r(4-12s)-4s(3r+1)$ d) $(7x-5y)^2-(5y-7x)^2$ f) $9(3x-5y)+(8x-3)(5y+1)$

3. Bestimme die Lösungsmenge.

a) $(2-x)^2 = (2+x)^2$ e) $(3x+9)(4x-8) = (x-1)(12x+60)+132$

b) $(8x-6)(4x-2) = 32x^2+52$ f) $(2y-8)(y+5) \cdot 2 = (2y+8)(2y-8)$

c) $(6+x)^2 = x(4+x)+44$ g) $7(2x-2) \le 6(4x+7)$

d) $(2x-8)(2x+10) = 4x^2-64$ h) $(2x-2)(3x-6)-(3x-6)-(3x-27)2x \ge 0$

4. a) Stelle auf zwei verschiedene Weisen einen Term auf, der den Flächeninhalt der stark umrandeten Figur angibt.

b) Berechne den Wert beider Terme: 6 für a, 3 für b und 8 für c [2,4 für a; 3,5 für b; 7,2 für c]; Maße in cm.

c) Zeige durch Termumformung, dass beide Terme wertgleich zueinander sind.

d) Timo hat den Term $2b \cdot (a+b)$ erstellt. Prüfe, ob dies stimmt.

e) Wie groß muss die Länge c sein, wenn a = 5, b = 4 (Maße in cm) und der Flächeninhalt 104 cm² beträgt?

f) Stelle einen Term für den Umfang der Figur auf; berechne ihn für die Maße aus Teilaufgabe b).

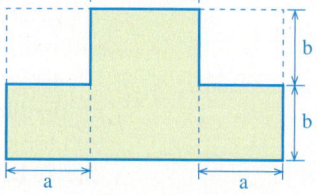

5. Klammere so aus, dass der Term in der Klammer möglichst einfach wird.

a) $12ab+7bc$ b) $40xy-25xz$ c) $45-27ab+36x^2$ d) $0,9u-0,9u^2+0,9u$

$-4x-4y$ $-5x^2-10xy$ $-24a-30b+66b$ $\frac{r}{2}+\frac{r^2}{2}-\frac{3}{2}rs$

6. Faktorisiere.

a) $16x^2-25y^2$ b) $64x^2-192xy+144y^2$ c) $5x^2+10xy+5y^2$

7. Ein quadratisches Eckgrundstück muss an zwei benachbarten Seiten einen 1 m breiten Streifen für die Anlage eines neuen Fahrradweges abgeben. Dadurch verringert sich seine Größe um 57 m². Berechne die neue Grundstücksgröße.

8. Essigessenz enthält 20 % Essigsäure, gewöhnlicher Essig 5 %.
Essigessenz soll mit so viel gewöhnlichem Essig vermischt werden, dass 10%iger Essig für Reinigungszwecke entsteht.
In welchem Mengenverhältnis muss man Essigessenz und Essig mischen?
Tipp: Beginne mit einem selbst gewählten Beispiel.

2. QUADRATWURZELN – REELLE ZAHLEN

Familie Müller und Familie Jess haben zwei Grundstücke, die an dieselbe Straße angrenzen. Am Jahresende bekommen beide Familien eine Rechnung von der Stadtverwaltung; die Kosten für Straßenreinigung sollen bezahlt werden.
Familie Jess wundert sich:
Obwohl ihr Grundstück kleiner ist als das der Familie Müller, soll sie einen höheren Betrag bezahlen! Wie ist das zu erklären?

Die Stadtverwaltung berechnet die Kosten nach der Länge der Grundstücksseite, die an die Straße angrenzt, also nach der Länge der „Straßenfront".
Man nennt dieses Abrechnungsverfahren „*Straßenfront-Maßstab*".
Im nächsten Jahr soll ein neues Berechnungsverfahren eingeführt werden, das für mehr Gerechtigkeit sorgen soll:
Man denkt sich jedes Grundstück in ein quadratisches Grundstück verwandelt, wobei der Flächeninhalt gleich bleiben soll.
Nach der Seitenlänge dieses quadratischen Grundstücks sollen dann die Gebühren berechnet werden.
Das neue Berechnungsverfahren heißt „*Quadratwurzel-Maßstab*".

- Welches der beiden Verfahren findest du gerechter? Denke z.B. auch an Eckgrundstücke.

Was die Quadratwurzeln mit einem Quadrat zu tun haben und wie man mit Quadratwurzeln rechnet, lernst du in diesem Kapitel.

2.1 Quadratwurzeln

2.1.1 Einführung der Quadratwurzeln

Einstieg

Der USA-Staat Wyoming hat eine Größe von ungefähr 250 000 km². Seine Fläche kann näherungsweise als Quadrat betrachtet werden.
Wie lang ist die Grenze von Wyoming ungefähr?

Aufgabe 1 Das Grundstück der Familie Müller aus dem Einführungsbeispiel auf Seite 53 ist 961 m² groß. Bestimme die Seitenlänge eines quadratischen Grundstücks gleicher Größe.

Lösung Man erhält den Flächeninhalt eines Quadrats, indem man die Seitenlänge a quadriert: $A = a^2$
Hier ist der Flächeninhalt 961 m² gegeben, gesucht ist die Seitenlänge.
Wir suchen also eine Maßzahl, für die gilt: $961 = a^2 = a \cdot a$
Die gesuchte Maßzahl muss etwas größer als 30 sein, denn $30 \cdot 30 = 900$ ist kleiner als 961.
Wir finden 31, denn $31 \cdot 31 = 961$.

Ergebnis: Die gesuchte Seitenlänge beträgt 31 m.

Information

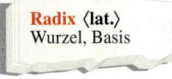
Radix ⟨lat.⟩
Wurzel, Basis

Definition
Gegeben ist eine nichtnegative Zahl a.
Unter der **Quadratwurzel** aus a (kurz: *Wurzel* aus a) versteht man diejenige nichtnegative Zahl, die mit sich selbst multipliziert die Zahl a ergibt. Für die Quadratwurzel aus a schreibt man $\sqrt{a}$.
Die Zahl a unter dem **Wurzelzeichen** heißt **Radikand.** Das Bestimmen der Quadratwurzel heißt **Wurzelziehen** (**Radizieren**).

Beispiele: $\sqrt{961} = 31$, denn $31 \cdot 31 = 961$ und $31 \geq 0$

$\sqrt{0{,}09} = 0{,}3$, denn $0{,}3 \cdot 0{,}3 = 0{,}09$ und $0{,}3 \geq 0$

$\sqrt{\frac{4}{25}} = \frac{2}{5}$, denn $\frac{2}{5} \cdot \frac{2}{5} = \frac{4}{25}$ und $\frac{2}{5} \geq 0$

$\sqrt{0} = 0$, denn $0 \cdot 0 = 0$ und $0 \geq 0$

$\sqrt{a}$ — Wurzelzeichen, Radikand

Nichtnegativ ist nicht dasselbe wie positiv.

Beachte:
(1) Eine Quadratwurzel ist stets nichtnegativ. Es ist also z. B. $\sqrt{9} = +3$, obwohl auch $(-3) \cdot (-3) = 9$ ist. Man möchte vermeiden, dass z. B. $\sqrt{9}$ zwei verschiedene Zahlen bezeichnet.
(2) Quadratwurzeln kann man nur aus nichtnegativen Zahlen bilden, denn das Produkt zweier gleicher Zahlen kann niemals negativ sein. $\sqrt{-4}$ ist oben nicht definiert.

Quadratwurzeln

Übungsaufgaben

2. Berechne die Quadratzahlen 1^2; 2^2; 3^2; ...; 24^2; 25^2. Sie helfen dir bei den folgenden Aufgaben.

3. Gib die Seitenlänge eines Quadrats mit dem gegebenen Flächeninhalt an.
   a) 36 cm^2 b) 324 cm^2 c) $6,25 \text{ cm}^2$ d) $0,25 \text{ cm}^2$ e) $146,41 \text{ dm}^2$

4. Berechne die Wurzeln im Kopf, wenn es sie gibt:
   a) $\sqrt{49}$ d) $\sqrt{81}$ g) $\sqrt{-64}$ j) $\sqrt{1}$ m) $\sqrt{169}$ p) $\sqrt{10\,000}$ s) $\sqrt{22\,500}$
   b) $\sqrt{225}$ e) $\sqrt{0}$ h) $\sqrt{289}$ k) $\sqrt{-196}$ n) $\sqrt{576}$ q) $\sqrt{6\,400}$ t) $\sqrt{1\,000\,000}$
   c) $\sqrt{144}$ f) $\sqrt{484}$ i) $\sqrt{121}$ l) $\sqrt{361}$ o) $\sqrt{-900}$ r) $\sqrt{14\,400}$ u) $\sqrt{1\,225}$

5. a) $\sqrt{\frac{1}{4}}$ c) $\sqrt{\frac{16}{100}}$ e) $\sqrt{\frac{81}{100}}$ g) $\sqrt{\frac{169}{196}}$ i) $\sqrt{\frac{361}{324}}$ k) $\sqrt{-\frac{4}{256}}$ m) $\sqrt{\frac{400}{441}}$
   b) $\sqrt{\frac{1}{9}}$ d) $\sqrt{\frac{81}{225}}$ f) $\sqrt{\frac{25}{144}}$ h) $\sqrt{\frac{49}{225}}$ j) $\sqrt{\frac{36}{289}}$ l) $\sqrt{\frac{324}{121}}$ n) $\sqrt{\frac{484}{64}}$

6. Nimm Stellung zu den Behauptungen rechts.

7. a) $\sqrt{0,25}$ e) $\sqrt{2,56}$ i) $\sqrt{0,0049}$
   b) $\sqrt{0,16}$ f) $\sqrt{6,25}$ j) $\sqrt{0,0004}$
   c) $\sqrt{0,01}$ g) $\sqrt{-3,24}$ k) $\sqrt{0,0576}$
   d) $\sqrt{0,09}$ h) $\sqrt{0,0225}$ l) $\sqrt{0,0289}$

8. Berechne. Was fällt dir auf?
   a) $\sqrt{144}$; $\sqrt{14\,400}$; $\sqrt{1,44}$; $\sqrt{0,0144}$
   b) $\sqrt{324}$; $\sqrt{3,24}$; $\sqrt{32\,400}$; $\sqrt{0,0324}$
   c) Denke dir ähnliche Aufgaben aus.

9. Schreibe als Quadratwurzel, wenn es geht.
   a) 12   b) 17   c) −32   d) 300   e) 0,7   f) $\frac{5}{7}$

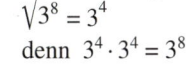

$4 = \sqrt{16}$

10. Berechne. Was fällt dir auf?
    a) $\sqrt{10^6}$; $\sqrt{10^{10}}$; $\sqrt{10^{26}}$; $\sqrt{2^6}$; $\sqrt{2^{10}}$
    b) $\sqrt{\frac{1}{10^4}}$; $\sqrt{\frac{1}{10^6}}$; $\sqrt{\frac{1}{10^{14}}}$; $\sqrt{\frac{1}{2^6}}$; $\sqrt{\frac{1}{2^{16}}}$

$\sqrt{3^8} = 3^4$
denn $3^4 \cdot 3^4 = 3^8$

11. a) Welche Wurzel ist größer: $\sqrt{25}$ oder $\sqrt{36}$?
    b) Begründe an der Figur rechts:
       (1) Wenn a größer wird, wird $\sqrt{a}$ auch größer.
           Wenn a kleiner wird, wird $\sqrt{a}$ auch kleiner.
       (2) Wenn $\sqrt{a}$ größer wird, wird a auch größer.
           Wenn $\sqrt{a}$ kleiner wird, wird a auch kleiner.

12. Kontrolliere die Hausaufgaben.

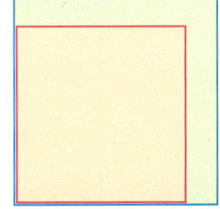

a) $\sqrt{256} = 16$ b) $\sqrt{-1024} = 32$ c) $\sqrt{1024} = 32$ d) $\sqrt{1000} = 33,4$ e) $\sqrt{0,04} = -0,2$

13. a) $\sqrt{\sqrt{81}}$ b) $\sqrt{\sqrt{16}}$ c) $\sqrt{\sqrt{256}}$ d) $\sqrt{\sqrt{1\,296}}$ e) $\sqrt{\sqrt{1}}$

$\sqrt{\sqrt{625}} = \sqrt{25} = 5$

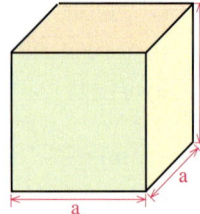

14. Welche der Zahlen sind gleich?

a) 2^2; $\sqrt{4}$; 2; $\sqrt{16}$; $2 \cdot 2$; $\sqrt{\sqrt{16}}$ b) 0,1; $\frac{1}{100}$; $\frac{1}{10}$; 0,01; $\sqrt{\frac{1}{100}}$; $(\frac{1}{10})^2$; $\sqrt{0,01}$

15. Ein quadratischer Bauplatz ist 841 m² groß. Er soll mit einem Bauzaun umgeben werden. Für die Einfahrt sollen 4 m frei bleiben. Wie viel m Zaun benötigt man?

16. Die Oberfläche eines Würfels ist 54 dm² [150 dm²; 16 224 cm²] groß. Wie groß ist sein Volumen?

17. Ein Kreis ist ungefähr 3,14 m² [12,56 cm²; 314 dm²] groß. Berechne seinen Radius.

18. Berechne im Kopf.

a) $3 \cdot \sqrt{100}$ b) $\sqrt{6+19}$ c) $\sqrt{100-51}$ d) $\sqrt{30 + \frac{1}{2} \cdot 12}$ e) $\sqrt{9 \cdot \sqrt{16}}$

2.1.2 Näherungsweises Berechnen von Quadratwurzeln

Einstieg   Zeichne ein Quadrat mit der Seitenlänge 1 dm. Zeichne wie im Bild rechts ein Quadrat mit einem doppelt so großen Flächeninhalt 2 dm².
Miss die Seitenlänge des neuen Quadrats. Versuche, diese Seitenlänge noch genauer anzugeben.
Vergleiche mit deinem Partner.

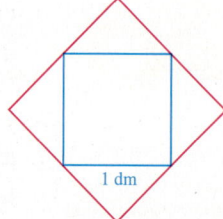

Einführung   Für die Straßenreinigungsgebühren nach dem Quadratwurzel-Maßstab denkt man sich das 750 m² große Grundstück von Familie Jess auf Seite 53 in ein Quadrat verwandelt. Welche Seitenlänge hat dieses Quadrat dann? Es ist also $\sqrt{750}$ gesucht.

Durch Probieren finden wir, dass die Seitenlänge a des Quadrats zwischen 27 m und 28 m liegen muss, denn $27^2 = 729$ und $28^2 = 784$.
Um die Seitenlänge in der Einheit dm genau anzugeben, probieren wir, zwischen welchen der Zahlen $27,1^2$; $27,2^2$; ...; $27,9^2$ die Zahl 750 liegt.
Wir finden: $27,3 < \sqrt{750} < 27,4$, denn $27,3^2 = 745,29 < 750 < 750,76 = 27,4^2$.
Auch auf volle cm genau können wir die Seitenlänge angeben:
$27,38 < \sqrt{750} < 27,39$, denn $27,38^2 = 749,6644 < 750 < 750,2121 = 27,39^2$.
Die gesuchte Seitenlänge liegt zwischen 27,38 m und 27,39 m. Der Fehler beträgt höchstens 1 cm.
Man könnte die gesuchte Seitenlänge noch genauer bestimmen.

Information   **(1) Dezimalbruch-Darstellung von Wurzeln**

Bei dem Grundstück von Familie Müller auf Seite 54 konnten wir die Seitenlänge ganz genau angeben. Können wir dies auch bei dem obigen Grundstück der Familie Jess tun?

Quadratwurzeln

Wir betrachten dazu in jedem Schritt eine weitere Nachkommastelle:

Zu kleine Zahl x	Begründung x^2	Zu große Zahl y	Begründung y^2	Differenz (Genauigkeit)
27,386	749,992996	27,387	750,047769	0,001
27,3861	749,99847321	27,3862	750,00395044	0,0001
27,38612	749,9995 … 4	27,38613	750,0001 … 9	0,00001
⋮	⋮	⋮	⋮	⋮

Mit dem in der Tabelle benutzten Verfahren können wir immer weitere Nachkommastellen für $\sqrt{750}$ berechnen. Aber auch der Taschenrechnerwert 27,38612788 ist nicht genau $\sqrt{750}$. Das kann man nachweisen, indem man 27,38612788 mit sich selbst multipliziert. Dabei reicht es aus, die letzte Stelle zu betrachten:

Kann es sein, dass man irgendwann auf einen endlichen Dezimalbruch a stößt, dessen Quadrat exakt 750 ergibt?
Da man Endnullen weglässt, sind die möglichen Endziffern von a dann 1, 2, …, 9. Beim Quadrieren erhält man die Endziffern 1, 4, 9, 6, 5, 6, 9, 4, 1. Wir erhalten für a^2 nie 750,0.
Allgemein gilt:

> Die Wurzel aus einer natürlichen Zahl n ist entweder eine natürliche Zahl (falls n eine Quadratzahl ist) oder ein nicht endlicher Dezimalbruch.

(2) Intervallschachtelung für Wurzeln

Ziel eines Verfahrens wie oben ist es, den Wert für die Wurzel immer genauer zwischen zwei Zahlen einzuschachteln. Auf diese Weise gelingt es, immer weitere Stellen der Dezimalbruchdarstellung für die Wurzel zu ermitteln.
Will man ausdrücken, dass z.B. $\sqrt{750}$ zwischen 27 und 28 liegt, so sagt man:
$\sqrt{750}$ liegt im **Intervall** von 27 bis 28; geschrieben [27; 28].
Ein Intervall ist also eine Zahlenmenge der Form $[27; 28] = \{x \mid 27 \leq x \leq 28\}$.

Zahlengerade	Intervall
27 — 28	[27; 28]
27,3 — 27,4	[27,3; 27,4]
	[27,38; 27,39]
$\sqrt{750}$	⋮

(3) Bestimmen von Wurzeln mit dem Taschenrechner

Bei Taschenrechnern verschiedenen Typs gibt es unterschiedliche Tastenfolgen zum Wurzelziehen. Probiere mit deinem Taschenrechner, wie du Quadratwurzeln ermitteln kannst. Kontrolliere deine Ergebnisse durch Quadrieren.

Weiterführende Aufgabe

1. *Gesicherte Ziffern einer Zahl*

In der Einführung auf Seite 56 hast du ermittelt, dass die gesuchte Seitenlänge des Quadrats zwischen 27,38 m und 27,39 m liegen muss. Die Dezimalbruchdarstellung der Maßzahl muss daher mit 27,38 beginnen. Diese Ziffern sind gesichert.
Bestimme anhand der Tabelle der Information (1) weitere gesicherte Ziffern für $\sqrt{750}$.

> $27{,}38 < \sqrt{750} < 27{,}39$
> liefert $\sqrt{750} = 27{,}38\ldots$

Übungsaufgaben

2. Bestimme im Kopf, zwischen welchen natürlichen Zahlen die Quadratwurzel liegt.

a) $\sqrt{10}$ c) $\sqrt{60}$ e) $\sqrt{102}$ g) $\sqrt{143}$
b) $\sqrt{40}$ d) $\sqrt{200}$ f) $\sqrt{29}$ h) $\sqrt{390}$

> $4 < \sqrt{20} < 5$

3. Schätze das Ergebnis. Dein Partner kontrolliert mit dem Rechner. Tauscht die Rollen nach jeder Teilaufgabe.

a) $\sqrt{30}$ b) $\sqrt{50}$ c) $\sqrt{163}$ d) $\sqrt{197}$ e) $\sqrt{\tfrac{1}{8}}$ f) $\sqrt{\tfrac{1}{17}}$

4. Bestimme wie im Beispiel rechts *ohne* Benutzung der Wurzeltaste die Quadratwurzel auf eine Stelle nach dem Komma.

a) $\sqrt{20}$ b) $\sqrt{60}$ c) $\sqrt{70}$ d) $\sqrt{80}$ e) $\sqrt{110}$

> $6 \leq \sqrt{40} < 7$
> $6{,}1^2 = 37{,}21;\ 6{,}2^2 = 38{,}44;$
> $6{,}3^2 = 39{,}69;\ 6{,}4^2 = 40{,}96,$
> also $\sqrt{40} = 6{,}3\ldots$

5. Bestimme mit der Wurzeltaste die Quadratwurzeln. Runde auf drei Stellen nach dem Komma.

$\sqrt{53};\ \sqrt{105};\ \sqrt{363};\ \sqrt{66{,}4};\ \sqrt{5{,}396};\ \sqrt{\tfrac{56}{13}};\ \sqrt{82\tfrac{4}{7}};\ \sqrt{\tfrac{6-\tfrac{1}{3}}{5}}$

6. Bestimme mithilfe des Taschenrechners $\sqrt{2000}$. Begründe, warum der angezeigte Wert nicht der exakte Wert sein kann.

7. Ein rechteckiges Grundstück ist 35 m lang und 27 m breit. Es soll gegen ein gleich großes quadratisches Grundstück getauscht werden.

8. a) Beweise wie in der Information auf Seite 57, dass kein endlicher Dezimalbruch gleich $\sqrt{2}$ sein kann.

b) Warum versagt der Beweis aus Teilaufgabe a) bei $\sqrt{4}$?

9. Erläutere den folgenden Satz:
Die Quadratwurzel aus einer natürlichen Zahl n ist eine natürliche Zahl, wenn n eine Quadratzahl ist. Andernfalls ist $\sqrt{n}$ kein endlicher Dezimalbruch.

> **Primzahl:** Natürliche Zahl mit genau zwei Teilern.

10. Begründe: Die Wurzel aus einer Primzahl ist nie eine natürliche Zahl.

11. Nimm auf deinem Taschenrechner die kleinste verfügbare Zahl größer als 9 (zum Beispiel 9,000000001). Berechne dann deren Wurzel.
Erkläre das Ergebnis und begründe erneut, dass der Taschenrechner nicht alle Quadratwurzeln genau angeben kann.

12. Findet mehrere verschiedene Zahlen, die auf euren Taschenrechnern die gleiche Anzeige für ihre Wurzel bewirken.

Quadratwurzeln

2.1.3 Intervallhalbierungsverfahren

Einstieg

In einer Fernsehshow soll ein Kandidat eine vorher gedachte rationale Zahl zwischen 1 und 64 auf eine Nachkommastelle erraten. Dabei dürfen nur Fragen gestellt werden, auf die mit JA bzw. NEIN geantwortet werden kann. Der Kandidat erhält ein Startkapital von 1 000 €. Für jede gestellte Frage muss er 50 € zahlen.
Denkt euch eine rationale Zahl aus und führt das Spiel entsprechend durch. Entwickelt dabei ein Verfahren, wie man die gedachte Zahl mit möglichst wenig Fragen erraten kann.

Einführung

Du hast Wurzeln schon durch zielgerichtetes Probieren näherungsweise bestimmt (siehe Seite 56). Jetzt soll ein *systematisches* Verfahren entwickelt werden, das sich so eindeutig beschreiben lässt, dass es gut von einem Computer durchgeführt werden kann.

Intervall [a ; b]
Menge aller Zahlen x, für die gilt:
a ≤ x ≤ b

Für z. B. $\sqrt{3}$ kann man folgendermaßen Näherungswerte systematisch verbessern.
$\sqrt{3}$ liegt offensichtlich zwischen 1 und 2, denn es gilt:
$1^2 = 1 < 3$ und $2^2 = 4 > 3$.
Wir halbieren das Intervall [1; 2], in dem $\sqrt{3}$ liegt und entscheiden, ob die Mitte des Intervalls 1,5 eine untere oder eine obere Näherungszahl für $\sqrt{3}$ ist:
$1,5^2 = 2,25 < 3$. Also liegt $\sqrt{3}$ zwischen 1,5 und 2.
Wir bilden wieder die Intervallmitte von [1,5; 2] als Mittelwert der beiden Intervallgrenzen:
$(1,5 + 2) : 2 = 1,75$.
Wegen $1,75^2 = 3,0625 > 3$ ist 1,75 eine obere Näherungszahl für $\sqrt{3}$; also liegt $\sqrt{3}$ zwischen 1,5 und 1,75.

Diese Überlegungen lassen sich gut in einer Tabelle zusammenfassen:

Untere Näherungszahl	Obere Näherungszahl	Mittelwert	Mittelwert^2	Differenz der Näherungszahlen
1	2	1,5	2,25	2 − 1 = 1
1,5	2	1,75	3,0625	2 − 1,5 = 0,5
1,5	1,75	1,625	2,640625	1,75 − 1,5 = 0,25
1,625	1,75	1,6875	≈ 2,85	0,125
1,6875	1,75	1,71875	≈ 2,95	0,0625
1,71875	1,75	1,734375	≈ 3,01	0,03125
1,71875	1,734375	1,7265625	≈ 2,98	0,015625

wird von Schritt zu Schritt halbiert

Also gilt: $1,7265625 \leq \sqrt{3} \leq 1,734375$.
Dafür schreiben wir auch:
$\sqrt{3} \in [1,7265625; 1,734375]$, gelesen: *$\sqrt{3}$ liegt in dem Intervall von 1,7265625 bis 1,734375.*
Die somit gesicherten Ziffern von $\sqrt{3}$ sind 1,7.

Information

(1) Intervallhalbierungsverfahren

Das obige Verfahren erzeugt bei jedem Schritt aus einem Intervall, in dem die gesuchte Wurzel liegt, ein neues, nur noch halb so langes Intervall, in dem die gesuchte Wurzel liegt. Man nennt es daher **Intervallhalbierungsverfahren**.

Seine Vorgehensweise lässt sich in wenigen Schritten eindeutig formulieren:

1. Schritt: Lege eine untere und eine obere Näherungszahl für die gesuchte Wurzel fest.
2. Schritt: Bilde den Mittelwert aus den beiden Näherungszahlen.
3. Schritt: Ist das Quadrat des Mittelwertes größer als der Radikand, so wähle den Mittelwert als neue obere Grenze und behalte die alte untere Näherungszahl bei.
Andernfalls ist der Mittelwert eine neue untere Näherungszahl und die alte obere wird beibehalten.
4. Schritt: Wiederhole die Schritte 2 und 3, bis die gewünschte Genauigkeit erreicht ist.

(2) Algorithmus für das Intervallhalbierungsverfahren

Wir haben das Intervallhalbierungsverfahren Schritt für Schritt genau beschrieben. Eine solche Folge eindeutig formulierter, bis ins Einzelne festgelegter Schritte, die zur Lösung eines Problems führen, bezeichnet man als einen **Algorithmus**, wenn man zusätzlich noch festlegt, wann man die Berechnung beendet.

Diese Bezeichnung geht zurück auf den persisch-arabischen Mathematiker Al Chwarismi, der 820 n. Chr. ein Rechenbuch mit dem Titel „Algorismus" verfasste.

Das Intervallhalbierungsverfahren lässt sich von einem Computer durchführen, wenn man nur noch das Finden der unteren und oberen Näherungszahl im 1. Schritt präzisiert. Betrachte dazu das rechts dargestellte *Ablaufdiagramm* des Intervallhalbierungsverfahrens.

Bei einem Tabellenkalkulations-Programm lässt sich eine Zelle je nach Erfülltsein einer Bedingung mit einem Wert oder im anderen Fall mit einem Alternativwert mit folgender Formel belegen: **WENN**(Bedingung;Wert;Alternativwert). Unten siehst du die entsprechenden Befehle in einem Rechenblatt. Damit erhält man dann durch automatische Berechnung auf einen Schlag beliebig viele Schritte des Intervallhalbierungsverfahrens.

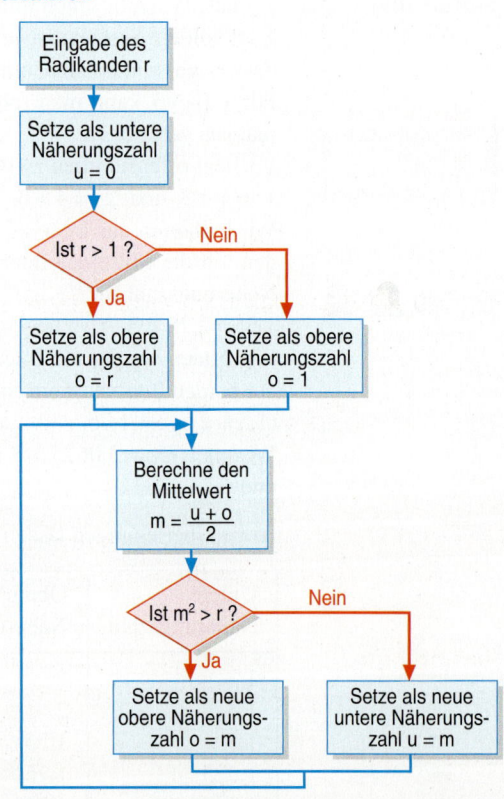

	A	B	C	D	E	F
1	Intervallhalbierungsverfahren			Radikand =	0,6	
2						
3	unten	oben	mitte	mitte*2	Oben - unten	
4	=0	=WENN(E1>1;E1;1)	=(A4+B4)/2	=C4*2	=B4-A4	
5	=WENN(D4>E1;A4;C4)	=WENN(D4>E1;C4;B4)	=(A5+B5)/2	=C5*2	=B5-A5	
6	=WENN(D5>E1;A5;C5)	=WENN(D5>E1;C5;B5)	=(A6+B6)/2	=C6*2	=B6-A6	
7	=WENN(D6>E1;A6;C6)	=WENN(D6>E1;C6;B6)	=(A7+B7)/2	=C7*2	=B7-A7	
8	=WENN(D7>E1;A7;C7)	=WENN(D7>E1;C7;B7)	=(A8+B8)/2	=C8*2	=B8-A8	
9	=WENN(D8>E1;A8;C8)	=WENN(D8>E1;C8;B8)	=(A9+B9)/2	=C9*2	=B9-A9	
10	=WENN(D9>E1;A9;C9)	=WENN(D9>E1;C9;B9)	=(A10+B10)/2	=C10*2	=B10-A10	
11	=WENN(D10>E1;A10;C1	=WENN(D10>E1;C10;B1	=(A11+B11)/2	=C11*2	=B11-A11	
12	=WENN(D11>E1;A11;C1	=WENN(D11>E1;C11;B1	=(A12+B12)/2	=C12*2	=B12-A12	
13	=WENN(D12>E1;A12;C1	=WENN(D12>E1;C12;B1	=(A13+B13)/2	=C13*2	=B13-A13	

Quadratwurzeln

Man kann die schrittweise Verbesserung der Näherungszahlen auch grafisch darstellen lassen.

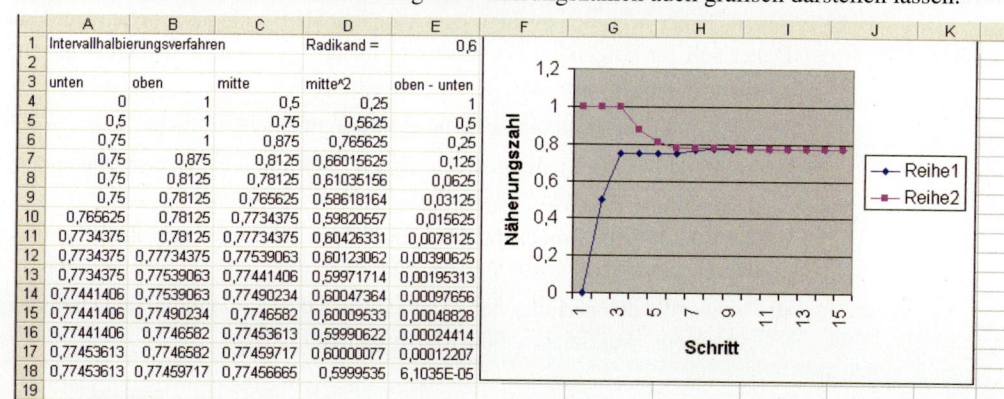

Übungsaufgabe

1. Schließe die Wurzel mit dem Intervallhalbierungsverfahren zwischen zwei Zahlen ein, die sich um weniger als 0,1 unterscheiden.

   a) $\sqrt{19}$ b) $\sqrt{27}$ c) $\sqrt{0{,}7}$ d) $\sqrt{50}$ e) $\sqrt{7{,}4}$ f) $\sqrt{100}$

2.1.4 Irrationale Wurzeln

Einstieg

Jakob weiß, dass $\sqrt{2}$ kein endlicher Dezimalbruch ist. Zu der Taschenrechner-Anzeige 1,41421356237 hat er nach vielen Mühen einen Bruch gefunden, der einen nicht endlichen Dezimalbruch besitzt. Rechts seht ihr seine Überlegungen, ob dieser genau $\sqrt{2}$ ist.

a) Erläutert seine Überlegungen.

b) Überlegt entsprechend, ob es einen anderen Bruch $\frac{m}{n}$ gibt, der genau $\sqrt{2}$ ist.

Annahme: $\sqrt{2} = \dfrac{4\,285\,495\,463\,555}{3\,030\,303\,030\,303}$

$2 = \dfrac{4\,285\,495\,463\,555^2}{3\,030\,303\,030\,303^2}$

$2 \cdot 3\,030\,303\,030\,303^2 = 4\,285\,495\,463\,555^2$

$2 \cdot \ldots\ldots\ldots 9 = \ldots\ldots\ldots 5$

$\ldots\ldots\ldots 8 = \ldots\ldots\ldots 5$

Widerspruch!

Also $\sqrt{2} \neq \dfrac{4\,285\,495\,463\,555}{3\,030\,303\,030\,303}$

Einführung

Im Abschnitt 2.1.2 haben wir beim näherungsweisen Berechnen von Wurzeln gezeigt, dass $\sqrt{2}$ nicht durch einen endlichen Dezimalbruch darstellbar ist. Kann aber irgendwann einmal wie z. B. bei der Umwandlung von $\frac{5}{6}$ in einen Dezimalbruch eine Periode auftreten? Wir versuchen also $\sqrt{2}$ als Bruch $\frac{m}{n}$ zu schreiben, wobei m eine ganze Zahl und n eine von null verschiedene natürliche Zahl ist. Ein vollständig gekürzter Bruch kann nur dann sogar eine ganze Zahl darstellen, wenn der Nenner n gleich 1 ist (z. B. $\frac{51}{17} = \frac{3}{1} = 3$). Quadriert man einen gekürzten Bruch, dann ist das Ergebnis auch nicht weiter kürzbar (z. B. $\left(\frac{5}{18}\right)^2 = \frac{5 \cdot 5}{18 \cdot 18} = \frac{25}{324}$).

Wenn $\sqrt{2}$ eine gebrochene Zahl ist, dann müsste sie sich als vollständig gekürzter Bruch $\frac{m}{n}$ darstellen lassen. Da $\sqrt{2}$ zwischen 1 und 2 liegt, ist $\sqrt{2}$ sicherlich keine natürliche Zahl. Folglich ist n ungleich 1. Nimmt man $\frac{m}{n} = \sqrt{2}$ an und quadriert beide Seiten der Gleichung, so ergibt sich $\frac{m \cdot m}{n \cdot n} = 2$. Da der Nenner $n \cdot n$ ungleich 1 ist und der Bruch bereits gekürzt ist, kann $\frac{m \cdot m}{n \cdot n}$ nicht gleich der natürlichen Zahl 2 sein. Also ergibt sich:

> $\sqrt{2}$ kann nicht als Bruch dargestellt werden.

Aufgabe 1 Wir wissen einerseits, dass $\sqrt{2}$ nicht als endlicher Dezimalbruch geschrieben werden kann. Andererseits haben wir auch gezeigt, dass $\sqrt{2}$ nicht als Bruch geschrieben werden kann.
Daher soll im Folgenden der Zusammenhang zwischen gemeinen Brüchen und Dezimalbrüchen genauer untersucht werden.

a) Verwandle die gemeinen Brüche $\frac{53}{40}$ und $\frac{20}{7}$ in Dezimalbrüche.

b) Begründe, warum jeder gemeine Bruch $\frac{m}{n}$ mit $m, n \in \mathbb{N}^*$ entweder einen endlichen oder einen periodischen Dezimalbruch liefert.

c) Verwandle nun umgekehrt den endlichen Dezimalbruch 23,68 zurück in einen gemeinen Bruch.

d) Verwandle den periodischen Dezimalbruch $0,0\overline{18}$ zurück in einen gemeinen Bruch.
Anleitung: Vergleiche $1\,000 \cdot 0,0\overline{18}$ und $10 \cdot 0,0\overline{18}$.

Lösung

a) (1) $53 : 40 = 1{,}325$

```
 40
 130
 120
  100
   80
  200
  200
    0
```

Der Rest ist null.
Ergebnis: $\frac{53}{40} = 1{,}325$. Dies ist ein **endlicher** Dezimalbruch.

(2) $20 : 7 = 2{,}\overline{857142}$

```
 14
 60
 56
  40
  35
   50
   49
    10
     7
    30
    28
    20
    14
     6
```

Der Rest 6 wiederholt sich. Folglich wiederholt sich auch die Rechnung in dem roten Feld und damit die Ziffernfolge 857142.

Ergebnis: $\frac{20}{7} = 2{,}\overline{857142}$. Dies ist ein **periodischer** (nicht endlicher) Dezimalbruch.

b) Die möglichen Reste, die bei der Division $m : n$ auftreten können, sind die Zahlen $0, 1, 2, 3, \ldots, n-2$ und $n-1$. Also muss spätestens im n-ten Schritt der Rest 0 erscheinen oder aber es muss ein Rest erscheinen, der schon vorher vorgekommen ist, da es nur n mögliche Reste gibt.
Das bedeutet aber, dass der Dezimalbruch nach spätestens $n-1$ Nachkommastellen abbricht oder aber eine Periode hat, die aus höchstens $n-1$ Ziffern besteht.

c) An der 1. Stelle nach dem Komma stehen die Zehntel, an der 2. die Hundertstel, usw.
Also gilt:
$23{,}68 = 23 + \frac{6}{10} + \frac{8}{100} = \frac{2\,300 + 60 + 8}{100} = \frac{2\,368}{100} = \frac{592}{25}$

Multiplikation mit 1000: Kommaverschiebung um 3 Stellen nach rechts!

d) Es ist $1\,000 \cdot 0,0\overline{18} = 18{,}\overline{18}$
und $10 \cdot 0,0\overline{18} = 0{,}\overline{18}$
Diese beiden Ergebnisse stimmen in allen Nachkommastellen überein. Also erhalten wir durch Subtraktion

$1\,000 \cdot 0,0\overline{18} = 18{,}\overline{18}$
$\underline{10 \cdot 0,0\overline{18} = 0{,}\overline{18}}$ $\mid -$
$990 \cdot 0,0\overline{18} = 18$

Daraus ergibt sich $0,0\overline{18} = \frac{18}{990} = \frac{1}{55}$.

Quadratwurzeln

Information

(1) Charakterisierung rationaler Zahlen

In Aufgabe 1 haben wir an Beispielen gesehen:

(a) Wandelt man einen gemeinen Bruch in einen Dezimalbruch um, so ist dieser entweder endlich, oder er wird periodisch.

(b) Umgekehrt lässt sich jeder endliche aber auch jeder periodische Dezimalbruch in einen gemeinen Bruch umwandeln.

Folglich gilt:

> Rationale Zahlen sind die Zahlen, die sich mit Brüchen angeben lassen. Gibt man sie mit Dezimalbrüchen an, so sind diese endlich oder periodisch.
>
> *Beispiele:*
>
> $\frac{13}{4} = 3{,}75$ endlicher Dezimalbruch
>
> $-\frac{2}{3} = -0{,}66666\ldots = -0{,}\overline{6}$ reinperiodischer Dezimalbruch
>
> $\frac{7}{45} = 0{,}15555\ldots = 0{,}1\overline{5}$ gemischtperiodischer Dezimalbruch

(2) Unzulänglichkeit der rationalen Zahlen zum Wurzelziehen

> $\sqrt{2}$ ist nicht als gemeiner Bruch darstellbar; $\sqrt{2}$ ist keine rationale Zahl.

In der gleichen Weise lässt sich zeigen, dass alle Wurzeln aus natürlichen Zahlen, die keine Quadratzahlen sind, keine rationalen Zahlen sein können (siehe Aufgabe 9 auf Seite 58).
Auf Seite 65 werden wir deshalb einen erweiterten Zahlbereich einführen. Ein derartiges Vorgehen (Zahlbereichserweiterung) hast du schon zweimal kennen gelernt: von den natürlichen Zahlen zu den gebrochenen Zahlen (positiven rationalen Zahlen) und von den positiven rationalen Zahlen zu den rationalen Zahlen.

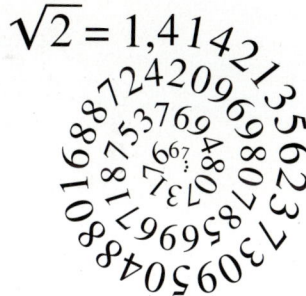

Auch $\pi = 3{,}14159\ldots$ ist eine irrationale Zahl.

> $\sqrt{2}, \sqrt{3}, \sqrt{5}$ sind Beispiele für **irrationale Zahlen** *(nichtrationale Zahlen)*. Sie lassen sich nicht als Bruch darstellen. Als Dezimalbruch geschrieben sind solche Zahlen nicht endlich und auch nichtperiodisch:
>
> $\sqrt{2} = 1{,}4142135623\ldots$
>
> *Beachte:*
>
> $\sqrt{4}$ und $\sqrt{\frac{25}{9}}$ sind keine irrationalen Zahlen, sondern rationale, denn $\sqrt{4} = 2$ und $\sqrt{\frac{25}{9}} = \frac{5}{3}$.

Weiterführende Aufgabe

2. *Neunerperioden*

Verwandle den periodischen Dezimalbruch $0{,}\overline{9}$ in einen gemeinen Bruch.
Du erhältst ein Ergebnis, das zunächst unglaublich erscheint. Überlege, dass es dennoch korrekt ist.

Übungsaufgaben

3. Beweise wie in der Einführung auf Seite 61, dass es keine gebrochene Zahl gibt, die genau gleich der angegebenen Quadratwurzel ist.
   a) $\sqrt{8}$ b) $\sqrt{18}$ c) $\sqrt{1000}$

4. Wende die Schritte des Beweises für die Irrationalität von $\sqrt{2}$ aus der Einführung auf Seite 61 auf die Quadratwurzel an. Was stellst du fest?
   a) $\sqrt{25}$ b) $\sqrt{100}$ c) $\sqrt{1024}$

5. Bestimme (mit dem Taschenrechner) die Dezimalbruchdarstellung der Zahlen. Gib dann die ersten vier Intervalle einer Schachtelung für die Zahl wie in den Beispielen an.
   a) $\sqrt{23}$ e) $12{,}1$
   b) $\sqrt{110}$ f) $\frac{125}{16}$
   c) $\sqrt{1{,}3}$ g) $0{,}\overline{9}$
   d) $\frac{8}{3}$ h) $\sqrt{\sqrt{10}}$

> $\sqrt{56} = 7{,}48331\ldots$
> $[7; 8]$; $[7{,}4; 7{,}5]$; $[7{,}48; 7{,}49]$; $[7{,}483; 7{,}484]$
> $\frac{5}{4} = 1{,}25$
> $[1; 2]$; $[1{,}2; 1{,}3]$; $[1{,}24; 1{,}25]$; $[1{,}249; 1{,}250]$

6. Schreibe als Dezimalbruch.
   a) $\frac{2}{22}$ d) $-\frac{7}{25}$ g) $\frac{100}{999}$ j) $-\frac{7}{9}$ m) $\frac{10}{13}$
   b) $-\frac{2}{5}$ e) $\frac{17}{40}$ h) $-\frac{2}{3}$ k) $\frac{222}{37}$ n) $-\frac{5}{14}$
   c) $\frac{19}{12}$ f) $-\frac{13}{16}$ i) $\frac{23}{16}$ l) $-\frac{8}{11}$ o) $\frac{75}{64}$

> $\frac{8}{10} = 8 : 11 = 0{,}7272\ldots = 0{,}\overline{72}$

7. Schreibe als Dezimalbruch.
   a) $\frac{1}{7}$; $\frac{2}{7}$; $\frac{3}{7}$; $\frac{4}{7}$; $\frac{5}{7}$; $\frac{6}{7}$
   b) $\frac{1}{13}$; $\frac{2}{13}$; $\frac{3}{13}$; $\frac{4}{13}$; $\frac{5}{13}$; $\frac{6}{13}$; $\frac{7}{13}$; $\frac{8}{13}$; $\frac{9}{13}$; $\frac{10}{13}$; $\frac{11}{13}$; $\frac{12}{13}$
   Was fällt dir auf?

8. Schreibe als gemeinen Bruch (gekürzt).
   a) $14{,}75$ b) $0{,}3333$ c) $-17{,}05$ d) $0{,}0002$ e) $1{,}03125$ f) $-8{,}290$

9. Verwandle den periodischen Dezimalbruch in einen gemeinen, gekürzten Bruch.
   a) $2{,}\overline{7}$ d) $2{,}0\overline{7}$ g) $2{,}\overline{07}$ j) $3{,}\overline{2}$ m) $3{,}\overline{200}$ p) $3{,}00\overline{2}$
   b) $0{,}\overline{24}$ e) $0{,}2\overline{40}$ h) $0{,}2\overline{40}$ k) $0{,}0\overline{24}$ n) $0{,}\overline{2400}$ q) $0{,}\overline{2400}$
   c) $22{,}3\overline{5}$ f) $-5{,}3\overline{28}$ i) $19{,}19\overline{1}$ l) $3{,}405\overline{52}$ o) $0{,}1\overline{9}$ r) $7{,}24\overline{9}$

10. Lara weiß, dass $\sqrt{10}$ kein endlicher Dezimalbruch ist. Erläutert und vollendet ihre Überlegungen rechts.

> Ist $\sqrt{10}$ ein periodischer Dezimalbruch?
> Dann ist $\sqrt{10}$ ein Bruch.
> $\sqrt{10} = \frac{m}{n} \quad | (\;)^2$
> $10 = \frac{m^2}{n^2} \quad | \cdot n^2$
> $10n^2 = m^2$
> Die Zahl m^2 endet auf 0 oder 2 oder 4... Nullen, aber die Zahl $10n^2$

Im Blickpunkt

Schnelle Berechnung von Wurzeln mit dem Heronverfahren

Um Näherungswerte für Wurzeln zu bestimmen, verwenden Taschenrechner und Computer spezielle Rechenverfahren. Ein solches Rechenverfahren geht auf den griechischen Mathematiker *Heron von Alexandria* (ca. 60 n.Chr.) zurück. Wir machen uns das Verfahren an einem Beispiel klar:

	rechnerisch	geometrisch
Problem	Gesucht ist ein Näherungswert für $\sqrt{6}$, also ein Dezimalbruch x, für den gilt: $x \cdot x = 6$	Wir suchen die Seitenlänge eines Quadrats mit dem Flächeninhalt 6.
Idee	Wir nehmen zunächst zwei verschiedene Zahlen, deren Produkt 6 ergibt. Diese lassen sich leicht finden, z.B.: $3 \cdot 2 = 6$ Dann nähern wir die beiden Faktoren einander immer mehr an, bis sie fast gleich groß sind.	Wir nehmen zunächst ein Rechteck mit dem Flächeninhalt 6, z.B. mit den Seitenlängen 3 und 2. Wir verwandeln das Rechteck immer mehr in ein Quadrat.
Systematische Durchführung des Verfahrens	*1. Schritt:* (a) Wähle einen Startwert als ersten Faktor, z.B. $a_0 = 3$. (b) Berechne den zweiten Faktor: $b_0 = \frac{6}{a_0} = 2$ *2. Schritt:* (a) Wähle a_1 als Mittelwert von a_0 und b_0: $a_1 = \frac{(a_0 + b_0)}{2} = \frac{(3 + 2)}{2} = 2{,}5$ (b) Berechne den zweiten Faktor: $b_1 = \frac{6}{a_1} = 2{,}4$ *3. Schritt:* (a) Wähle a_2 als Mittelwert von a_1 und b_1: $a_2 = \frac{(a_1 + b_1)}{2} = 2{,}45$ (b) Berechne den zweiten Faktor: $b_2 = \frac{6}{a_2} \approx 2{,}448$	

Schritt für Schritt nähern sich die Faktoren immer mehr.

Schritt für Schritt nähern sich die Rechtecke einem Quadrat.

IM BLICKPUNKT: Heronverfahren

Die Ergebnisse unserer Rechnung fassen wir in einer Tabelle zusammen.

Faktor a	Faktor b = $\frac{6}{a}$	Mittelwert m = $\frac{a+b}{2}$	Kontrolle (m² = 6 ?)
3	2	2,5	6,25
2,5	2,4	2,45	6,0025
2,45	2,448979591 …	2,449489795	6,00000026
2,449489795 …	2,449489689 …	2,449489742 …	6,00000000 …

1. Führe die ersten drei Schritte des *Heronverfahrens* mit einem Taschenrechner durch für:
   a) $\sqrt{30}$ (Startwert 5); b) $\sqrt{13}$ (Startwert 3). Prüfe den Näherungswert durch Quadrieren.

 2. Das *Heron-Verfahren* lässt sich leicht mithilfe einer Tabellenkalkulation durchführen.
   Die linke Abbildung unten zeigt ein solches Programm am Beispiel der Berechnung von $\sqrt{10}$.
   Die rechte Abbildung unten zeigt die Formeln, die in das Tabellenblatt eingegeben wurden.
   Vergleiche mit der Berechnung in der Abbildung links.

   In wenigen Schritten liefert das Verfahren einen sehr guten Näherungswert für $\sqrt{10}$.

   Dividiere die Zahl aus Zelle B1 durch die Zahl aus Zelle A11.

   Berechne den Mittelwert der Zahlen aus den Zellen A11 und B11.

   a) Erstelle mit einem Tabellenkalkulationsprogramm ein Rechenblatt zur Berechnung von $\sqrt{10}$ mit dem Startwert 3.
   b) Wähle weitere Startwerte (auch die Zahl 1 und die Zahl 2). Vergleiche.

3. Fasst man die ersten beiden Schritte des Heronverfahrens zusammen, so erhält man einen besseren Näherungswert. Begründe die folgende Formel.

   > x_0 soll ein Näherungswert für $\sqrt{a}$ sein.
   > Dann ist $\frac{1}{2}\left(x_0 + \frac{a}{x_0}\right) = x_1$ ein erheblich besserer Näherungswert.

 4. a) Erstelle mit einem Tabellenkalkulationsprogramm ein Rechenblatt, das die Formel aus Aufgabe 3 verwendet.
   b) Gib verschiedene Radikanden ein. Untersuche, wie sich der Startwert auf die Schnelligkeit des Verfahrens auswirkt. Probiere verschiedene Startzahlen aus. Wähle auch einen ganzzahligen Wert, der dicht am Wurzelwert liegt.

5. Vergleiche das Intervallhalbierungsverfahren und das Heronverfahren hinsichtlich der Schnelligkeit zur Bestimmung von Näherungswerten für eine Wurzel.

Reelle Zahlen

2.2 Reelle Zahlen

Einstieg Zeichnet um den Ursprung eines Koordinatensystems einen Kreis mit dem Radius 3. Zeichnet in diesen Kreis die Durchmesser, die die Winkel zwischen den Koordinatenachsen halbieren. Verbindet die Endpunkte der Durchmesser zu einem Viereck. Was für ein Viereck entsteht? An welchen Stellen schneiden die Seiten dieses Vierecks die Koordinatenachsen genau?

Aufgabe 1 Erläutere, warum an der markierten Stelle x auf der Zahlengeraden die irrationale Zahl $\sqrt{2}$ liegt.

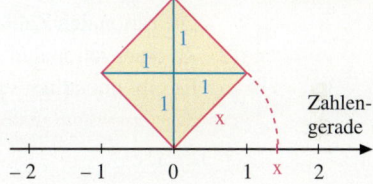

Lösung Der Flächeninhalt des Quadrats hat die Maßzahl 2, denn es setzt sich zusammen aus vier zueinander kongruenten Dreiecken, die jeweils den Flächeninhalt $\frac{1}{2} \cdot 1 \cdot 1$, also $\frac{1}{2}$ haben.
Die Seitenlänge hat demnach die Maßzahl $\sqrt{2}$.
Sie wurde mithilfe eines Zirkels auf die Zahlengerade übertragen.

Information

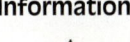

Nicht alle Wurzeln sind irrational. $\sqrt{4}$ z.B. ist rational.

(1) Reelle Zahlen

In früheren Schuljahren haben wir nur Punkte auf der Zahlengeraden betrachtet, die rationalen Zahlen zugeordnet waren. In Aufgabe 1 haben wir gesehen, dass man der irrationalen Zahl $\sqrt{2}$ genau einen Punkt auf der Zahlengeraden zuordnen kann. Es gibt also Punkte auf der Zahlengeraden, denen keine rationale Zahl zugeordnet ist. Will man jeden Punkt der Zahlengeraden erfassen, so muss man eine neue Zahlenmenge betrachten; die rationalen Zahlen reichen nicht mehr aus.
Rationale und irrationale Zahlen fasst man zur **Menge $\mathbb{R}$ der reellen Zahlen** zusammen.

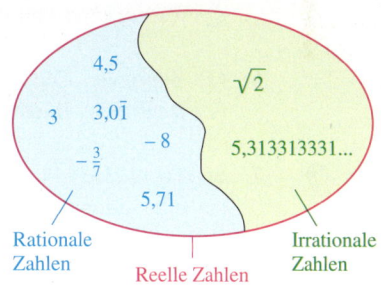

> Jeder Punkt auf der Zahlengeraden stellt eine reelle Zahl dar. Umgekehrt gehört zu jeder reellen Zahl ein Punkt auf der Zahlengeraden.

(2) Darstellung reeller Zahlen durch Dezimalbrüche

In Abschnitt 2.1.4 hast du gesehen, dass beim Umwandeln eines gemeinen Bruches in einen Dezimalbruch entweder ein endlicher oder ein periodischer Dezimalbruch entsteht.

> Jede reelle Zahl lässt sich als Dezimalbruch schreiben. Ist die reelle Zahl rational, so ist dieser Dezimalbruch endlich oder periodisch. Ist die reelle Zahl irrational, so hat der zugehörige Dezimalbruch unendlich viele Nachkommastellen ohne Periode.

Weiterführende Aufgaben

2. *Dichtliegen der rationalen Zahlen in ℝ*

   a) Begründe, dass zwischen den rationalen Zahlen 1 und 1,1 noch unendlich viele weitere rationale Zahlen liegen.

   b) Überlege: Kann man die nächste rationale Zahl angeben, die unmittelbar auf die rationale Zahl 1 folgt?

3. *Unendlich viele irrationale Zahlen*

   $\sqrt{2}$ ist ein Beispiel für eine reelle Zahl. Begründe davon ausgehend, dass es unendlich viele irrationale Zahlen auf der Zahlengeraden gibt.

---

(1) Zwischen zwei rationalen Zahlen liegen auf der Zahlengeraden noch unendlich viele weitere rationale Zahlen. Man sagt dazu:
Die rationalen Zahlen liegen dicht auf der Zahlengeraden.
(2) Zu einer rationalen Zahl gibt es keine Zahl, die direkt darauf folgt.
(3) Es gibt unendlich viele irrationale Zahlen auf der Zahlengeraden.

Übungsaufgaben

4. Konstruiere die Zahlen $\sqrt{2}$ und $5 \cdot \sqrt{2}$ sowie $\frac{1}{2} \cdot \sqrt{2}$ auf der Zahlengeraden.

5. a) Zeige, dass man mit der Figur rechts $\sqrt{50}$ konstruieren kann.

   b) Konstruiere ebenso: $\sqrt{8}$.

   c) Gib drei weitere Radikanden an, deren Wurzeln man ebenso ermitteln kann. Konstruiere ebenso.

   d) Warum kannst du $\sqrt{14}$ nicht auf diese Weise konstruieren?

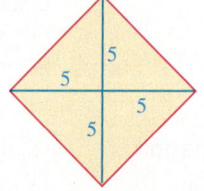

6. (1) Begründe: Die Seitenlänge eines Quadrates mit dem Flächeninhalt A beträgt $\sqrt{A}$.
   (2) Begründe: In einem Quadrat mit der Seitenlänge a hat die Diagonale die Länge $\sqrt{2a^2}$.

 7. Setzt 0,12233344445 … zu einem nicht endlichen Dezimalbruch fort, sodass er
   (1) eine rationale Zahl darstellt;   (2) eine irrationale Zahl darstellt.
   Formuliert jeweils mehrere geeignete Anweisungen zur Fortsetzung; gebt Begründungen an.

8. Formuliere eine nahe liegende Vorschrift zur Fortsetzung des Dezimalbruchs. Entscheide dann, ob er eine rationale oder eine irrationale Zahl darstellt.
   (1) 3,181811111 …   (3) 3,1881818181 …   (5) 0,5152152152 …
   (2) 3,181881888 …   (4) 0,414243444546 … (6) 0,1515251525152 …

9. a) Begründe, dass zwischen 0,1 und 0,2 noch unendlich viele weitere rationale Zahlen liegen.

   b) Begründe, dass zwischen $\frac{1}{3}$ und $\frac{2}{3}$ noch unendlich viele weitere rationale Zahlen liegen.

10. Beweise, dass alle Vielfachen von $\sqrt{3}$ irrationale Zahlen sind.

11. Konstruiere auf der Zahlengeraden den Punkt für $\sqrt{0,5}$.
    Anleitung: Begründe dazu, dass der Punkt für $\sqrt{0,5}$ genau in der Mitte zwischen 0 und $\sqrt{2}$ liegt.

2.3 Zusammenhang zwischen Wurzelziehen und Quadrieren

Einstieg

Wir haben das Radizieren (Wurzelziehen) mithilfe des Quadrierens erklärt. Untersucht nun den Zusammenhang zwischen Quadrieren und Wurzelziehen genau.
Wählt dazu mehrmals eine Zahl.
Der eine Partner bildet deren Quadrat und zieht anschließend aus dem Ergebnis die Wurzel.
Der andere zieht zunächst die Wurzel aus der Zahl und bildet anschließend von dem Ergebnis das Quadrat.
Vergleicht eure Ergebnisse. Formuliert eine Vermutung und überprüft, ob diese für alle Zahlen gilt.

Aufgabe 1

a) Führe für die Zahlen 9; 6,25; 2; $\frac{1}{4}$; 0; −1; −4; −$\frac{25}{4}$ folgende Anweisungsfolge durch, sofern möglich.
  (1) Ziehe zuerst die Wurzel aus der Zahl und quadriere dann dieses Ergebnis.
  (2) Quadriere zuerst die Zahl und ziehe dann die Wurzel aus dem Ergebnis.
Notiere deine Ergebnisse jeweils in Form einer Tabelle.

b) Was fällt auf? Formuliere sowohl für (1) als auch für (2) eine Regel.

Lösung

a) (1) Radizieren → Quadrieren

a	$\sqrt{a}$	$(\sqrt{a})^2$
9	3	9
6,25	2,5	6,25
2	$\sqrt{2}$	2
$\frac{1}{4}$	$\frac{1}{2}$	$\frac{1}{4}$
0	0	0
−1	nicht möglich	−
−4	nicht möglich	−
−$\frac{25}{4}$	nicht möglich	−

(2) Quadrieren → Radizieren

a	a^2	$\sqrt{a^2}$
9	81	9
6,25	39,0625	6,25
2	4	2
$\frac{1}{4}$	$\frac{1}{16}$	$\frac{1}{4}$
0	0	0
−1	1	1
−4	16	4
−$\frac{25}{4}$	$\frac{625}{16}$	$\frac{25}{4}$

b) (1) Diese Anweisungsfolge ist nur für positive Zahlen und die Zahl 0 durchführbar. Sie liefert als Endergebnis wieder die Ausgangszahl.
Für negative Zahlen ist die Wurzel nicht definiert, daher ist die Anweisungsfolge nicht durchführbar.

(2) Diese Anweisungsfolge ist dagegen für *alle* Zahlen durchführbar. Für nichtnegative Zahlen liefert sie als Endergebnis wieder die Ausgangszahl.
Für negative Zahlen liefert sie deren entgegengesetzte Zahl. Zusammengefasst kann man sagen, dass diese Anweisungsfolge als Ergebnis den Betrag der Zahl liefert.

$\sqrt{(-4)^2} = |-4|$

Information

$a \in \mathbb{R}$ bedeutet: a ist eine reelle Zahl.

Die Lösung der Aufgabe 1 zeigt:

Satz
(1) Für alle $a \in \mathbb{R}$ gilt: $\sqrt{a^2} = |a|$
(2) Für alle $a \in \mathbb{R}$ mit $a \geq 0$ gilt:

(a) $\sqrt{a^2} = a$ (b) $(\sqrt{a})^2 = a$

Das Quadrieren wird durch das Wurzelziehen rückgängig gemacht:

Das Wurzelziehen wird durch das Quadrieren rückgängig gemacht:

Für $a < 0$ ist $\sqrt{a}$ nicht definiert

Beweis:
(1) $\sqrt{a^2}$ ist definiert als diejenige nichtnegative Zahl, die quadriert a^2 ergibt.
$|a|$ ist nichtnegativ.
Um $\sqrt{a^2} = |a|$ zu beweisen, müssen wir noch zeigen, dass $|a|^2 = a^2$ ist.
Für $a \geq 0$ gilt: $|a| = a$, also $|a|^2 = a^2$.
Für $a < 0$ gilt: $|a| = -a$, also $|a|^2 = (-a)^2 = a^2$.

Für $a < 0$ ist $|a| = -a$

$|-3| = 3 = -(-3)$

(2a) Ist ein Spezialfall von (1): Für alle $a \geq 0$ ist $|a| = a$.
(2b) Für nichtnegative Zahlen a ist $\sqrt{a}$ definiert als die Zahl, die quadriert a ergibt.

Weiterführende Aufgaben

2. *Definitionsbereich von Wurzeltermen*

a) Jonas hat mit einer Tabellenkalkulation eine Wertetabelle für den Term $\sqrt{8x - 12}$ erzeugt. Als er sich die Wertetabelle anschaut, wundert er sich. Was meinst du dazu?

	A	B
1	x	Wurzel aus 8x-12
2	1,2	#ZAHL!
3	1,3	#ZAHL!
4	1,4	#ZAHL!
5	1,5	0
6	1,6	0,894427191
7	1,7	1,264911064
8	1,8	1,549193338
9	1,9	1,788854382
10	2	2
11	2,1	2,19089023
12	2,2	2,366431913
13	2,3	2,529822128
14	2,4	2,683281573
15	2,5	2,828427125
16	2,6	2,966479395
17	2,7	3,098386677

b) Für welche reellen Zahlen x ist die Wurzel definiert? Bestimme den Definitionsbereich wie im Beispiel.

(1) $\sqrt{3x + 12}$ (3) $\sqrt{-|x|}$
(2) $\sqrt{x^2 + 1}$ (4) $\sqrt{-2 - x^2}$

$\sqrt{5x - 12}$ ist nur definiert, falls: $5x - 12 \geq 0$
Umgeformt: $5x \geq 12$
$x \geq 2{,}4$
Definitionsbereich:
$D = \{x \in \mathbb{R} \mid x \geq 2{,}4\}$

Zusammenhang zwischen Wurzelziehen und Quadrieren

3. *Vereinfachen von Wurzeltermen*

   Bestimme den Definitionsbereich des Terms. Vereinfache dann den Wurzelterm.

   a) $\left(\sqrt{2a+1}\right)^2$
   b) $\left(-\sqrt{2x+4}\right)^2$
   c) $\sqrt{4z^2}$
   d) $\sqrt{(-(a+1))^2}$

   $\sqrt{25(x+3)^2}, \quad D = \mathbb{R}$
   $= \sqrt{(5(x+3))^2}$
   $= |5(x+3)|$
   $= 5|x+3|, \qquad$ da $5 > 0$

4. *Lösungsmenge der Gleichung $x^2 = a$*

   Bestimme die Lösungsmenge der Gleichung.

   a) $x^2 = 16$
   b) $x^2 = 5$
   c) $x^2 = 0$
   d) $x^2 = -25$

   $x^2 = 7 \qquad$ |Wurzelziehen
   $|x| = \sqrt{7}$
   $x = \sqrt{7} \text{ oder } x = -\sqrt{7}$
   $L = \{-\sqrt{7}; \sqrt{7}\}$

Information

(1) Lösungsmenge einer Gleichung der Form $x^2 = a$

Die Gleichung $x^2 = 2$ hat in der Grundmenge $\mathbb{Q}$ keine Lösung, da $\sqrt{2}$ irrational ist. In dem Grundbereich $\mathbb{R}$ hat die Gleichung $x^2 = 2$ dagegen zwei Lösungen: $\sqrt{2}$ und $-\sqrt{2}$.
Ab jetzt wählen wir $\mathbb{R}$ als Grundbereich für Gleichungen, sofern es nicht anders vereinbart wird.

Satz: *Lösungsmenge der Gleichung $x^2 = a$*

(1) Für $a > 0$ hat diese Gleichung genau zwei Lösungen, die sich nur durch das Vorzeichen unterscheiden, nämlich $\sqrt{a}$ und $-\sqrt{a}$, also $L = \{-\sqrt{a}; \sqrt{a}\}$.

(2) Für $a = 0$ hat diese Gleichung genau eine Lösung, nämlich 0, also $L = \{0\}$.

(3) Für $a < 0$ hat diese Gleichung keine Lösung, also $L = \{\ \}$.

(2) Unterschied zwischen dem Bestimmen der Lösungsmenge einer Gleichung der Form $x^2 = a$ und dem Wurzelziehen

Beachte: $\sqrt{4} = 2$, aber $\sqrt{4} \neq -2$.

$\sqrt{7}$ ist ein Name für eine Zahl, nämlich für diejenige nichtnegative Zahl, die quadriert 7 ergibt. Bei Bedarf kann man diese irrationale Zahl näherungsweise angeben: $\sqrt{7} \approx 2{,}646$.
Beim Lösen der Gleichung $x^2 = 7$ sucht man alle Zahlen, die diese Gleichung erfüllen. $\sqrt{7}$ ist eine solche Zahl, denn $(\sqrt{7})^2 = 7$. Aber auch $-\sqrt{7}$ ist eine solche Zahl, denn auch $(-\sqrt{7})^2 = 7$.
Da dies die beiden einzigen Zahlen sind, die quadriert 7 ergeben, ist die Lösungsmenge der obigen Gleichung $L = \{-\sqrt{7}; \sqrt{7}\}$.
Das Bestimmen der Lösungsmenge der Gleichung $x^2 = a$ und das Wurzelziehen aus a sind also verschiedene Tätigkeiten, die man nicht verwechseln darf.

Übungsaufgaben

5. Bestimme ohne Taschenrechner.

   a) $\left(\sqrt{125}\right)^2$
   b) $\left(\sqrt{0{,}0016}\right)^2$
   c) $\left(-\sqrt{33}\right)^2$
   d) $\left(\sqrt{\frac{1}{168}}\right)^2$
   e) $\sqrt{325^2}$
   f) $\sqrt{17{,}5^2}$
   g) $-\sqrt{17{,}5^2}$
   h) $\sqrt{\left(-\frac{25}{144}\right)^2}$
   i) $\left(\sqrt{2}\right)^2$
   j) $\left(\sqrt{2^2}\right)^2$
   k) $\left(\sqrt{(-3)^2}\right)^2$
   l) $\sqrt{\left(\sqrt{2}\right)^2}$
   m) $\sqrt{\sqrt{2^2}}$
   n) $-\left(\sqrt{\sqrt{3}}\right)^2$
   o) $\sqrt{\left(-\sqrt{3}\right)^2}$

6. Bestimme den Definitionsbereich des Wurzelterms.

   a) $\sqrt{x+5}$
   b) $\sqrt{a-3}$
   c) $\sqrt{5-a}$
   d) $\sqrt{7+p}$
   e) $\sqrt{4+2x}$
   f) $\sqrt{7-5x}$
   g) $\sqrt{2x+18}$
   h) $\sqrt{\frac{3}{4}x - 18}$
   i) $\sqrt{3v+7-8v}$
   j) $\sqrt{(x-3)^2 - (x^2+1)}$
   k) $\sqrt{(x-1)\cdot 4 + (x+2)\cdot 5}$
   l) $\sqrt{z^2 + 1 - (z-1)^2}$

7. Bestimme den Definitionsbereich des Wurzelterms.
   a) $\sqrt{x^2-4}$ c) $\sqrt{x^2+4}$ e) $\sqrt{\sqrt{x+3}}$ g) $\sqrt{\sqrt{x}-3}$ i) $\sqrt{|x|}$
   b) $\sqrt{4-x^2}$ d) $\sqrt{x^3+1}$ f) $\sqrt{\sqrt{x}+3}$ h) $\sqrt{3-\sqrt{x}}$ j) $\sqrt{|x|-2}$

8. Bestimme zunächst den Definitionsbereich des Terms. Vereinfache dann.
   a) $\sqrt{c^2}$ c) $-\left(\sqrt{c}\right)^2$ e) $-\left(\sqrt{(-c)^2}\right)^2$ g) $\sqrt{(-3r)^2}$ i) $\sqrt{(2-a)^2}$
   b) $\sqrt{(-c)^2}$ d) $\left(-\sqrt{c}\right)^2$ f) $\sqrt{(3r)^2}$ h) $-\sqrt{(3r)^2}$ j) $\left(\sqrt{1-a}\right)^2$

9. Prüfe die folgende Behauptung.
   Für alle $x \in \mathbb{R}$ gilt:
   a) $\sqrt{x^2} = x$ c) $\sqrt{(-x)^2} = x$ e) $\sqrt{(-x)^2} = -|x|$ g) $\sqrt{x^2} = -x$
   b) $\sqrt{(-x)^2} = -x$ d) $\sqrt{x^2} = |x|$ f) $\sqrt{(-x)^2} = |-x|$ h) $\sqrt{x^2} = |-x|$

10. Bestimme die Lösungsmenge (ohne Taschenrechner).
    a) $x^2 = 1\,600$ d) $x^2 = 196$ g) $x^2 = 8\,100$ j) $x^2 = 4{,}84$ m) $x^2 = 0$
    b) $x^2 = -256$ e) $x^2 = 3$ h) $x^2 = 10\,000$ k) $x^2 = -12{,}25$ n) $x^2 = \frac{9}{100}$
    c) $x^2 = -3$ f) $x^2 = 625$ i) $x^2 = 6{,}25$ l) $x^2 = 2$ o) $x^2 = \frac{49}{81}$

11. Kim und Sascha haben die Graphen zu $y = (\sqrt{x})^2$ und $y = \sqrt{x^2}$ mit einem Programm zeichnen lassen. Welcher Graph gehört zu welchem Funktionsterm? Entscheidet, ohne Hilfsmittel zu benutzen.

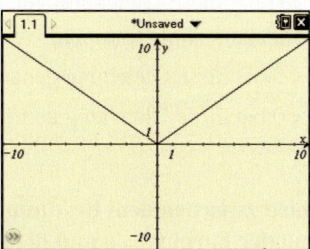 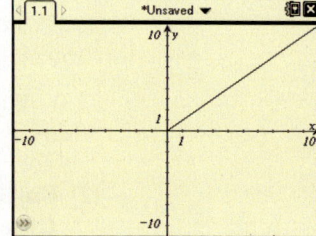

12. Kontrolliere folgende Hausaufgaben.

   Robert: $x^2 = 2$; $x = 1{,}414$; $L = \{1{,}414\}$

   Sarah: $x^2 = -6{,}25$; $x = -2{,}5$; $L = \{-2{,}5\}$

   Urs: $x^2 = 7$; $x = \sqrt{7}$; $L = \{\sqrt{7}\}$

   Valentina: $x^2 = 10$; $x = \sqrt{10}$ oder $x = -\sqrt{10}$; $L = \{\sqrt{10}; -\sqrt{10}\}$

   Tom: $x^2 = 3$; $x = 1{,}73$ oder $x = -1{,}73$; $L = \{1{,}73; -1{,}73\}$

13. Bestimme die Lösungsmenge.
    a) $x^2 - 9 = 0$ c) $2u^2 - 50 = 0$ e) $3x^2 + 12 = 0$ g) $3x^2 = 2x^2 + 4$
    b) $z^2 + 4 = 0$ d) $-3x^2 = -27$ f) $2x^2 - 13 = 9$ h) $5p^2 = 7p^2 - 18$

14. Gib eine Gleichung der Form $x^2 = a$ an, welche die folgende Lösungsmenge hat.
    a) $\{-7; 7\}$ b) $\{-\sqrt{5}; \sqrt{5}\}$ c) $\{\}$ d) $\{-\frac{3}{4}; \frac{3}{4}\}$ e) $\{-1{,}2; 1{,}2\}$ f) $\{0\}$

2.4 Rechenregeln für Quadratwurzeln und ihre Anwendung

Einstieg

Lucas hat mit dem CAS-Rechner seiner großen Schwester Marie Aufgaben mit Wurzeln berechnet. Links stehen die Eingaben, rechts die Ergebnisse.
Marie sagt: „Guck doch mal genau hin. Das kannst du doch genauso gut im Kopf!"
Könnt ihr Regeln für das Rechnen mit Wurzeln erkennen? Überprüft diese an eigenen Beispielen.

Einführung

Michael hat die nebenstehenden Aufgaben im Kopf gerechnet, Nora hat mithilfe des Taschenrechners kontrolliert.
Nora überlegt: „Die ersten beiden Rechnungen von Michael können gar nicht stimmen:
$\sqrt{20}$ ist nämlich kleiner als 5;
ebenso ist 4 nicht gleich 2,8...
Die anderen Ergebnisse sind erstaunlich:
Die Faktoren $\sqrt{18}$ und $\sqrt{2}$ haben unendlich viele Stellen nach dem Komma, das Produkt jedoch keine einzige. Ebenso ist es beim Quotienten. Sind diese Ergebnisse genau oder Näherungswerte?"
Michael schlägt vor: „Machen wir doch die Probe bei der dritten Aufgabe. Wenn ihr Ergebnis wirklich $\sqrt{36}$ ist, muss das Quadrat von $\sqrt{18} \cdot \sqrt{2}$ genau 36 sein.
$(\sqrt{18} \cdot \sqrt{2})^2 = (\sqrt{18} \cdot \sqrt{2}) \cdot (\sqrt{18} \cdot \sqrt{2}) = \sqrt{18} \cdot \sqrt{18} \cdot \sqrt{2} \cdot \sqrt{2} = 18 \cdot 2 = 36$
$\sqrt{18} \cdot \sqrt{2}$ ergibt quadriert 36 und ist auch nichtnegativ.
Daher muss es die Wurzel von 36, also 6 sein."

Aufgabe 1

a) Begründe, dass $\frac{\sqrt{18}}{\sqrt{2}}$ genau $\sqrt{9}$, also gleich 3 ist.

b) Formuliere einfache Regeln für die Berechnung des Produktes und des Quotienten zweier Wurzeln. Welche Ergebnisse erwartest du für (1) $\sqrt{80} \cdot \sqrt{5}$; (2) $\frac{\sqrt{5}}{\sqrt{80}}$; (3) $\sqrt{80} : \sqrt{5}$?
Kontrolliere anschließend mit dem Taschenrechner.

c) Bestätige an den Beispielen von $\sqrt{9} + \sqrt{16}$ und $\sqrt{100} - \sqrt{36}$, dass keine ähnlich einfachen Regeln für die Summe und die Differenz von Wurzeln gelten.

Lösung

a) Um zu überprüfen, ob $\frac{\sqrt{18}}{\sqrt{2}}$ die Wurzel aus 9 ist, berechnen wir das Quadrat von $\frac{\sqrt{18}}{\sqrt{2}}$:

$\left(\frac{\sqrt{18}}{\sqrt{2}}\right)^2 = \frac{\sqrt{18}}{\sqrt{2}} \cdot \frac{\sqrt{18}}{\sqrt{2}} = \frac{\sqrt{18} \cdot \sqrt{18}}{\sqrt{2} \cdot \sqrt{2}} = \frac{18}{2} = 9$.

Das Quadrat von $\frac{\sqrt{18}}{\sqrt{2}}$ ist also 9.

Da $\frac{\sqrt{18}}{\sqrt{2}}$ ferner nichtnegativ ist, ist $\frac{\sqrt{18}}{\sqrt{2}}$ die Wurzel aus 9, also tatsächlich $\frac{\sqrt{18}}{\sqrt{2}} = \sqrt{9} = 3$.

b) Wenn zwei Wurzeln multipliziert werden sollen, kann man zunächst nur die Radikanden multiplizieren und aus diesem Ergebnis die Wurzel ziehen.
Wenn zwei Wurzeln dividiert werden sollen, kann man zunächst nur die Radikanden dividieren und aus diesem Ergebnis die Wurzel ziehen.

(1) $\sqrt{80} \cdot \sqrt{5} = \sqrt{80 \cdot 5} = \sqrt{400} = 20$

(2) $\dfrac{\sqrt{5}}{\sqrt{80}} = \sqrt{\dfrac{5}{80}} = \sqrt{\dfrac{1}{16}} = \dfrac{1}{4}$

(3) $\sqrt{80} : \sqrt{5} = \sqrt{80 : 5} = \sqrt{16} = 4$

Der Taschenrechner liefert genau diese Ergebnisse.

c) $\sqrt{9} + \sqrt{16} = 3 + 4 = 7$, aber $\sqrt{9 + 16} = \sqrt{25} = 5$.

$\sqrt{100} - \sqrt{36} = 10 - 6 = 4$, aber $\sqrt{100 - 36} = \sqrt{64} = 8$.

Beachte also: Für die Summe und die Differenz von Wurzeln gelten *keine* einfachen Regeln.

Information

> **Wurzelgesetze für Produkte und Quotienten**
>
> **(W1)** Man kann zwei Wurzeln multiplizieren, indem man die Radikanden multipliziert und dann die Wurzel zieht.
> Für alle $a \geq 0$, $b \geq 0$ gilt: $\quad \sqrt{a} \cdot \sqrt{b} = \sqrt{a \cdot b}$
>
> **(W2)** Man kann zwei Wurzeln dividieren, indem man die Radikanden dividiert und dann die Wurzel zieht.
> Für alle $a \geq 0$, $b > 0$ gilt: $\quad \dfrac{\sqrt{a}}{\sqrt{b}} = \sqrt{\dfrac{a}{b}}$

Beweis von (W1):

Die Behauptung $\sqrt{a} \cdot \sqrt{b} = \sqrt{a \cdot b}$ bedeutet: $\sqrt{a} \cdot \sqrt{b}$ ist die Wurzel aus dem Produkt $a \cdot b$.
Dazu müssen wir zeigen:

(a) Das Quadrat von $\sqrt{a} \cdot \sqrt{b}$ ist $a \cdot b$.

(b) $\sqrt{a} \cdot \sqrt{b}$ ist nichtnegativ.

Assoziativ- und Kommutativgesetz angewandt

Zu (a): $(\sqrt{a} \cdot \sqrt{b})^2 = (\sqrt{a} \cdot \sqrt{b}) \cdot (\sqrt{a} \cdot \sqrt{b}) = \sqrt{a} \cdot \sqrt{a} \cdot \sqrt{b} \cdot \sqrt{b} = a \cdot b$

Zu (b): Da $\sqrt{a}$ und $\sqrt{b}$ nichtnegativ sind, ist auch das Produkt $\sqrt{a} \cdot \sqrt{b}$ nichtnegativ.

Aus (a) und (b) folgt: $\sqrt{a} \cdot \sqrt{b} = \sqrt{a \cdot b}$

Beweis von (W2):

Die Behauptung $\dfrac{\sqrt{a}}{\sqrt{b}} = \sqrt{\dfrac{a}{b}}$ bedeutet: $\dfrac{\sqrt{a}}{\sqrt{b}}$ ist die Wurzel aus dem Quotienten $\dfrac{a}{b}$.
Dazu müssen wir zeigen:

(a) Das Quadrat von $\dfrac{\sqrt{a}}{\sqrt{b}}$ ist $\dfrac{a}{b}$.

(b) $\dfrac{\sqrt{a}}{\sqrt{b}}$ ist nichtnegativ.

Zu (a): $\left(\dfrac{\sqrt{a}}{\sqrt{b}}\right)^2 = \dfrac{\sqrt{a}}{\sqrt{b}} \cdot \dfrac{\sqrt{a}}{\sqrt{b}} = \dfrac{\sqrt{a} \cdot \sqrt{a}}{\sqrt{b} \cdot \sqrt{b}} = \dfrac{a}{b}$.

Zu (b): Da $\sqrt{a}$ und $\sqrt{b}$ nichtnegativ sind, ist auch der Quotient $\dfrac{\sqrt{a}}{\sqrt{b}}$ nichtnegativ.

Aus (a) und (b) folgt: $\dfrac{\sqrt{a}}{\sqrt{b}} = \sqrt{\dfrac{a}{b}}$

Rechenregeln für Quadratwurzeln und ihre Anwendung

Weiterführende Aufgaben

2. *Vereinfachen von Wurzeltermen mit den Wurzelgesetzen*

Bestimme zunächst den Definitionsbereich des Terms. Vereinfache ihn dann.

a) $\sqrt{5a} \cdot \sqrt{20a^3}$

b) $\dfrac{\sqrt{3b^3}}{\sqrt{27b}}$

c) $\dfrac{\sqrt{8(x-1)^3}}{\sqrt{2(x-1)}}$

d) $\sqrt{15b} \cdot \dfrac{\sqrt{5}}{\sqrt{3b^3}}$

$$\begin{aligned}\sqrt{3(x-1)} \cdot \sqrt{27 \cdot (x-1)^3} \quad &\text{(für } x \geq 1\text{)}\\ = \sqrt{3(x-1) \cdot 27 \cdot (x-1)^3} \quad &\text{(W1)}\\ = \sqrt{81(x-1)^4} &\\ = \sqrt{81} \cdot \sqrt{(x-1)^4} \quad &\text{(W1)}\\ = 9 \cdot (x-1)^2 &\end{aligned}$$

 3. *Teilweises Wurzelziehen*

a) Die Lehrerin zeigt der Klasse die nebenstehende Anzeige eines CAS-Rechners. Sie meint: „Ihr könnt die vom Computer-Algebra-System vorgenommenen Umformungen sogar beweisen."

$\sqrt{18}$	$3\cdot\sqrt{2}$
$\sqrt{18}+\sqrt{2}$	$4\cdot\sqrt{2}$
$\sqrt{18}-\sqrt{2}$	$2\cdot\sqrt{2}$
$\sqrt{a^2 \cdot b}$	$|a|\cdot\sqrt{b}$

b) Beweise die folgenden Gesetze für teilweises Wurzelziehen.

(1) $\sqrt{a^2 b} = |a| \cdot \sqrt{b}$ (für $b \geq 0$)

(2) $\sqrt{\dfrac{a}{b^2}} = \dfrac{\sqrt{a}}{|b|}$ (für $a \geq 0$, $b \neq 0$)

(3) $\sqrt{\dfrac{a^2}{b}} = \dfrac{|a|}{\sqrt{b}}$ (für $b > 0$)

c) Ziehe teilweise die Wurzel.

(1) $\sqrt{50}$

(2) $\sqrt{\dfrac{3}{16}}$

(3) $\sqrt{4b}$

(4) $\sqrt{\dfrac{a}{9}}$

(5) $\sqrt{ab^2c^3}$

(6) $\sqrt{\dfrac{2u^2v}{9w^3}}$

$\sqrt{\dfrac{2x^2y^3}{9z^4}} = \sqrt{\dfrac{x^2 \cdot y^2 \cdot 2y}{9z^4}} = \dfrac{|x|\cdot y}{3z^2}\sqrt{2y}$

(für $y \geq 0$, $z \neq 0$)

4. *Addition und Subtraktion von Termen mit Wurzeln*

Es gibt keine allgemeinen einfachen Gesetze für die Summe und die Differenz von Wurzeln. In einigen besonderen Fällen kann man aber doch vereinfachen.

a) Erläutere die Rechnungen. Was für eine Umformung wurde vorgenommen?

(1) $5 \cdot \sqrt{6} + 7 \cdot \sqrt{6} = 12 \cdot \sqrt{6}$

(2) $7 \cdot \sqrt{5} - 2 \cdot \sqrt{5} = 5 \cdot \sqrt{5}$

(3) $5 \cdot \sqrt{6} - \sqrt{6} = 4 \cdot \sqrt{6}$

b) Beweise die folgenden Behauptungen durch teilweises Wurzelziehen.

(1) $\sqrt{3} + \sqrt{12} = \sqrt{27}$

(2) $\sqrt{12} - \sqrt{3} = \sqrt{3}$

(3) $|a| \cdot \sqrt{b} - \sqrt{4a^2b} + \sqrt{a^2b} = 0$

Übungsaufgaben

5. Berechne mithilfe des Wurzelgesetzes (W1).

a) $\sqrt{8} \cdot \sqrt{18}$

b) $\sqrt{2} \cdot \sqrt{32}$

c) $\sqrt{60} \cdot \sqrt{15}$

d) $\sqrt{5} \cdot \sqrt{20}$

e) $\sqrt{10} \cdot \sqrt{16{,}9}$

f) $\sqrt{1{,}6} \cdot \sqrt{1\,000}$

g) $\sqrt{2{,}4} \cdot \sqrt{0{,}6}$

h) $\sqrt{\dfrac{1}{3}} \cdot \sqrt{48}$

i) $\sqrt{\dfrac{4}{5}} \cdot \sqrt{80}$

$$\begin{aligned}\sqrt{3} \cdot \sqrt{27} &= \sqrt{3 \cdot 27}\\ &= \sqrt{81}\\ &= 9\end{aligned}$$

6. a) $\sqrt{25 \cdot 9}$

b) $\sqrt{36 \cdot 16}$

c) $\sqrt{64 \cdot 225}$

d) $\sqrt{169 \cdot 144}$

e) $\sqrt{0{,}16 \cdot 49}$

f) $\sqrt{0{,}81 \cdot 121}$

g) $\sqrt{9 \cdot 16 \cdot 49}$

h) $\sqrt{(-4) \cdot (-16)}$

i) $\sqrt{(-36) \cdot (-81)}$

$$\begin{aligned}\sqrt{49 \cdot 81} &= \sqrt{49} \cdot \sqrt{81}\\ &= 7 \cdot 9\\ &= 63\end{aligned}$$

7. Zerlege zuerst den Radikanden in kleine Quadratzahlen.
   a) $\sqrt{676}$ c) $\sqrt{1521}$ e) $\sqrt{1089}$ g) $\sqrt{2025}$
   b) $\sqrt{1296}$ d) $\sqrt{6084}$ f) $\sqrt{1764}$ h) $\sqrt{784}$

$\sqrt{1444} = \sqrt{4 \cdot 361} = \ldots$

8. Berechne mithilfe des Wurzelgesetzes (W2).
   a) $\sqrt{20} : \sqrt{5}$ d) $\sqrt{147} : \sqrt{3}$ g) $\sqrt{0{,}8} : \sqrt{0{,}2}$
   b) $\sqrt{75} : \sqrt{3}$ e) $\sqrt{40} : \sqrt{2{,}5}$ h) $\sqrt{7{,}2} : \sqrt{0{,}05}$
   c) $\sqrt{360} : \sqrt{10}$ f) $\sqrt{30} : \sqrt{1{,}2}$ i) $\sqrt{10{,}8} : \sqrt{1{,}2}$

$\sqrt{125} : \sqrt{5} = \sqrt{125 : 5}$
$= \sqrt{25}$
$= 5$

9. Berechne die Wurzel durch Anwenden des Wurzelgesetzes (W2) von rechts nach links.
   a) $\sqrt{\frac{49}{9}}$ c) $\sqrt{\frac{6}{14}}$ e) $\sqrt{\frac{0{,}25}{0{,}49}}$ g) $\sqrt{\frac{1{,}69}{2{,}56}}$
   b) $\sqrt{\frac{625}{4}}$ d) $\sqrt{\frac{1{,}44}{25}}$ f) $\sqrt{\frac{6{,}25}{2{,}25}}$ h) $\sqrt{\frac{0{,}0025}{0{,}0049}}$

$\sqrt{\frac{4}{25}} = \frac{\sqrt{4}}{\sqrt{25}} = \frac{2}{5} = 0{,}4$

10. Vereinfache.
   a) $\sqrt{y} \cdot \sqrt{y}$ c) $\sqrt{x} \cdot \sqrt{xy^2}$ e) $\sqrt{3b} \cdot \sqrt{3a^2b}$ g) $\sqrt{0{,}2u} \cdot \sqrt{0{,}05u}$
   b) $\sqrt{y} \cdot \sqrt{y^3}$ d) $\sqrt{5y} \cdot \sqrt{20y}$ f) $\sqrt{45z} \cdot \sqrt{\frac{16}{5}z}$ h) $\sqrt{0{,}9x^2} \cdot \sqrt{0{,}4x^2}$

11. a) $\sqrt{x^3} : \sqrt{x}$ b) $\sqrt{x^2y} : \sqrt{y}$ c) $\sqrt{a} : \sqrt{ab^2}$ d) $\sqrt{uv} : \sqrt{u^3}$

12. a) $\sqrt{9x^2}$ c) $\sqrt{36a^4}$ e) $\sqrt{p^2q^2r^2}$ g) $\sqrt{1{,}96x^2y^4}$
   b) $\sqrt{x^2y^2}$ d) $\sqrt{81m^2n^2}$ f) $\sqrt{9m^4n^4}$ h) $\sqrt{25u^2v^4w^6}$

13. Für welche Zahlen a und b gilt: (1) $\sqrt{a} - \sqrt{b} = \sqrt{a-b}$;   (2) $\sqrt{a} + \sqrt{b} = \sqrt{a+b}$?

14. Vereinfache durch teilweises Wurzelziehen.
   a) $\sqrt{12}$ c) $\sqrt{72}$ e) $\sqrt{125}$ g) $\sqrt{360}$ i) $\sqrt{720}$ k) $\sqrt{363}$ m) $\sqrt{\frac{7}{25}}$
   b) $\sqrt{32}$ d) $\sqrt{180}$ f) $\sqrt{192}$ h) $\sqrt{525}$ j) $\sqrt{980}$ l) $\sqrt{\frac{3}{16}}$ n) $\sqrt{\frac{3}{400}}$

15. a) $\sqrt{7a^2}$ d) $\sqrt{12c^2}$ g) $\sqrt{z^5}$ j) $\sqrt{3a^2b^4}$ m) $\sqrt{\frac{30}{a^2}}$ o) $\sqrt{\frac{2a^2}{b^2}}$ q) $\sqrt{\frac{a^3}{b^4}}$
   b) $\sqrt{2b^2}$ e) $\sqrt{x^2y}$ h) $\sqrt{25x^3}$ k) $\sqrt{10a^3b^2}$
   c) $\sqrt{4x}$ f) $\sqrt{cd^2}$ i) $\sqrt{18ab^2}$ l) $\sqrt{0{,}81xz^3}$ n) $\sqrt{\frac{a}{49}}$ p) $\sqrt{\frac{a}{b^4}}$ r) $\sqrt{\frac{8r^4}{s^3}}$

16. Jeder denkt sich fünf Terme aus, bei denen teilweises Wurzelziehen möglich ist. Der Partner formt die Terme entsprechend um.

17. Bringe den Vorfaktor unter das Wurzelzeichen.
   a) $2 \cdot \sqrt{17}$ c) $0{,}5 \cdot \sqrt{28}$ e) $\frac{11}{6} \cdot \sqrt{\frac{6}{11}}$ g) $10 \cdot \sqrt{17{,}33}$
   b) $7 \cdot \sqrt{10}$ d) $\frac{3}{4} \cdot \sqrt{11}$ f) $2 \cdot \sqrt{3{,}25}$ h) $2{,}5 \cdot \sqrt{\frac{1}{50}}$

$2 \cdot \sqrt{3} = \sqrt{4} \cdot \sqrt{3} = \sqrt{12}$

18. Bringe den Vorfaktor unter das Wurzelzeichen.
   a) $a \cdot \sqrt{b}$ b) $2c \cdot \sqrt{d^2}$ c) $uv \cdot \sqrt{\frac{u}{v}}$ d) $abc \cdot \sqrt{\frac{a}{bc}}$ e) $x^2y \cdot \sqrt{\frac{x}{y}}$ f) $\frac{p}{q} \cdot \sqrt{\frac{p}{q}}$

Rechenregeln für Quadratwurzeln und ihre Anwendung

19. a) Berechne – soweit möglich – ohne Taschenrechner. Was fällt auf?

$\sqrt{0{,}09}$; $\sqrt{0{,}9}$; $\sqrt{9}$; $\sqrt{90}$; $\sqrt{900}$; $\sqrt{9000}$; $\sqrt{90000}$

b) Begründe: Wird der Radikand verhundertfacht [durch 100 dividiert], so wird die Quadratwurzel verzehnfacht [durch 10 dividiert].

c) Formuliere die Regel aus Teilaufgabe b) als Kommaverschiebungsregel.

20. Berechne im Kopf.

a) $\sqrt{62\,500}$
b) $\sqrt{810\,000}$
c) $\sqrt{49\,000\,000}$
d) $\sqrt{48\,400}$
e) $\sqrt{0{,}0025}$
f) $\sqrt{0{,}0121}$
g) $\sqrt{0{,}000036}$
h) $\sqrt{0{,}000625}$
i) $\sqrt{0{,}000004}$

$$\sqrt{14\,400} = \sqrt{144 \cdot 100} = 12 \cdot 10 = 120$$

21. Setze das Komma so, dass eine wahre Aussage entsteht. Ergänze gegebenenfalls Nullen.

a) $\sqrt{1{,}5129} = 123$
b) $\sqrt{605{,}16} = 246$
c) $\sqrt{980100} = 99$
d) $\sqrt{0{,}3025} = 55$
e) $\sqrt{200} \approx 14\,142$
f) $\sqrt{0{,}03} \approx 1\,732$

22. Kontrolliere Julians Hausaufgaben.

a) $\sqrt{p^2 + q^2} = \sqrt{p^2} + \sqrt{q^2} = |p| + |q|$

b) $\sqrt{p^2 \cdot q^2} = \sqrt{p^2} \cdot \sqrt{q^2} = p \cdot q$

c) $\sqrt{\dfrac{p^2}{16}} = \dfrac{\sqrt{p^2}}{\sqrt{16}} = \dfrac{|p|}{4}$

d) $\sqrt{p^2 - 1} = \sqrt{p^2} - \sqrt{1} = p - 1$

23. Vereinfache durch Zusammenfassen gleichartiger Glieder.

a) $3\sqrt{5} + 8\sqrt{5}$
b) $5\sqrt{7} - 9\sqrt{7}$
c) $6\sqrt{5} - \sqrt{5}$
d) $3{,}5\sqrt{6} - 1{,}4\sqrt{6}$
e) $\tfrac{3}{4}\sqrt{7} + \tfrac{1}{2}\sqrt{7}$
f) $\tfrac{5}{6}\sqrt{2} - \tfrac{7}{8}\sqrt{2}$
g) $3\sqrt{3} - 6\sqrt{3} + \sqrt{3} + 9\sqrt{3}$
h) $\sqrt{10} - 6\sqrt{10} + 10\sqrt{10}$
i) $7{,}2\sqrt{2} - 9{,}1\sqrt{3} + 4{,}3\sqrt{2} - 4{,}4\sqrt{3}$

24. Vereinfache wie im Beispiel.

a) $\sqrt{2} + \sqrt{32}$
b) $\sqrt{27} - \sqrt{3}$
c) $\sqrt{45} - \sqrt{20}$
d) $3\sqrt{2} - 2\sqrt{8}$
e) $6\sqrt{3} + \sqrt{12}$
f) $-8\sqrt{5} + 3\sqrt{20}$
g) $7\sqrt{27} + 4\sqrt{48}$
h) $8\sqrt{63} - 6\sqrt{28}$
i) $3\sqrt{44} - 7\sqrt{99}$

$$\sqrt{27} + \sqrt{147} = \sqrt{9 \cdot 3} + \sqrt{49 \cdot 3} = 3\sqrt{3} + 7\sqrt{3} = 10\sqrt{3}$$

25. Überprüfe die Rechnungen.

a) $\sqrt{3} + \sqrt{27} = \sqrt{48}$
b) $\sqrt{50} - \sqrt{2} = \sqrt{32}$
c) $\sqrt{5} + \sqrt{20} = \sqrt{45}$
d) $\sqrt{28} - \sqrt{7} = \sqrt{7}$
e) $\sqrt{28} + \sqrt{63} = \sqrt{175}$
f) $\sqrt{147} - \sqrt{75} = \sqrt{12}$
g) $\sqrt{2} - \sqrt{18} = -\sqrt{2}$
h) $\sqrt{3} - \sqrt{27} = -2\sqrt{3}$
i) $\sqrt{0{,}5} - \sqrt{2} = -\sqrt{0{,}5}$

26.
a) $\sqrt{2} - \sqrt{18} + \sqrt{50}$
b) $\sqrt{27} + \sqrt{75} - \sqrt{108}$
c) $\sqrt{3} + \sqrt{12} + \sqrt{27} + \sqrt{48}$
d) $4\sqrt{28} + 5\sqrt{112} - 9\sqrt{175}$
e) $\sqrt{1\,200} - \sqrt{800} + \sqrt{400}$
f) $7\sqrt{45} - 8\sqrt{405} + 3\sqrt{605}$

27.
a) $7\sqrt{x} + 4\sqrt{x}$
b) $5\sqrt{a} - 7\sqrt{a}$
c) $-\sqrt{b} + 3\sqrt{b}$
d) $3{,}5\sqrt{z} - 1{,}3\sqrt{z}$
e) $\sqrt{25a} + \sqrt{a}$
f) $\sqrt{36x} - \sqrt{49x}$
g) $7\sqrt{4y} - 5\sqrt{9y}$
h) $5\sqrt{r} - 7\sqrt{s} + 4\sqrt{r} + 4\sqrt{s}$
i) $\sqrt{121a} - \sqrt{9b} + \sqrt{49b} - \sqrt{25a}$

2.5 Umformen von Wurzeltermen *Zum Selbstlernen*

Ziel Du kannst schon mithilfe des Distributivgesetzes Terme umformen, in denen Summen multipliziert werden. Hier erweiterst du dein Wissen auf solche Terme, in denen auch Wurzeln vorkommen.

Zum Erarbeiten **Anwenden des Distributivgesetzes**

Verwandle folgende Terme in Summen:

(1) $\left(10 + \sqrt{2}\right)\sqrt{2}$ (2) $\sqrt{a}\left(\sqrt{a} - b\right)$ (3) $\left(\sqrt{3x} - \sqrt{x} + 1\right)\sqrt{x}$

Durch Anwenden des Distributivgesetzes erhältst du:

> Distributivgesetz
> $a \cdot (b + c) = a \cdot b + a \cdot c$

(1) $\left(10 + \sqrt{2}\right) \cdot \sqrt{2} = 10 \cdot \sqrt{2} + \sqrt{2} \cdot \sqrt{2} = 10\sqrt{2} + 2$

(2) $\sqrt{a}\left(\sqrt{a} - b\right) = \sqrt{a} \cdot \sqrt{a} - \sqrt{a} \cdot b = a - b\sqrt{a}$

(3) $\left(\sqrt{3x} - \sqrt{x} + 1\right) \cdot \sqrt{x} = \sqrt{3x} \cdot \sqrt{x} - \sqrt{x} \cdot \sqrt{x} + 1 \cdot \sqrt{x} = \sqrt{3x^2} - x + \sqrt{x}$
$= \sqrt{3}\,x - x + \sqrt{x}$
$= \left(\sqrt{3} - 1\right)x + \sqrt{x}$

Anwenden der binomischen Formeln

Verwandle folgende Terme in Summen:

(1) $\left(\sqrt{2} + \sqrt{18}\right)^2$ (2) $\left(\sqrt{a} - \sqrt{b}\right)^2$ (3) $\left(\sqrt{a} + \sqrt{b}\right) \cdot \left(\sqrt{a} - \sqrt{b}\right)$

Durch Anwenden der binomischen Formeln erhältst du:

(1) $\left(\sqrt{2} + \sqrt{18}\right)^2 = \sqrt{2}^2 + 2\sqrt{2}\sqrt{18} + \sqrt{18}^2 = 2 + 2\sqrt{36} + 18 = 2 + 2 \cdot 6 + 18 = 32$

(2) $\left(\sqrt{a} - \sqrt{b}\right)^2 = \sqrt{a}^2 - 2\sqrt{a}\sqrt{b} + \sqrt{b}^2 = a - 2\sqrt{ab} + b$

(3) $\left(\sqrt{a} + \sqrt{b}\right)\left(\sqrt{a} - \sqrt{b}\right) = \sqrt{a}^2 - \sqrt{b}^2 = a - b$

Beseitigen von Wurzeln im Nenner

Marc hat in einen CAS-Rechner Terme mit Wurzeln im Nenner eingegeben (linke Spalte). Die Ausgaben in der rechten Spalte überraschen ihn zunächst.
Welche Umformungen hat der CAS-Rechner vorgenommen?

$\dfrac{2}{\sqrt{3}}$	$\dfrac{2\sqrt{3}}{3}$
$\dfrac{2}{3-\sqrt{2}}$	$\dfrac{2 \cdot (\sqrt{2}+3)}{7}$
$\dfrac{3}{\sqrt{5}-\sqrt{3}}$	$\dfrac{3 \cdot (\sqrt{5}+\sqrt{3})}{2}$

Der CAS-Rechner hat die Brüche so erweitert, dass keine Wurzeln mehr im Nenner erscheinen:

(1) $\dfrac{2}{\sqrt{3}} = \dfrac{2 \cdot \sqrt{3}}{\sqrt{3} \cdot \sqrt{3}} = \dfrac{2\sqrt{3}}{3}$

(2) $\dfrac{2}{3 - \sqrt{2}} = \dfrac{2\,(3 + \sqrt{2})}{(3 - \sqrt{2})(3 + \sqrt{2})} = \dfrac{2\,(3 + \sqrt{2})}{3^2 - \sqrt{2}^2} = \dfrac{2\,(\sqrt{2} + 3)}{9 - 2} = \dfrac{2\,(\sqrt{2} + 3)}{7}$

(3) $\dfrac{3}{\sqrt{5} - \sqrt{3}} = \dfrac{3\,(\sqrt{5} + \sqrt{3})}{(\sqrt{5} - \sqrt{3})(\sqrt{5} + \sqrt{3})} = \dfrac{3\,(\sqrt{5} + \sqrt{3})}{\sqrt{5}^2 - \sqrt{3}^2} = \dfrac{3\,(\sqrt{5} + \sqrt{3})}{5 - 3} = \dfrac{3\,(\sqrt{5} + \sqrt{3})}{2}$

Umformen von Wurzeltermen

Zum Üben

1. Vereinfache durch Ausmultiplizieren bzw. Dividieren.
   a) $\sqrt{7} \cdot (1 + \sqrt{7})$
   b) $3 \cdot \sqrt{5} \cdot (3 + \sqrt{20})$
   c) $\sqrt{6} \cdot (6 \cdot \sqrt{6} - 5 \cdot \sqrt{24})$
   d) $(2 \cdot \sqrt{6} + 0{,}5) \cdot \sqrt{6}$
   e) $(0{,}5 \cdot \sqrt{44} - 1{,}5) \cdot 2 \cdot \sqrt{11}$
   f) $(\sqrt{5} + \sqrt{7}) \cdot (-\sqrt{7})$
   g) $(\sqrt{50} + \sqrt{20}) : \sqrt{2}$
   h) $(3 \cdot \sqrt{75} - \sqrt{30}) : (-\sqrt{3})$
   i) $(5 \cdot \sqrt{55} + 7 \cdot \sqrt{77}) : \sqrt{11}$

2. Klammere aus.
   a) $a\sqrt{5} - b\sqrt{5}$
   b) $a\sqrt{b} + 2\sqrt{b}$
   c) $x\sqrt{z} - y\sqrt{z}$
   d) $3\sqrt{x^3} - a\sqrt{x^3}$
   e) $\sqrt{7x^3} - \sqrt{28x^5}$
   f) $\sqrt{7a} + \sqrt{4a}$
   g) $\sqrt{r} + \sqrt{rs}$
   h) $\sqrt{ab^2} - \sqrt{ac^2}$

3. a) $x\sqrt{5} - 5\sqrt{x} + 3x\sqrt{5} - 7\sqrt{x}$
   b) $a\sqrt{b} - 4a\sqrt{b} + b\sqrt{a} + 2a\sqrt{b}$
   c) $(x+1)\sqrt{y} - (x-1)\sqrt{y}$
   d) $w\sqrt{uv^3} - v\sqrt{u^3v} + u\sqrt{uv}$
   e) $\sqrt{u^3vw} - \sqrt{uv^3} - \sqrt{uvw^3}$
   f) $a\sqrt{c^5} + bc\sqrt{c^3} + c^2\sqrt{c}$

4. Frau Lindemann verblüfft ihre Klasse mit einem Rechentrick. Sie ist in der Lage, aus dem Ergebnis sofort die gedachte Zahl anzugeben.
   Wie geht sie vor? Begründe ihr Vorgehen.

   „Denke dir eine Zahl. Ziehe daraus die Wurzel. Subtrahiere davon den Kehrwert der Wurzel. Multipliziere das Ergebnis mit der Wurzel."

5. Vereinfache durch Ausmultiplizieren.
   a) $(\sqrt{4c} + \sqrt{81c}) \cdot \sqrt{c}$
   b) $(\sqrt{9a} + 3) \cdot \sqrt{9a}$
   c) $\sqrt{x} \cdot (\sqrt{x} + \sqrt{x^3} + \sqrt{x^5})$
   d) $(\sqrt{uv} - v) \cdot \sqrt{u}$
   e) $\sqrt{x} \cdot (\sqrt{xyz} + \sqrt{xy})$
   f) $(3\sqrt{a} - 7\sqrt{b})(5\sqrt{b} + 8\sqrt{a})$

6. Vereinfache zunächst; berechne dann im Kopf.
   a) $(5 + \sqrt{13}) \cdot (5 - \sqrt{13})$
   b) $(\sqrt{6} - \sqrt{5}) \cdot (\sqrt{6} + \sqrt{5})$
   c) $(5\sqrt{7} + \sqrt{10}) \cdot (5\sqrt{7} - \sqrt{10})$
   d) $(\sqrt{20} + \sqrt{5})^2$
   e) $(\sqrt{6} - \sqrt{24})^2$
   f) $(5\sqrt{8} - 3\sqrt{2})^2$

7. Kontrolliere Sarahs Hausaufgaben.

   a) $(\sqrt{p} + \sqrt{q})^2$
   $= (\sqrt{p})^2 + (\sqrt{q})^2$
   $= p + q$

   b) $(\sqrt{r} - \sqrt{s})^2$
   $= (\sqrt{r})^2 - \sqrt{r}\sqrt{s} - \sqrt{s}^2$
   $= r - \sqrt{rs} - s^2$

   c) $\sqrt{1 + 2r + r^2}$
   $= \sqrt{1} + \sqrt{2r} + \sqrt{r^2}$
   $= 1 + \sqrt{2}\sqrt{r} + |r|$

8. Vereinfache.
   a) $(\sqrt{a} - \sqrt{b})^2$
   b) $(\sqrt{h+1} + \sqrt{h-1})^2$
   c) $(v + \sqrt{w}) \cdot (v - \sqrt{w})$
   d) $(\sqrt{a+b} + \sqrt{a-b})^2$

9. Beseitige die Wurzeln im Nenner.
   a) $\dfrac{7}{\sqrt{30}}$
   b) $\dfrac{1}{3\sqrt{6}}$
   c) $\dfrac{\sqrt{2}}{\sqrt{10}}$
   d) $\dfrac{1 + \sqrt{20}}{\sqrt{20}}$
   e) $\dfrac{\sqrt{10} - \sqrt{20}}{\sqrt{2}}$
   f) $\dfrac{2}{3 + \sqrt{5}}$
   g) $\dfrac{\sqrt{5}}{3 + \sqrt{5}}$
   h) $\dfrac{3 + \sqrt{5}}{3 - \sqrt{5}}$
   i) $\dfrac{a}{\sqrt{a}}$
   j) $\dfrac{1}{a - \sqrt{b}}$

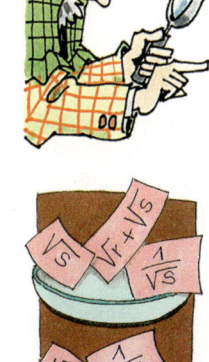

10. Bilde alle Produkte, bei denen ein Faktor aus der oberen und der andere aus der unteren Schale stammt.

Zum Selbstlernen

2.6 Überblick über die reellen Zahlen

2.6.1 Rechnen mit reellen Zahlen

Einstieg Vereinfacht den Term rechts.
Notiert, welche Rechengesetze ihr anwendet.

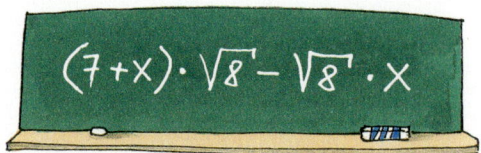

Aufgabe 1   a) Vereinfache den Term $3 \cdot (\sqrt{8} + 4) + 7 + 5 \cdot \sqrt{8}$. Notiere, welche Rechengesetze du anwendest.
b) Welches Rechengesetz wurde rechts benutzt?

$$7 \cdot 0{,}1234\ldots + 3 \cdot 0{,}1234\ldots$$
$$= 10 \cdot 0{,}1234\ldots = 1{,}234\ldots$$

Lösung   a) $3 \cdot (\sqrt{8} + 4) + 7 + 5 \cdot \sqrt{8}$

$= 3 \cdot \sqrt{8} + 12 + 7 + 5 \cdot \sqrt{8}$	Distributivgesetz
$= 3 \cdot \sqrt{8} + 19 + 5 \cdot \sqrt{8}$	Assoziativgesetz
$= 3 \cdot \sqrt{8} + 5 \cdot \sqrt{8} + 19$	Kommutativgesetz
$= 8 \cdot \sqrt{8} + 19$	Distributivgesetz

b) Es wurde das Distributivgesetz verwendet.

Information

In der Aufgabe 1 wurde so gerechnet, wie du es bei den **rationalen Zahlen** kennen gelernt hast.

Die **reellen Zahlen** haben wir als Punkte auf der Zahlengeraden kennen gelernt. Ebenso hatten wir die rationalen Zahlen auf der Zahlengeraden gekennzeichnet.

Die Addition rationaler Zahlen wurde als das Hintereinanderlegen der entsprechenden Pfeile veranschaulicht. Der Summe $\frac{5}{2} + \frac{10}{3}$ konnten wir dann die Zahl $\frac{35}{6}$ zuordnen.

Auch für die Summe von $\sqrt{6}$ und $\sqrt{10}$ ergibt sich auf dieselbe Weise eine Stelle auf der Zahlengeraden. Für sie können wir aber keine vereinfachte Schreibweise angeben. Der Name dieser Zahl ist $\sqrt{6} + \sqrt{10}$.

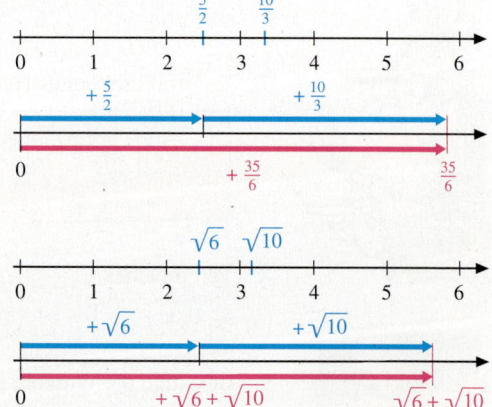

Wie bei rationalen Zahlen wollen wir die Subtraktion (als Addition der entgegengesetzten Zahl), die Multiplikation (als Streckung eines Pfeils) und die Division (als Multiplikation mit dem Kehrwert) auf reelle Zahlen übertragen.

Überblick über die reellen Zahlen

Wegen der gleichartigen Darstellung auf der Zahlengeraden gilt:

> **Satz**
> Mit reellen Zahlen kann man nach denselben Gesetzen rechnen wie mit den rationalen Zahlen:
> Für alle reellen Zahlen a, b und c gilt:
> *Kommutativgesetze:*   **a + b = b + a**   **a · b = b · a**
> *Assoziativgesetze:*   **(a + b) + c = a + (b + c)**   **(a · b) · c = a · (b · c)**
> *Distributivgesetze:*   **a · (b + c) = a · b + a · c**

Übungsaufgaben

2. Vereinfache. Notiere die Rechengesetze, die du anwendest.
a) $\sqrt{5} + \sqrt{5} + \sqrt{5}$ c) $\sqrt{5} \cdot (a - 3) - a \cdot \sqrt{5}$ e) $\sqrt{14} + \sqrt{14} - 3\sqrt{14}$
b) $\sqrt{11} - 8 \cdot \sqrt{11}$ d) $(\sqrt{2} \cdot b) \cdot (a \cdot \sqrt{2})$ f) $z \cdot (\sqrt{20} + 4) - 12 - \sqrt{20} \cdot z$

3. Stelle durch Pfeile dar, wie man den Punkt zur angegebenen Zahl auf der Zahlengeraden findet.
a) $\frac{3}{2} - 4$ b) $4{,}383883883\ldots - \sqrt{12}$ c) $1{,}5 \cdot 2{,}4414441\ldots$

2.6.2 Vergleich der Zahlbereiche ℕ, ℚ₊, ℚ und ℝ

Einstieg
Stelle deine Kenntnisse über Zahlen und Zahlbereiche in einer Mindmap zusammen. Vergleicht eure Mindmaps in der Klasse.

Einführung

Du hast bereits verschiedene Zahlbereiche kennen gelernt:
Menge ℕ der natürlichen Zahlen (einschließlich 0);
Menge ℚ₊ der gebrochenen Zahlen (das sind die nichtnegativen rationalen Zahlen);
Menge ℚ der rationalen Zahlen;
Menge ℝ der reellen Zahlen.
Schrittweise hast du den dir jeweils bekannten Zahlbereich erweitert: ℕ ist in ℚ₊ enthalten; ℚ₊ ist in ℚ enthalten und ℚ ist schließlich in ℝ enthalten.
Wir wollen nun rückblickend gemeinsame und unterschiedliche Eigenschaften dieser Zahlbereiche zusammenstellen:

(1) Gemeinsame Eigenschaften der Zahlbereiche

(a) In der Menge ℕ erhält man beim Addieren und Multiplizieren stets wieder eine natürliche Zahl. Man sagt: Die Addition und die Multiplikation sind in ℕ *stets ausführbar.*
Entsprechendes gilt für die Addition und die Multiplikation jeweils in ℚ₊, ℚ und ℝ.

(b) In allen Zahlbereichen gelten die Kommutativgesetze, die Assoziativgesetze und das Distributivgesetz.

(2) Unterschiedliche Eigenschaften der Zahlbereiche

∈ (gelesen: ist Element von) bedeutet: gehört zu.

(a) In der Menge ℕ erhält man beim Dividieren nicht immer eine natürliche Zahl:
$12 : 4 \in \mathbb{N}$, aber $12 : 5 \notin \mathbb{N}$. Die Division ist in ℕ *nicht immer* ausführbar.
Dagegen ist in ℚ₊, ℚ und ℝ die Division durch eine von 0 verschiedene Zahl immer ausführbar.

(b) In den Mengen $\mathbb{N}$ und $\mathbb{Q}_+$ erhält man beim Subtrahieren nicht immer eine natürliche Zahl bzw. eine gebrochene Zahl:
$7 - 3 \in \mathbb{N}$, aber $3 - 7 \notin \mathbb{N}$ bzw. $\frac{3}{4} - \frac{1}{2} \in \mathbb{Q}_+$, aber $\frac{1}{2} - \frac{3}{4} \notin \mathbb{Q}_+$.
Die Subtraktion ist in $\mathbb{N}$ bzw. $\mathbb{Q}_+$ *nicht immer* ausführbar.
Dagegen ist die Subtraktion in $\mathbb{Q}$ und $\mathbb{R}$ *immer* ausführbar.

(c) Bei $\mathbb{N}$ ist auf der Zahlengeraden links von 0 keinem Punkt eine Zahl zugeordnet; ferner liegt zwischen zwei natürlichen Zahlen *nicht immer* eine natürliche Zahl, z. B. nicht zwischen 2 und 3.
Bei $\mathbb{Q}_+$ ist ebenfalls links von 0 keinem Punkt eine Zahl zugeordnet; aber zwischen zwei gebrochene Zahlen liegt immer wieder eine gebrochene Zahl, dort liegen sogar unendlich viele gebrochene Zahlen.
Bei $\mathbb{Q}$ sind auch Punkte links von 0 Zahlen zugeordnet, und zwischen zwei rationalen Zahlen liegen unendlich viele solcher Zahlen.
Jedoch gibt es unendlich viele Punkte auf der Zahlengeraden, denen keine rationale Zahl zugeordnet ist (siehe dazu Seite 68).

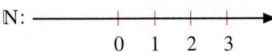
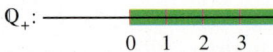

Bei $\mathbb{R}$ ist jedem Punkt auf der Zahlengeraden eine reelle Zahl zugeordnet und umgekehrt. Die Zahlen aus $\mathbb{R} \setminus \mathbb{Q}$, die irrationalen Zahlen, sind nicht nur die Quadratwurzeln aus positiven rationalen Zahlen.

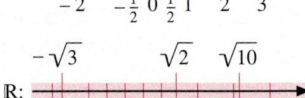

Der deutsche Mathematiker Richard **Dedekind** (1831–1916) hat als Erster eine befriedigende mathematische Theorie der reellen Zahlen entwickelt. Berühmt sind seine Schriften „Stetigkeit und irrationale Zahlen" (1872) und „Was sind und was sollen die Zahlen?" (1888).
Dedekind lehrte als Professor zunächst in Göttingen, später in seiner Heimatstadt Braunschweig.

Richard Dedekind
* Braunschweig
6. 10. 1831
† Braunschweig
12. 2. 1916

Übungsaufgaben

1. Ergänze das Diagramm so, dass es auch die Mengen $\mathbb{Z}$ (der ganzen Zahlen) und $\mathbb{R}_+$ (der nichtnegativen reellen Zahlen) enthält. Das vervollständigte Diagramm hat sechs getrennte Gebiete. Beschreibe jedes dieser Gebiete mit Worten. Nenne aus jedem drei Zahlen.

2. Begründe an der Zahlengeraden das Rechengesetz: Für alle $a \in \mathbb{R}$, $b \in \mathbb{R}$, $c \in \mathbb{R}$ gilt:
   a) Wenn $a < b$, dann $a + c < b + c$.   **b)** Wenn $a < b$ und $c < 0$, dann $a \cdot c > b \cdot c$.

3. **a)** Gib eine rationale Zahl an, die zwischen den irrationalen Zahlen $a = 3{,}525225222\ldots$ und $b = 3{,}52552555\ldots$ liegt.
   b) Kann man zu zwei verschiedenen reellen Zahlen immer eine rationale [irrationale] Zahl angeben, die dazwischen liegt? Begründe deine Aussage.

4. Beweise: **a)** $\sqrt{\sqrt{2}}$ ist irrational. **b)** Wenn a irrational und positiv ist, dann ist $\sqrt{a}$ irrational.

5. **a)** Beweise indirekt: Wenn a irrational und b rational ist, dann ist $a + b$ irrational.
   b) Prüfe die Behauptungen:
   (1) Wenn a und b irrational sind, dann ist $a + b$ irrational.
   (2) Wenn $a + b$ rational ist, dann sind a und b rational.
   (3) Wenn a und b rational sind, dann ist $a + b$ rational.

6. Begründe: Der Kehrwert einer irrationalen Zahl ist auch irrational.

Kubikwurzeln

2.7 Kubikwurzeln

Einstieg

Tim und Tanja lesen die nebenstehende Werbung.
Tim sagt: „Das sind doch 12 % : 3, also genau 4 % pro Jahr."
Tanja widerspricht: „4 % ist zu hoch. Verzinst man 1 000 € drei Jahre lang mit 4 %, so erhält man einen höheren Betrag als 1120 €."
Tim: „Das verstehe ich nicht."
Wie kann man den korrekten Wert für den Zinssatz pro Jahr ermitteln?

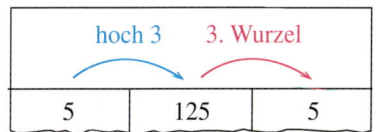
Legen Sie Ihr Geld bei uns an!
Aus 1000 € werden in 3 Jahren 1120 €. Das sind 12 % Zinsen. Sie erhalten also fast 4 % Zinsen pro Jahr!
HD BANK

Aufgabe 1

Ein Würfel hat das Volumen 125 cm^3. Welche Kantenlänge hat der Würfel?

Lösung

Man erhält das Volumen V eines Würfels, indem man die Kantenlänge x mit 3 potenziert: $V = x^3$
Hier ist das Volumen gegeben, gesucht ist die Kantenlänge.
Wir suchen also eine Maßzahl x, für die gilt: $x^3 = x \cdot x \cdot x = 125$
Wir finden 5, denn $5^3 = 5 \cdot 5 \cdot 5 = 125$.

Ergebnis: Die gesuchte Kantenlänge beträgt 5 cm.

> *Suche eine Zahl, deren 3. Potenz 125 ist.*

Information

In Aufgabe 1 haben wir eine Zahl x gesucht, die mit 3 potenziert 125 ergibt: $x^3 = 125$
Diese Zahl x nennt man die *dritte Wurzel* aus 125, geschrieben: $\sqrt[3]{125}$
Es ist also $\sqrt[3]{125} = 5$.
Deshalb definiert man entsprechend wie bei der Quadratwurzel:

> *Die dritte Wurzel aus einer negativen Zahl, z.B. $\sqrt[3]{-8}$, ist nicht erklärt.*

Definition

Gegeben ist eine nichtnegative Zahl a.
Unter der dritten Wurzel dieser Zahl a versteht man diejenige nichtnegative Zahl, die mit 3 potenziert die Zahl a ergibt.
Für die **dritte Wurzel aus a** schreibt man $\sqrt[3]{a}$. Statt dritte Wurzel aus a sagt man auch **Kubikwurzel** aus a.
Die Zahl 3 heißt der *Wurzelexponent*, die Zahl a unter dem Wurzelzeichen heißt *Radikand*.

Beispiele: $\sqrt[3]{1\,000} = 10$, denn $10^3 = 10 \cdot 10 \cdot 10 = 1\,000$
$\sqrt[3]{\frac{8}{27}} = \frac{2}{3}$, denn $\left(\frac{2}{3}\right)^3 = \frac{2}{3} \cdot \frac{2}{3} \cdot \frac{2}{3} = \frac{8}{27}$

> *Suche eine Zahl, deren dritte Potenz a ist.*
> Wurzelexponent
> $\sqrt[3]{a}$
> Radikand

Weiterführende Aufgabe

2. *Zusammenhang zwischen Wurzelziehen und Potenzieren*

(1) Ziehe die 3. Wurzel aus:
8; 27; 512; 729; 1 331.
Potenziere jedes Ergebnis mit 3.

	3. Wurzel →	hoch 3 →
8	2	8

(2) Potenziere die Zahlen mit 3:
5; 6; 12; 20; 30.
Ziehe aus jedem Ergebnis die 3. Wurzel.

	hoch 3 →	3. Wurzel →
5	125	5

Vervollständige die Tabelle. Vergleiche die erste mit der dritten Spalte. Was fällt auf?

QUADRATWURZELN – REELLE ZAHLEN

Zusammenhang zwischen Potenzieren und Wurzelziehen

Für alle reellen Zahlen a mit a ≥ 0 gilt:

(1) $\left(\sqrt[3]{a}\right)^3 = a$ (2) $\sqrt[3]{a^3} = a$

Das Ziehen der 3. Wurzel wird durch das Potenzieren mit 3 rückgängig gemacht:

Das Potenzieren mit 3 wird durch das Ziehen der 3. Wurzel rückgängig gemacht:

Übungsaufgaben

3. Eine würfelförmige Kerze soll aus **a)** 125 ml, **b)** 200 ml Wachs gegossen werden. Welche Kantenlänge muss die Form (innen) haben (1 ml = 1 cm³)?

4. Berechne im Kopf und begründe: **a)** $\sqrt[3]{8}$ **b)** $\sqrt[3]{27}$ **c)** $\sqrt[3]{1000}$

5. Zwischen welchen (aufeinander folgenden) natürlichen Zahlen liegt der Wert der Wurzel?
   a) $\sqrt[3]{10}$ **b)** $\sqrt[3]{100}$ **c)** $\sqrt[3]{480}$ **d)** $\sqrt[3]{2000}$ **e)** $\sqrt[3]{87{,}6}$

6. Bestimme die Kantenlänge eines Würfels mit dem angegebenen Volumen.
   a) 8 cm³ **b)** 27 cm³ **c)** 343 cm³ **d)** 3375 cm³ **e)** 8000 cm³ **f)** 74088 cm³

7. Bestimme die 3. Wurzel mit deinem Taschenrechner.
   a) $\sqrt[3]{20}$ **b)** $\sqrt[3]{64}$ **c)** $\sqrt[3]{520}$ **d)** $\sqrt[3]{0{,}74}$ **e)** $\sqrt[3]{17{,}4}$ **f)** $\sqrt[3]{\frac{5}{8}}$

8. Berechne den Zinssatz pro Jahr bei 10 % in 3 Jahren [5 % in 2 Jahren; 15 % in 3 Jahren].

9. In 3 Jahren sind 12000 € auf 13112,72 € angewachsen. Berechne den jährlichen Zinssatz.

10. Vereinfache: **a)** $\left(\sqrt[3]{16}\right)^3$ **b)** $\left(\sqrt{20}\right)^3$ **c)** $\left(\sqrt[3]{0{,}01}\right)^3$ **d)** $\sqrt[3]{17^3}$ **e)** $\sqrt[3]{0{,}125^3}$

11. Bestimme die Lösungsmenge der Gleichungen im Kopf.
    a) $x^3 = 216$ **b)** $x^3 = -1000$ **c)** $-x^3 = 8$ **d)** $8x^3 = -1$ **e)** $x^3 - 27 = 0$

12. **a)** Für $\sqrt[3]{13}$ findest du keinen endlichen Dezimalbruch, dessen Potenz *genau* 13 ergibt. Du kannst $\sqrt[3]{13}$ aber näherungsweise bestimmen. Setze dazu die Tabelle fort, bis die untere und die obere Näherungszahl in den ersten zwei Stellen hinter dem Komma übereinstimmen.
    Notiere dann den Wert für $\sqrt[3]{13}$ auf zwei Stellen nach dem Komma genau.

Nachkomma-Stellenzahl	untere Näherungszahl	Probe (hoch 3)		obere Näherungszahl
0	2	8	< 13 < 27	3
1	2,3	12,167	< 13 < 13,824	2,4
2	2,35	12,977875	< 13 < 13,144256	2,36

b) Verfahre entsprechend mit: (1) $\sqrt[3]{7}$ (2) $\sqrt[3]{19}$ (3) $\sqrt[3]{80}$ (4) $\sqrt[3]{480}$ (5) $\sqrt[3]{2000}$

c) Beweise, dass $\sqrt[3]{13}$ eine irrationale Zahl ist.

2.8 Aufgaben zur Vertiefung

1. Beweise zunächst die angegebenen Formeln. Setze dann die Folge um zwei Formeln fort und formuliere eine Gesetzmäßigkeit.
   a) Für alle $a \geq 0$ gilt: (1) $\sqrt{a^3} = a \cdot \sqrt{a}$ (2) $\sqrt{a^5} = a^2 \cdot \sqrt{a}$ (3) $\sqrt{a^7} = a^3 \cdot \sqrt{a}$
   b) Für alle $a \in \mathbb{R}$ gilt: (1) $\sqrt{a^4} = a^2$ (2) $\sqrt{a^6} = |a| \cdot a^2$ (3) $\sqrt{a^8} = a^4$

2. a) Bestätige an Beispielen mit dem Taschenrechner und beweise dann für $a > b > 0$:
   Wenn b klein gegenüber a ist, gilt die Näherungsaussage $\sqrt{a+b} \cdot \sqrt{a-b} \approx a$.
   b) Berechne mit dem Ergebnis aus Teilaufgabe a) näherungsweise im Kopf.
   (1) $\sqrt{81} \cdot \sqrt{79}$ (2) $\sqrt{20} \cdot \sqrt{21}$ (3) $\sqrt{1{,}99} \cdot \sqrt{2{,}01}$ (4) $\sqrt{250} \cdot \sqrt{260}$

3. Begründe die Näherungsrechnung.
   Berechne dann näherungsweise im Kopf und prüfe das Ergebnis mit Taschenrechner.

   $$\frac{1}{\sqrt{101} - \sqrt{99}} = \frac{\sqrt{101} + \sqrt{99}}{2} \approx \sqrt{100} = 10$$

   a) $\dfrac{1}{\sqrt{65} - \sqrt{63}}$ b) $\dfrac{1}{\sqrt{37} - \sqrt{35}}$ c) $\dfrac{1}{\sqrt{26} - \sqrt{24}}$ d) $\dfrac{1}{\sqrt{17} - \sqrt{15}}$ e) $\dfrac{1}{\sqrt{10} - \sqrt{8}}$

4. Prüfe die Gleichungen des historischen Rechenbuchs von Leonardo von Pisa.

   (1) $\dfrac{20 - \sqrt{96}}{\sqrt{8}} = \sqrt{50} - \sqrt{12}$ (2) $\dfrac{100}{4 + \sqrt{7}} = 44\tfrac{4}{9} - 11\tfrac{1}{9} \cdot \sqrt{7}$

5. Berechne den Term $\dfrac{1}{\sqrt{a}-1} - \dfrac{\sqrt{a}}{a-1}$ $\left[\text{den Term } \dfrac{1}{\sqrt{a-1}} - \dfrac{\sqrt{a}}{a-1}\right]$ für verschiedene Werte von $a > 1$.
   Was fällt auf? Beweise deine Vermutung.

6. a) Gegeben sind die reellen Zahlen
   $a = 0{,}408\ldots$; $b = 0{,}2931\ldots$ Begründe die beiden Einschachtelungen rechts.
   b) Erläutere, warum für die Summe $a + b$ die Darstellung rechts gilt. Gib die Summe mit möglichst vielen gesicherten Dezimalstellen an.
   c) Erläutere die Darstellung rechts für das Produkt $a \cdot b$. Zwischen welchen Werten liegt folglich das Produkt $a \cdot b$? Gib das Produkt $a \cdot b$ mit möglichst vielen gesicherten Dezimalstellen an.
   d) Begründe, warum $a - b$ zwischen 0,1148 und 0,1159 liegt. Gib $a - b$ mit möglichst vielen gesicherten Dezimalstellen an.

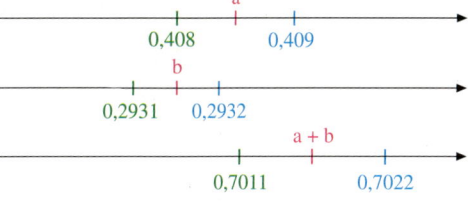

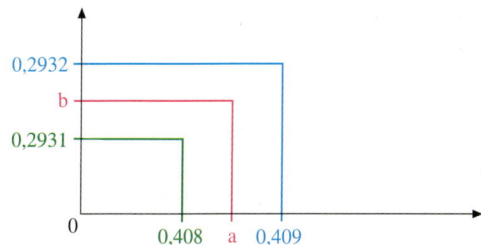

   e) Erläutere, warum der Quotient $a : b$ zwischen den Zahlen $0{,}408 : 0{,}2932$ und $0{,}409 : 0{,}2931$ liegt. Gib $a : b$ mit möglichst vielen gesicherten Dezimalstellen an.

7. Die Länge a und die Breite b eines Rechtecks sind auf Millimeter gerundet angegeben:
   $a \approx 32{,}7$ cm; $b \approx 18{,}9$ cm [$a \approx 29{,}7$ cm; $b \approx 21{,}0$ cm]. Berechne so genau wie möglich
   a) den Umfang;   b) den Flächeninhalt;   c) das Seitenverhältnis $a : b$.

Im Blickpunkt

Wie viele rationale und irrationale Zahlen gibt es?

Rationale Zahlen kennst du seit Klasse 7. Du hast damals gedacht, dass die Zahlengerade lückenlos mit rationalen Zahlen gefüllt ist. Mit den Wurzeln aus natürlichen Zahlen, die keine Quadratzahlen sind, hast du erste Lücken auf der Zahlengeraden entdeckt. Als nichtperiodische Dezimalbrüche hast du weitere irrationale Zahlen kennen gelernt. Wir wollen untersuchen, ob die rationalen Zahlen auf der Zahlengeraden mehr Platz einnehmen als die irrationalen Zahlen.

1. a) Zu jeder ganzen Zahl kannst du eine unmittelbar darauf folgende nächstgrößere angeben. Untersuche, ob das auch bei den rationalen Zahlen möglich ist. Begründe deine Behauptung.

   b) Man kann die rationalen Zahlen dennoch in einer Reihenfolge aufzählend angeben. Der deutsche Mathematiker Georg Cantor (1845 – 1918) hat hierfür einen Trick gefunden.

Cantor, Georg

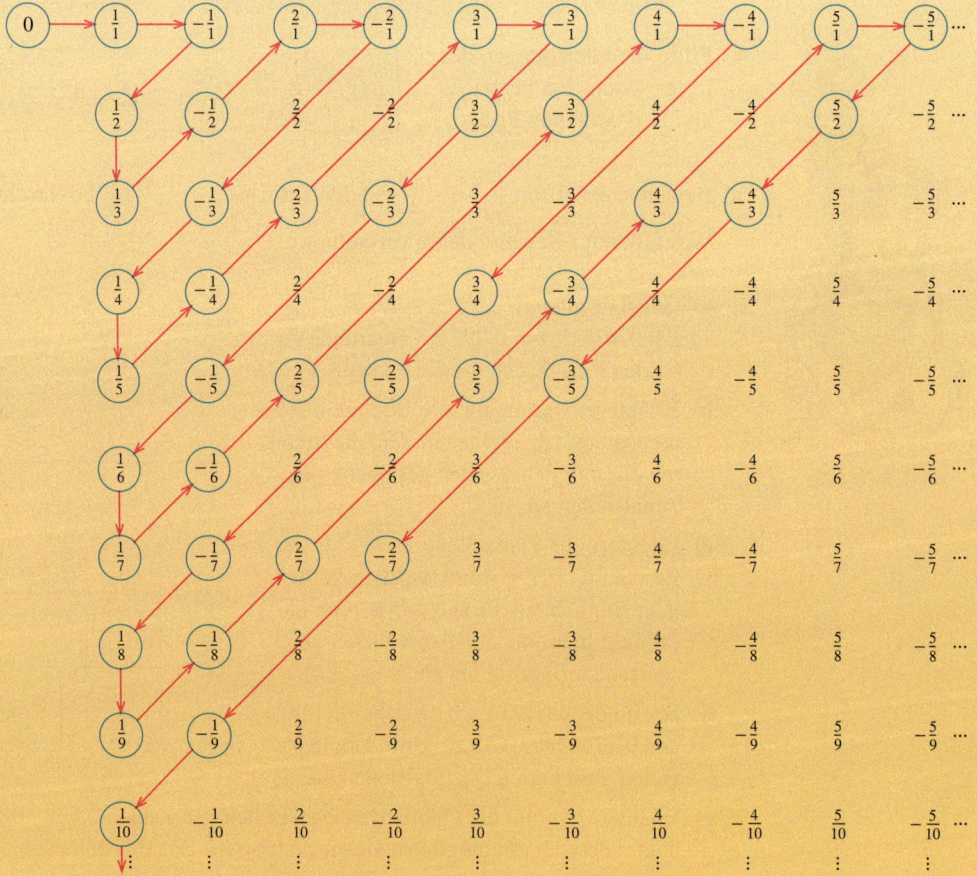

(1) Übertrage das Zahlenschema in dein Heft; erweitere es dabei um zwei Spalten und zwei Zeilen. Erläutere, warum es für jede rationale Zahl mindestens einen Platz in diesem Zahlenschema gibt.

IM BLICKPUNKT: Wie viele rationale und irrationale Zahlen gibt es?

(2) Durch diagonales Abzählen in diesem Schema kann man nun eine eindeutige Reihenfolge aller rationalen Zahlen festlegen, dabei müssen aber die ungekürzten Brüche übersprungen werden. Dadurch wird jedoch jede rationale Zahl genau einmal erfasst. Jede rationale Zahl hat dann einen eindeutigen Platz in der mit dem *Cantor'schen Diagonalverfahren* bestimmten Reihenfolge:

$$0;\ 1;\ -1;\ \tfrac{1}{2};\ \tfrac{1}{3};\ -\tfrac{1}{2};\ 2;\ -2;\ -\tfrac{1}{3};\ \tfrac{1}{4};\ \tfrac{1}{5};\ -\tfrac{1}{4};\ \tfrac{2}{3};\ 3;\ -3;\ \tfrac{3}{2};\ -\tfrac{2}{3};\ -\tfrac{1}{5};\ \tfrac{1}{6}; \ldots$$

In dieser Reihenfolge sind die rationalen Zahlen allerdings nicht nach ihrer Größe geordnet; eine solche Reihenfolge gibt es nicht.
Setze diese Reihenfolge so weit fort, wie es dein Zahlenschema im Heft ermöglicht.

(3) Kinder, die noch nicht zählen können, entscheiden, ob eine Anzahl von Bonbons mit einer Anzahl von Kindern übereinstimmt so: Sie geben jedem Kind einen Bonbon und stellen fest, ob Bonbons oder Kinder ohne Bonbons übrig bleiben. Jedem Kind wird also ein Bonbon zugeordnet, den es erhält; und umgekehrt wird jedem Bonbon ein Kind zugeordnet, an die es verteilt wird. Über solch eine *umkehrbar eindeutige Zuordnung* wird entschieden, ob die Anzahlen der Elemente zweier Mengen übereinstimmen.
Bei Mengen mit unendlich vielen Elementen wie $\mathbb{N}$ oder $\mathbb{Q}$ kann man die Anzahl der Elemente nicht mit einer Zahl angeben. Erläutere, dass das Cantor'sche Diagonalverfahren eine umkehrbar eindeutige Zuordnung der natürlichen Zahlen zu den rationalen Zahlen liefert.
Was ergibt sich daraus für die „Anzahl" der natürlichen Zahlen im Vergleich zur „Anzahl" der rationalen Zahlen? Dieses Ergebnis erscheint paradox. Erläutere, warum.

2. a) Zeichne eine Zahlengerade, bei der die Strecke von 0 bis 1 die Länge 1 dm hat. Benutze dann für die rationalen Zahlen die Reihenfolge, die sich aus dem Cantor'schen Diagonalverfahren ergibt. Lege um die erste rationale Zahl (die 0) ein Intervall der Länge 1 dm, um die zweite (die 1) ein Intervall der Länge 0,1 dm, um die dritte (die –1) ein Intervall der Länge 0,01 dm usw.

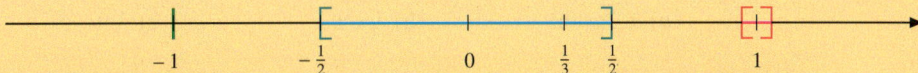

(1) Begründe, dass auf diese Weise alle rationalen Zahlen von den Intervallen überdeckt werden. Zeige auch an Beispielen, dass sich diese Intervalle überschneiden.
(2) Fertige eine neue Zeichnung an, indem du die Intervalle so verschiebst, dass sie nur noch aneinanderstoßen.

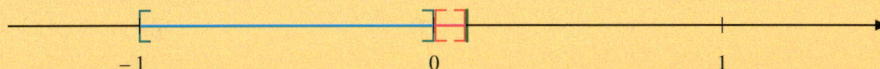

Begründe: Alle Intervalle, mit denen sämtliche rationale Zahlen (und natürlich auch noch etliche irrationale) erfasst wurden, decken dann auf der Zahlengeraden eine Strecke der Länge 1 dm + 0,1 dm + 0,01 dm + 0,001 dm + ... = $1,\overline{1}$ dm ab.

b) Dieses Verfahren lässt sich natürlich noch verbessern, wenn man für das erste Intervall eine Länge von 0,1 dm wählt.
Welche Gesamtlänge ergibt sich nun für alle Intervalle?

c) Denke dir dieses Verkleinern der Länge des ersten Intervalles fortgesetzt.
Welchen Anteil nehmen die rationalen Zahlen, welchen Anteil die irrationalen Zahlen an der Zahlengeraden ein?

Bist du fit?

1. Berechne im Kopf: **a)** $\sqrt{81}$ **b)** $\sqrt{0{,}25}$ **c)** $\sqrt{\frac{64}{121}}$ **d)** $\sqrt{40000}$ **e)** $\sqrt{6{,}25}$

2. Gib die Seitenlänge eines Quadrats mit dem Flächeninhalt 49 cm² [7,29 cm²; 8 m²; 150 ha] an.

3. Berechne Kantenlänge und Volumen des Würfels im Kaufhaus Kastens.

4. **a)** Bestimme ohne Verwendung der Wurzeltaste des Taschenrechners einen Näherungswert für $\sqrt{7}$, der auf 2 Nachkommastellen genau ist.
   b) Begründe, dass $\sqrt{7}$ kein endlicher Dezimalbruch ist.
   c) Beweise, dass $\sqrt{7}$ irrational ist.

5. Welche der Zahlen sind rational? Gib für sie eine Darstellung als gemeinen Bruch an.
   a) 3,4 **c)** 3,404004000… **e)** 3,40 **g)** $\sqrt{4}$ **i)** $3 \cdot \sqrt{4}$ **k)** 3,04
   b) $3{,}\overline{4}$ **d)** 3,39 **f)** $\sqrt{3}$ **h)** $4 \cdot \sqrt{3}$ **j)** 3,040440404404044… **l)** 3,040

6. Woran kann man rationale [irrationale] Zahlen in der Dezimalbruchdarstellung erkennen?

7. Bestimme die Lösungsmenge der Gleichung.
   a) $x^2 = 144$ **b)** $z^2 = 1{,}69$ **c)** $x^2 = -4$ **d)** $u^2 = 0$

8. Bestimme den Definitionsbereich des Wurzelterms.
   a) $\sqrt{2x-6}$ **b)** $\sqrt{x^2+4}$ **c)** $\sqrt{9-x^2}$ **d)** $\sqrt{\frac{1}{x+1}}$

9. Vereinfache: **a)** $\sqrt{20} \cdot \sqrt{5}$ **b)** $\sqrt{20} : \sqrt{5}$ **c)** $\left(\sqrt{20}+\sqrt{5}\right)^2$ **d)** $\sqrt{20}+\sqrt{5}$

10. **a)** $\sqrt{9a^2}$ **d)** $\sqrt{6uv} \cdot \sqrt{3v} \cdot \sqrt{8u}$ **g)** $\sqrt{y^2} \cdot \sqrt{y}$ **j)** $(1+\sqrt{a}) \cdot \sqrt{a}$
    b) $\left(\sqrt{5x}\right)^2$ **e)** $\sqrt{0{,}81x^2y^4}$ **h)** $\sqrt{\frac{169a^2}{4b^2c^2}}$ **k)** $\left(\sqrt{a}+\sqrt{3b}\right)^2$
    c) $\sqrt{360} : \sqrt{10}$ **f)** $\sqrt{x^9} \cdot \sqrt{x^3}$ **i)** $\sqrt{a}+\sqrt{4a}-\sqrt{9a^3}$ **l)** $\sqrt{25-10z+z^2}$

11. Ziehe teilweise die Wurzel.
    a) $\sqrt{12}$ **b)** $\sqrt{45}$ **c)** $\sqrt{5a^2}$ **d)** $\sqrt{169a^4b^2c}$ **e)** $\sqrt{1{,}44x^2y}$

12. Beseitige die Wurzel im Nenner.
    a) $\frac{5}{\sqrt{3}}$ **b)** $\frac{6}{\sqrt{2}}$ **c)** $\frac{a}{\sqrt{z}}$ **d)** $\frac{7}{4-\sqrt{2}}$ **e)** $\frac{a}{b-\sqrt{c}}$ **f)** $\frac{\sqrt{2}}{\sqrt{3}-\sqrt{5}}$

13. Berechne die Kantenlänge eines Würfels mit dem Volumen 64 cm³ [100 dm³].

14. Berechne im Kopf: $\sqrt[3]{27}$; $\sqrt[3]{1}$; $\sqrt[3]{0}$; $\sqrt[3]{0{,}008}$; $\sqrt[3]{\frac{64}{125}}$

Bleib fit im … Umgang mit Prozenten

Zum Aufwärmen

1. Schreibe den dargestellten Anteil als Bruch, als Dezimalbruch und in Prozent.

a) 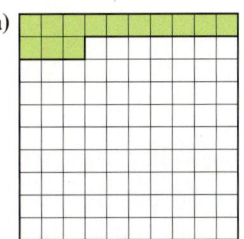 b) 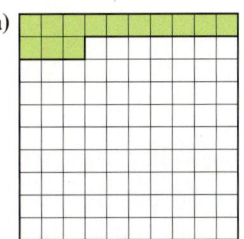 c) 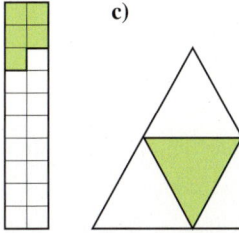 d) 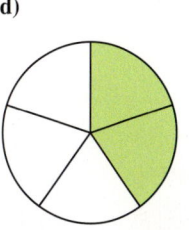 e)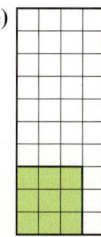

2. Bei verpacktem Aufschnitt ist oft der Fettanteil in Prozent angegeben.

   a) Ein Schinken enthält 20 % Fett. Wie viel g Fett enthält eine Scheibe, die 15 g wiegt?
   b) Eine Salami wird untersucht: In 80 g sind 24 g Fett enthalten. Welchen Fettanteil hat diese Salami?
   c) Eine Käsesorte trägt die nebenstehende Aufschrift. Wie viel wiegt eine Käsescheibe?

Zum Erinnern

(1) Angabe von Anteilen in Prozent

Anteile an einem Ganzen gibt man oft in Prozent an; Prozent bedeutet *Hundertstel*.
Das Ganze bezeichnet man als **Grundwert** G, den Teil als **Prozentwert** W, den Anteil als **Prozentsatz** p %.

$$p\,\% = \frac{p}{100}$$

(2) Grundaufgaben der Prozentrechnung

- Man berechnet den Prozentwert, indem man den Grundwert mit dem Prozentsatz multipliziert.

  Wie viel sind 16 % von 300 €?
  Ansatz: $300\,€ \xrightarrow{\cdot\,16\,\%} W$
  Rechnung: $W = 300\,€ \cdot \frac{16}{100}$
  $= 300\,€ \cdot 0{,}16 = 48\,€$

- Man berechnet den Grundwert, indem man den Prozentwert durch den Prozentsatz dividiert.

  30 % eines Grundwertes sind 18 €.
  Ansatz: $G \xrightarrow{\cdot\,30\,\%} 18\,€$
  Rechnung: $G = 18\,€ : \frac{30}{100}$
  $= 18\,€ \cdot \frac{100}{30} = 60\,€$

- Man berechnet den Prozentsatz, indem man den Prozentwert durch den Grundwert dividiert und das Ergebnis in der Prozentschreibweise notiert.

  Wie viel % sind 24 € von 80 €?
  Ansatz: $80\,€ \xrightarrow{\cdot\,p\,\%} 24\,€$
  Rechnung: $p\,\% = \frac{24\,€}{80\,€}$
  $= 0{,}3 = \frac{30}{100} = 30\,\%$

(3) Prozentsätze über 100 %

Erhöht man einen Grundwert um einen Anteil, so kann man den erhöhten Wert mit dem Grundwert vergleichen: es ergibt sich dann ein Prozentsatz über 100 %.

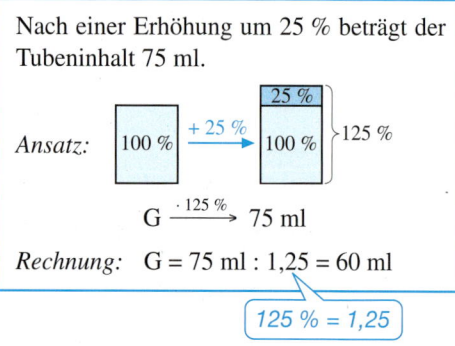

Nach einer Erhöhung um 25 % beträgt der Tubeninhalt 75 ml.

Ansatz: 100 % $\xrightarrow{+25\%}$ 100 % + 25 % = 125 %

G $\xrightarrow{\cdot 125\%}$ 75 ml

Rechnung: G = 75 ml : 1,25 = 60 ml

125 % = 1,25

Zum Trainieren

3. Betrachte die Packung mit dem Parma-Schinken links.

   a) Wie viel Fett nimmst du zu dir, wenn du eine Scheibe dieses Schinkens isst?

   b) Jemand macht Diät. Wie viel Scheiben von dem Schinken darf er noch essen, wenn er damit nur noch 5 g Fett zu sich nehmen möchte?

   c) Ein anderer Bratenaufschnitt enthält 5 g Fett in 90 g Braten. Wie viel % Fett muss auf der Verpackung ausgezeichnet werden?

4. In einem kleinen Staat stellen sich 4 Parteien zur Wahl:

Demokratische Mitte	25 471 Stimmen	Grünes Engagement	11 003 Stimmen
Sozialer Fortschritt	19 323 Stimmen	Liberale Freiheit	2 517 Stimmen

   a) Berechne den Stimmenanteil jeder Partei und zeichne ein Kreisdiagramm.

   b) Nur die Parteien, die mehr als 5 % der abgegebenen Stimmen erhalten haben, kommen in das Parlament. Wie viele Stimmen hätte die Liberale Freiheit mehr erringen müssen, um in das Parlament einzuziehen?

5. Betrachte die beiden Kakao-Packungen rechts. Kontrolliere, ob die Angabe „40 % Zucker-reduziert" korrekt ist.

6. Beim Herunterladen einer großen Datei aus dem Internet wird angegeben, dass nach 2 Minuten 34 % der Datei übertragen worden sind. Wie lange dauert der gesamte Vorgang voraussichtlich?

7. In dieser Aufgabe geht es um die Mehrwertsteuer.

   a) Im Großhandel sind die Warenpreise netto, d.h. ohne Mehrwertsteuer ausgezeichnet. Tim sieht im Großhandel einen Computer zu 799 €.
   Wie viel kostet dieser einschließlich 19 % Mehrwertsteuer?

   b) Maries Computer hat im Einzelhandel 899 € gekostet.
   Wie viel Mehrwertsteuer ist im Preis enthalten?

   c) Ein Elektro-Discount-Markt startet zum Jahresanfang eine große Werbeaktion mit den rechts abgebildeten Anzeigen. Bewerte diese im Hinblick auf mathematische Richtigkeit.

3. SATZ DES THALES – SATZ DES PYTHAGORAS

Überall in unserer Umgebung begegnen uns rechte Winkel oder rechtwinklige Dreiecke. Das Bild zeigt einen Fernsehturm mit einem daneben stehenden Sendemast. Der Sendemast ist 273 Meter hoch.

- Der Sendemast muss durch jeweils 4 Stahlseile in unterschiedlichen Höhen abgespannt werden. Die Stahlseile werden in 50 m, 100 m, 175 m und 250 m Höhe am Mast befestigt; ihre Verankerungspunkte am Boden befinden sich in 50 und 125 m Entfernung vom Mast.
  Ermittle durch eine Zeichnung die Länge der Halteseile. Verwende den Maßstab 1 : 2500.

Schon im alten Ägypten erzeugten Arbeiter rechtwinklige Dreiecke: Seilspanner benutzten 12-Knoten-Seile, um rechtwinklige Dreiecke aufzuspannen. Diese wurden unter anderem bei der Ausrichtung von Altären und Bauwerken benutzt.

- Ihr könnt die Methode überprüfen. Markiert auf einem langen Seil 12 gleich große Abschnitte. Einer von euch hält Anfang und Ende zusammen, zwei andere versuchen, die Markierungen zu finden, mit denen sich ein rechtwinkliges Dreieck aufspannen lässt. Wie müssen sie auf die Dreiecksseiten verteilt werden?

Einer dieser Sätze ist nach Pythagoras benannt, der ein bedeutender Philosoph, Mathematiker und Naturwissenschaftler im alten Griechenland war. Gefunden oder bewiesen hat Pythagoras ihn aber nicht. *Der Satz des Pythagoras* war vermutlich schon lange zuvor in Babylon und Indien bekannt.
Mehr über Pythagoras, seine Anhänger, die Pythagoreer, findest du im Internet.

Pythagoras von Samos, etwa 580 bis etwa 500 v. Chr.

3.1 Satz des Thales

Einstieg

Beim Sportunterricht steht die Klasse 8c zu Beginn der Stunde rund um den Mittelkreis des Sportplatzes (siehe Bild). Dabei gibt es zwei besondere Schüler. Sie tragen zur besseren Erkennung rote T-Shirts und stehen genau da, wo sich Mittelkreis und Mittellinie schneiden.
Die Schüler werfen sich einen Ball zu. Dabei gilt als Regel, dass ein Schüler mit einem roten T-Shirt irgendeinem Schüler mit blauem T-Shirt den Ball zuwirft. Dieser muss den Ball zu dem anderen Schüler mit dem roten T-Shirt werfen, usw.
Welcher Schüler mit einem blauen T-Shirt muss sich zum Werfen am stärksten drehen? Probiert es aus.

Aufgabe 1

Zeichne einen Kreis und zwei Durchmesser. Zeichne nun ein Viereck, das die beiden Durchmesser als Diagonalen besitzt.
Um was für ein Viereck handelt es sich? Begründe deine Behauptung.

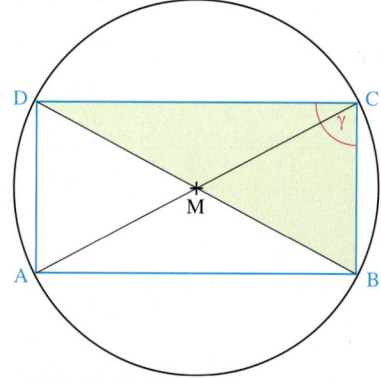

Lösung

Die Zeichnung lässt vermuten, dass es sich um ein Rechteck handelt, also ein Viereck mit vier rechten Winkeln.

Wir wissen: Der Punkt C liegt auf dem Halbkreis über $\overline{DB}$.
Wir wollen zeigen: $\gamma = 90°$

Die Strecken $\overline{MB}$, $\overline{MC}$ und $\overline{MD}$ sind Radien des Kreises um M und daher gleich lang. Folglich sind die Dreiecke DMC und MBC gleichschenklige Dreiecke.
Mithilfe des Basiswinkelsatzes folgt:

(1) $\delta_1 = \gamma_2$; (2) $\beta_2 = \gamma_1$

Dann gilt: $\gamma = \gamma_1 + \gamma_2 = \delta_1 + \beta_2$

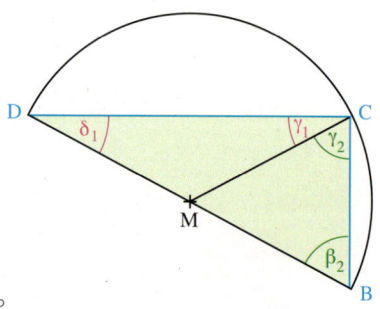

Nach dem Innenwinkelsatz für Dreiecke gilt: $\delta_1 + \beta_2 + \gamma = 180°$

Wegen $\delta_1 + \beta_2 = \gamma$ folgt:

$\gamma + \gamma = 180°$
$2 \cdot \gamma = 180°$
$\gamma = 90°$

Satz des Thales

Information

Satz des Thales

Die Lösung der Aufgabe 1 führt uns auf einen Satz, der nach dem griechischen Philosophen, Astronomen und Mathematiker Thales von Milet (um 600 v. Chr.) benannt ist.

> **Definition**
> Zu jeder Strecke $\overline{AB}$ mit dem Mittelpunkt M kann man den Kreis zeichnen, der M als Mittelpunkt hat und durch die Punkte A und B geht.
> Dieser Kreis heißt **Thaleskreis** der Strecke $\overline{AB}$.
>
>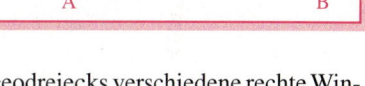
>
> **Satz des Thales**
> Wenn der Punkt C eines Dreiecks ABC auf dem Thaleskreis der Strecke $\overline{AB}$ liegt, dann ist das Dreieck rechtwinklig mit γ als rechtem Winkel.
>
>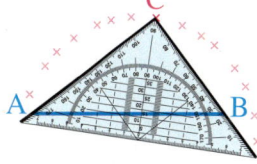

Wegen der Symmetrie des Kreises betrachtet man häufig nur einen Halbkreis.

Aufgabe 2

Zeichne eine 8 cm lange Strecke $\overline{AB}$. Zeichne nun mithilfe des Geodreiecks verschiedene rechte Winkel, deren Schenkel durch A bzw. B gehen.
Was vermutest du über die Lage der Scheitel?

Lösung

Wir vermuten:

Alle Scheitelpunkte der rechten Winkel, deren Schenkel durch die Punkte A bzw. B gehen, liegen auf einem Kreis mit der Strecke $\overline{AB}$ als Durchmesser.

Information

(1) Umkehrung des Satzes von Thales

Jeder in Aufgabe 1 markierte Scheitel C bestimmt mit A und B ein rechtwinkliges Dreieck ABC. Wir können unsere Vermutung dann auch wie folgt formulieren:

> Wenn ABC ein rechtwinkliges Dreieck mit γ = 90° ist, dann liegt der Eckpunkt C auf dem Kreis über der Seite $\overline{AB}$ als Durchmesser.

Was hat diese Aussage mit dem Satz des Thales zu tun? Betrachte dazu Voraussetzung und Behauptung des Satzes und unserer Vermutung:

	Voraussetzung	Behauptung
Satz von Thales	Der Punkt C des Dreiecks ABC liegt auf dem Kreis mit $\overline{AB}$ als Durchmesser.	Das Dreieck ABC ist rechtwinklig mit γ = 90°.
Vermutung	Das Dreieck ABC ist rechtwinklig mit γ = 90°.	Der Punkt C des Dreieck ABC liegt auf dem Kreis mit $\overline{AB}$ als Durchmesser.

Man erhält also unsere Vermutung, wenn man beim Satz des Thales Voraussetzung und Behauptung vertauscht. Man spricht deshalb auch von der Umkehrung des Satzes von Thales.

Umkehrung des Thalessatzes

Wenn ABC ein rechtwinkliges Dreieck mit $\gamma = 90°$ ist, dann liegt C auf dem Thaleskreis über der Seite $\overline{AB}$.

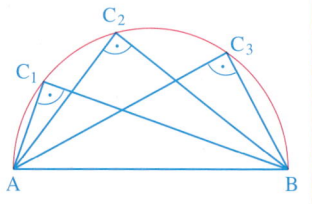

Die Umkehrung eines Satzes muss nicht wahr sein. Dies zeigt das folgende Beispiel:
Der Satz *Wenn in einem Viereck zwei Winkel rechte sind, dann besitzt das Viereck keinen überstumpfen Winkel* ist wahr.
Die Umkehrung dieses Satzes lautet:
Wenn ein Viereck keinen überstumpfen Winkel besitzt, dann besitzt das Viereck zwei rechte Winkel.
Diese Wenn-dann-Aussage ist falsch, wie das nebenstehende Parallelogramm zeigt.
Man muss also stets prüfen, ob die Umkehrung eines Satzes wahr ist, also selbst ein mathematischer Satz ist.

(2) Beweis der Umkehrung des Satzes von Thales

Liegt der Punkt C nicht auf dem Halbkreis über $\overline{AB}$, dann gibt es zwei Möglichkeiten:

(1) C liegt innerhalb des Thaleskreises. (2) C liegt außerhalb des Thaleskreises.

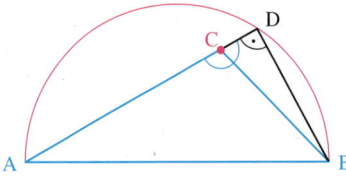 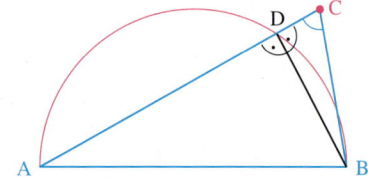

Das Dreieck BDC besitzt bei D einen rechten Winkel, also ist in diesem Dreieck nach dem Innenwinkelsatz der Innenwinkel bei C spitz. Dann ist aber der Winkel γ im Dreieck ABC stumpf: $\gamma > 90°$.

Das Dreieck ABD besitzt bei D einen rechten Winkel, ebenso das Dreieck BCD. Somit ist nach dem Innenwinkelsatz der Winkel γ bei C spitz: $\gamma < 90°$.

Liegt also der Punkt C *nicht* auf dem Halbkreis über $\overline{AB}$, dann ist das Dreieck ABC *nicht* rechtwinklig. Ist es aber rechtwinklig, dann muss C auf dem Halbkreis liegen.

(3) Umkehrung von Wenn-dann-Sätzen und Genau-dann-wenn-Sätze

Satz:
Wenn A, dann B.
Umkehrung:
Wenn B, dann A.

Man erhält die Umkehrung eines Wenn-dann-Satzes, indem man Voraussetzung und Behauptung vertauscht.

Beispiel: Wenn ein Dreieck gleichschenklig ist, dann sind zwei Winkel gleich groß.
Umkehrung: Wenn in einem Dreieck zwei Winkel gleich groß sind, dann ist das Dreieck gleichschenklig.

Wenn zu einem Satz auch die Umkehrung wahr ist, so kann man den Satz und seine Umkehrung wie folgt zusammenfassen:

Ein Dreieck ABC ist *genau dann* rechtwinklig mit $\gamma = 90°$, *wenn* der Punkt C auf dem Kreis mit der Seite $\overline{AB}$ als Durchmesser liegt.

Satz des Thales

Übungsaufgaben

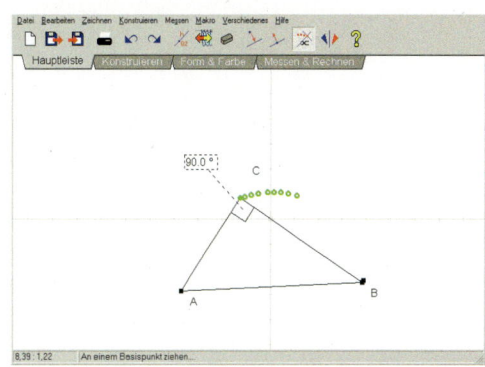

3. Gegeben ist eine Strecke $\overline{AB}$.
   Gesucht ist der geometrische Ort aller Punkte C, so dass das Dreieck ABC einen rechten Winkel bei C hat.
   Probiere mit einem dynamischen Geometriesystem. Versuche den Punkt C so zu bewegen, dass der Winkel stets 90° groß ist. Zeichne dabei seine Ortslinie auf.
   Äußere eine Vermutung.

Denke an die Planfigur!

4. a) Konstruiere aus den gegebenen Stücken ein rechtwinkliges Dreieck ABC.
   (1) c = 5,3 cm, b = 4,3 cm, γ = 90°
   (2) b = 6,3 cm, c = 4,7 cm, β = 90°

   b) Stelle deinem Partner weitere Aufgaben wie in den Teilaufgaben a) und b) und kontrolliere anschließend seine Lösung.

5. Konstruiere ein rechtwinkliges Dreieck ABC aus den gegebenen Stücken.
   a) c = 8 cm, h_c = 3 cm, γ = 90°   b) b = 6,4 cm, h_b = 2,3 cm, β = 90°

6. Gegeben ist eine Gerade g und ein Punkt P, der nicht auf g liegt. Konstruiere mithilfe des Thalessatzes die Senkrechte zu g durch P. Beschreibe dein Vorgehen.

7. Gegeben ist ein Kreis mit dem Radius r = 3,4 cm. Jeder konstruiert zunächst ein Rechteck, dessen Ecken auf dem Kreis liegen; eine Seite des Rechtecks soll 2,1 cm lang sein. Vergleiche dazu deine Vorgehensweise mit der deines Nachbarn.

8. Wenn ein Zimmermann einen rechtwinkligen Fensterrahmen baut, so braucht er zur Überprüfung der rechten Winkel keinen Winkelmesser. Es reicht, wenn er kontrolliert, ob die Diagonalen gleich lang sind.

   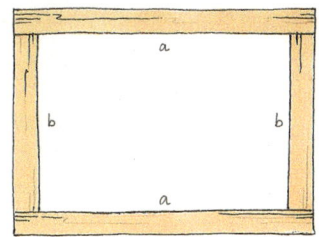

   a) Begründe, warum man so feststellen kann, ob rechte Winkel vorliegen.
   b) Untersuche auch, ob eine kleine Abweichung vom rechten Winkel mit diesem Verfahren bemerkt wird. Zeichne dazu ein Parallelogramm mit a = 9 cm, b = 12 cm und α = 92°.

9. Zeichne eine Gerade g und zwei Punkte A und B auf derselben Seite von g. Konstruiere nun einen Punkt C auf g so, dass ∢ ACB = 90° gilt.
   Unterscheide hinsichtlich der Lage von A und B verschiedene Fälle.

10. Gegeben ist ein Kreis mit dem Mittelpunkt M und dem Kreisradius r sowie ein Punkt P außerhalb des Kreises.
    Konstruiere die Tangenten von P an den Kreis.

    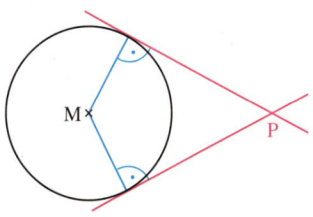

11. Stellt verschiedene Möglichkeiten zusammen, wie man ohne Geodreieck einen rechten Winkel konstruieren kann und präsentiert eure Ergebnisse in der Klasse.

Im Blickpunkt

Thales von Milet

Der erste namentlich bekannte griechische Mathematiker ist Thales (ca. 624–547 v. Chr.). Er stammte aus einer Kaufmannsfamilie in der ionischen Handelsstadt Milet und verfügte über Zeit und Mittel, Reisen nach Babylonien, Persien, Ägypten zu unternehmen, um sich das Wissen der damaligen Zeit anzueignen.

1. Es gibt Hinweise darauf, dass Thales den Basiswinkelsatz, den Scheitelwinkelsatz, den Winkelsummensatz für Dreiecke und natürlich den Thalessatz bewiesen hat. Gib die Aussagen dieser Sätze mit eigenen Worten an.

2. Bei einer Reise nach Ägypten soll Thales auf die Bitte nach einer Schätzung der Pyramidenhöhe geantwortet haben: „Ich will sie nicht schätzen, sondern messen." Dazu soll er sich in den Sand gelegt haben, um einen Abdruck seines Körpers zu erhalten. „Wenn ich mich jetzt an ein Ende des Abdrucks stelle und warte, bis mein Schatten so lang ist wie der Abdruck, dann kann ich auch die Höhe der Pyramide bestimmen".
Wie erhält Thales die Höhe der Pyramide? Welcher geometrische Satz wird dabei benutzt?

3. Thales soll auch ein Gerät entwickelt haben, um die Entfernung zu Schiffen auf See zu bestimmen. Dieses Gerät besteht aus zwei Stäben mit einem gemeinsamen Drehpunkt. Man steigt damit auf einen Turm und hält den einen Stab senkrecht. Der zweite Stab wird so gedreht, dass er genau auf das Schiff zeigt. Der Winkel zwischen beiden Stäben wird nun nicht mehr verändert und man dreht sich um, so dass der zweite Stab auf einen Punkt im Gelände zeigt.
Überlege, wie man die Entfernung zum Schiff erhält.

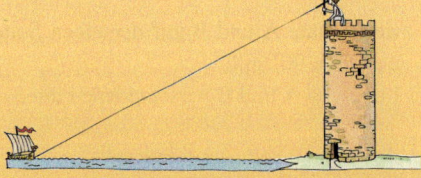

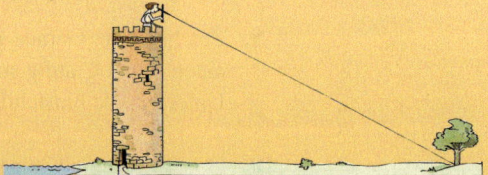

4. Seiner wissenschaftlichen Leistungen wegen zählte Thales zu den „Sieben Weisen". Eine seiner großartigsten Leistungen soll die Vorhersage der Sonnenfinsternis vom 28. Mai 585 v. Chr. gewesen sein, bei der er wohl das Wissen anderer Gelehrter verwendete, die er auf seinen Reisen getroffen hatte. Informiere dich über Sonnenfinsternisse.
Weitere Informationen über Thales kannst du auch im Internet erhalten, z. B.:
www.mathe.tu-freiberg.de/~hebisch/cafe/thales.html

3.2 Satz des Pythagoras

Einstieg

a) Rechts seht ihr eine Bordüre aus hellen und dunklen Granit-Platten.
Für welchen Streifen benötigt man mehr hellen Granit?

b) Formuliert euer Ergebnis aus Teilaufgabe a) als ein Ergebnis über Quadrate an den Seiten eines rechtwinklig-gleichschenkligen Dreiecks.

c) Untersucht, ob das Ergebnis von Teilaufgabe b) für beliebige rechtwinklige Dreiecke zutrifft. Lasst dazu von einem dynamischen Geometrie-System ein rechtwinkliges Dreieck zeichnen.
Konstruiert dann an jeder Dreieckseite ein Quadrat. Lasse auch den Flächeninhalt dieser Quadrate berechnen.
Verändert die Form des Dreiecks und beobachte dabei die Flächeninhalte.
Was stellt ihr fest?

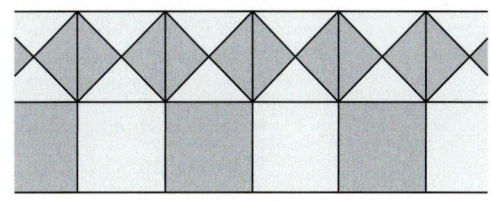

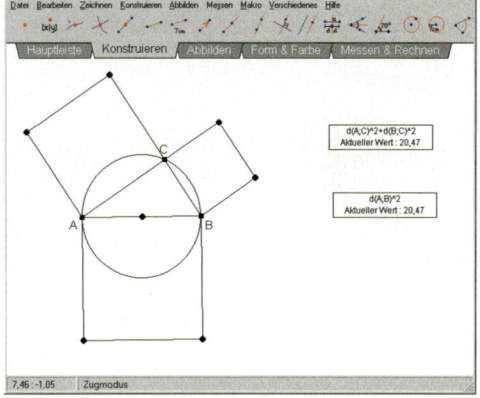

Aufgabe 1

Der Bebauungsplan einer Gemeinde schreibt Satteldächer mit einer Dachneigung von 45° vor. Familie Werner plant ein Haus, das 8,00 m breit sein soll.
Wie lang müssen dann die Dachsparren sein, wenn sie 60 cm überstehen sollen?
Löse diese Aufgabe zunächst zeichnerisch und dann rechnerisch.

Lösung *(1) Zeichnerische Lösung*

Vorüberlegung: Der Dachgiebel ist ein Dreieck. Da beide Dachneigungen gleich groß sind, ist das Dreieck gleichschenklig. Aus dem Winkelsummensatz folgt, dass der Winkel an der Spitze 90° groß ist. Das Dreieck ist also auch rechtwinklig. Von diesem Dreieck ABC sind die Basis $\overline{AB}$ und die beiden anliegenden Basiswinkel α und β gegeben (Kongruenzsatz wsw).

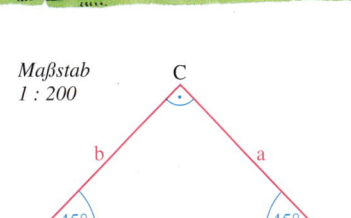

Durch Messen der Strecke $\overline{BC}$ bzw. $\overline{AC}$ erhalten wir: a = b ≈ 5,6 m.
Dazu kommt jeweils noch 0,6 m für den Überstand.

Ergebnis: Die Dachsparren müssen etwa 6,20 m lang sein.

(2) Rechnerische Lösung

Um aus der gegebenen Länge c der Basis des rechtwinklig-gleichschenkligen Dreiecks ABC die gesuchte Schenkellänge a (= b) zu berechnen, müssen wir einen formelmäßigen Zusammenhang zwischen den Längen c und a finden.

Dazu legen wir vier Exemplare des Dreiecks zu einem Quadrat zusammen. Deren Flächeninhalt können wir mithilfe von zwei verschiedenen Formeln angeben:

- Das Quadrat hat die Seitenlänge c, also den Flächeninhalt $A_Q = c^2$.
- Das Quadrat setzt sich aus vier gleichschenklig-rechtwinkligen Dreiecken zusammen, deren Flächeninhalt $A_D = \frac{1}{2} a \cdot b = \frac{1}{2} a \cdot a = \frac{1}{2} a^2$ beträgt.
  Daraus folgt $A_Q = 4 \cdot \frac{1}{2} a^2 = 2a^2$.

Durch den Vergleich dieser beiden Berechnungen des Flächeninhalts des Quadrats erhalten wir:

$2a^2 = c^2 \quad |:2$

$a^2 = \frac{1}{2} c^2$

$a = \sqrt{\frac{1}{2} c^2}$ *teilweises Wurzelziehen und Wurzel im Nenner beseitigen*

$a = \frac{c}{2} \sqrt{2}$

a > 0 und c > 0, da es sich um Längen handelt.

Wir setzen ein: $a = \frac{8\,m}{2} \cdot \sqrt{2} \approx 5{,}66\,m$

Dazu kommen noch 0,60 m für den Überstand.

(3) Ergebnis: Die Dachsparren müssen ungefähr 6,26 m lang sein.

Information

Flächensatz für gleichschenklig-rechtwinklige Dreiecke

Bei der Lösung der Aufgabe 1 haben wir für ein gleichschenklig-rechtwinkliges Dreieck mit der Basislänge c und der Schenkellänge a durch Betrachtung von Flächeninhalten folgende Gleichung gewonnen: $\boxed{c^2 = 2a^2}$

Die Figur rechts zeigt uns eine geometrische Deutung dieser Gleichung als Flächensatz.

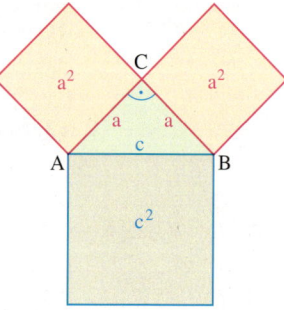

> *Flächensatz für gleichschenklig-rechtwinklige Dreiecke*
>
> Wenn das Dreieck ABC gleichschenklig und rechtwinklig mit $\gamma = 90°$ ist, dann gilt:
>
> Der Flächeninhalt des Quadrates über der Seite $\overline{AB}$ ist gleich der Summe der Flächeninhalte der beiden Quadrate über den Seiten $\overline{BC}$ und $\overline{AC}$.

Aufgabe 2

Wir wollen im Folgenden untersuchen, ob der obige „Flächensatz" nicht nur für gleichschenklig-rechtwinklige Dreiecke, sondern allgemein für rechtwinklige Dreiecke gilt. Zeichnet rechtwinklige Dreiecke ABC mit $\gamma = 90°$ und den Seitenlängen

(1) a = 6 cm und b = 9 cm;
(2) a = 5 cm und b = 8,5 cm;
(3) a = 5 cm und b = 6 cm.

Messt die Länge der dritten Seite. Überprüft, ob der oben formulierte Flächensatz auch für beliebige rechtwinklige Dreiecke gilt.

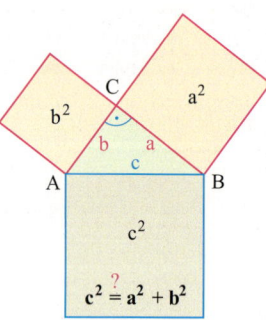

Satz des Pythagoras

Lösung

Die Dreiecke sind hier verkleinert gezeichnet.

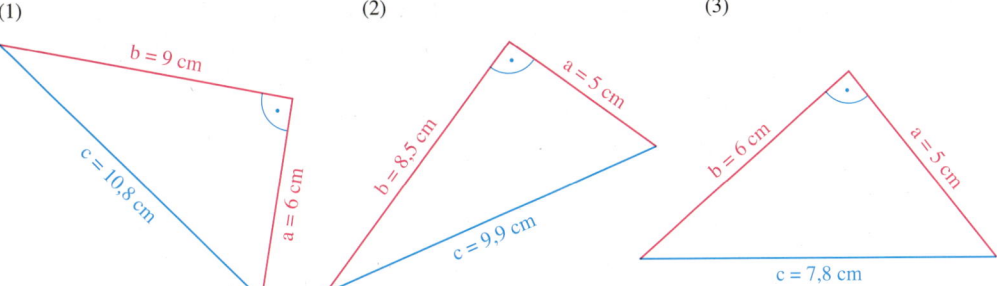

Durch Messen der dritten Seiten der Dreiecke erhalten wir:

(1) c = 10,8 cm; (2) c = 9,9 cm; (3) c = 7,8 cm

Überprüfen des Satzes:

(1) $(6 \text{ cm})^2 + (9 \text{ cm})^2 = 117 \text{ cm}^2$ und $(10{,}8 \text{ cm})^2 = 116{,}64 \text{ cm}^2$
 $117 \text{ cm}^2 \approx 116{,}64 \text{ cm}^2$

(2) $(5 \text{ cm})^2 + (8{,}5 \text{ cm})^2 = 97{,}25 \text{ cm}^2$ und $(9{,}9 \text{ cm})^2 = 98{,}01 \text{ cm}^2$
 $97{,}25 \text{ cm}^2 \approx 98{,}01 \text{ cm}^2$

(3) $(5 \text{ cm})^2 + (6 \text{ cm})^2 = 61 \text{ cm}^2$ und $(7{,}8 \text{ cm})^2 = 60{,}84 \text{ cm}^2$
 $61 \text{ cm}^2 \approx 60{,}84 \text{ cm}^2$

Die Beispiele legen nahe, dass die Gleichung $a^2 + b^2 = c^2$ für alle rechtwinkligen Dreiecke gilt.

Information

Hypotenuse ⟨griech.⟩
hypo – unten
teinein – spannen
Kathete ⟨griech.⟩
Kathetos – Senkblei

(1) Begriffe am rechtwinkligen Dreieck

Bevor wir die gefundene Vermutung allgemein formulieren, führen wir zwei Begriffe am rechtwinkligen Dreieck ein:

Die dem rechten Winkel gegenüberliegende Seite nennt man **Hypotenuse**, die dem rechten Winkel anliegenden Seiten heißen **Katheten**.

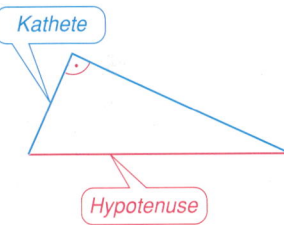

(2) Satz des Pythagoras

Aus den Beispielen der Aufgabe 1 ergibt sich:

Pythagoras von Samos,
etwa 580 bis etwa 500 v. Chr.

> **Satz des Pythagoras**
>
> Wenn das Dreieck ABC *rechtwinklig* ist, dann ist der Flächeninhalt des Hypotenusenquadrates gleich der Summe der Flächeninhalte der beiden Kathetenquadrate:
>
> $c^2 = a^2 + b^2$ (für $\gamma = 90°$)

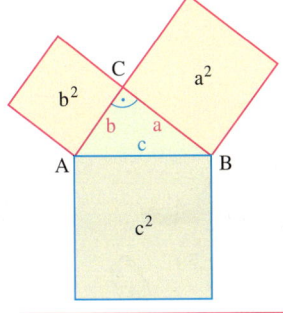

Wir wollen diesen Satz nun allgemein beweisen.

Beweis des Satzes des Pythagoras:

Von einem Quadrat PQRS mit der Seitenlänge a + b werden vier rechtwinklige Dreiecke mit den Kathetenlängen a und b abgeschnitten. Die vier abgeschnittenen Dreiecke stimmen in den Kathetenlängen und dem eingeschlossenen rechten Winkel überein. Sie sind nach dem Kongruenzsatz sws zueinander kongruent.
Folglich hat die Restfigur vier gleich lange Seiten, deren Länge wir mit c bezeichnen.

Des weiteren gilt aufgrund des Innenwinkelsatzes im Dreieck: $\alpha + \beta + 90° = 180°$, also $\alpha + \beta = 90°$.
Ebenso gilt: $\alpha + \beta + \varphi = 180°$, also $\varphi = 90°$.
Damit ist gezeigt, dass die Restfigur TUVW ein Quadrat mit der Seitenlänge c ist. Das Quadrat TUVW hat den Flächeninhalt $A = c^2$.
Wir berechnen nun diesen Flächeninhalt auf andere Weise:

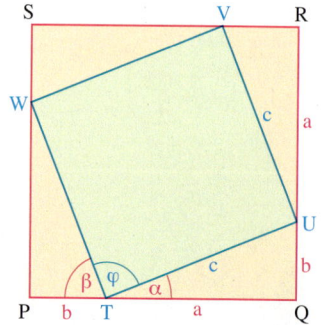

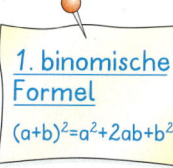

1. binomische Formel
$(a+b)^2 = a^2 + 2ab + b^2$

Flächeninhalt von PQRS — Flächeninhalt der vier Dreiecke

$$c^2 = (a + b)^2 - 4 \cdot \tfrac{1}{2}ab$$
$$= a^2 + 2ab + b^2 - 2ab$$
$$= a^2 + b^2$$

Damit ist bewiesen, dass der oben gefundene Flächensatz (Satz des Pythagoras) allgmein für rechtwinklige Dreiecke gilt.

Weiterführende Aufgabe

3. *Konstruktion von Strecken mit irrationaler Länge*
Konstruiere eine Strecke der Länge $\sqrt{5}$ cm.
Anleitung: Konstruiere ein geeignetes Dreieck.

Übungsaufgaben

4. Gib für das rechtwinklige Dreieck jeweils die Gleichung nach dem Satz des Pythagoras an. Skizziere zunächst die Dreiecke im Heft; färbe die Katheten rot, die Hypotenuse blau.

(1) 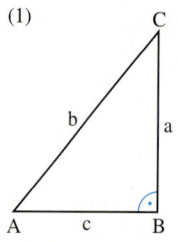   (2) 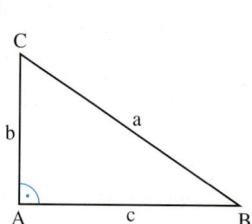   (3)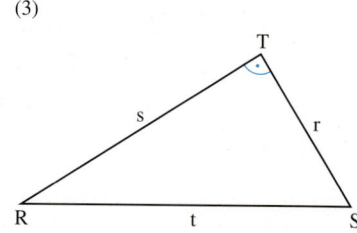

5. Kontrolliere die angegebenen Gleichungen. Berichtige gegebenenfalls.

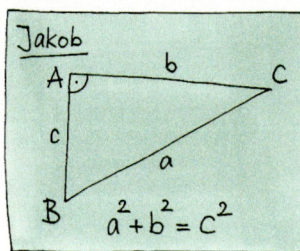

Jakob: $a^2 + b^2 = c^2$

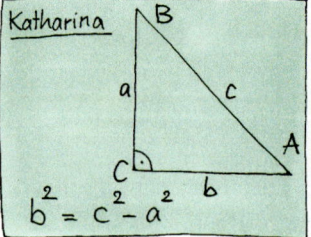

Katharina: $b^2 = c^2 - a^2$

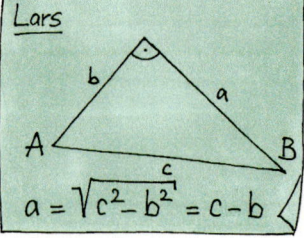

Lars: $a = \sqrt{c^2 - b^2} = c - b$

Satz des Pythagoras

6. Berechne die Länge x der roten Strecke (Maße in cm).

a) [Dreieck mit 8,3; 7,1; x] b) [Dreieck mit 5,8; 18,6; x] c) [Dreieck mit x; 12,4; 24,1] d) [Dreieck mit 4,5; 1,7; 4,2; x]

7. In der Figur findest du mehrere rechtwinklige Dreiecke. Notiere sie und gib jeweils nach dem Satz des Pythagoras den Zusammenhang zwischen den Seitenlängen an.

a) Dreieck ABC mit Höhe h_c, Punkten A, D, B, C und Seiten b, a, q, p, c

b) Dreieck RST mit Höhe h_s, Punkt U und Seiten s, y, x, r, t

c) Dreieck EFG mit Punkten H, I und Seiten f, h, k, l, e, d, g

8. Berechne die dritte Seite sowie den Umfang und den Flächeninhalt des Dreiecks ABC.

a) a = 12 cm
b = 16 cm
γ = 90°

b) c = 10 cm
a = 6 cm
γ = 90°

c) a = 10 dm
c = 6 dm
α = 90°

d) b = 4,1 km
c = 3,5 km
α = 90°

e) a = 3,4 cm
c = 51 mm
β = 90°

9. Konstruiere mithilfe des Satzes des Pythagoras eine Strecke der Länge $\sqrt{10}$ [$\sqrt{20}$; $\sqrt{2}$].

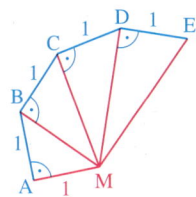

10. Berechne in der Figur links die Länge der Strecken $\overline{MB}$, $\overline{MC}$, $\overline{MD}$, $\overline{ME}$, usw. Setze die *Quadratwurzelspirale* fort. Was fällt auf?

11. a) Zeichne ein rechtwinklig-gleichschenkliges Dreieck mit der Basis c = 4 cm. Konstruiere das Hypotenusenquadrat und die beiden Kathetenquadrate. Ergänze die Figur wie im Bild rechts.

b) Setze die Figur aus Teilaufgabe a) um eine weitere Stufe fort. Wie groß sind alle Quadrate zusammen? Berechne auch den Umfang der Gesamtfigur.

c) Du kannst die Figur weiter fortsetzen. Was vermutest du über den Flächeninhalt und den Umfang der Gesamtfigur?

12. a) Die beiden nebenstehenden Figuren zeigen einen weiteren Beweis des Satzes des Pythagoras. Erläutere den Beweis im Einzelnen.

b) Im Internet findest du unter dem Stichwort „Satz des Pythagoras" weitere Beweise. Stellt in der Klasse Beweise zusammen, die ihr als Referat präsentiert.

 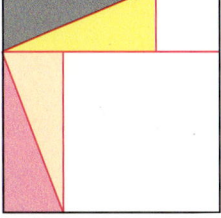

3.3 Berechnen von Streckenlängen

Einstieg Eine Stehleiter ist zusammengeklappt 2,10 m lang. Wenn sie aufgestellt ist, sind die Fußenden 1,40 m weit voneinander entfernt. Wie hoch reicht die Leiter?

Aufgabe 1

Berechnungen am gleichseitigen Dreieck

In einer Feriensiedlung werden Dachhäuser wie im Bild errichtet.

a) Wie hoch sind die Dachhäuser?

b) Die Giebelfläche soll mit Holz verschalt werden.
Wie viel m² Holz werden für eine Seite benötigt?

Löse die Aufgaben auch allgemein und leite somit jeweils eine Formel her.

Lösung

Die Giebelfläche ist ein gleichseitiges Dreieck, da die beiden Dachneigungen und damit auch der Winkel an der Spitze jeweils 60° betragen.

a) Die Höhe h zur Seite $\overline{AB}$ zerlegt das gleichseitige Dreieck ABC in zwei rechtwinklige Dreiecke ADC und DBC; außerdem halbiert sie die Seite $\overline{AB}$.
Wir betrachten das rechtwinklige Dreieck ADC und wenden den Satz des Pythagoras an:

(1) Berechnen von h   *(2) Formel für die Höhe h*

$\left(\frac{a}{2}\right)^2 + h^2 = a^2$ $\left(\frac{a}{2}\right)^2 + h^2 = a^2$

$\left(\frac{7}{2} m\right)^2 + h^2 = (7\ m)^2$ $h^2 = a^2 - \left(\frac{a}{2}\right)^2$

$h^2 = 49\ m^2 - 12{,}25\ m^2$ $h^2 = a^2 - \frac{a^2}{4}$

$h^2 = 36{,}75\ m^2$ $h^2 = \frac{3}{4} a^2$

$h = \sqrt{36{,}75}\ m$ $h = \sqrt{\frac{3}{4} a^2}$

$h \approx 6{,}06\ m$ $h = \frac{a}{2} \sqrt{3}$

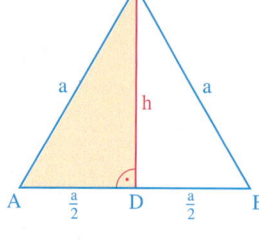

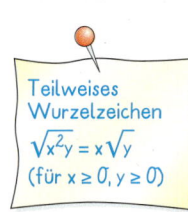

Teilweises Wurzelzeichen
$\sqrt{x^2 y} = x \sqrt{y}$
(für $x \geq 0, y \geq 0$)

Ergebnis: Die Dachhäuser sind 6,06 m hoch.

b) *(1) Berechnen des Flächeninhalts*   *(2) Formel für den Flächeninhalt*

$A = \frac{1}{2} \cdot a \cdot h$ $A = \frac{1}{2} \cdot a \cdot h$

$A = \frac{1}{2} \cdot 7\ m \cdot \sqrt{36{,}75}\ m$ $A = \frac{1}{2} \cdot a \cdot \frac{a}{2} \sqrt{3}$

$A \approx 21{,}2\ m^2$ $A = \frac{a^2}{4} \sqrt{3}$

Ergebnis: Es werden mindestens 21,2 m² Holz benötigt.

Berechnen von Streckenlängen

Information

Satz

Bei einem *gleichseitigen* Dreieck mit der Seitenlänge a gilt

(1) für die Höhe: $h = \frac{a}{2}\sqrt{3}$

(2) für den Flächeninhalt: $A = \frac{a^2}{4}\sqrt{3}$

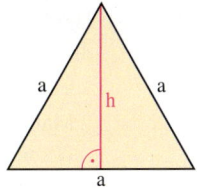

Aufgabe 2

Berechnen von Längen räumlicher Figuren

Bei einem Stadtfest soll ein großes Zelt aufgebaut werden. Es hat eine quadratische Grundfläche und als Dach eine Pyramide. Insgesamt ist das Zelt 5 m hoch. Die Grundfläche ist 10 m × 10 m.
Zur sicheren Konstruktion sollen nicht nur die Außenkanten durch Stahlrohre gebildet werden. Jede Außenfläche soll durch ein zusätzliches Rohr gestützt werden.
Berechne, wie viel Meter Stahlrohr insgesamt benötigt wird.

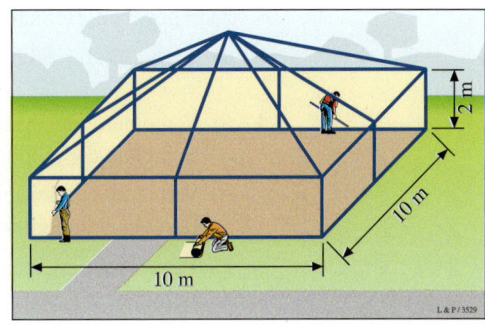

Lösung

(1) Wir berechnen den Stahlrohrbedarf für den Quader.
Für die unteren und oberen Kanten werden 8 Rohre der Länge 10 m benötigt, für die senkrechten Stäbe 8 Rohre der Länge 2 m, also insgesamt:

$8 \cdot 10\,m + 8 \cdot 2\,m = 96\,m$

(2) Wir berechnen nun den Stahlrohrbedarf für die Schrägen des pyramidenförmigen Daches.

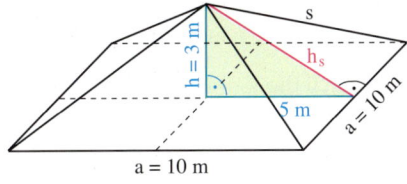 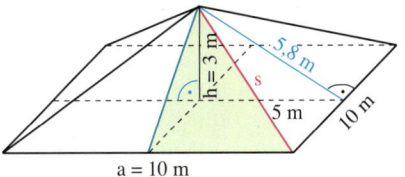

Das Dach ist 5 m – 2 m = 3 m hoch.
Für die Höhe h_s des Seitendreiecks gilt nach dem Satz des Pythagoras:

$h_s^2 = (5\,m)^2 + (3\,m)^2$
$= 25\,m^2 + 9\,m^2$
$= 34\,m^2$

Also: $h_s = \sqrt{34}\,m \approx 5{,}83\,m$

Für die Länge s der Seitenkanten gilt nach dem Satz des Pythagoras:

$s^2 = (\sqrt{34}\,m)^2 + (5\,m)^2$
$= 34\,m^2 + 25\,m^2$
$= 59\,m^2$

Also: $s = \sqrt{59}\,m \approx 7{,}68\,m$

Für das Dach benötigt man also etwa $4 \cdot 5{,}83\,m + 4 \cdot 7{,}68\,m \approx 54{,}04\,m$.
Somit beträgt der Gesamtbedarf ungefähr 96 m + 54 m = 150 m.

Information

Strategie zum Berechnen von Längen

Der Satz des Pythagoras ermöglicht es, bei einem rechtwinkligen Dreieck aus zwei Seitenlängen die dritte Seitenlänge zu berechnen.

> Man kann mithilfe des Satzes des Pythagoras Seitenlängen in Vielecken und Körpern berechnen. Dazu muss man rechtwinklige Dreiecke suchen oder durch eine geeignete Hilfslinie ein rechtwinkliges Dreieck einzeichnen. Als Hilfslinien verwendet man häufig die Höhen.

Übungsaufgaben

3. Von den beiden Seitenlängen a und b eines Rechtecks sowie der Länge e einer Diagonalen sind zwei gegeben. Berechne die dritte Länge.

   a) a = 8 cm; b = 5 cm b) a = 1,4 dm; e = 3,8 dm c) e = 5,9 dm; b = 4,7 dm

4. a) Von einem gleichseitigen Dreieck ist die Seitenlänge a = 7 cm [1,4 m] gegeben. Berechne die Höhe h und den Flächeninhalt A.

   b) Von einem gleichseitigen Dreieck ist die Höhe h = 5 m [4,8 cm] gegeben. Berechne die Seitenlänge a, den Flächeninhalt A und den Umfang u.

   c) Von einem gleichseitigen Dreieck ist der Flächeninhalt A = 35 cm² [0,50 m²] gegeben. Berechne die Seitenlänge a, die Höhe h und den Umfang u.

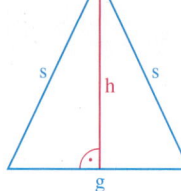

5. Von den drei Größen g, s und h eines gleichschenkligen Dreiecks sind zwei gegeben. Berechne die dritte Größe sowie den Flächeninhalt A und den Umfang u.

   a) g = 6 cm; s = 4 cm b) s = 5 dm; h = 3 dm c) h = 24 mm; g = 45 mm

6. Ein Neubau ist 11,20 m breit. Die dreieckige Giebelwand hat die Höhe 3,20 m. Die Dachbalken sollen 70 cm überstehen.
   Wie lang müssen die Dachbalken sein?

7. Ein gleichschenkliges Dreieck ist durch die Basislänge g und eine Schenkellänge s gegeben.
   Leite eine Formel für die Höhe h und den Flächeninhalt A her.

8. Von A nach B führt eine schmale, meist stark befahrene Straße.

   a) Um wie viel Prozent ist der Umweg auf den beiden Hauptstraßen $\overline{AC}$ und $\overline{CB}$ länger als die Abkürzung $\overline{AB}$?

   b) Durch den starken Verkehr von A nach B kann man hier nur 30 $\frac{km}{h}$ fahren. Fährt man über C, so kann man 50 $\frac{km}{h}$ schnell fahren.
   Auf welchem Weg kommt man schneller von A nach B?

Berechnen von Streckenlängen

9. Durch einen Sturm ist eine 40 m hohe Fichte in 8,75 m Höhe abgeknickt.
   Wie weit liegt die Spitze etwa vom Stamm entfernt?
   Welche Vereinfachung musst du zur Berechnung vornehmen?

10. Im Koordinatensystem mit der Einheit 1 cm sind die beiden Punkte A und C gegeben.
    Berechne die Länge der Strecke $\overline{AC}$.
    Gib auch den Umfang und den Flächeninhalt des Dreiecks ABC an.

    a) A(−3|1)   c) A(−6|3)   e) A(−7|−3)
       C(3|4)   C(2|−5)   C(−2|−1)

    b) A(2|7)   d) A(−4|−6) f) A(x_1|y_1)
       C(7|4)   C(7|4)   C(x_2|y_2)

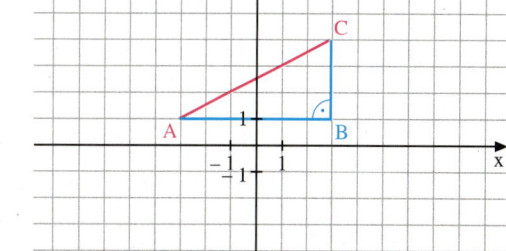

11. Welchen Abstand haben die Punkte A(3|4), B(7|9), C(−1|5), D(2|−4), E(−3|−1) vom Ursprung eines Koordinatensystems mit der Einheit 1 cm?

12. a) In einem Koordinatensystem mit der Einheit 1 cm sind die Punkte A, B und C gegeben.
       Berechne den Umfang des Dreiecks ABC.
       (1) A(1|2); B(6|4); C(4|7)   (2) A(−4|−2); B(5|−4); C(0|3)

    b) Gegeben ist in einem Koordinatensystem mit der Einheit 1 cm ein Viereck ABCD mit A(1|4), B(9|6), C(8|8) und D(3|7).
       Berechne den Umfang des Vierecks.

13. In der Mitte zwischen zwei gegenüberliegenden Masten einer Straße ist eine Straßenlaterne befestigt. Der Abstand der Masten beträgt 12 m. Das Befestigungsseil ist 12,10 m lang.
    Wie viel hängt das Seil in der Mitte durch?
    Welche Modellannahmen musstest du zur Lösung des Problems machen?

14. Das Bild zeigt den Querschnitt eines 3 m hohen Schutzwalls an einem Fluss.
    Die Böschungen sind 4 m und 8,50 m lang und die Dammkrone 2,60 m.
    Wie lang ist die Dammsohle?

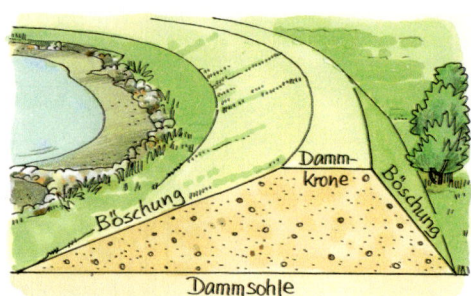

15. Berechne den Umfang und den Flächeninhalt der Grundstücke.

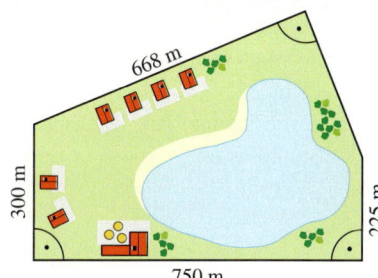
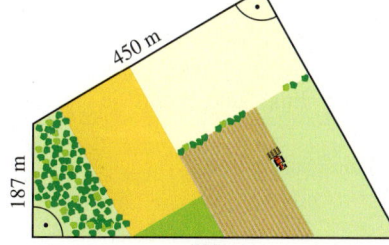
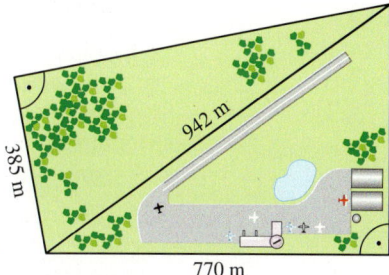

16. a) Gegeben ist eine Pyramide mit quadratischer Grundfläche mit der Grundkante a und der Seitenkante s. Die Spitze liegt senkrecht über dem Mittelpunkt des Quadrates (*quadratische Pyramide*).

Leite eine Formel her für
(1) die Körperhöhe h;
(2) die Höhe h_s einer Seitenfläche.

b) Bei einer quadratischen Pyramide ist die Grundkante a = 15 cm und die Seitenkante s = 20 cm lang.
Berechne mithilfe der Formeln aus a) die Körperhöhe h und die Höhe h_s einer Seitenfläche der Pyramide.

c) Bei einer quadratischen Pyramide ist die Grundkante a = 40 m und die Körperhöhe h = 30 m lang.
Berechne die Länge s der Seitenkanten sowie die Höhe h_s der Seitenflächen.

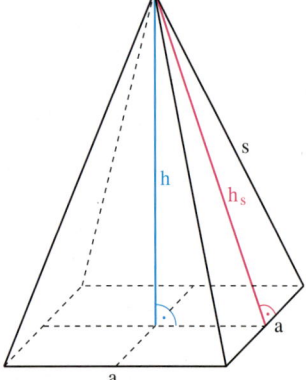

17. Die Cheopspyramide in Ägypten hat eine quadratische Grundfläche mit der Seitenlänge a = 227 m. Die Seitenkanten haben die Länge s = 211 m.

 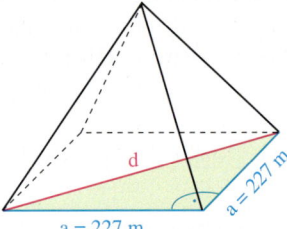 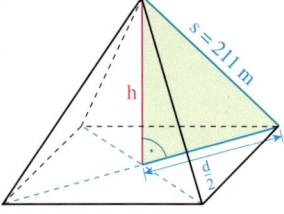

a) Berechne zunächst die Diagonalenlänge d der Grundfläche (Bild Mitte). Runde auf Meter.
Berechne dann die Höhe h der Cheopspyramide (Bild rechts). Runde auf Meter.

b) Die Grundkante der Cheopspyramide war ursprünglich 230,3 m, ihre Seitenkante 219,1 m lang. Wie hoch war diese Pyramide ursprünglich?

c) Wie viel Prozent ist die Cheopspyramide heute niedriger als ursprünglich?

18.

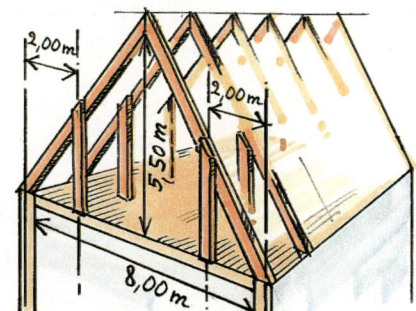

a) Ein Carport hat die in der Zeichnung angegebenen Maße. Die Dachsparren des Pultdaches stehen links und rechts je 30 cm über.
Wie lang sind die Dachsparren?

b) Die Maße eines Satteldaches sind im Bild gegeben.
Berechne die Länge der Dachsparren und der Stützpfosten.

Berechnen von Streckenlängen

 19.

Fernseher-Kauf: 16:9 oder 4:3, Röhre, Plasma oder LCD?

Röhren-TV ade? So scheint es. Zwei völlig neuartige TV-Technologien haben bei den Verbrauchern die Nase vorne: Plasma-TV und LCD-Fernsehen.

Formatfrage: 16:9 oder 4:3
Generell gilt: Fernseher mit dem Bildformat 16:9 sind für den Heimkino-Einsatz gedacht, Geräte mit 4:3 für Bilder von PC oder TV, es sei denn Sie schauen gerne Fußballübertragungen. Denn solange die meisten TV-Sendungen in HDTV-Qualität noch Mangelware sind, hat TV in Deutschland ein Bildseitenverhältnis von 4:3. Auch für DVDs, auf die altes Videomaterial überspielt wurde, empfiehlt sich das 4:3-Format. Aber schließlich vermittelt allein 16:9 richtiges Heimkino-Feeling.

Schlanke Riesen: Plasma-TVs
Plasma-Fernseher sind gut im Bild, Größe und Technik. Wer Brillanz und Zukunftssicherheit will, wird bei seinen Überlegungen ohne Zweifel auch die Plasma-TVs in Erwägung ziehen. Das Bild des Plasma-Displays wirkt ruhig, scharf und ist auch in den Ecken nicht verzerrt. 106 / 107 cm (42 Zoll) Diagonale sind für Plasma-TVs Standard. So viel Größe hat nicht nur seinen Preis, sondern erfordert auch große Räume. Als Faustregel gilt: Der Sehabstand sollte die 3-fache Bildhöhe betragen. 50-Zoll-Bildschirme sollten aus gut fünf Metern Entfernung betrachtet werden. Sonst stört das unruhige Bild. Plasma-TVs haben immer ein Format von 16:9.

Flüssigkristall: LCD-Fernseher
LCD-Displays sind Flüssigkristall-Bildschirme, wie man sie vom PC her kennt. Sie gelten als kostengünstigere, aber weniger brillante Alternative zum Plasma-TV. Doch bei HDTV zeigen die Flüssigkristall-Fernseher genauso detailreiche, klare und helle Bilder. Kein Wunder: die Auflösung ist mit 1366 x 768 Bildpunkten bei Geräten um die 2000 Euro enorm hoch. Geräte mit 107 cm Bilddiagonale zaubern zudem Kino-Feeling ins Wohnzimmer. Selbst bei schrägen Einblicken zeigt das Display noch ein kontrastreiches und klares Bild ohne Farbverfälschung. Daher erlaubt ein LCD-Fernseher bei fast allen Lichtverhältnissen problemloses Fernsehen - egal ob bei hellem Sonnenlicht oder in abgedunkelten Räumen. Doch bei schnellen Kameraschwenks flimmern immer noch schräge Kanten. Ebenso werden feine Strukturen nicht flimmerfrei dargestellt.

Beide Formate 4:3 und 16:9 beschreiben das Verhältnis von Länge zu Breite des Bildschirms. Bestimmt für beide Formate bei einer Bildschirmdiagonale von 107 cm

a) den empfohlenen Sehabstand zum Fernseher,

b) die Größe des Bildes.

20. Auf die Dachreling eines Pizza-Taxis sollen zwei rechteckige Platten für Werbung aufgeschraubt und oben verbunden werden. Das Auto mit Dachreling ist 1,43 m hoch, die Holme der Dachreling sind 2,10 m lang und 1,39 m voneinander entfernt.
Das Auto soll unter einem 3,00 m hohen Carport stehen. Der Sicherheitsabstand in der Höhe soll 10 cm betragen.
Fertige eine Skizze an und berechne, wie groß die Platten höchstens sein dürfen.

21. Ein Gartenpavillon hat einen quadratischen Grundriss mit der Seitenlänge 3 m. Die Wände sind 2 m hoch. Das Dach ist eine Pyramide; deren Firstbalken sind 3,82 m lang.
Fertige eine Skizze an und berechne, wie hoch der Pavillon insgesamt ist.

22. Eine Tür ist 0,82 m breit und 1,97 m hoch. Eine 2,10 m breite und 3,40 m lange Holzplatte soll durch die Tür getragen werden. Ist das möglich?
Schreibe zuerst deine Vermutung auf, bevor du die Lösung berechnest.

23. Ein Wanderer befindet sich an der Stelle A. Von A aus führt ein fast gerader Weg zur Hütte. Auf der Karte mit dem Maßstab 1 : 50 000 ist der Weg (Luftlinie) 4,8 cm lang. Die Höhen sind in m über NN angegeben.
Wie lang ist der Weg in Wirklichkeit?
Hinweis: Beachte die Höhenlinien.

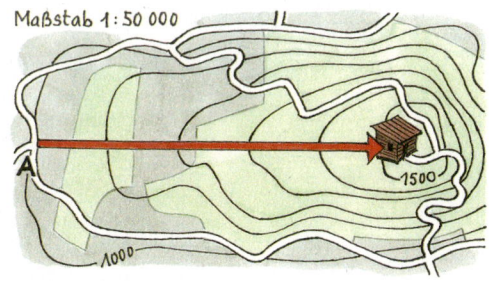

24. a) Gegeben ist ein Quadrat durch die Seitenlänge a.
Begründe die nebenstehende Formel für die Länge d der Diagonalen. Wende sie an auf ein Quadrat der Seitenlänge 7 cm.

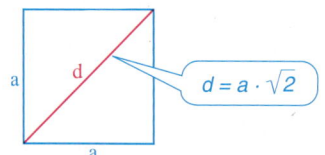

$d = a \cdot \sqrt{2}$

b) Gegeben ist ein Quadrat durch die Diagonale d.
Leite eine Formel für den Flächeninhalt A her.
Wende sie an auf ein Quadrat mit 12 cm langer Diagonale.

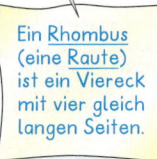

Ein Rhombus (eine Raute) ist ein Viereck mit vier gleich langen Seiten.

25. Von den drei Größen a, e und f eines Rhombus sind zwei gegeben. Berechne die dritte Größe. Berechne auch den Flächeninhalt und den Umfang der Raute.

a) e = 5 cm; f = 7 cm
b) a = 6 mm; e = 9 mm
c) a = 4,8 km; f = 3,1 km
d) e = 4,7 m; f = 3,3 m

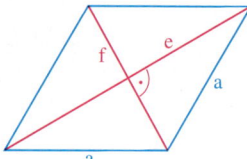

26. a) Ein regelmäßiges Sechseck ist durch die Seitenlänge a gegeben. Leite eine Formel für den Flächeninhalt des Sechsecks her.

b) Die Seitenlänge eines regelmäßigen Sechsecks beträgt 4 cm [3 cm]. Berechne seinen Flächeninhalt.

c) Der Flächeninhalt eines regelmäßigen Sechsecks beträgt 90 cm².
Wie lang sind seine Seiten und der Umfang?

27. a) Ein Quader ist durch die Kantenlängen a, b, c gegeben.
Leite die Formel für die Länge d der Raumdiagonalen her.

b) Von den vier Größen a, b, c und d eines Quaders sind drei gegeben. Berechne die vierte.

(1) a = 2 cm
   b = 4 cm
   c = 6 cm

(2) a = 2,4 cm
   c = 1,8 cm
   d = 4,6 cm

(3) b = 4,9 cm
   c = 3,7 cm
   d = 9,5 cm

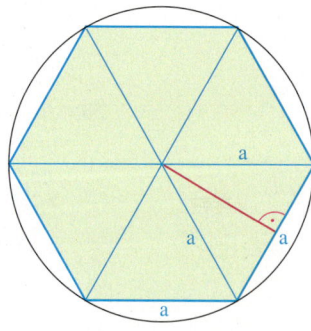

28. a) Wie lang ist die Raumdiagonale in einem Würfel mit der Kantenlänge a?
Leite eine Formel her.

b) Berechne die Länge einer Flächendiagonalen und die Länge einer Raumdiagonalen eines Würfels mit der Kantenlänge a = 5 cm [a = 3,5 m].

c) Berechne die Kantenlänge und die Länge einer Flächendiagonalen eines Würfels, dessen Raumdiagonale 8 cm [5,3 cm] lang ist.

Berechnen von Streckenlängen

29. Von den fünf Größen a, b, c, s und h eines Walmdaches sind vier gegeben.
Berechne die fehlende Größe.
a) a = 13 m; b = 7 m; h = 8 m; c = 9 m
b) a = 10,5 m; b = 6,1 m; h = 5,2 m; s = 7,2 m

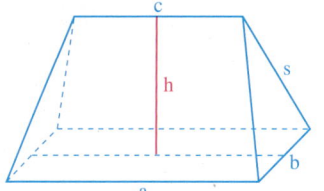

30. Die Pflanzfläche eines Blumenkübels ist ein regelmäßiges Sechseck. Die sechseckige Pflanzfläche hat eine Seitenlänge von 36 cm. Der Kübel soll im Herbst mit Stiefmütterchen bepflanzt werden. Man rechnet mit 45 Pflanzen pro m².
Wie viele Stiefmütterchen müssen gekauft werden?

31. In einem rechtwinkligen Dreieck ist eine Kathete 60 cm lang, der Umfang beträgt 150 cm. Wie lang ist die andere Kathete? Wie lang ist die Hypotenuse?

32. In einer Turnhalle hängt ein Kletterseil so, dass noch 50 cm dieses Seils auf dem Boden liegen. Zieht man das untere Seilende 2,50 m zur Seite, so berührt es gerade noch den Boden. Wie lang ist das Seil? Fertige eine Skizze an.

33. Ein 16 m hoher Baum ist bei einem Sturm in einer bestimmten Höhe abgeknickt; die Baumspitze berührt 12 m vom Stammende den Boden.
In welcher Höhe ist der Baum abgeknickt? Fertige eine Skizze an.

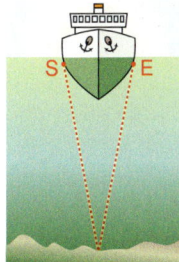

34. Beim Echoloten sendet man Schallwellen mit einem Sender S zum Meeresgrund und empfängt die reflektierten Wellen mit einem Empfänger E. Je tiefer das Meer ist, desto länger dauert es, bis die Schallwellen zurückkehren. Sender und Empfänger befinden sich 1 m unter dem Wasserspiegel am Schiffsrumpf und sind 10 m voneinander entfernt. Im Wasser legt der Schall 1,5 km pro Sekunde zurück. An einer bestimmten Stelle benötigt der Schall $\frac{1}{10}$ Sekunde.
Bestimme wie tief an dieser Stelle das Meer ist.

35. Sofia möchte mit einem 14 cm langen Strohhalm aus einer Limonaden-Dose trinken. Diese hat einen Durchmesser von 6 cm und ist 11 cm hoch. Sie befürchtet, dass der Strohhalm in der Dose versinken könnte.
Ihr Freund Robin meint: „Das glaube ich nicht. Ich schätze, dass mindestens 2 cm des Strohhalms aus der Dose herausgucken."
Kontrolliere, wer von beiden Recht hat. Gib dazu an, von welchen Annahmen du bei deinen Überlegungen ausgegangen bist.

3.4 Umkehren des Satzes des Pythagoras

Einstieg

Rechte Winkel werden überall in unserer Umgebung benötigt und dort ist es oft nicht so einfach, sie herzustellen.
Handwerker verwenden keine Geodreiecke.
Wie stellen sie rechte Winkel her?
Auf dem Bild seht ihr einen Fliesenleger mit einem Winkel. Drei Leisten bilden ein Dreieck mit den Seitenlängen 30 cm, 40 cm und 50 cm.
Zeichnet ein solches Dreieck im Maßstab 1:10. Was stellt ihr fest?

Information

Umkehrung des Satzes des Pythagoras

Geht man nach dem Satz des Pythagoras von einem rechtwinkligen Dreieck ABC mit $\gamma = 90°$ aus, so gilt für die Seitenlängen $a^2 + b^2 = c^2$. Der Fliesenleger geht *umgekehrt* vor: Er legt ein Dreieck ABC, für dessen Seitenlängen $a^2 + b^2 = c^2$ gilt. Er erhält dann ein rechtwinkliges Dreieck.
Der Fliesenleger verwendet also die *Umkehrung* des Satzes des Pythagoras:

> **Umkehrung des Satzes des Pythagoras**
> Für jedes Dreieck ABC gilt: Wenn $c^2 = a^2 + b^2$, dann $\gamma = 90°$.

Beweis: Wir können ohne Winkelmessung begründen, dass diese Umkehrung gilt.
Zur Begründung gehen wir von einem rechtwinkligen Dreieck ABC aus (Bild Mitte).
Nach dem Satz des Pythagoras gilt dann: $a^2 + b^2 = c^2$

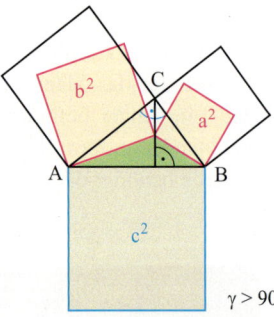 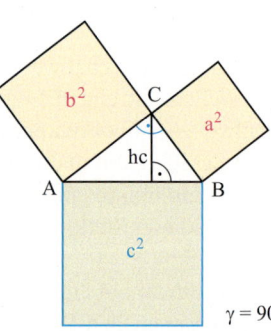 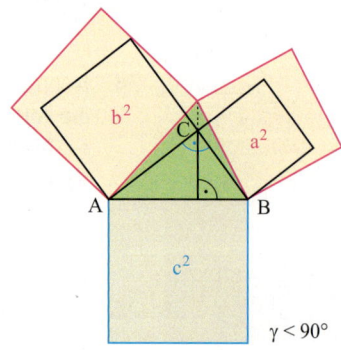

$\gamma > 90°$ $\gamma = 90°$ $\gamma < 90°$

(1) Wir verschieben den Punkt C längs der Höhe nach *unten* (Bild links); es entsteht ein *stumpfwinkliges* Dreieck ($\gamma > 90°$). Die Seiten a und b werden *kürzer*, also $a^2 + b^2 < c^2$.

(2) Wir verschieben den Punkt C längs der Höhe nach *oben* (Bild rechts); es entsteht ein *spitzwinkliges* Dreieck ($\gamma < 90°$). Die Seiten a und b werden *länger*, also $a^2 + b^2 > c^2$.

Aus beiden Überlegungen folgt: Wenn Winkel $\gamma \neq 90°$ ist, dann gilt $a^2 + b^2 \neq c^2$. Nur im Falle $\gamma = 90°$ gilt somit $c^2 = a^2 + b^2$.

> Wenn $a^2 + b^2 < c^2$, dann besitzt das Dreieck ABC bei C einen stumpfen Winkel.
> Wenn $a^2 + b^2 > c^2$, dann besitzt das Dreieck ABC bei C einen spitzen Winkel.

Umkehren des Satzes des Pythagoras

Übungsaufgaben

1. Zeichne mit einem dynamischen Geometrie-Programm ein Dreieck ABC. Konstruiere dann über den Seiten Quadrate und lasse deren Flächeninhalte berechnen. Verändere die Form des Dreiecks und untersuche, für welche Dreiecke $a^2 + b^2 = c^2$ gilt.

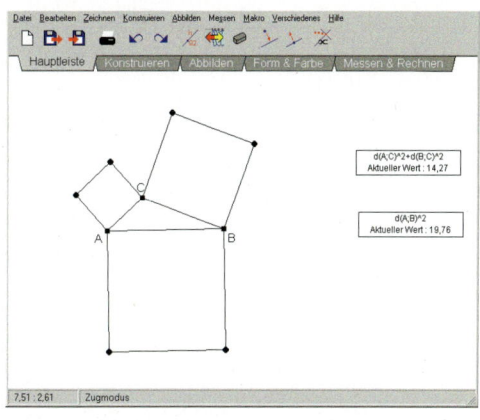

2. a) Entscheide, ohne zu zeichnen, ob das Dreieck ABC rechtwinklig, stumpfwinklig oder spitzwinklig ist.
   (1) a = 8 cm; b = 6 cm; c = 10 cm
   (2) a = 7 m; b = 9 m; c = 11 m
   (3) a = 5 cm; b = 4 cm; c = 3 cm
   (4) a = 13 dm; b = 5 dm; c = 12 dm
   (5) a = 23 mm; b = 17 mm; c = 29 mm

   b) Erläutere ausgehend von den Beispielen, wie man allgemein überprüfen kann, ob ein Dreieck rechtwinklig, stumpfwinklig oder spitzwinklig ist.

3. Auf einem Baugrundstück sind vier Pfähle A, B, C und D gesetzt worden, um die Ecken des zu bauenden Hauses abzustecken. Das Haus soll einen rechteckigen Grundriss mit den Seitenlängen 16 m und 12 m haben. Die Pfähle haben die in der Zeichnung angegebenen Abstände. Der Abstand zwischen C und D wurde nicht vermessen.
Welcher der Winkel bei A bzw. B ist ein rechter Winkel, welcher nicht? Welcher Pfahl steht falsch?

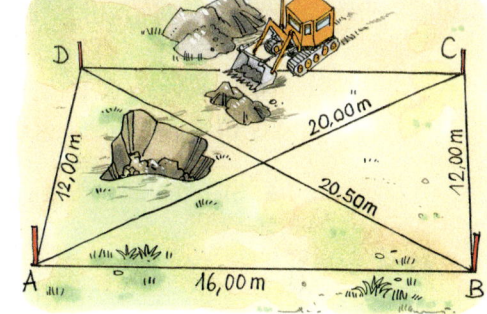

4. Im alten Ägypten benutzten Seilspanner 12-Knoten-Seile, um rechtwinklige Dreiecke aufzuspannen.
   a) Kann man mit einem „30-Knotenseil" ein rechtwinkliges Dreieck abstecken? Begründe.
   b) Findest du andere Knotenseile, um rechtwinklige Dreiecke abzustecken?

5. a) Prüfe, ob das Dreieck ABC mit a = 6 cm, b = 8 cm und c = 10 cm rechtwinklig ist. Begründe.
   b) Man nennt das Zahlentripel (6|8|10) aus natürlichen Zahlen **pythagoreisches Zahlentripel**. Ebenso ist (3|4|5) ein solches Zahlentripel.
   Entscheide, ob pythagoreische Zahlentripel vorliegen.
   (1) (9|12|15)   (2) (15|20|25)   (3) (5|12|13)   (4) (7|18|19)
   c) Bilde pythagoreische Zahlentripel: (8|15|☐), (☐|30|34), (24|☐|26), (14|48|☐).

   d) Findet weitere pythagoreische Zahlentripel. Versucht, Gesetzmäßigkeiten zu entdecken. Ihr könnt dieses auch in Büchern oder im Internet recherchieren.

6. Du kennst verschiedene Möglichkeiten, einen rechten Winkel zu erzeugen. Beschreibe sie.

Bist du fit?

1. Konstruiere ein rechtwinkliges Dreieck ABC aus den gegebenen Stücken.
   a) $c = 7{,}8$ cm; $b = 3{,}4$ cm; $\gamma = 90°$
   b) $a = 8{,}3$ cm; $h_a = 3{,}1$ cm; $\alpha = 90°$

2. Zeichne einen Kreis mit dem Radius $r = 3{,}7$ cm und einen Punkt P im Abstand 6,0 cm vom Kreismittelpunkt. Konstruiere von P aus die Tangenten an den Kreis.

3. Berechne die Länge der roten Seite.

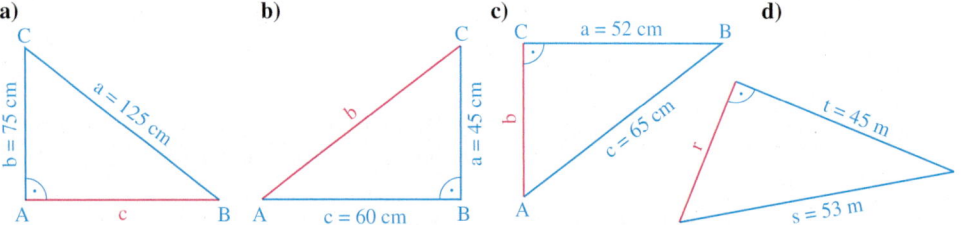

4. Berechne die Höhe und bestimme den Flächeninhalt für
   a) ein gleichschenkliges Dreieck mit Schenkellänge $s = 85$ cm und Basis $g = 72$ cm;
   b) ein gleichseitiges Dreieck mit der Seitenlänge $a = 26$ cm.

5. Berechne die Längen der rot eingezeichneten Strecken.

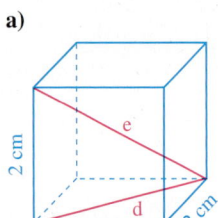 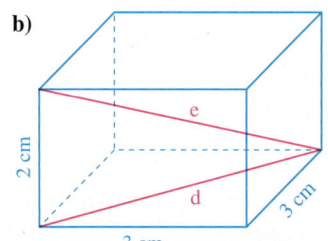 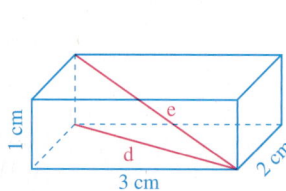

6. Ein 120 m hoher Sendemast soll durch vier Stahlseile abgesichert werden, die in $\frac{3}{4}$ der Höhe befestigt sind. Die Seile sollen 60 m vom Mast entfernt im Boden verankert werden. Wie viel m Seil werden benötigt?
   (Das Durchhängen der Seile soll unberücksichtigt bleiben.)

7. An einer Straße wird ein 60 m langer Lärmschutzwall geplant, dessen Querschnittsfläche ein gleichschenkliges Trapez sein soll.
   a) Berechne die Länge s einer Böschung.
   b) Beide Böschungen sollen bepflanzt werden. Das Bepflanzen kostet 36 € pro m² zuzüglich 19 % Mehrwertsteuer. Berechne die Kosten.

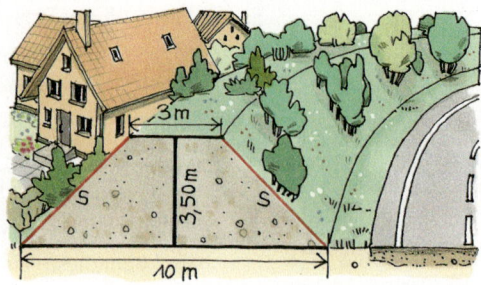

Bleib fit im... Umgang mit dem Dreisatz

Zum Aufwärmen

1. Zuckerrüben werden zur Herstellung von Zucker verwendet. Aus 100 kg Zuckerrüben erhält man 18 kg Zucker.
   a) Wie viel Zucker kann man aus 200 kg, 300 kg, 150 kg, 650 kg Zuckerrüben erzeugen?
   b) Es sollen 180 kg, 90 kg, 900 kg, 45 kg Zucker hergestellt werden. Wie viel Zuckerrüben werden dafür benötigt?

2. Ein Rechteck ist 72 mm lang und 36 mm breit. Wie breit ist ein Rechteck mit gleichem Flächeninhalt, wenn es 36 mm, 24 mm, 18 mm, 144 mm, 108 mm lang ist?

Zum Erinnern

Eine Größe heißt **proportional** zu einer zweiten Größe, wenn die folgende Regel gilt:

Verdoppelt (verdreifacht, vervierfacht, ...) man einen Wert der ersten Größe, so *verdoppelt* (verdreifacht, vervierfacht, ...) sich auch der zugehörige Wert der zweiten Größe.

Eine Größe heißt **umgekehrt proportional** zu einer zweiten Größe, wenn die folgende Regel gilt:

Verdoppelt (verdreifacht, vervierfacht, ...) man einen Wert der ersten Größe, so *halbiert* (drittelt, viertelt, ...) sich auch der zugehörige Wert der zweiten Größe.

Lösungsverfahren für Dreisatzaufgaben

Prüfe zunächst, ob die Größen proportional oder umgekehrt proportional zueinander sind.

Löse die Aufgabe dann mithilfe einer Tabelle:
(1) Trage das gegebene Wertepaar und den dritten bekannten Wert ein.
(2) Finde einen geeigneten Hilfswert.
(3) Fülle die Lücken entsprechend den Regeln für proportionale oder umgekehrt proportionale Zuordnungen aus.

Ist die Zuordnung der ersten Größe zur zweiten weder proportional noch umgekehrt proportional, so kann man die Aufgabe nicht mit dem Dreisatz lösen.

Beispiele:

Benzinkauf an einer Tankstelle

Benzin-Volumen (in *l*)	Preis (in €)
40	60,80
5	□
45	□

(: 8 und · 9)

Frühjahrspflege eines Parks

Anzahl der Gärtner	Benötigte Arbeitstage
18	12
1	□
24	□

(: 18 und · 24)

Zum Trainieren

3. Bei einer Tankstelle betrug die Rechnung für 10 l Superbenzin 15,09 €. Fülle die Tabelle aus.

Volumen (in l)	10	50	40	26	36
Preis (in €)	15,09				

4. In einem alten Rezept für eine Fleischfüllung werden neben anderen Zutaten 150 g Fleisch, 30 g Speck und 2 geriebene Kartoffeln empfohlen. Wie viel Speck und Kartoffeln sollte man zu 250 g Fleisch hinzufügen?

5. Eine überschwemmte Tiefgarage könnte durch vier gleich starke Pumpen in 10 Stunden leergepumpt werden.
   a) Wie lange dauert der Vorgang, wenn nur zwei solcher Pumpen zur Verfügung stehen?
   b) Wie viele solcher Pumpen benötigt man, um die Tiefgarage in 8 Stunden leerzupumpen?

6. Bei der Montage von Deckenbrettern rechnet man, dass ein Paket mit 100 Schraubkrallen für eine Fläche von 5,5 m² reicht.

   a) Wie viele Schraubkrallen sollte man für das Montieren bei einer Deckenfläche von 22 m² bereitstellen?
   b) Für welche Fläche reichen 3 Pakete mit je 250 Krallen?

7. Beim Füllen eines Öltanks sind nach 6 min erst 1 500 l Heizöl in den Tank gepumpt worden. Wie lange dauert es noch, bis die restlichen 3 500 l Heizöl im Tank sind?

8. Erik und Jan besteigen einen Aussichtsturm. Vom Eingang führen 50 gleich hohe Stufen bis zum ersten Aussichtspunkt. Beim Hinaufsteigen stellt Jan fest, dass der 1,62 m große Erik so hoch wie 9 Stufen ist.
   a) Wie hoch liegt der erste Aussichtspunkt über dem Eingang?
   b) Der zweite Aussichtspunkt liegt 35 Stufen über dem ersten Aussichtspunkt. Wie hoch liegt der zweite Aussichtspunkt über dem Eingang?

9. Ein Getränkebetrieb füllte bisher Mineralwasser in Glasflaschen mit 0,7 l Inhalt ab. In jedem Kasten waren 12 Flaschen. Die Produktion wird jetzt auf PET-Flaschen mit 1,25 l Inhalt umgestellt. Die neuen Kästen enthalten jeweils 8 Flaschen.

PET
Abkürzung für Polyethylenterephthalat hochbeständiger, fester Kunststoff

   a) Wie viele Glasflaschen bzw. alte Kästen benötigte man bisher für 21 000 l Mineralwasser?
   b) Wie viele PET-Flaschen bzw. neue Kästen benötigt man jetzt für 21 000 l Mineralwasser?
   c) Welche Menge (in Liter) an Mineralwasser enthalten 1 000 alte bzw. 1 000 neue Kästen?

10. Bei einer durchschnittlichen Geschwindigkeit von 80 $\frac{km}{h}$ legt Frau Berger mit dem Auto in 3 h 15 min eine Strecke von 260 km zurück.
   a) Wie weit fährt sie bei 80 $\frac{km}{h}$ in 4 Stunden?
   b) Wie lange würde Frau Berger für 260 km mit einer Geschwindigkeit von 90 $\frac{km}{h}$ brauchen?

11. Norman benötigte für einen 42 km langen Lauf 2 h 20 min. Warum kann man nicht mit einem Dreisatz-Verfahren berechnen, wie lange Norman für einen Halbmarathon-Lauf von 21 km brauchen wird?

4. LINEARE FUNKTIONEN

E·O·F
ermöglicht Ihnen günstige Möglichkeiten

3 € Grundgebühr
einschließlich 3 Stunden

0,02 € je weitere Minute

i-online
Internet-Tarif für Viel-Surfer

4 €
Grundgebühr einschließlich 2 Stunden

0,01 € je weitere Minute

INTER-CHAT
Ohne Grundgebühr! Sie zahlen nur für Ihre Zeit im Netz

0,03 € pro Minute

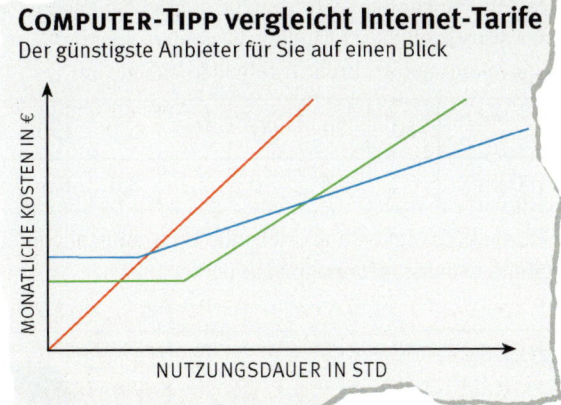

COMPUTER-TIPP vergleicht Internet-Tarife
Der günstigste Anbieter für Sie auf einen Blick

- Überprüfe die Angaben von Computer-Tipp und Net-Praxis für einige Beispiele.

NET-PRAXIS vergleicht

Dauer \ Provider	E·O·F	i-online	INTER-CHAT
2h	3,00	4,00	3,60
5h	5,40	5,80	9,00
10h	11,40	8,80	18,00
20h	23,40	14,80	36,00
50h	59,40	32,80	90,00

In den obigen Beispielen werden die Internet-Gebühren als Tarifangaben in Diagrammen und in Tabellen verglichen. Dies sind zwei Darstellungen für die Zuordnung
Nutzungsdauer (in h) → Monatliche Kosten (in €).
In Klasse 7 hast du auch schon Zuordnungen betrachtet.
In diesem Kapitel wirst du spezielle Zuordnungen genauer untersuchen. Mit ihnen lassen sich viele Sachprobleme lösen.

4.1 Funktionen als eindeutige Zuordnungen

Einstieg  Es gibt verschiedene Meinungen darüber, wie schwer man bei einer bestimmten Körpergröße sein sollte. Die folgenden Vorschläge beziehen sich auf einen erwachsenen Mann. Vergleicht die Vorschläge. Bereitet dazu eine Folie vor, mit der ihr eure Ergebnisse präsentiert.

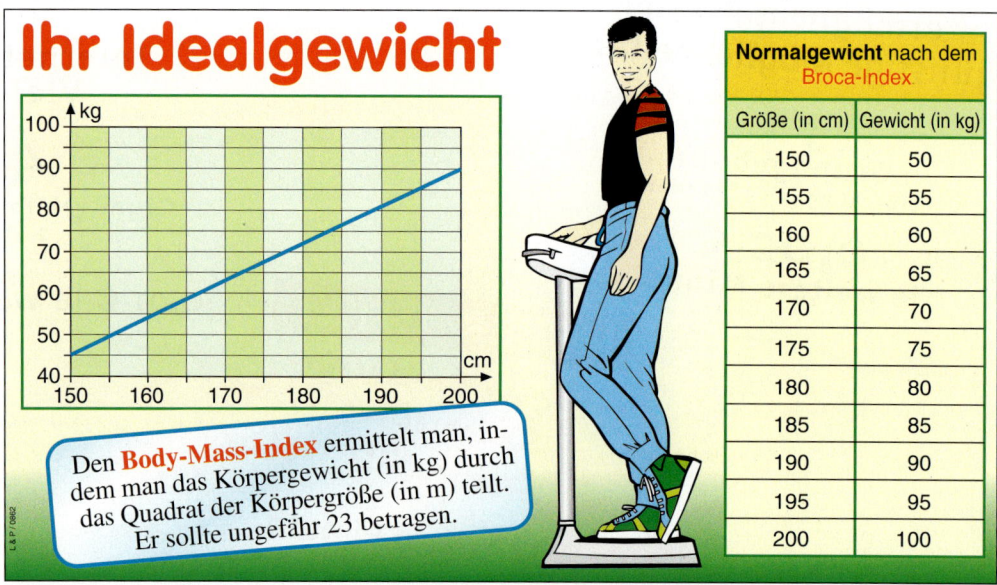

Aufgabe 1   *Wertetabelle, Graph, Funktionsgleichung*

Frau Siede beabsichtigt, ein neues Auto zu kaufen. Drei Modelle sind in der engeren Wahl. Für die Kaufentscheidung ist ihr der Benzinverbrauch dieser Modelle besonders wichtig.

(1) Für das Modell *Rasanti* gibt eine Automobilzeitschrift folgende Tabelle an:

Geschwindigkeit (in $\frac{km}{h}$)	50	70	90	100	120	130	150	180
Benzinverbrauch (in *l* pro 100 km)	6,1	6,4	7,0	7,3	8,0	8,5	10,0	13,8

(2) Für das Modell *Luna* ist im Prospekt das unten links stehende Diagramm abgebildet.
(3) Für das neue Modell *Cargo* gibt es nur eine Information aus der technischen Anleitung des Autohändlers (siehe unten rechts).

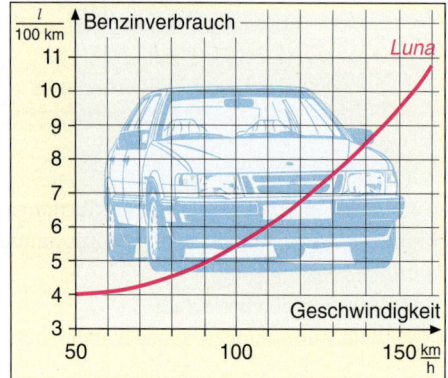

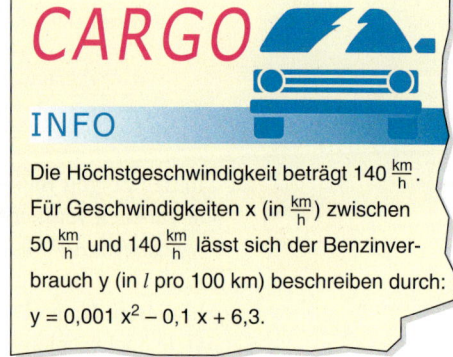

Funktionen als eindeutige Zuordnungen

a) Stelle den Benzinverbrauch aller drei Modelle in Abhängigkeit von der Geschwindigkeit in einem gemeinsamen Diagramm dar. Erstelle dazu zunächst für das Modell *Cargo* eine Zuordnungstabelle (Wertetabelle).

b) Welche Informationen für die Kaufentscheidung können diesem Diagramm entnommen werden?

Lösung

a) Für das Modell *Cargo* berechnet man den Benzinverbrauch in l pro 100 km bei einer Geschwindigkeit von 50 $\frac{km}{h}$ bzw. 60 $\frac{km}{h}$ wie folgt:

Für 50 $\frac{km}{h}$ erhält man: $0{,}001 \cdot 50^2 - 0{,}1 \cdot 50 + 6{,}3 = 2{,}5 - 5 + 6{,}3 = 3{,}8$,
also einen Benzinverbrauch von 3,8 l pro 100 km.

Für 60 $\frac{km}{h}$ erhält man: $0{,}001 \cdot 60^2 - 0{,}1 \cdot 60 + 6{,}3 = 3{,}6 - 6 + 6{,}3 = 3{,}9$,
also einen Benzinverbrauch von 3,9 l pro 100 km.

Ebenso berechnet man den Benzinverbrauch auch bei den anderen Geschwindigkeiten:

Geschwindigkeit (in $\frac{km}{h}$)	50	60	70	80	90	100	110	120	130	140
Benzinverbrauch (in l pro 100 km)	3,8	3,9	4,2	4,7	5,4	6,3	7,4	8,7	10,2	11,9

Größere Zahlen als 140 dürfen in die angegebene Formel nicht eingesetzt werden, da die Höchstgeschwindigkeit des *Cargo* 140 $\frac{km}{h}$ beträgt.

Den Benzinverbrauch der drei Modelle kann man gut am folgenden Diagramm vergleichen.

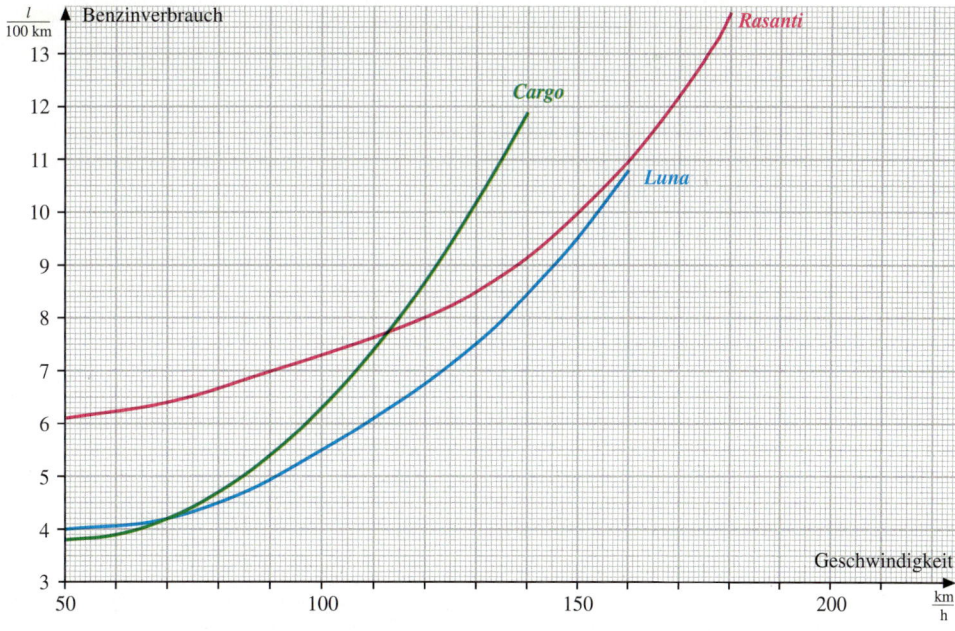

b) Für kleinere Geschwindigkeiten hat das Modell *Cargo* einen besonders günstigen Benzinverbrauch, der aber mit zunehmender Geschwindigkeit steil ansteigt und ungünstig wird.
Das Modell *Rasanti* hat schon bei kleinen Geschwindigkeiten einen recht hohen Benzinverbrauch, der aber bei hohen Geschwindigkeiten kleiner ist als der des *Cargo*.
Das Modell *Luna* hat bei fast allen Geschwindigkeiten den niedrigsten Benzinverbrauch.

Aufgabe 2

Nicht eindeutige Zuordnung

Zur Planung von Überholvorgängen von Zügen und um Auswirkungen von Verspätungen abschätzen zu können, hat die Deutsche Bahn einen *grafischen Fahrplan*. Er ordnet jedem Punkt der Fahrstrecke den Zeitpunkt zu, zu dem sich ein bestimmter Zug dort befindet.

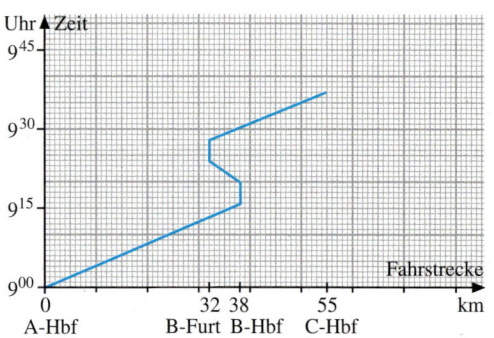

a) Entnimm aus dem nebenstehenden grafischen Fahrplan, wie dieser Zug fährt.

b) Auf dieser Strecke finden Arbeiten am Gleisunterbau statt. Für die Sicherheit der Arbeiter ist zu bestimmen:
   (1) Wann ist der Zug 19 km von A-Hbf entfernt?
   (2) Wann ist der Zug 35 km von A-Hbf entfernt?

Lösung

a) Der Zug fährt um 9.00 Uhr im A-Hbf ab, durchquert B-Furt ohne dort zu halten und kommt dann um 9.16 Uhr in B-Hbf an. Dort fährt er um 9.20 Uhr ab, zurück nach B-Furt, wo er um 9.24 Uhr ankommt. Um 9.28 Uhr fährt er weiter nach C-Hbf, wo er um 9.37 Uhr ankommt.

b) (1) Der Zug ist um 9.08 Uhr 19 km von A-Hbf entfernt.
   (2) Diese Frage lässt sich nicht eindeutig beantworten. Sowohl um 9.15 Uhr als auch um 9.22 Uhr und 9.29 Uhr befindet sich der Zug in 35 km Entfernung von A-Hbf.

Information

(1) Begriff der Funktion – Definitionsbereich

In Aufgabe 1 wird bei einem Automodell jeder Geschwindigkeit ein ganz bestimmter Benzinverbrauch zugeordnet, d. h. die Zuordnung *Geschwindigkeit → Benzinverbrauch* ist eindeutig.
Dagegen ist in Aufgabe 2 die Zuordnung *Streckenpunkt → Uhrzeit* nicht eindeutig.
Eindeutige Zuordnungen nennen wir in der Mathematik **Funktionen.**
Die Automodelle aus Aufgabe 1 haben unterschiedliche Höchstgeschwindigkeiten: Beim Modell *Cargo* kann nur Geschwindigkeiten bis zu 140 $\frac{km}{h}$ ein Benzinverbrauch zugeordnet werden, beim Modell *Rasanti* dagegen Geschwindigkeiten bis zu 178 $\frac{km}{h}$.
Die Menge der möglichen Ausgangsgrößen bezeichnet man als den *Definitionsbereich* der Funktion.

> **Definition**
> Bei einer *eindeutigen Zuordnung* wird *jeder* Zahl (Größe) x aus ihrem **Definitionsbereich** *eine ganz bestimmte* Zahl (Größe) zugeordnet. Eine solche Zuordnung heißt **Funktion.** Die einer Zahl x aus dem Definitionsbereich eindeutig zugeordnete Zahl y heißt **Funktionswert** von x oder Funktionswert an der **Stelle** x.

(2) Mehrere Möglichkeiten zur Angabe einer Funktion

Die Funktionen in Aufgabe 1, die den Benzinverbrauch in Abhängigkeit von der Geschwindigkeit angeben, haben wir durch ihren *Graphen* bzw. durch ihre *Wertetabelle* beschrieben. Für das Modell *Cargo* gibt es sogar eine *Formel*, mit der sich der Benzinverbrauch y (in *l* pro 100 km) aus der Geschwindigkeit x (in $\frac{km}{h}$) berechnen lässt:

$y = 0{,}001\, x^2 - 0{,}1\, x + 6{,}3$ für x aus dem Definitionsbereich D = {x | 50 ≤ x ≤ 140}.

Diese Funktion lässt sich auch angeben durch ihre *Zuordnungsvorschrift*:

$x \to y$ mit $y = 0{,}001\, x^2 - 0{,}1\, x + 6{,}3$;   kurz: $x \to 0{,}001\, x^2 - 0{,}1\, x + 6{,}3$.

Der Term $0{,}001\, x^2 - 0{,}1\, x + 6{,}3$, mit dem man die Funktionswerte berechnet, heißt *Funktionsterm*.

Funktionen als eindeutige Zuordnungen

> Wertetabellen sind hilfreich für das Zeichnen von Graphen.

Eine Funktion kann auf verschiedene Weisen angegeben werden:
- **algebraisch**
  Hierbei wird festgelegt, wie die Funktionswerte berechnet werden. Dies kann erfolgen mithilfe
  (1) einer **Zuordnungsvorschrift** oder
  (2) einer **Funktionsgleichung** oder
  (3) eines **Funktionsterms** oder auch
  (4) **verbal**.

  In jedem Fall muss der Definitionsbereich vereinbart sein, damit bekannt ist, welchen Stellen Funktionswerte zugeordnet werden.
- **tabellarisch**
  In einer **Wertetabelle** werden die Funktionswerte zu bestimmten Stellen notiert.
- **grafisch**
  Die Zuordnung zwischen den Stellen und den Funktionswerten wird durch einen **Graphen** dargestellt.

Die Menge aller Funktionswerte heißt **Wertebereich** der Funktion.

Beispiel: Quadratfunktion

Definitionsbereich: $D = \mathbb{R}$

Zuordnungsvorschrift: $x \to x^2$
Funktionsgleichung: $y = x^2$
Funktionsterm: x^2

verbal: Jeder Zahl ist ihr Quadrat zugeordnet.

Wertetabelle: *Graph:*

x	y
−2	4
−1	1
0	0
1	1
2	4

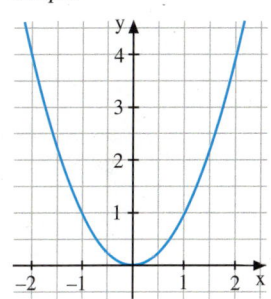

Wertebereich: $W = \mathbb{R}_+$

> $\mathbb{R}\setminus\{1\}$, gelesen: $\mathbb{R}$ ohne 1, ist die Menge aller reellen Zahlen ungleich 1.

(3) Weitere Beispiele für Funktionen

(1) $x \to 2x$
Definitionsbereich $\mathbb{R}$

(2) $x \to \frac{1}{x}$
Definitionsbereich $\mathbb{R}\setminus\{0\}$, da für 0 der Nenner 0 wird

(3) $z \to \frac{z}{z-1}$
Definitionsbereich $\mathbb{R}\setminus\{1\}$, da für 1 der Nenner 0 wird

Vereinbarung: Wenn der Definitionsbereich einer Funktion nicht angegeben ist, soll die größtmögliche in $\mathbb{R}$ genommen werden.

Weiterführende Aufgaben

3. *Kurzbezeichnungen für Funktionen und Funktionswerte*

a) Durch die Zuordnungsvorschrift $x \to x \cdot (4-x)$ mit dem Definitionsbereich $\mathbb{R}$ ist eine Funktion angegeben. Wir wollen diese Funktion kurz mit einem Buchstaben, z.B. f, bezeichnen. f ist also der Name der gegebenen Funktion. Die Funktion f hat an der Stelle 1 den Funktionswert 3. Dafür schreibt man kurz:
$f(1) = 3$, gelesen: *f von 1 gleich 3*.

> Funktion f: $x \to x \cdot (4-x)$
> *Funktionsterm:*
> $f(x) = x \cdot (4-x)$
> Es gilt:
> $f(1) = 1 \cdot (4-1) = 1 \cdot 3 = 3$
> $f(2) = 2 \cdot (4-2) = 2 \cdot 2 = 4$

Entsprechend schreibt man auch für den Funktionsterm einer Funktion f kurz: $f(x)$, gelesen: *f von x*.
Hier ist $x \cdot (4-x)$ der Funktionsterm, d.h.: $f(x) = x \cdot (4-x)$
Bestimme die Funktionswerte $f(0)$, $f(3)$, $f(4)$, $f\left(\frac{2}{5}\right)$, $f(4,5)$, $f(-7)$, $f(-0,5)$, $f\left(-\frac{3}{7}\right)$.

b) g soll der Name der Funktion mit der Zuordnungsvorschrift $z \to \frac{z}{z-1}$ und dem Definitionsbereich $\mathbb{R}\setminus\{1\}$ sein. Gib die Kurzbezeichnung für den Funktionsterm $\frac{z}{z-1}$ an.
Bestimme dann die Funktionswerte $g(2)$, $g(-1)$, $g(0)$, $g\left(\frac{1}{2}\right)$, $g\left(-\frac{1}{2}\right)$, $g(1,1)$, $g(-99)$.

LINEARE FUNKTIONEN

4. *Nicht jede Gleichung mit zwei Variablen ist eine Funktionsgleichung*

Gegeben ist die Gleichung (1) $y = |x|$; (2) $y = x^2(2-x)$; (3) $|y| = x$.

a) Setze für x rationale Zahlen ein. Welchen Wert bzw. welche Werte musst du dann jeweils für y einsetzen, damit eine wahre Aussage entsteht?
Bei welcher dieser Gleichungen mit zwei Variablen erhält man zu jedem x genau einen Wert für y?
Eine solche Gleichung heißt dann auch *Funktionsgleichung*.

Funktionsgleichung: $y = |x|$

x	y
–1	1
$-\frac{1}{2}$	$\frac{1}{2}$
0	0
$\frac{1}{2}$	$\frac{1}{2}$

denn $y = |-1| = 1$
denn $y = |-\frac{1}{2}| = \frac{1}{2}$
denn $y = |0| = 0$
denn $y = |\frac{1}{2}| = \frac{1}{2}$

b) Zeichne den Graphen zu den Gleichungen. Wie kann man an den Graphen feststellen, ob die Zuordnung x → y eindeutig ist?

5. *Punktprobe*

Eine Funktion f ist gegeben durch ihre Funktionsgleichung:

a) $y = 1 + \frac{x}{2}$ b) $y = \frac{1}{2}x^2$ c) $y = \frac{4}{x}$

Stelle fest, welche der Punkte $P_1(-2|0)$, $P_2(-1|0,5)$, $P_3(1|3)$, $P_4(2|2)$, $P_5(4|1)$ und $P_6(4|3)$ zum Graphen der Funktion gehören. Verfahre wie im Beispiel.

Funktionsgleichung: $y = 2x + 1$

$P_1(4|9)$ gehört zum Graphen von f, denn seine Koordinaten erfüllen die Gleichung $y = 2x + 1$, d.h. die Aussage $9 = 2 \cdot 4 + 1$ ist wahr.

$P_2(3|8)$ gehört *nicht* zum Graphen von f, denn seine Koordinaten erfüllen *nicht* die Funktionsgleichung $y = 2x + 1$, d.h. die Aussage $8 = 2 \cdot 3 + 1$ ist falsch.

Übungsaufgaben

6. In einer Wetterwarte wurde die Lufttemperatur aufgezeichnet.

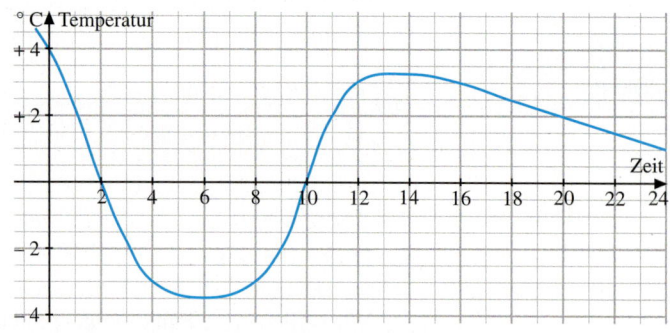

a) Lies aus dem Graphen den Wert der Lufttemperatur zu den Zeitpunkten 0 Uhr, 4 Uhr, 8 Uhr, ..., 24 Uhr ab. Notiere die Ergebnisse in einer Wertetabelle.
Ist die Zuordnung *Zeitpunkt → Lufttemperatur* eindeutig, d.h. eine Funktion?

b) Wann hatte die Lufttemperatur den Wert 1 °C?
Ist die Zuordnung *Lufttemperatur → Zeitpunkt* eindeutig? Begründe die Antwort.

7. Ist der Graph ein Funktionsgraph? Begründe.

a) 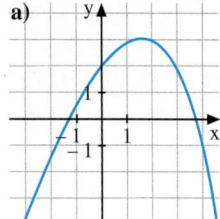 b) 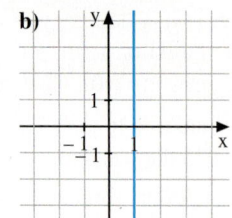 c) 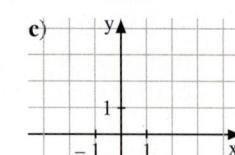 d)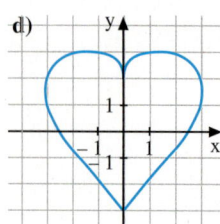

Funktionen als eindeutige Zuordnungen

8. Kann der Graph zu einer Funktion gehören? Begründe.

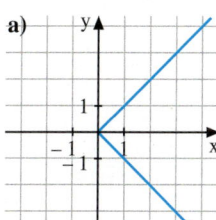 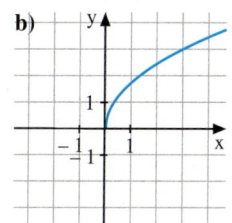 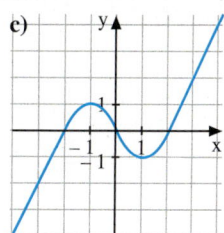 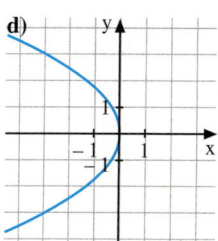

9. a) Welchen Flächeninhalt hat jeweils ein Quadrat mit der Seitenlänge 0,5 cm; 1 cm; 1,5 cm; 2 cm; x cm?
   Stelle die Ergebnisse in einer Wertetabelle zusammen. Zeichne den Graphen der Zuordnung *Seitenlänge x (in cm) → Flächeninhalt y (in cm^2)*.
   Wähle dazu auch weitere Seitenlängen. Was für Zahlen darfst du hier für x einsetzen? Liegt eine Funktion vor?

   b) Ordne jeder Zahl x ihr Quadrat x^2 zu. Setze dabei in den Term x^2 für x auch negative Zahlen ein.
   Stelle die Ergebnisse in einer Wertetabelle zusammen und zeichne den Graphen der Zuordnung *Zahl → Quadrat der Zahl*. Liegt eine Funktion vor? Begründe.

10. Die Flasche eines ätzenden Spezialreinigungsmittels soll einen deutlichen Hinweis auf die Gefährlichkeit tragen. Dieser soll in einem 6 cm^2 großen Rechteck stehen.
    Betrachte die Zuordnung *Rechtecklänge (in cm) → Rechteckbreite (in cm)*.

    Die Variable muss nicht immer x heißen.

    a) Erstelle eine Formel, mit der man die Werte für die Breite unmittelbar aus denen für die Länge berechnen kann. Liegt eine Funktion vor? Begründe.

    b) Lege eine Wertetabelle an und zeichne den Graphen.

11. Jan ist heute gemütlich zur Schule gegangen, bis er lange an einer Kreuzung warten musste, auf der ein Schwertransporter liegen geblieben war. Danach beeilte er sich so sehr, dass er gerade noch rechtzeitig in der Schule war.

    a) Welcher der beiden Graphen beschreibt diese Situation? Begründe deine Meinung.

    (1) 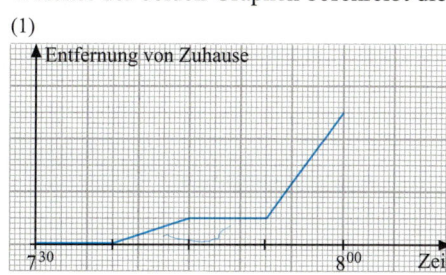 (2)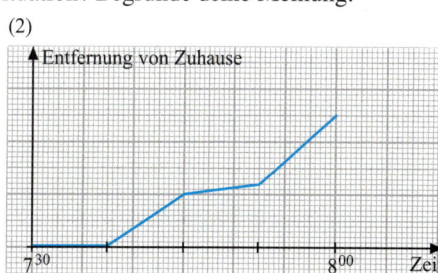

    b) Schreibe zu dem nicht zutreffenden Graphen eine eigene passende Schulweggeschichte.

     c) Einer zeichnet einen Graphen für den Schulweg, der andere erzählt eine passende Geschichte. Danach werden die Rollen getauscht.

     d) Geht jetzt umgekehrt vor: Einer erzählt eine Geschichte, der andere zeichnet den Graphen dazu. Wechselt euch hierbei ab.

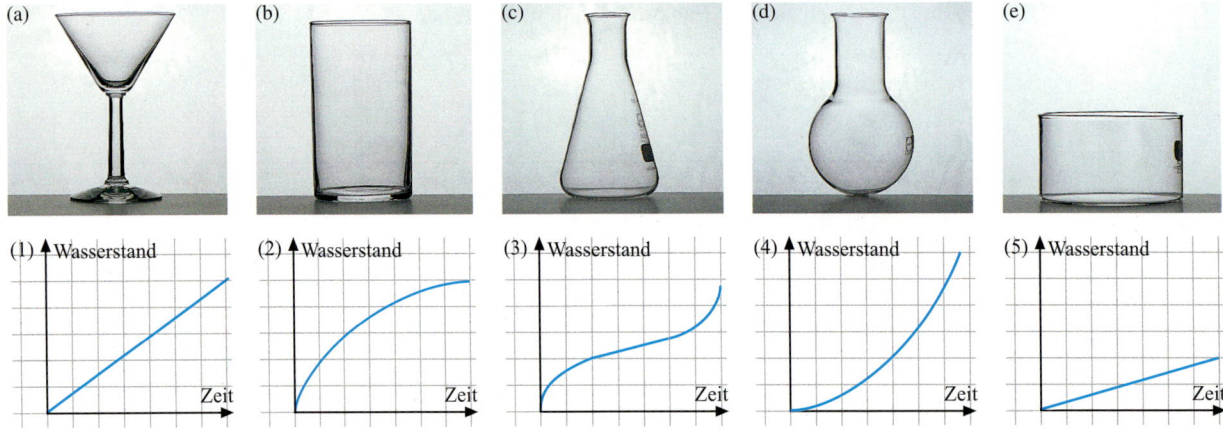

12. Die oben abgebildeten Gefäße werden von einem gleichmäßig laufenden Wasserhahn gefüllt. Dabei wird jeweils der Graph der Funktion *Zeitpunkt → Wasserstand* betrachtet.
Entscheide, welcher Graph zu welchem Gefäß gehört.

13. Badewannen mit dem unten gezeichneten Querschnitt werden von einem gleichmäßig laufenden Wasserhahn gefüllt. Skizziere den Graph der Funktion *Zeitpunkt → Wasserstand*.

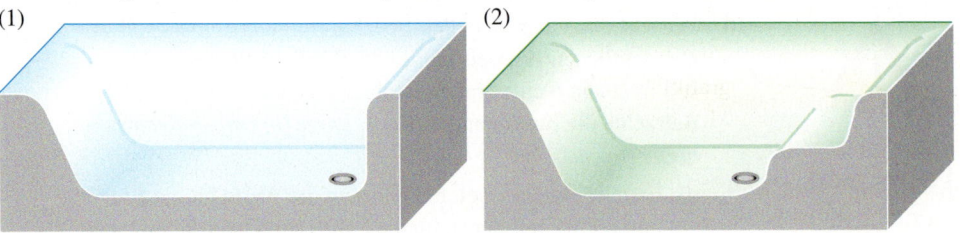

14. Jeder Partner stellt die folgenden beiden Geschichten grafisch dar. Kontrolliert euch anschließend gegenseitig.

a) Während des Morgens wird es immer wärmer und dann wird es plötzlich gegen Mittag durch einen aufziehenden Gewittersturm kühler. Kurze Zeit nach dem Sturm wird es wieder wärmer, bevor es sich nach dem Sonnenuntergang abkühlt.

b) Direkt nachdem ein Patient mit einer hohen Herzschlagfrequenz ein bestimmtes Medikament verabreicht bekam, sank die Frequenz schnell ab. Mit nachlassender Wirkung des Medikamentes stieg die Herzschlagfrequenz dann langsam wieder an.

15. Setze in die Funktionsgleichung **a)** $y = 2x - 1$, **b)** $y = x^2 - 2$, **c)** $y = x \cdot (2 + x)$
für x der Reihe nach $-3, -2, -1, 0, 1, \ldots, 8$ ein. Bestimme die zugehörigen Werte für y. Stelle die Wertepaare zu einer Wertetabelle zusammen und zeichne den Graphen.

16. Eine Funktion f ist gegeben durch den Funktionsterm:

a) $f(x) = 4x$ **b)** $f(x) = 1 + \frac{1}{2}x$ **c)** $f(x) = -x^2$ **d)** $f(z) = (1 - z)^2$

(1) Zeichne den Graphen von f mithilfe einer Wertetabelle. Gib auch den Wertebreich an.
(2) Lies aus dem Graphen ab: $f(0{,}4)$; $f(-\frac{4}{5})$; $f(1{,}5)$; $f(-1{,}5)$. Kontrolliere rechnerisch.

17. Welche der Punkte $P_1(8|0)$, $P_2(0|0)$, $P_3(-5|2)$, $P_4(-2|5)$, $P_5(0|5)$, $P_6(2|3)$ und $P_7(-1|4)$ liegen auf dem Graphen zu $y = -\frac{2}{5}x$ [$y = 5 - x^2$]?

Im Blickpunkt

Graphen zeichnen mit Computer oder GTR

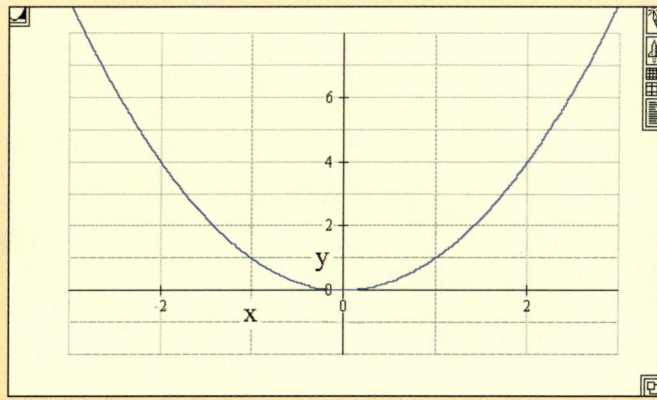
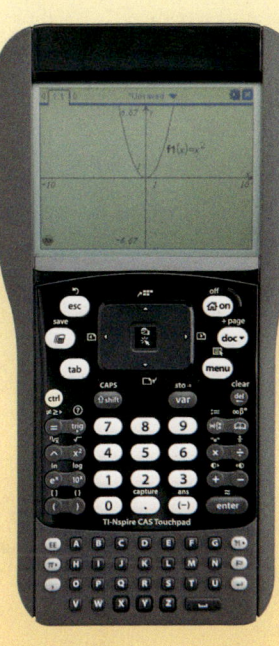

Das Zeichnen von Graphen mithilfe von Wertetabellen kann mühsam und zeitaufwändig sein. Spezielle Computerprogramme und grafikfähige Taschenrechner (GTR) erledigen dies sehr schnell. Man bezeichnet den so angefertigten Graphen auch als **Plot**, den Vorgang als Plotten. Ein solches Programm befindet sich auch auf der CD „Mathematik interaktiv", die diesem Buch beigefügt ist.

plot ⟨engl.⟩
math.: (Kurve) aufzeichnen

1. Am einfachsten ist es, zu einer gegebenen Funktionsgleichung den Graphen zu zeichnen. Dazu musst du zunächst in deinem Arbeitsdokument mithilfe des Befehls **Add Graphs** vereinbaren, dass Graphen behandelt werden sollen. Dann kannst du die Funktionsgleichung eingeben.

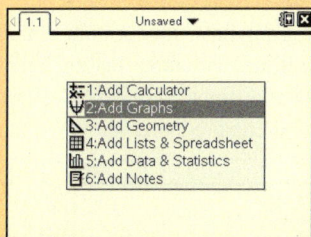
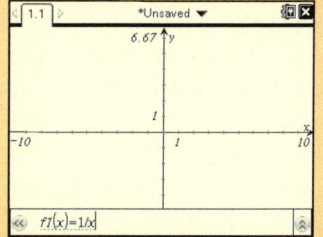
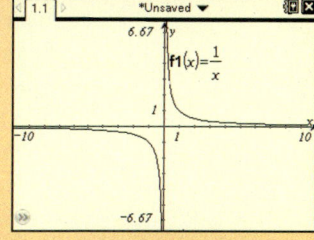

window ⟨engl.⟩
Fenster

zoom ⟨engl.⟩
nah herangehen, heranholen

Den vom Rechner gewählten Zeichenbereich für den Graphen kannst du unter dem Menü **Window/Zoom** verändern, indem du mit dem Befehl **Window Settings** geeignete Werte festlegst.

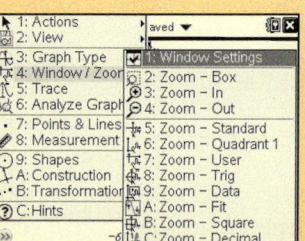
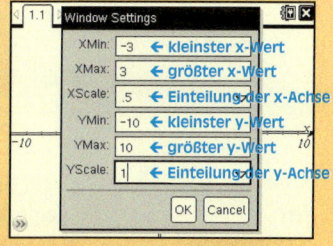

Eine andere Möglichkeit ist die Wahl anderer Fenster mit den verschiedenen Zoom-Befehlen aus dem Menü **Window/Zoom**. Probiere diese Möglichkeiten mit deinem Rechner aus, um den Verlauf des Graphen in der Nähe der y-Achse genauer zu untersuchen.

2. Auch grafikfähige Taschenrechner und Computerprogramme erstellen eine Wertetabelle. Du kannst sie im Menü **View** mit dem Befehl **Show Table** aufrufen.

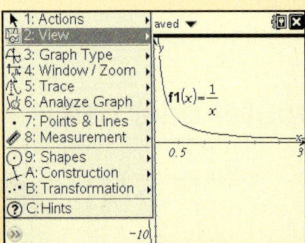 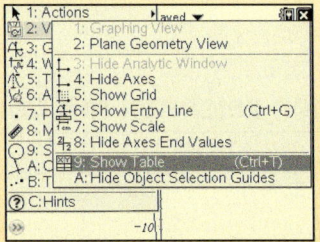 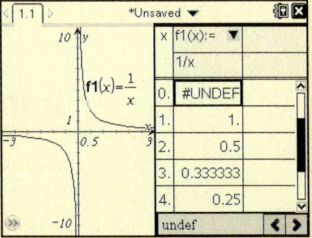

Du kannst dem Rechner auch mitteilen, wie die Wertetabelle aussehen soll, indem du im Menü **Table** den Befehl **Edit Table Settings** anwählst. Dort kannst du den Beginn der Tabelle (**Table Start**) und die Schrittweite (**Table Step**) festlegen. Probiere das aus.

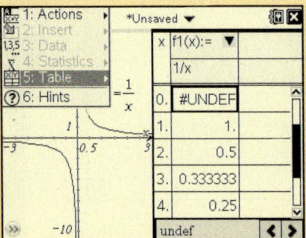 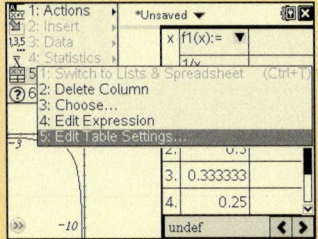 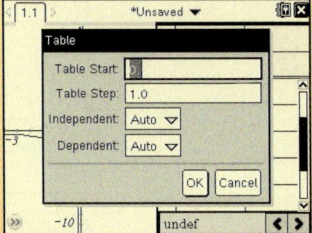

3. Du kannst auch mehrere Graphen in ein gemeinsames Koordinatensystem zeichnen lasssen, indem du nach Eingabe von **tab** die Funktionsgleichung bei f2(x), ... eingibst.

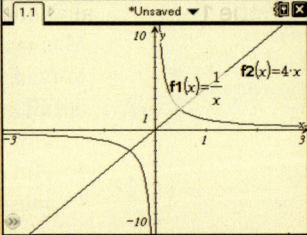

4. Auch wenn du keine Gleichung zur Verfügung hast, sondern nur einzelne Punkte kennst, kannst du dir vom Rechner den zugehörigen Graphen zeichnen lassen. Wähle dazu im Menü **Graph Type** den Befehl **Scatter Plot**. Du musst dann zunächst in geschweiften Klammern (durch Kommata getrennt) die x-Werte eingegeben und entsprechend die y-Werte.

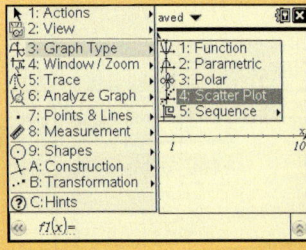 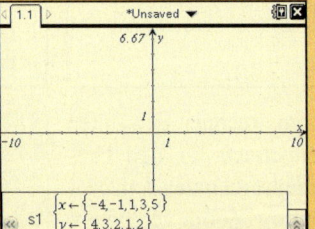 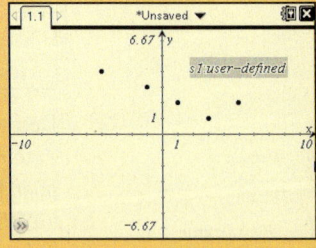

Spiel für 2 Personen

5. Ein Spieler denkt sich eine einfache Gleichung für einen Graphen aus und erstellt dazu im Kopf eine kleine Wertetabelle. Diese gibt er in den grafikfähigen Taschenrechner ein und lässt den Graphen zeichnen. Der Partner gibt anschließend die von ihm vermutete Gleichung ein und lässt auch diesen Graphen zeichnen. Es wird die Anzahl der Versuche gezählt, bis er die richtige Gleichung findet. Danach wird gewechselt.

4.2 Proportionale Funktionen

4.2.1 Graph proportionaler Funktionen

Einstieg Betrachtet die Umrechnung von heute üblichen Celsius- in Réaumur-Temperaturen. Legt eine Tabelle an und zeichnet einen Graphen der Funktion *Temperatur (in °C) → Temperatur (in °R)*. Beschreibt die Funktion und ihren Graphen. Erstellt auch die Funktionsgleichung.

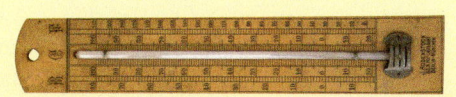

Temperaturmessung nach Réaumur und Celsius

Der französische Naturforscher René-Antoine Ferchault de Réaumur führte 1730 eine Temperaturskala ein, bei der der Schmelzpunkt von Wasser bei 0° R und der Siedepunkt von Wasser bei 80° R liegt. Zwischen diesen beiden Fixpunkten nahm Réaumur eine Einteilung in 80 gleich große Gradabstufungen vor. Seine Messergebnisse waren nicht sonderlich genau, da er die Temperaturmessungen anhand der Ausdehnung von Alkohol vornahm. Genauere Werte erhielt der schwedische Physiker Anders Celsius mit einem Quecksilber-Thermometer im Jahr 1742: Im Gegensatz zur heute verwendeten Celsius-Skala legte er den Siedepunkt von Wasser mit 0° und den Gefrierpunkt mit 100° fest. Dies erscheint heutzutage ungewöhnlich, hatte aber den Vorteil, dass negative Temperaturen praktisch nicht vorkamen.
Erst Celsius' Schüler Carl von Linné drehte im Jahr 1745 kurz nach Celsius' Tod die Skala um: 0°C für den Gefrierpunkt und 100°C für den Siedepunkt von Wasser. Seitdem wird sie ausschließlich in letzterer Form verwendet.

L. & P. / 2007

Aufgabe 1

a) Notiere den Preis für 2 kg, 3 kg, 4 kg, 12 kg, x kg Äpfel in einer Wertetabelle für die Funktion *Menge x (in kg) → Preis y (in €)*. Erstelle die Funktionsgleichung. Zeichne den Graphen und beschreibe ihn. Wie ändert sich der Preis, wenn man die Menge verdoppelt [verdreifacht]?

b) Verwende nun die gleiche Funktionsvorschrift wie in Teilaufgabe a). Wähle aber als Definitionsbereich $\mathbb{R}$, d. h. auch negative Ausgangswerte sind möglich. Wie ändert sich der Graph? Wie ändert sich der Wert für y, wenn man den Wert für x verdoppelt [verdreifacht]?

Lösung

a) Das Preisschild „1,25 € pro kg" gibt eine Funktion *verbal* an.

Wertetabelle:

Menge (in kg)	Preis (in €)
1	1,25
2	2,50
3	3,75
4	5,00
⋮	⋮
12	15
⋮	⋮
x	1,25 · x

Funktionsgleichung: $y = 1{,}25 \cdot x$

Graph:

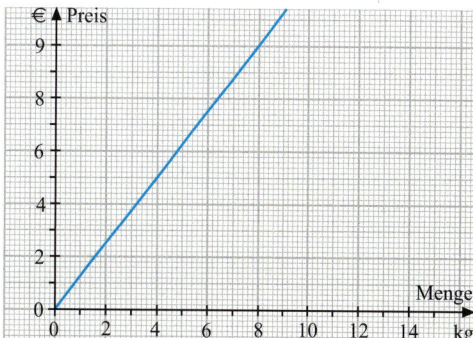

Der Graph ist *geradlinig*. Er ist ein Strahl, der im Koordinatenursprung beginnt.

Wenn man die Menge verdoppelt [verdreifacht], wird auch der Preis verdoppelt [verdreifacht]. Der Preis ist also proportional zur Menge.

b)

x	1,25 · x
3	3,75
2	2,5
1	1,25
0	0
−1	−1,25
−2	−2,5
−3	−3,75

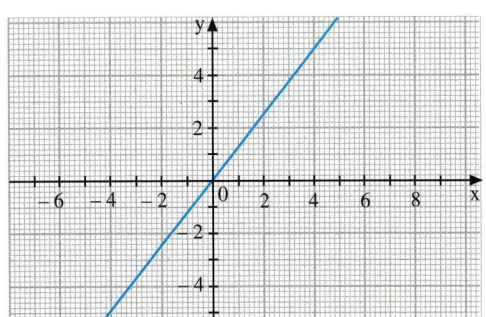

Auch hier gilt: Wenn man den Wert für x verdoppelt [verdreifacht], wird auch der Funktionswert y verdoppelt [verdreifacht].
Der Graph zur Funktionsgleichung y = 1,25 · x mit x ∈ ℝ ist eine *Gerade* durch den Koordinatenursprung.

Information

(1) Proportionale Funktion

In Aufgabe 1 ist der Preis der Äpfel proportional zur gekauften Menge. Wir nennen daher die Zuordnung *Menge (in kg) → Preis (in €)* eine proportionale Zuordnung oder proportionale Funktion.

> Eine Zuordnung mit der Funktionsgleichung y = m · x heißt **proportionale Funktion.**
> Der Definitionsbereich ist ℝ. Der Wertebereich ist für m ≠ 0 ebenfalls ℝ.

(2) Proportionalität von Ausgangswerten und Funktionswerten bei proportionalen Funktionen

An dem Beispiel aus der Aufgabe 1 haben wir gesehen:

> Bei *proportionalen Funktionen* gilt: Verdoppelt, verdreifacht, vervierfacht, … man einen x-Wert, so verdoppelt, verdreifacht, vervierfacht, …sich auch der zugehörige y-Wert.
> Die x- und y-Werte sind proportional zueinander.

Beweis: Setzt man in den Funktionsterm f(x) = m · x statt x als Ausgangswert 2x ein, so erhält man den Funktionswert f(2x) = m · (2x) = 2 · (mx) = 2 · f(x), der doppelt so groß wie f(x) ist. Entsprechendes gilt für andere Vielfache.

(3) Graph einer proportionalen Funktion

In Aufgabe 1 b) haben wir den Graphen zu der proportionalen Funktion f mit dem Term f(x) = 1,25 · x und dem Definitionsbereich ℝ betrachtet. Vergrößert man hier einen Ausgangswert x um 1, so nimmt der Funktionswert um 1,25 zu, denn
f(x + 1) = 1,25 (x + 1)
        = 1,25 x + 1,25
        = f(x) + 1,25.

Das bedeutet: Wenn man von einem Punkt des Graphen um 1 nach rechts und dann um 1,25 nach oben geht, erreicht man wieder einen Punkt des Graphen.
Auf dem Graph geht man dabei stets in der gleichen Richtung. Der Graph ist geradlinig.

Malpunkte darf man weglassen, wenn keine Missverständnisse möglich sind:
5x = 5 · x

Proportionale Funktionen

Der Graph einer proportionalen Funktion ist eine Gerade durch den Ursprung.

Beispiel: $y = \frac{1}{2}x$

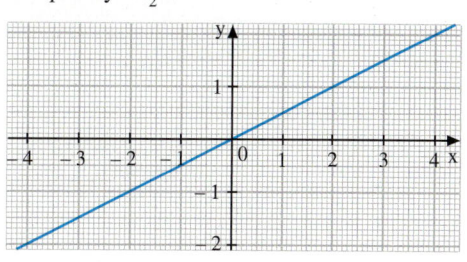

Weiterführende Aufgaben

2. *Proportionale Funktionen mit der Funktionsgleichung y = mx und negativen Werten für m*
Die Funktion f hat $\mathbb{R}$ als Definitionsbereich und die Funktionsgleichung:
a) $y = -1{,}25\,x$ **b)** $y = -3\,x$ **c)** $y = -x$ **d)** $y = m\,x$ mit $m = -\frac{3}{4}$
Zeichne den Graphen. Überlege, wie viele Punkte du dazu mindestens benötigst.
Untersuche, ob auch hier gilt:
Wenn man eine Stelle x verdoppelt, so verdoppelt sich auch der Funktionswert von x.

3. *Quotientengleichheit*

a) Annettes Mutter hat in der letzten Zeit ihre Ausgaben für Benzin in einer Tabelle notiert.
(1) Hat sich der Benzinpreis geändert?
(2) Was folgt aus dem Ergebnis von (1) für die Funktion
Benzinvolumen (in l) → *Preis (in €)*?

Benzinmenge (in *l*)	Preis (in €)
20	29,00
27	39,15
41	59,45
26	37,70

b) Um zu prüfen, ob eine Wertetabelle zu einer proportionalen Funktion gehört, kannst du die Quotienten aus den Funktionswerten und den zugehörigen Ausgangswerten betrachten.
Die proportionale Funktion hat die Funktionsgleichung:

(1) $y = 1{,}8\,x$ (2) $y = -0{,}4\,x$ *Quotient*

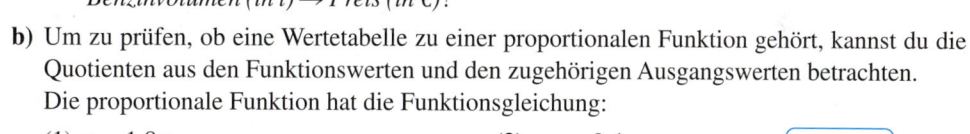

x	y	y : x
2	3,6	1,8
–5	–9	

x	y	y : x
5	–2	–0,4
–4	1,6	

Ergänze die Tabelle durch weitere Zahlenpaare für x und y. Was stellst du fest? Begründe.
Für welches Zahlenpaar kannst du die dritte Spalte nicht ausfüllen? Woran liegt das?

Quotientengleichheit

Bei einer proportionalen Funktion mit der Gleichung $y = mx$ gilt:
Der Quotient y : x ist immer der gleiche, denn $\frac{y}{x} = \frac{mx}{x} = m$.
Dabei muss man $x = 0$ ausschließen, da man durch 0 nicht dividieren kann.

Übungsaufgaben

4. In einem Lehrbuch für Fahrschüler sind Faustregeln für die beiden Funktionen *Geschwindigkeit → Reaktionsweg* und *Geschwindigkeit → Bremsweg* angegeben.

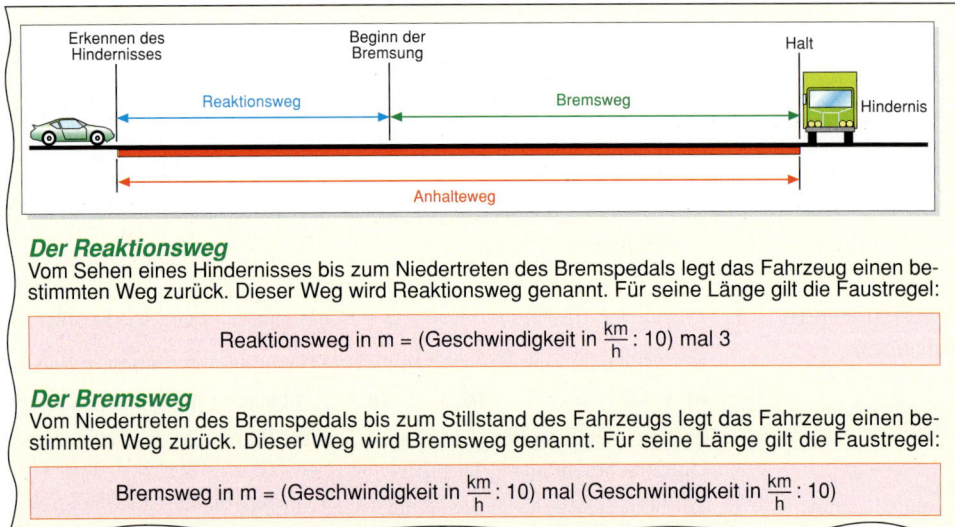

Der Reaktionsweg
Vom Sehen eines Hindernisses bis zum Niedertreten des Bremspedals legt das Fahrzeug einen bestimmten Weg zurück. Dieser Weg wird Reaktionsweg genannt. Für seine Länge gilt die Faustregel:

Reaktionsweg in m = (Geschwindigkeit in $\frac{km}{h}$: 10) mal 3

Der Bremsweg
Vom Niedertreten des Bremspedals bis zum Stillstand des Fahrzeugs legt das Fahrzeug einen bestimmten Weg zurück. Dieser Weg wird Bremsweg genannt. Für seine Länge gilt die Faustregel:

Bremsweg in m = (Geschwindigkeit in $\frac{km}{h}$: 10) mal (Geschwindigkeit in $\frac{km}{h}$: 10)

Betrachte die Geschwindigkeiten $10 \frac{km}{h}$, $20 \frac{km}{h}$, ..., $100 \frac{km}{h}$.

a) Lege für die Funktion *Geschwindigkeit → Reaktionsweg* eine Tabelle an. Sind die Größen proportional zueinander? Zeichne den Graphen dieser Funktion. Beschreibe ihn.

b) Lege für die Funktion *Geschwindigkeit → Bremsweg* eine Tabelle an. Sind diese Größen proportional zueinander? Zeichne den Graphen dieser Funktion. Beschreibe ihn. Vergleiche den Graphen mit dem aus Teilaufgabe a).

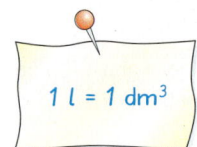
1 l = 1 dm³

5. Ein leeres Gefäß wird mit Wasser gefüllt. In jeder Minute fließen 3 l Wasser in das Gefäß.

a) Zeichne den Graphen der Funktion *Zeit (in min) → Wasservolumen (in l)*. Lege eine Wertetabelle an; notiere auch die Funktionsgleichung.

b) Das Gefäß ist quaderförmig: 30 cm lang und 20 cm breit. Gib Wertetabelle, Graph und Funktionsgleichung für die Funktion *Zeit (in min) → Wasserhöhe (in dm)* an.

6. Beim Schlussverkauf setzt ein Händler alle Preise um 20 % herab.
Stelle mithilfe einer Wertetabelle die Funktion grafisch dar. Notiere die Funktionsgleichung. Ist die Funktion proportional? Begründe.

a) *alter Preis → Preisnachlass*   b) *alter Preis → neuer Preis*

Die Variable muss nicht immer X heißen.

7. Die proportionale Funktion f hat den Funktionsterm $f(x) = 2,5x$ [$f(t) = -4t$].

a) Zeichne den Graphen.

b) Welcher der Punkte $P_1(-1|\frac{3}{5})$, $P_2(10|4)$, $P_3(-2|-5)$, $P_4(10|1)$, $P_5(\frac{1}{2}|-2)$ liegt auf dem Graphen?

c) Die folgenden Punkte liegen auf dem Graphen. Bestimme die fehlende Koordinate.
$P_1(2|\square)$; $P_2(-1|\square)$; $P_3(\square|6)$; $P_4(\square|-3)$

d) An welcher Stelle nimmt die Funktion den Wert 100 [-10; $0,1$; $-\frac{1}{2}$] an?

e) Erkläre, wie du in den Teilaufgaben b), c) und d) vorgegangen bist. Vergleiche mit deinem Partner.

Proportionale Funktionen

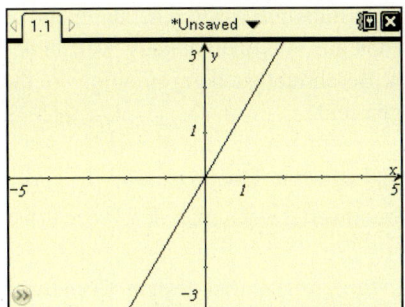 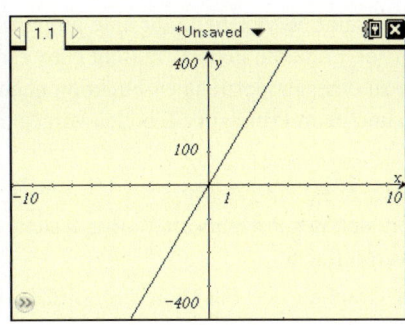 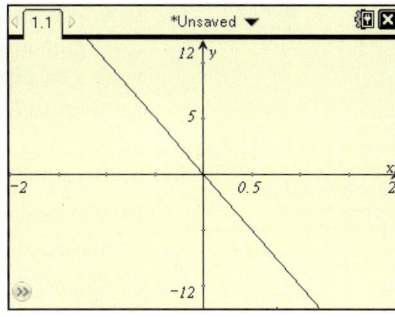

GTR 8. Betrachte die Graphen. Welche Funktionsgleichung könnte eingegeben worden sein?

9. Prüfe mithilfe der Quotientengleichheit, ob die Wertetabelle zu einer proportionalen Funktion gehört. Zeichne auch die zugehörigen Punkte in ein Koordinatensystem. Falls eine proportionale Funktion vorliegt: Gib die Funktionsgleichung an.

a)
x	y
3	3,6
4	4,8
5	6
6	7,2

b)
x	y
−1	3,5
0	0
1	−3,5
2	−7

c)
x	y
4	3,2
3	2,4
2	1,6
1	0,4

d)
x	y
−1	0,5
0	0
1	0,5
2	1

e)
x	y
−1	1
0	0
1	1
2	4

10. Ergänze die Tabelle so, dass diese zu einer proportionalen Funktion gehört. Gib auch die Funktionsgleichung an.

a)
x	y
−2	6
1	
4	

b)
x	y
0,5	
	−6
−2	−1

c)
x	y
2,4	3,6
0	
	−2

d)
x	y
−0,1	
	0
1	−0,1

e)
x	y
	−10
	−0,5
−3	−7,5

GTR 11. Mit dem GTR hast du mehrere verschiedene Möglichkeiten festzustellen, ob ein Punkt auf dem Graphen einer Funktion liegt.

a) Die folgenden Beispiele zeigen, wie Schüler versucht haben zu überprüfen, ob der Punkt P(−4,5|2,7) auf dem Graphen der Funktion zu y = −0,6x liegt.

Trace-Befehl   *Wertetabelle*   *Funktionsgleichung*

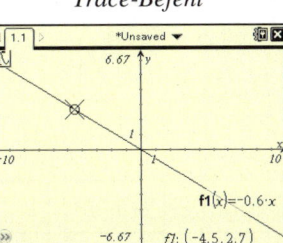 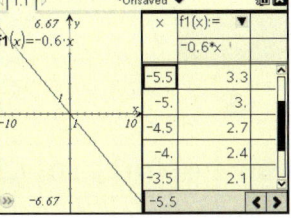 

Probiere die verschiedenen Vorgehensweisen mit deinem GTR aus. Vergleiche sie miteinander und bewerte sie.

b) Untersuche möglichst geschickt mit dem GTR, ob die Punkte P(15,2|41,04) und Q(−9,8|−25,96) auf dem Graphen der Funktion zu y = 2,7x liegen.

12. Jeder erstellt selbst eine Wertetabelle für eine proportionale Funktion sowie eine, die nicht zu einer proportionalen Funktion gehört. Tauscht eure Tabellen aus und findet heraus, welche der beiden Tabellen zu einer proportionalen Funktion gehört. Beschreibt euch gegenseitig, wie ihr beim Aufstellen und beim Prüfen der Tabellen vorgegangen seid.

| Prozentsatz p % |
| Prozentwert W |

13. a) Berechne 1 %; 2 %; 3 %; 4 %; …; 10 % von 250 €. Lege eine Tabelle an.
  b) Wie verändert sich der Prozentwert W (bei festem Grundwert), wenn man den Prozentsatz verdoppelt, verdreifacht, …?
  c) Zeichne den Graphen der Funktion *Prozentsatz* → *Prozentwert* (bei festem Grundwert G = 250 €). Um was für eine Funktion handelt es sich? Begründe.
  Gib auch die Funktionsgleichung an; verwende dabei die Variablen p und W.

14. a) Berechne 5 % von 10 €; 20 €; 30 €; …; 100 €. Lege eine Tabelle an.
  b) Wie verändert sich der Prozentwert W (bei festem Prozentsatz p % = 5 %), wenn man den Grundwert verdoppelt, verdreifacht, …?
  c) Zeichne den Graphen der Funktion *Grundwert* → *Prozentwert* (bei festem Prozentsatz p % = 5 %). Um was für eine Funktion handelt es sich? Begründe.
  Gib auch die Funktionsgleichung an; benenne die Variablen sinnvoll.

15. Marc hat den Graphen der Funktion zu y = 6x mit einem GTR gezeichnet. Er behauptet: „Der Graph ist keine Gerade. Auch liegt offensichtlich keine Funktion vor."
Nimm Stellung dazu: Wie kommt er zu dieser Behauptung? Was hältst du von dieser Behauptung?

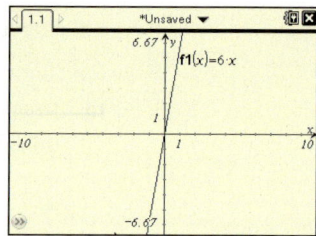

16. Bei experimentell ermittelten Werten können stets Messungenauigkeiten vorliegen. Dies muss man bei der Auswertung großzügig berücksichtigen.

(1) Der Druck p und das Volumen V einer Gasmenge werden gemessen.

(2) Die Abhängigkeit des Widerstandes R von der Länge l des Leiters wird ermittelt.

Ohm, Abkürzung Ω vom griechischen Buchstaben Omega, ist die Einheit des Widerstandes.

p (in bar)	0,6	0,8	1,0	1,2	1,4	1,6
V (in cm³)	19	14,6	11,9	9,5	8,3	7,2

l (in m)	1	1,5	2	2,5	3	3,5
R (in Ω)	10,3	15,5	21	26	31	36

a) Stelle die Messwertpaare mit dem Rechner grafisch dar. Beschreibe dein Vorgehen.
b) Skizziere den Graphen im Koordinatensystem und notiere die Window-Werte.
c) Untersuche, ob die Größen proportional [umgekehrt proportional] zueinander sind. Begründe.

Proportionale Funktionen

4.2.2 Anstieg – Anstiegsdreieck

Einstieg

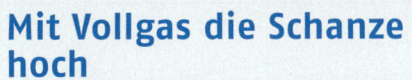

Für einen Werbespot lässt eine Automobilfirma einen 335 PS starken Pkw mit Allrad-Antrieb die 80 % steile Skischanze im finnischen Jämsä hochfahren.
Einziges Hilfsmittel sind Spike-Reifen, das Seil dient nur zur Sicherung im Notfall.

Laut dem Guiness-Buch der Rekorde ist die Baldwin-Street in North East Valley in Neuseeland die steilste Straße der Welt. Sie weist 35 % Steigung auf. Das bedeutet: Pro 100 m in waagerechter Richtung nimmt die Höhe um 35 m zu. Die Steigung ist der Quotient:

$$\frac{35\ m}{100\ m} = \frac{35}{100} = 0{,}35 = 35\ \%$$

Zeichnet für die Skischanze eine Gerade mit der Steigung (dem Anstieg) 80 % durch den Ursprung des Koordinatensystems. Vergleicht auch mit der Steigung der Baldwin-Street und der in den Alpen häufig vorkommenden Steigung von 12 %.
Ermittelt für alle drei Geraden die Funktionsgleichung.
Überlegt auch, ob es eine Steigung von 100 % gibt.
Führt entsprechende Untersuchungen für 10 %, 40 %, 100 % und 150 % Gefälle durch.

Einführung

(1)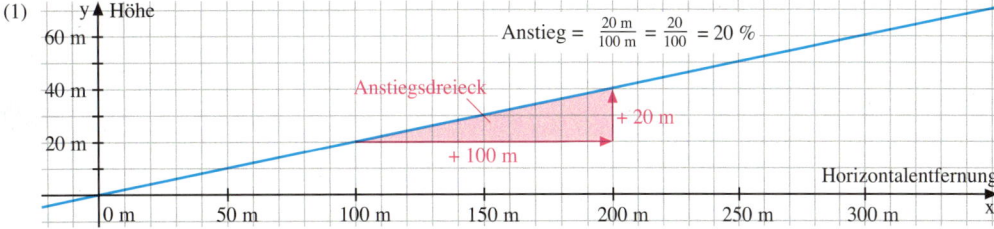

Das Verkehrsschild informiert über den *Anstieg* (die *Steigung*) einer Straße. Was bedeutet hier 20 %?
20 % Anstieg bedeutet: Auf je 100 m Horizontalentfernung nimmt die Höhe um jeweils 20 m zu (siehe auch das Anstiegsdreieck im Bild oben).
Im Koordinatensystem ist die Straße als steigende Gerade dargestellt. Sie ist der Graph der Zuordnung *Horizontalentfernung x (in m)* → *Höhe y (in m)*.
Diese hat die Funktionsgleichung $y = \frac{20}{100} x$.
Es handelt sich hier also um eine proportionale Funktion mit der Gleichung $y = mx$ mit positivem m, nämlich m = 0,2. Der Faktor m gibt hier den (positiven) Anstieg der Geraden (der Straße) an.

(2)

Dieses Verkehrsschild zeigt das Gefälle einer Straße an.
15 % Gefälle bedeutet: Auf je 100 m Horizontalentfernung nimmt die Höhe um jeweils 15 m ab (siehe auch das Anstiegsdreieck im Bild oben).
Im Koordinatensystem ist die Straße als fallende Gerade dargestellt. Sie ist Graph der Funktion *Horizontalentfernung x (in m) → Höhe y (in m)*. Diese hat die Funktionsgleichung $y = -\frac{15}{100}x$.
Es handelt sich also um eine proportionale Funktion mit der Gleichung $y = mx$ mit negativem m, nämlich $m = -0{,}15$. Der Faktor m gibt auch hier den (negativen) Anstieg der Geraden (Straße) an.

Information

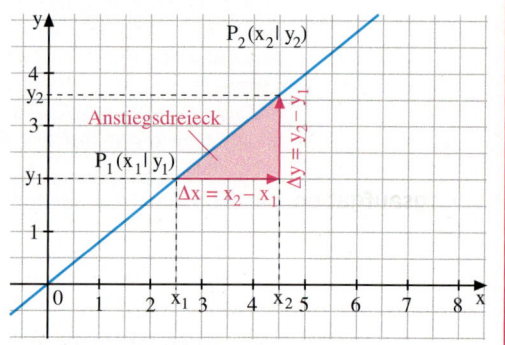

Die Gerade zu einer proportionalen Funktion mit $y = mx$
- *steigt* (von links nach rechts), wenn m positiv ist, und
- *fällt* (von links nach rechts), wenn m negativ ist.

Man nennt m den **Anstieg** der Geraden.
Der Anstieg m lässt sich mithilfe eines *Anstiegsdreiecks* berechnen:

$$m = \frac{y_2 - y_1}{x_2 - x_1}$$ ← Differenzenquotient

Statt Anstieg sagt man auch Steigung.

Weiterführende Aufgaben

2. *Unterschiedlich große Anstiegsdreiecke bei gleichem Anstieg*

Zeichne den Graphen der proportionalen Funktion f mit

a) $f(x) = 1{,}2x$ c) $f(x) = -1{,}5x$

b) $f(x) = 0{,}6x$ d) $f(x) = -\frac{3}{4}x$

Wie ändert sich der Funktionswert, wenn man den Wert für x
(1) um 1 vergrößert,
(2) um 2 vergrößert,
(3) um 5 vergrößert,
(4) um 1 vermindert?
Zeichne auch entsprechende Anstiegsdreiecke.

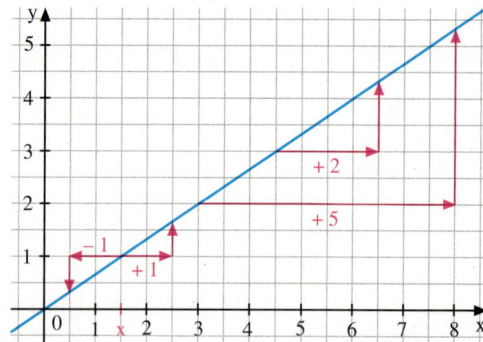

3. *Geeignete Anstiegsdreiecke für das Zeichnen des Graphen*

Zeichne (ohne Wertetabellen anzulegen) in dasselbe Koordinatensystem die Graphen der proportionalen Funktionen mit den Anstiegen $m = 5$; $m = -0{,}2$; $m = 1$; $m = -1{,}3$; $m = \frac{2}{3}$.
Gehe jeweils vom Ursprung O(0|0) aus. Überlege, ob es günstiger ist, nur einen Schritt oder mehrere Schritte nach rechts oder sogar nach links zu gehen.

Proportionale Funktionen

Zeichnen des Graphen der proportionalen Funktion mit der Gleichung y = mx

1. Fall: m > 0   *Beispiel:* m = 2
Gehe vom Ursprung O(0|0) aus
1 Schritt nach rechts und 2 Schritte nach oben
  oder
2 Schritte nach rechts und 2 · 2 Schritte nach oben
  oder … oder auch
1 Schritt nach links und 2 Schritte nach unten
  oder …

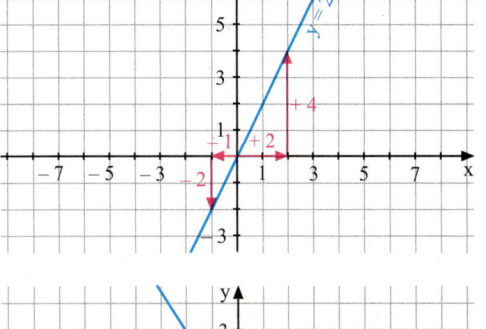

2. Fall: m < 0   *Beispiel:* m = −1,5
Gehe vom Ursprung O(0|0) aus
1 Schritt nach rechts und 1,5 Schritte nach unten
  oder
2 Schritte nach rechts und 2 · 1,5 Schritte nach unten
  oder … oder auch
1 Schritt nach links und 1,5 Schritte nach oben
  oder …

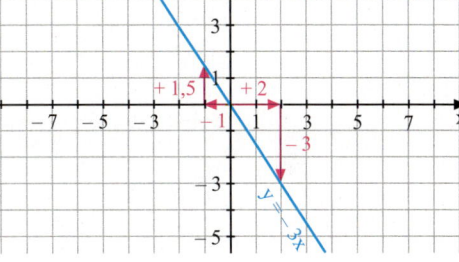

Übungsaufgaben

4. Gib zunächst an, ob die Gerade zu der angegebenen Funktion steigt oder fällt. Zeichne sie dann mithilfe eines geeigneten Anstiegsdreiecks und gib ihren Anstieg an.

   a) $y = 3x$ b) $y = -2x$ c) $y = 1{,}4x$ d) $y = -0{,}5x$ e) $y = -1{,}2x$

5. Wie ändert sich der Funktionswert, wenn man x um 1 [um 2; um 3] erhöht?
   Welchen Wert hat der Anstieg m der Geraden?

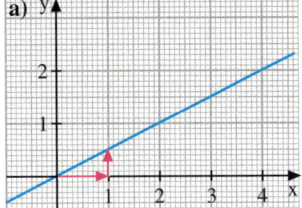 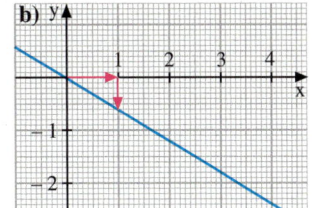 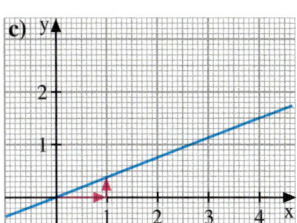

6. Zeichne für verschiedene Werte von m die Graphen von Funktionen mit der Gleichung y = m · x in ein Koordinatensystem. Wie ändert sich der Graph, wenn man den Faktor m ändert?

7. Zeichne mithilfe eines Anstiegsdreiecks den Graphen der proportionalen Funktion, ohne eine Wertetabelle anzulegen.

   a) $f(x) = 2{,}4x$ c) $f(x) = 0{,}3x$ e) $f(x) = -\frac{4}{5}x$ g) $g(x) = -0{,}4x$ i) $g(x) = -x$

   b) $f(x) = 1{,}4x$ d) $f(x) = -\frac{x}{4}$ f) $f(x) = \frac{x}{7}$ h) $g(x) = -\frac{x}{10}$ j) $f(t) = \frac{7}{2}t$

   Wie ändert sich der Funktionswert, wenn man x um 4 erhöht [um 5 erhöht; um 5 vermindert]?

8. Rechts siehst du Fabians Hausaufgaben. Kontrolliere sie. Wie könntest du ihm erklären, was er falsch gemacht hat?

9. Zeichne den Graphen der proportionalen Funktion. Gehe dabei vom Ursprung
   a) um 1 nach rechts, um 1,6 nach oben;
   b) um 1 nach rechts, um 1,8 nach unten;
   c) um 2 nach rechts, um 5,4 nach oben;
   d) um 5 nach links, um 6 nach unten;
   e) um 3 nach rechts, um 5,4 nach oben.
   Notiere den Anstieg m und die Funktionsgleichung.

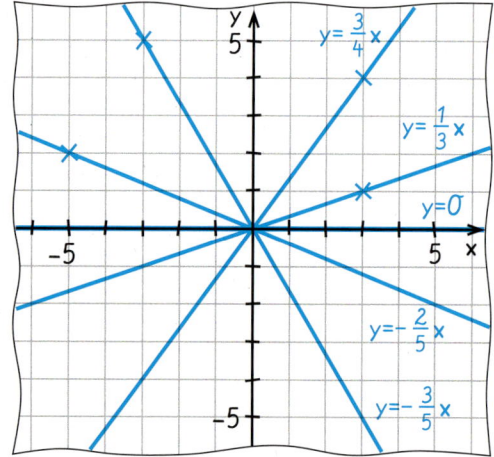

10. Notiere zu jeder Geraden den Anstieg. Gib auch die Funktionsgleichung an.

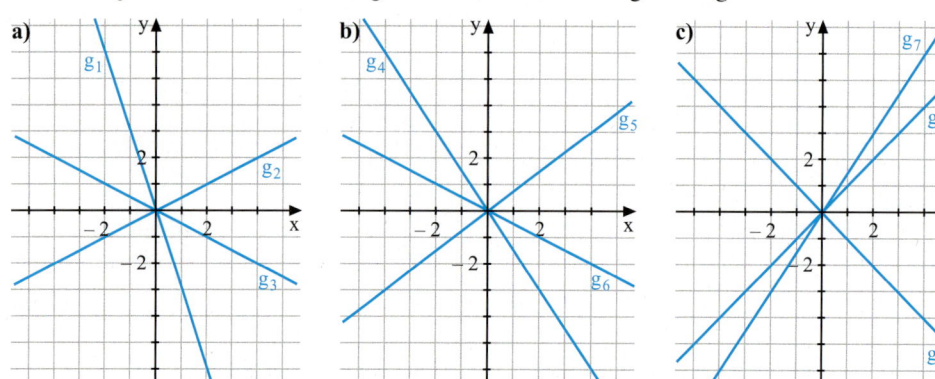

11. Jeder zeichnet drei Geraden, die durch den Ursprung gehen, in ein Koordinatensystem und lässt seinen Partner die dazugehörige Funktionsgleichung aufstellen.

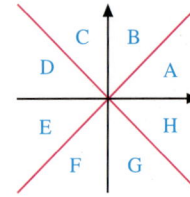
12. Links wurde das Koordinatensystem in 8 Bereiche unterteilt. Die Achsen haben beide gleiche Einteilung. In welchen Bereichen verläuft der Graph zu
    a) $y = \frac{1}{2}x$;   b) $y = -2x$;   c) $y = 2x$;   d) $y = -\frac{3}{4}x$?

13. Der Graph einer proportionalen Funktion geht durch den Punkt P:
    a) $P(1|5)$ b) $P(1|-3)$ c) $P(1|-\frac{3}{2})$ d) $P(5|-2)$ e) $P(3|5,1)$ f) $P(-1|-4)$
    Notiere den Anstieg m und die Funktionsgleichung.

Spiel
14. Ein Spieler zeichnet mit dem GTR einen Punkt (Scatter-Plot aus einem Punkt). Der Partner muss dann den Graphen einer proportionalen Funktion durch diesen Punkt zeichnen lassen. Hat er es geschafft, wird gewechselt.

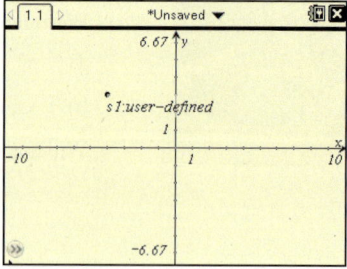

4.3 Lineare Funktionen und ihre Graphen

Einstieg   Eine Schraubenfeder hat (unbelastet) eine Länge von 6 cm. Die Länge ändert sich, wenn man die Feder mit Wägestücken belastet, und zwar um 0,5 cm je kg Belastung.

a) Legt für die folgenden Funktionen jeweils eine Wertetabelle an. Zeichnet damit ihre Graphen und vergleiche sie.
   (1) *Belastung (in kg)* → *Verlängerung der Feder (in cm)*
   (2) *Belastung (in kg)* → *Federlänge (in cm)*

b) Notiert die Funktionsgleichung.

c) Wie ändert sich die Länge der Feder, wenn man die Belastung um 2,4 kg erhöht [um 1,8 kg verringert]?

d) Bei welcher Belastung hat die Feder die Länge 8 cm [9,5 cm; 10,2 cm]?

e) Die Feder darf, ohne Schaden zu nehmen, nur bis zu einer Länge von 20 cm ausgezogen werden. Mit wie viel kg darf man die Feder höchstens belasten?

Aufgabe 1

a) $1 \, m^3$ Kies wiegt 2 Tonnen. Im Folgenden ist das Kiesvolumen jeweils in m^3 angegeben, die Kiesmasse in t.

   (1) Notiere für die Funktion
   Kiesvolumen x → *Kiesmasse y*
   die Funktionsgleichung. Zeichne den Graphen.

   (2) Ein Lastwagenanhänger wiegt leer 3 Tonnen und wird mit Kies beladen. Zeichne in dasselbe Koordinatensystem den Graphen für die Funktion
   Kiesvolumen x → *Gesamtmasse des Anhängers y*.
   Notiere die Funktionsgleichung.

b) Wähle als Definitionsbereich $\mathbb{R}$ und als Funktionsterm: (1) $2x$; (2) $2x + 3$; (3) $2x - 6$. Zeichne alle drei Graphen in dasselbe Koordinatensystem. Wie kommt man von dem ersten Graphen zu den beiden anderen? Wie kann man das an dem Term erkennen?

Lösung

a) (1) $1 \, m^3$ Kies wiegt 2 Tonnen.
   $x \, m^3$ Kies wiegen $2x$ Tonnen.
   Funktionsgleichung: $y = 2x$

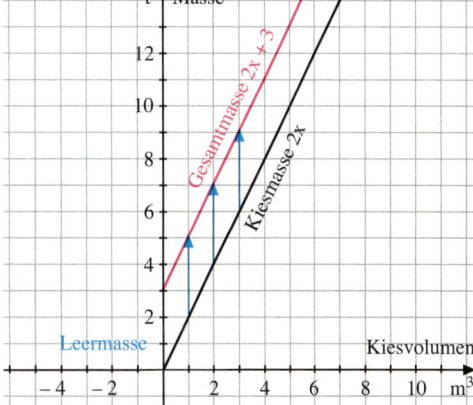

   (2) Die Gesamtmasse setzt sich zusammen aus der Masse der Kiesladung, $2x$ Tonnen, und der Masse des leeren Anhängers, 3 Tonnen.

   Funktionsgleichung: $y = 2x + 3$

   Die Gesamtmasse ist immer um 3 t größer als die Kiesmasse. Du kommst also vom ersten Graphen (Kiesmasse) zum zweiten Graphen (Gesamtmasse), indem du überall um 3 Einheiten nach oben gehst. Das bedeutet: Wenn du den ersten Graphen *um 3 Einheiten nach oben verschiebst*, erhältst du den zweiten.

b) Jetzt dürfen auch negative Zahlen für x eingesetzt werden, da die gesamte Menge ℚ der rationalen Zahlen Definitionsbereich ist. Der Graph zum Funktionsterm 2x ist eine Gerade mit dem Anstieg 2 durch den Ursprung.
Der Funktionsterm 2x + 3 ist für jeden Wert von x um 3 größer als der Funktionsterm 2x. Man erhält also den Graphen zu y = 2x + 3, indem man den Graphen zu y = 2x um 3 Einheiten nach oben schiebt. Diese verschobene Gerade hat ebenfalls den Anstieg 2.
Der Funktionsterm 2x − 6 ist für jeden Wert von x um 6 kleiner als der Funktionsterm 2x. Man erhält den Graphen zu y = 2x − 6, indem man den Graphen zu y = 2x um 6 Einheiten nach unten schiebt. Diese verschobene Gerade hat ebenfalls den Anstieg 2.
Wenn man den Graphen zu y = 2x

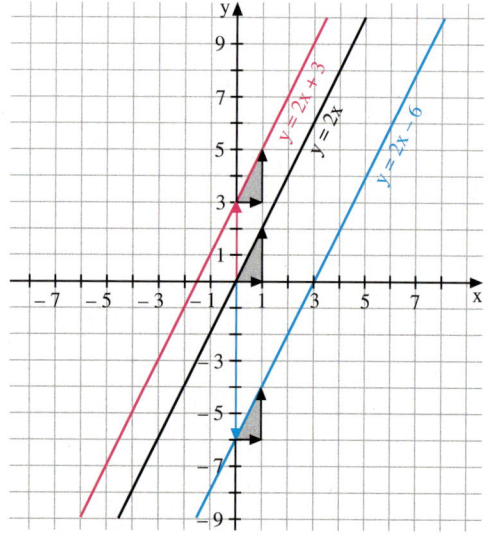

- *um 3 Einheiten nach oben verschiebt*, erhält man den Graphen zu y = 2x + 3;
- *um 6 Einheiten nach unten verschiebt,* erhält man den Graphen zu y = 2x − 6.

Information

Eine Funktion mit der Funktionsgleichung y = mx + n heißt **lineare Funktion**.
Der Graph einer linearen Funktion ist *geradlinig*.
m ist der *Anstieg* der Geraden.
Die Gerade schneidet die y-Achse im Punkt P(0|n).
n nennt man daher *y-Achsenabschnitt* (oder auch *Ordinatenabschnitt*).
Proportionale Funktionen sind besondere lineare Funktionen (n = 0).

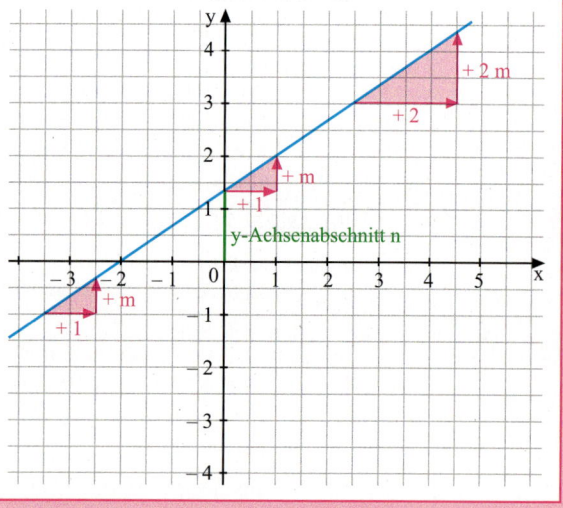

Anmerkung: Der Definitionsbereich einer linearen Funktion ist die Menge ℝ aller reellen Zahlen (falls nichts anderes vereinbart wird). Der Wertebereich ist für m ≠ 0 ebenfalls die Menge ℝ.

Weiterführende Aufgaben

2. *Zeichnen des Graphen einer linearen Funktion mithilfe von m und n*
Gegeben ist die Funktionsgleichung einer linearen Funktion. Notiere den Anstieg m und den y-Achsenabschnitt n. Zeichne den Graphen.

a) $y = \frac{3}{4}x - 2$ b) $y = -\frac{1}{3}x + 1$ c) $y = -x + 4{,}5$ d) $y = x$ e) $y = -3$ f) $y = 0$

Anmerkung: Die Gleichung y = x ist eine kurze Schreibweise für y = 1 · x + 0.
Die Gleichung y = −3 ist eine kurze Schreibweise für y = 0 · x − 3.

Lineare Funktionen und ihre Graphen

Anleitung zum Zeichnen des Graphen einer linearen Funktion mithilfe des Anstiegs m und des y-Achsenabschnitts n

Gegeben ist die Funktionsgleichung
$y = mx + n$.

Beispiel: $m = \frac{2}{3}$ und $n = 2$

Der Graph der linearen Funktion ist eine Gerade und daher durch zwei Punkte festgelegt.

(1) Ein Punkt der Geraden ist durch den y-Achsenabschnitt n schon gegeben: $P(0|b)$.

(2) Einen weiteren Punkt kann man mithilfe des Anstiegs finden:
Gehe von P aus um 1 nach rechts und um m nach oben.
Im Beispiel rechts ist es aber besser, nicht nur um 1 nach rechts zu gehen, sondern z. B. um 3 nach rechts und um 2 nach oben zu gehen.

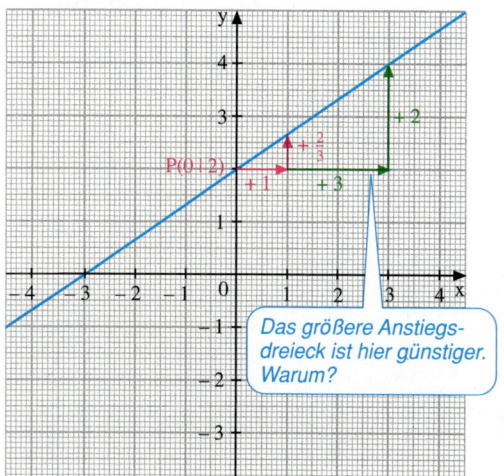

Das größere Anstiegsdreieck ist hier günstiger. Warum?

3. *Monotonie linearer Funktionen*

Betrachte lineare Funktionen mit einem Funktionsterm der Form $f(x) = mx + n$ und zwei Stellen x_1 und x_2 mit $x_1 < x_2$.
Untersuche, unter welchen Voraussetzungen gilt:
(1) $f(x_1) < f(x_2)$ (2) $f(x_1) > f(x_2)$ (3) $f(x_1) = f(x_2)$
Wie erkennt man das am Graphen? Schreibe eine kleine Zusammenfassung deiner Ergebnisse.

Definition

Eine Funktion f heißt **streng monoton wachsend**, wenn für beliebige Stellen (Argumente) $x_1 < x_2$ gilt: $f(x_1) < f(x_2)$.

Eine Funktion f heißt **streng monoton fallend**, wenn für beliebige Stellen (Argumente) $x_1 < x_2$ gilt: $f(x_1) > f(x_2)$.

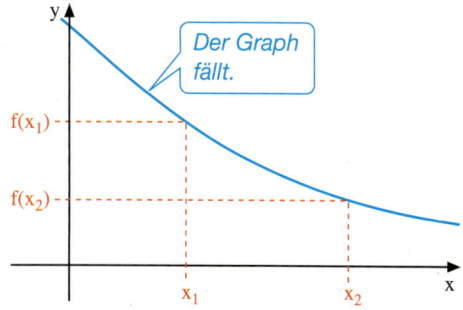

Der Graph steigt.   *Der Graph fällt.*

Satz

Für lineare Funktionen f mit einem Funktionsterm der Form $f(x) = mx + n$ gilt:
(1) Ist $m > 0$, so ist f streng monoton wachsend.   (2) Ist $m < 0$, so ist f streng monoton fallend.

4. *Lage zweier Geraden zueinander*

Zeichne die Graphen der beiden linearen Funktionen in dasselbe Koordinatensystem. Beschreibe ihre Lage zueinander.

(1) $y = 1{,}5x - 3$
   $y = \frac{1}{4}x + 4$

(2) $y = \frac{1}{2}x + 4$
   $y = \frac{1}{2}x - 2$

(3) $y = -4 - 4x$
   $2y + 8x = -8$ *zuerst nach y auflösen*

Lage zweier Geraden zueinander

(1) Haben zwei Geraden übereinstimmende Anstiege, so sind sie parallel zueinander.

(2) Haben zwei Geraden verschiedene Anstiege, so schneiden sie sich in einem Punkt.

Stimmen auch die y-Achsenabschnitte noch überein, so fallen die Geraden zusammen.

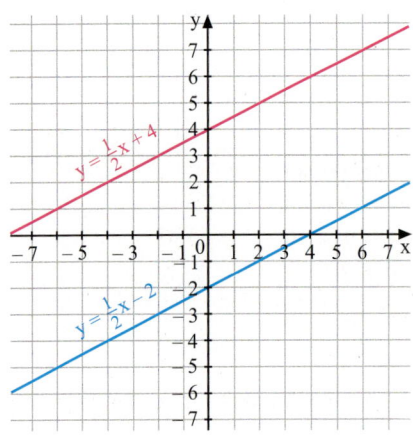
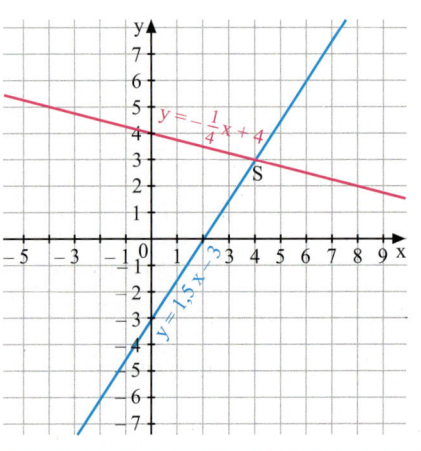

Übungsaufgaben

5. Eine Kerze ist anfangs 21 cm lang. Beim Brennen wird sie stündlich um 1,2 cm kürzer.

a) Zeichne den Graphen der Funktion *Brenndauer x (in Stunden) → Länge y (in cm)*.

b) Notiere die Funktionsgleichung.

c) Wie lang ist die Kerze nach 5 [7,5; 12,5] Stunden?

d) Nach wie viel Stunden ist die Kerze nur noch 3,8 cm lang?

e) Nach wie viel Stunden ist die Kerze abgebrannt?

6. Beim Tauchen in großer Tiefe ist man einem hohen Wasserdruck ausgesetzt. Das Auftauchen an die Wasseroberfläche darf nur langsam geschehen, damit ein Druckausgleich im Körper des Tauchers stattfinden kann. Ein Taucher befindet sich in 22 m Tiefe. Pro Minute kann er um 5 m auftauchen.
Jeder Partner bestimmt die Funktionsgleichung der Funktion *Auftauchdauer (in min) → Tauchtiefe (in m)* und zeichnet den Graphen. Stellt euch anschließend abwechselnd Fragen, die sich mithilfe dieses Graphen beantworten lassen.

7. Zeichne den Graphen. Verschiebe dann den Graphen um 4 Einheiten nach oben [um 1 Einheit nach unten] und gib für den neuen Graphen die entsprechende Funktionsgleichung an.

a) $y = 1{,}5x$ b) $y = -4x$ c) $y = -\frac{2}{3}x$ d) $s = \frac{5}{4}r$ e) $v = -\frac{u}{5}$

Lineare Funktionen und ihre Graphen

8. Zeichne den Graphen der linearen Funktion f. In welchem Punkt schneidet der Graph die y-Achse? Zeichne den Graphen derjenigen proportionalen Funktion g, deren Graph den gleichen Anstieg m hat. Notiere die zugehörige Funktionsgleichung y = g(x).

a) $f(x) = 0{,}4x + 1$ b) $f(x) = -\tfrac{1}{2}x + 3{,}5$ c) $f(x) = x - \tfrac{4}{5}$ d) $f(x) = -\tfrac{3}{4}x - \tfrac{5}{2}$

9. Wie lautet die Funktionsgleichung zu jeder der fünf Geraden? Vergleiche die Funktionsterme. Was haben diese gemeinsam?

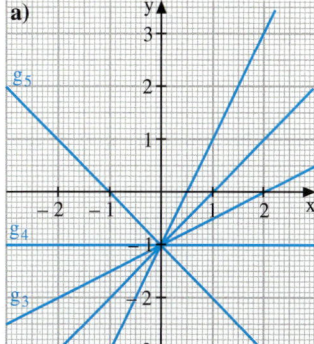
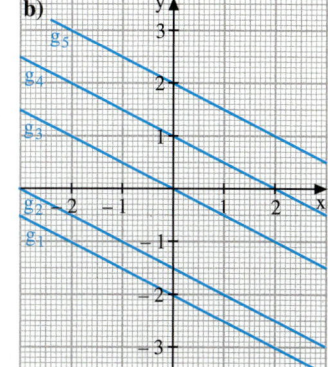

10. Zeichne den Graphen der linearen Funktion mit:

a) $y = 2{,}5x + 1$
b) $y = -3x + 7$
c) $y = -x - 2{,}4$
d) $s = \tfrac{1}{4}t - \tfrac{7}{5}$

Welchen Anstieg hat der Graph? Wo schneidet er die Koordinatenachsen? Welche proportionale Funktion hat einen Graphen mit demselben Anstieg? Notiere deren Funktionsgleichung.

11. a) $f(x) = 0 \cdot x + 4$ b) $f(x) = 0 \cdot x - 1$ c) $f(x) = 3$ d) $f(x) = -3$ e) $f(x) = 0$

Zeichne den Graphen der linearen Funktion f. Wie ändert sich der Funktionswert, wenn man den Wert für x um 1 vergrößert? Welchen Anstieg und welchen y-Achsenabschnitt hat die Gerade?

Günstiges Anstiegsdreieck wählen!

12. Zeichne den Graphen der linearen Funktion f mithilfe von Anstieg und y-Achsenabschnitt.

a) $f(x) = 2x + 1$ f) $y = 0{,}5x + 3$ k) $f(x) = 3{,}2x - 2$ p) $f(x) = \tfrac{3}{4}x + \tfrac{1}{4}$
b) $y = 2x - 1$ g) $f(x) = 0{,}8x - 3$ l) $y = 1{,}8x + 4$ q) $f(x) = -\tfrac{x}{3} - 2$
c) $f(x) = -2x + 1$ h) $f(x) = 1{,}6x - 1$ m) $y = 2{,}2x - 3{,}6$ r) $f(x) = -\tfrac{5}{6}x + \tfrac{1}{2}$
d) $f(x) = 2x - 4$ i) $y = 4 - 0{,}5x$ n) $f(x) = x - 3{,}8$ s) $y = \tfrac{7}{4}x - \tfrac{3}{2}$
e) $y = -2x - 1$ j) $f(x) = 0{,}2x + 3{,}5$ o) $f(x) = 5 - x$ t) $f(t) = -\tfrac{1}{8}$

13. Rechts siehst du Sophies Hausaufgaben. Kontrolliere sie.

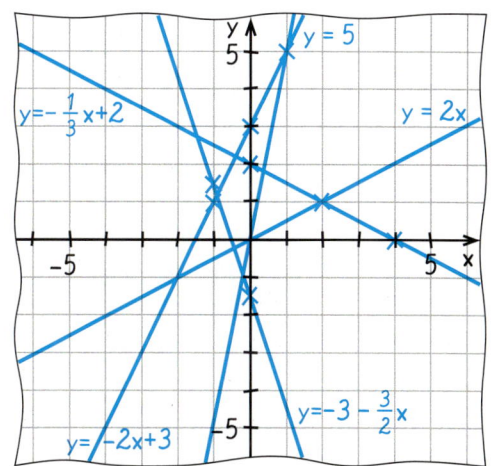

14. Zeichne den Graphen zu $f(x) = mx + n$.

a) $m = 1$; $n = -4$ e) $m = \tfrac{1}{3}$; $n = 0$
b) $m = -1$; $n = 3$ f) $m = -\tfrac{7}{3}$; $n = -\tfrac{1}{2}$
c) $m = 0{,}2$; $n = -1{,}4$ g) $m = \tfrac{2}{7}$; $n = -1$
d) $m = -1{,}2$; $n = 5$ h) $m = \tfrac{3}{8}$; $n = 0$

15. In welchen Punkten schneidet der Graph der Funktion die Koordinatenachsen? Geht der Graph durch den Punkt $P(2|0)$?

a) $y = 6x - 3{,}5$ c) $y = -\tfrac{4}{5} - \tfrac{3}{2}$
b) $y = -2{,}6x - 5{,}2$ d) $v = 1 - \tfrac{u}{2}$

16. Untersuche, ob eine lineare Funktion vorliegt

a) (1) $y = 2x - 3$
(2) $y = -4x$
(3) $y = 5$
(4) $y = x^2$

b) (1)

x	y
-1	2
0	1
1	-1
2	-3
3	-5

(2)

x	y
-2	4
-1	2
0	0
1	2
2	4

c)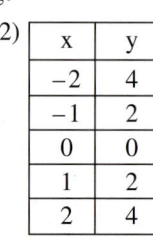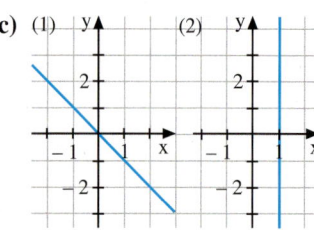

17. Zeichne durch die Punkte P_1 und P_2 den Graphen der linearen Funktion. Notiere den Term.

a) $P_1(0|4), P_2(1|2)$ **b)** $P_1(0|1), P_2(5|-3,5)$ **c)** $P_1(0|-2), P_2(3|-5)$ **d)** $P_1(0|3), P_2(-2|0)$

18. Bestimme zu jedem Graphen die Funktionsgleichung.

a) 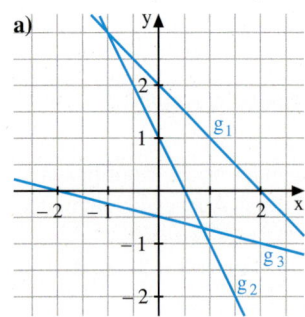 **b)** 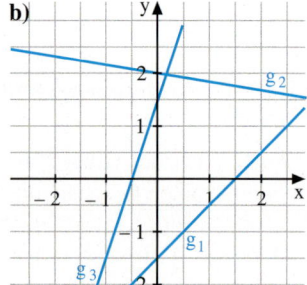 **c)**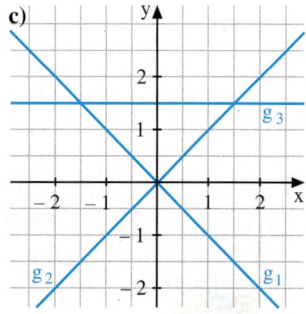

19. Eisen dehnt sich bei Erwärmung aus. Daher müssen bei Stahlbrücken Dehnungsfugen eingebaut werden. Die Funktion *Temperaturänderung gegenüber 0 °C → Breite der Dehnungsfuge* ist eine lineare Funktion.
An einer Stahlbrücke wurde die Dehnungsfuge bei unterschiedlichen Temperaturen ausgemessen (Tabelle rechts).

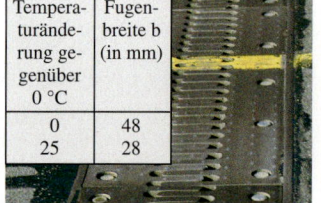

Temperaturänderung gegenüber 0 °C	Fugenbreite b (in mm)
0	48
25	28

a) Bestimme die Funktionsgleichung, zeichne den Graphen.

b) Berechne jeweils die Breite b der Dehnungsfuge für die Temperaturänderung gegenüber 0 °C: 30 °C; 10 °C; -10 °C; -15 °C

c) Bei welcher Temperatur ist die Dehnungsfuge 54 mm breit?

d) Welche Höchsttemperatur hat man bei der Konstruktion der Brücke angenommen?

20. Untersuche den Verlauf einer linearen Funktion.

a) Der Graph einer Funktion hat die Gleichung $y = mx$.
Wähle für m Werte mit (1) $m < 0$, (2) $m = 0$, (3) $m > 0$.
Beschreibe die Lage der Geraden. Welche gemeinsamen Eigenschaften haben sie?

b) Eine Funktion ist durch die Gleichung $y = 2x + n$ gegeben.
Wähle für n Werte mit (1) $n < 0$, (2) $n = 0$, (3) $n > 0$.
Welche gemeinsamen und unterschiedlichen Eigenschaften besitzen die Graphen?

c) Wie verändern sich bei linearen Funktionen mit der Gleichung $y = mx - 1$ in Abhängigkeit von m die Graphen? Notiere die möglichen Fälle für m und skizziere die Graphen.

Lineare Funktionen und ihre Graphen

21. Gib die Gleichung einer Geraden an, für die Folgendes gilt:
    (1) Sie verläuft nur durch den 1. und 3. Quadranten.
    (2) Sie verläuft durch die ersten drei Quadranten.
    (3) Sie verläuft nur durch zwei Quadranten.

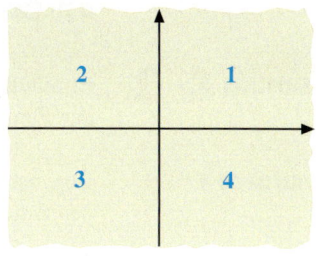

22. Beschreibe den Verlauf der Geraden zu y = mx + n im Koordinatensystem in Abhängigkeit von dem Anstieg m und dem y-Achsenabschnitt n.

23. Bei gleichschenkligen Dreiecken ergibt sich aus der Größe der Basiswinkel eindeutig die Größe des dritten Winkels. Bestimme die Funktionsgleichung für die Funktion *Größe des Basiswinkels → Größe des dritten Winkels.* Beachte auch, welche Werte für die Größe eines Basiswinkels möglich sind. Zeichne den Graphen.

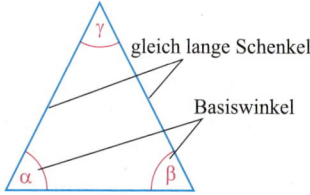

24. Untersuche rechtwinklige Dreiecke auf die Abhängigkeit der beiden übrigen Winkel voneinander. Erstelle eine Funktionsgleichung und zeichne den Graphen.

25. Ein quaderförmiges Schwimmbecken ist mit Wasser gefüllt, die Wasserhöhe beträgt 2,5 m. Das Schwimmbecken wird leer gepumpt. Dabei sinkt der Wasserspiegel um 0,4 m pro Stunde.
    a) Zeichne den Graphen der Funktion *Zeit (in Stunden) → Wasserhöhe (in m)* mithilfe einer Wertetabelle. Notiere auch die Funktionsgleichung.
    b) Nach wie vielen Stunden ist das Becken leer gepumpt?
    c) Die Pumpe bewegt stündlich 6 m³ Wasser. Wie groß ist die Grundfläche des Beckens?

26. Zeichne den Graphen der Funktion zu y = $-\frac{1}{2}$x + 3 mit einem Grafikrechner so, dass der Gaph
    (1) sehr flach, (2) etwas steil, (3) sehr steil wirkt. Notiere die WINDOW-Werte.

27. Gegeben ist die Gerade g mit der Gleichung y = 3x − 6. Gib die Gleichung einer Geraden an, die
    a) parallel zu g ist und durch den Punkt P(0|2) verläuft;
    b) denselben y-Achsenabschnitt wie g hat, aber fällt;
    c) die x-Achse an derselben Stelle schneidet wie g.

28. Jede der Gleichungen beschreibt eine lineare Funktion. Zeichne jeweils die beiden Graphen in ein Koordinatensystem. Beschreibe ihre Lage zueinander.
    a) y = x − 3 und y = −3x − 11
    b) y = −x + 1 und x + y = −1
    c) x + 3y = 6 und 6y = 12 − 2x
    d) x − $\frac{3}{2}$y − 3 = 0 und $\frac{3}{2}$x − y − 3 = 0

29. Beschreibe die Lage der Geraden zueinander – ohne die Geraden zu zeichnen.
    a) y = 0,5x und y = −x + 6
    b) 2y + 3x = −4 und 3y + 4,5x = 21
    c) y − x = −19 und y − $\frac{1}{3}$x = 15
    d) 1,5y + x = 0,5 und 3y = 1 − 2x

30. Untersuche die lineare Funktion f mit dem Term (1) f(x) = −300x + 25; (2) f(x) = 0,01x − 22. Stelle den Graphen der Funktion mit einem Rechner dar. Wähle die Window-Werte so, dass die Schnittpunkte des Graphen mit den Koordinatenachsen gut ablesbar sind. Notiere die Window-Werte und gib die Schnittpunkte an.

4.4 Orthogonalität von Geraden

Einstieg Ermittelt zu der Geraden mit der Gleichung $y = -\frac{3}{4}x + 1$ die Gleichung einer Senkrechten durch den Punkt P(2|3).

Aufgabe 1 Gegeben ist die Gerade g mit $y = 2x - 16$. Stelle eine Gleichung auf für die Senkrechte k zur Geraden g durch den Punkt A(9|2).

Lösung Da $2 = 2 \cdot 9 - 16$ gilt, liegt A auf g.
Wir legen ein geeignetes Anstiegsdreieck für die Gerade g an. Wenn wir dieses Anstiegsdreieck um 90° rechtsherum drehen mit A als Drehpunkt, erhalten wir ein Dreieck, an dem wir den Anstieg für die Gerade k ablesen können: $m = \frac{-1}{2} = -\frac{1}{2}$

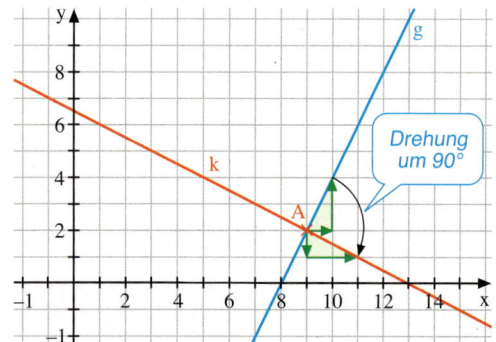

In der Gleichung $y = -\frac{1}{2} \cdot x + n$ für die Senkrechte ist jetzt noch der Wert für n mithilfe der Koordinaten des Punktes A(9|2) zu bestimmen. Die Gleichung für n lautet:
$2 = -\frac{1}{2} \cdot 9 + n$ also: $n = 2 + 4{,}5 = 6{,}5$

Ergebnis: $y = -\frac{1}{2}x + 6{,}5$ ist eine Gleichung für die Senkrechte k.

Information

Statt senkrecht sagt man auch orthogonal.

Orthogonalität von Geraden

> **Satz**
> Zwei Geraden mit den Anstiegen m_1 und m_2 sind **senkrecht** zueinander, wenn gilt:
> $m_1 \cdot m_2 = -1$, sonst nicht.

Beweis: Aus der Bedingung $m_1 \cdot m_2 = -1$ folgt für den Anstieg der zweiten Geraden $m_2 = -\frac{1}{m_1}$. Da die Anstiege der beiden Geraden verschiedene Vorzeichen haben müssen, können wir sie so bezeichnen, dass m_1 positiv ist. Für die erste Gerade g_1 können wir dann ein Anstiegsdreieck mit einem Schritt nach rechts und m_1 Schritten nach oben zeichnen. Als Anstiegsdreieck der zweiten Geraden g_2 können wir eines mit einem Schritt nach oben und m_1 Schritten nach links wählen. Diese beiden Anstiegsdreiecke gehen durch eine Drehung um 90° auseinander hervor, also sind die beiden Geraden senkrecht zueinander.

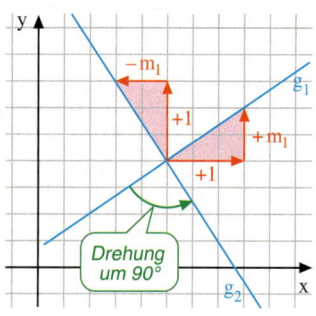

Für $m_1 \cdot m_2 \neq -1$ ergeben sich keine Anstiegsdreiecke, die durch Drehung um 90° auseinander hervorgehen, also keine zueinander senkrechte Geraden.

Übungsaufgaben

2. Welche der Geraden sind zueinander senkrecht?
   $g_1: y = \frac{4}{3}x - 5$; $g_2: y = -0{,}75x - 5$; $g_3: y = \frac{8x+1}{6}$; $g_4: y = 5 - x$

3. Bestimme die Gleichung der Geraden, die durch den Punkt P geht und zu der Geraden mit der angegebenen Gleichung senkrecht ist.
   a) P(−2|1), $y = 2x$ b) P(0|5), $y = -5x + 1$ c) P(−1,5|0,4), $y = 1{,}2x + 0{,}8$

4.5 Nullstellen linearer Funktionen – Grafische Deutung des Lösens linearer Gleichungen *Zum Selbstlernen*

Ziel Du kannst schon den Graphen einer linearen Funktion zeichnen, weiter kannst du etliche Gleichungen durch Umformen lösen. Hier lernst du, das Lösen linearer Gleichungen vom Typ $ax + b = c$ am Graphen einer linearen Funktion zu deuten.

Zum Erarbeiten   **Nullstelle einer linearen Funktion**

Heutzutage kann man mit einem Flugzeug fast um die halbe Welt fliegen. Dazu benötigt es große Mengen an Kerosin als Treibstoff. Haben die Flugzeuge erst einmal ihre Flughöhe (ca. 12 000 m) erreicht, so fliegen sie gleichmäßig über weite Strecken. Langstreckenflugzeuge können bis zu 11 000 km am Stück fliegen.

Ein Flugzeug startet mit 21,6 t Kerosin im Tank. Nach 500 km Flug sind noch 20 t im Tank.

*Betrachte die Funktion **Flugstrecke x (in km) → Kerosinmenge y (in t)**; erstelle ihre Funktionsgleichung und zeichne ihren Graphen. Welche Vereinfachungen musst du dazu vornehmen?*

Wie weit kann dieses Flugzeug höchstens fliegen?

Zur Vereinfachung nehmen wir an, dass das Flugzeug bei seinem Flug stets gleichmäßig viel Kerosin verbraucht. Nach 500 km Flug hat sich die Kerosinmenge von 21,6 t auf 20 t verringert, das entspricht einen Verbrauch von 1,6 t auf 500 km, also in t pro km: $\frac{1,6}{500} = 0{,}0032$

Damit ergibt sich: Kerosinverbrauch (in t) für x km: $0{,}0032 \cdot x$
          Kerosinmenge (in t) nach x km: $21{,}6 - 0{,}0032 \cdot x$
Somit lautet die Funktionsgleichung: $y = 21{,}6 - 0{,}0032\, x$

Dieses ist die Gleichung einer Geraden. Der y-Achsenabschnitt ist 21,6, der Anstieg –0,0032. Das Flugzeug kann höchstens so lange fliegen, bis der Kerosinvorrat verbraucht ist, also den Wert 0 hat. Die zugehörige Flugstrecke kann man auf verschiedene Weise ermitteln:

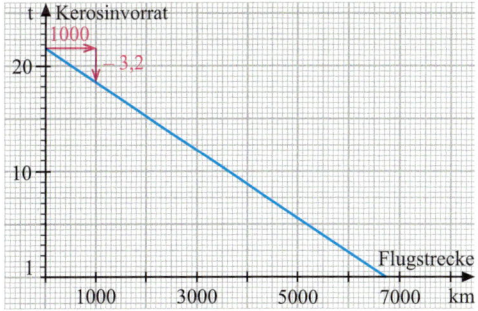

- Am Graphen kannst du sie am Schnittpunkt des Graphen mit der x-Achse ablesen, da hier y = 0 gilt. Du erhältst als Flugstrecke ungefähr 6 700 km.

- Du kannst auch mit einer Wertetabelle arbeiten.

x (in km)	0	500	1 000	2 000	3 000	4 000	5 000	6 000	6 500
y (in t)	21,6	20	18,4	15,2	12	8,8	5,6	2,4	0,8

Einen genaueren Wert erhältst du mit noch kleineren Abständen in der Tabelle.

- Den genauen Wert kannst du durch Lösen einer Gleichung erhalten:
Gesucht ist die Flugstrecke x (in km), für die der Kerosinvorrat y (in t) den Wert 0 hat, also
   $21{,}6 - 0{,}0032 \cdot x = 0$ | $-21{,}6$
      $-0{,}0032 \cdot x = -21{,}6$ | $: (-0{,}0032)$
            $x = 6750$

Ergebnis: Nach 6750 km Flugstrecke ist der Kerosinvorrat aufgebraucht.

LINEARE FUNKTIONEN

Information

(1) Nullstelle einer Funktion

In der obigen Aufgabe haben wir die Flugstrecke gesucht, zu der die Kerosinmenge 0 gehört. Diese Flugstrecke ist im Graphen der Funktion *Flugstrecke x (in km) → Kerosinmenge y (in t)* die Stelle, an der die x-Achse geschnitten wird.

> **Definition**
> Eine Stelle x_0, an der eine Funktion f den Wert 0 annimmt, heißt **Nullstelle** der Funktion.
> Für eine Nullstelle gilt also $f(x_0) = 0$.

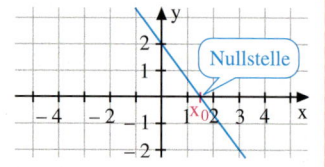

An der Nullstelle trifft der Graph die x-Achse.

(2) Bestimmen von Nullstellen mit einem GTR

Mit einem grafikfähigen Taschenrechner kann man auf verschiedene Weise die Nullstelle einer Funktion bestimmen. Vergleiche diese drei Möglichkeiten.

trace ⟨engl.⟩
1. Spur
2. ausfindig machen, aufspüren

(1) Man kann den Graphen zeichnen und mithilfe des **Trace**-Befehls die Nullstelle annähern. Auf diese Weise erhält man aber nur wenig genaue Werte.

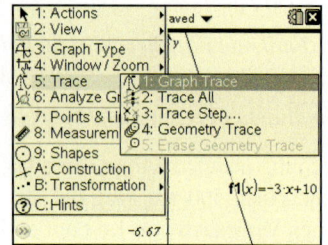 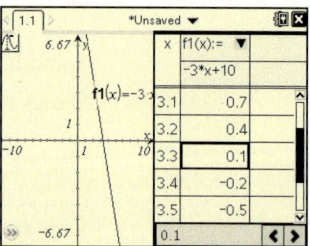

(2) Man kann in der Wertetabelle die Nullstelle näherungsweise heraussuchen.
Durch Verfeinerung der Schrittweite in der Tabelle kann man den gesuchten Wert beliebig genau annähern.

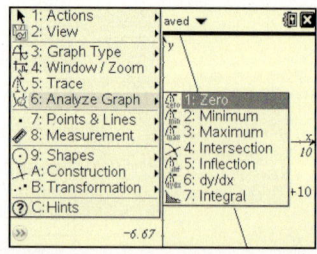

(3) Mit einem grafikfähigen Taschenrechner kann man Nullstellen einer Funktion näherungsweise mithilfe des Befehls **zero** aus dem Menü **Analyze Graph** ermitteln. Dazu muss man ein Intervall angeben, in dem die zu bestimmende Nullstelle liegt:
Lower Bound und *Upper Bound* dienen zur Eingabe der Intervallgrenzen.

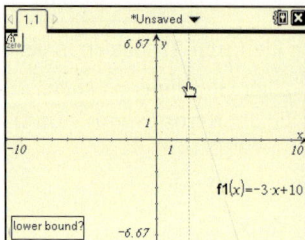 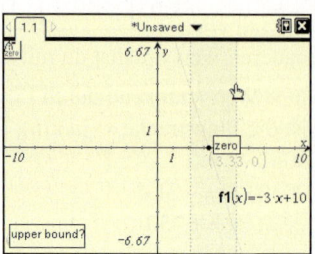 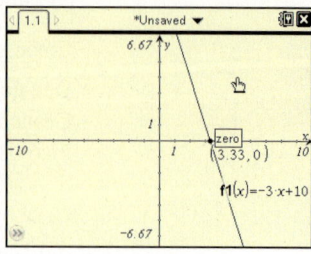

Nullstellen linearer Funktionen – Grafische Deutung des Lösens linearer Gleichungen   145

 (3) Bestimmen von Nullstellen mit einem CAS

Mit einem CAS-Rechner kannst du die Nullstelle auch algebraisch durch Lösen einer Gleichung exakt bestimmen.

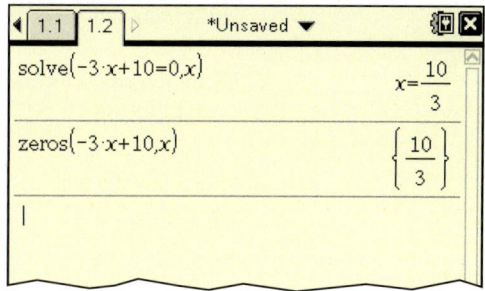

Zum Erarbeiten **Lösen einer linearen Gleichung am Graphen deuten**

 Aus Sicherheitsgründen darf ein Flugzeug nicht so weit fliegen, bis der Tank leer ist. Bestimme für das auf Seite 143 beschriebene Flugzeug, nach welcher Flugstrecke noch eine Mindestreserve von 3 t im Tank vorhanden ist. Lies zunächst am Graphen ab, rechne dann.

Zum Ablesen am Graphen gehst du vom auf der y-Achse eingetragenen Funktionswert 3 parallel zu x-Achse bis zum Graphen und von dort parallel zur y-Achse auf die x-Achse. Du liest ab: x ≈ 5 800 km.

Zur exakten Bestimmung setzt du den Kerosinvorrat y = 21,6 – 0,0032 · x mit 3 gleich:

$$21{,}6 - 0{,}0032 \cdot x = 3 \qquad |-21{,}6$$
$$-0{,}0032 \cdot x = -18{,}6 \qquad |:(-0{,}0032)$$
$$x = 5\,812{,}5$$

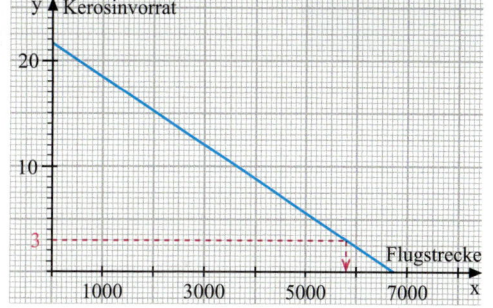

Ergebnis: Nach 5 812,5 km Flugstrecke ist nur noch der Mindestwert von 3 t Kerosin vorhanden.

Information In dem obigen Auftrag hast du ein Sachproblem auf zwei verschiedene Weisen gelöst: einmal durch Ablesen am Graphen und einmal durch Lösen einer Gleichung. Allgemein gilt:

> Das Lösen einer linearen Gleichung der Form
>
> a x + b = c
>
> kann am Graphen der linearen Funktion mit der Gleichung y = a x + b gedeutet werden: An welcher Stelle (für welchen x-Wert) nimmt die Funktion den y-Wert c an?

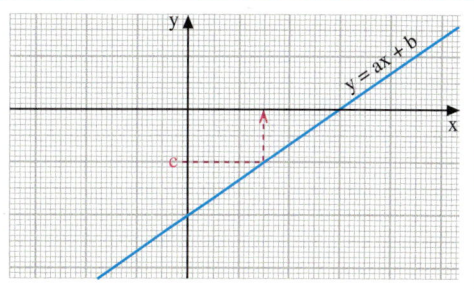

Zum Üben

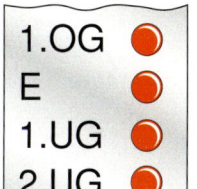

1. In einem Hochhaus befindet sich ein Fahrstuhl 80 m über der Erdoberfläche. In 2 Sekunden kann er über 2 Geschosse, also 6 m hinabfahren. Nimm an, dass er unterwegs in keinem Stockwerk hält.

   a) Erstelle die Funktionsgleichung für die Funktion *Fahrdauer (in s) → Höhe (in m)* und zeichne deren Graphen.

   b) Wie lange dauert es, bis er im Erdgeschoss ankommt?

   c) Wie lange dauert es, bis er im 3. Untergeschoss ankommt?

2. Zeichne den Graphen der Funktion. Bestimme die Schnittpunkte mit den Koordinatenachsen.

a) $y = 2x - 5$ b) $y = -4x + 7$ c) $y = \frac{1}{2}x + 3$ d) $y = -\frac{3}{4}x - 2$

3. Schreibe eine Zusammenfassung, wie man die Nullstelle einer Funktion ermitteln kann

a) ohne GTR; b) mit GTR; c) mit CAS.

4. Berechne die Nullstelle der Funktion mit der angegebenen Gleichung.

a) $y = -3x + 7$ c) $y = 0{,}3x + 15$ e) $y = \frac{3}{5}x - 7$ g) $y = 4x$

b) $y = 2x - 9$ d) $y = -1{,}2x - 9$ f) $y = -\frac{4}{3}x + 5$ h) $y = 3$

5. Ein Heißluftballon befindet sich in 200 m Höhe. Zum Landen verringert er seine Höhe mit der Sinkgeschwindigkeit $1{,}5\,\frac{m}{s}$.

a) Zeichne den Graphen der Funktion *Zeit → Höhe*.

b) Bestimme, wann der Ballon landet.

c) Ab wann unterschreitet der Ballon eine Mindesthöhe von 10 m?

d) Zum sicheren Landen darf die Sinkgeschwindigkeit bis auf höchstens $2\,\frac{m}{s}$ erhöht werden. Wie viel früher landet der Ballon dann?

6. Berechne die Stelle, an der die Funktion den angegebenen Wert annimmt. Kontrolliere grafisch.

a) $y = -2x + 5$; Wert: 10 c) $y = -0{,}2x + 11$; Wert: 2,4 e) $y = \frac{3}{5}x - 7$; Wert: 4

b) $y = 3x - 5$; Wert: -4 d) $y = 1{,}5x - 7$; Wert: 3 f) $y = -\frac{4}{3}x + 5$; Wert: -1

7. Zeichne einen Funktionsgraphen, an dem du das Lösen der angegebenen Gleichung verdeutlichen kannst.

a) $2x - 3 = 4$ b) $-\frac{1}{2}x + 2 = 4$ c) $x + 2 = 5$ d) $4 = -x + 2$

8. Rechts siehst du, wie die Gleichung $3x - 5 = 2$ durch Umformen gelöst wurde. Zeichne zu jeder der drei Zeilen den zugehörigen Graphen.
Wie unterscheiden sich die Darstellungen, was ist gemeinsam?

```
3x - 5 = 2
3x     = 7
 x     = 7/3
```

GTR 9. Versuche die Nullstelle im Kopf zu bestimmen oder zu überschlagen, wo sie ungefähr liegt. Zeichne den Graphen der Funktion zur Kontrolle mit dem GTR.

a) $y = 30 - 2x$ b) $y = 3{,}2x + 62$ c) $y = 0{,}04x - 4$ d) $y = 0{,}8x + 54$

GTR 10. Lasse die Funktionen zeichnen und lies den Schnittpunkt ihrer Graphen ab. Achte auf geeignete WINDOW-Einstellungen.

a) $y = 30 - 2x;\quad y = -20 + 3x$ c) $y = -4 + 0{,}04x + 5;\quad y = 2 + \frac{2}{50}x$

b) $y = -8x + 624;\quad y = -4x + 462$ d) $y = -3x + 512;\quad y = 0{,}03x - 200$

11. Gib drei lineare Funktionen mit der Nullstelle 4 an.

12. Zeichne die lineare Funktion, deren Graph durch die Punkte $P(3\,|\,4)$ und $Q(5\,|\,3)$ verläuft und lies ihren y-Achsenabschnitt ab.
Welche Nullstelle hat diese Funktion? Wie lautet ihre Funktionsgleichung?

Auf den Punkt gebracht: Mathematisches Problemlösen

Öffne den Blick – löse Probleme

1. Parkwächter Krause bricht mit einem Fahrrad zu einer Kontrolle auf. Er will den 12 km langen Rundweg „Rund um den Grünen Teich" überprüfen. Um 12 Uhr verlässt er das Büro am Eingang des Naturparks, nachdem er seinem Kollegen Schmitz mitgeteilt hat, dass er für die Rundfahrt etwa eine Stunde brauchen wird. Nach einer Viertelstunde bekommt Schmitz einen wichtigen Anruf für Krause. Der hat sein Mobiltelefon vergessen, und so schwingt sich Schmitz auf ein anderes Fahrrad, mit dem er gut 20 km/h erreichen kann, wenn er sich beeilt. Er will gerade dem Kollegen hinterher fahren, als ihm einfällt, dass er ihm auf dem Rückweg auch entgegen fahren könnte.
Wie soll er sich entscheiden? Wann und wo kann er seinen Kollegen frühestmöglich erreichen?

Gewiss sind dir schon häufiger im Mathematikunterricht Aufgaben begegnet, bei denen du auf den ersten Blick nicht weißt, wie du sie lösen kannst. Solche Aufgaben, die mehr verlangen als nur das Anwenden eingeübter Lösungsverfahren, nennt man in der Mathematik „Probleme".

Man muss aber kein Genie sein, um mathematische Probleme lösen zu können. Im Gegenteil, es gibt eine ganze Reihe an Tipps, die beim Problemlösen helfen können. Georg Pólya hat 1945 ein Buch darüber geschrieben, welche Strategien beim Bearbeiten von mathematischen Problemen helfen können. Einige Beispiele für solche Problemlösestrategien – auch „Heuristiken" genannt – findest du rechts im Kasten.
Nachfolgend findest du mehrere Lösungsansätze für das Parkwächterproblem. Welche Problemlösestrategien sind in jedem Ansatz befolgt worden?
Entwickle aus diesen Ansätzen eine vollständige Lösung.

Heuristik ⟨griech.⟩ methodische Anleitung, Verfahren zum Problemlösen

Wichtige Problemlösestrategien

- Woran erinnert dich die Aufgabe? Kannst du das Problem auf ein bereits gelöstes oder einfacheres Problem zurückführen?
- Erstelle eine Skizze, eine Tabelle oder einen Graphen.
- Probiere mehrere Beispiele aus. Kannst du jetzt verallgemeinern?
- Lässt sich das Problem in einfachere Teilprobleme zerlegen?
- Wenn du das Ergebnis schon weißt, dann arbeite rückwärts.

Wohl der wichtigste Merksatz beim Problemlösen ist der folgende:

Aus Fehlern kann man lernen!

Antonia meint: „Für bestimmte Zeitpunkte ist es einfach, die Positionen zu bestimmen." Sie stellt eine Tabelle auf.

Uhrzeit	Krause bei km	Schmitz bei km
12:00	0	0
12:15	3	0
12:30	6	5
12:45	9	10
12:35	7	$6\frac{2}{3}$

Bela fertigt eine Skizze an und erklärt: „Das ist wie bei einer Uhr! Der Rundweg ist das Zifferblatt, und die beiden Parkwächter sind Zeiger."

Chris überlegt: „Dass die Strecke ein Rundweg ist, stört mich. Wie wäre es denn, wenn am Anfang und Ziel zwei unterschiedliche Büros sind?"
Er stellt Terme auf und betrachtet die zugehörigen Graphen mit dem grafikfähigen Taschenrechner.

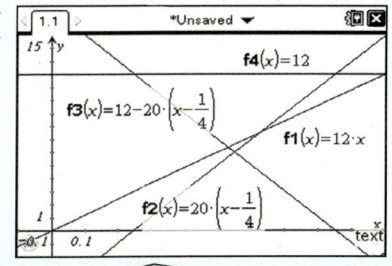

AUF DEN PUNKT GEBRACHT: Mathematisches Problemlösen

2. Problemaufgaben gibt es in allen Bereichen der Mathematik, auch in der Geometrie. An der nebenstehenden Aufgabe wollen wir die Problemlösestrategien der Reihe nach ausprobieren:

> Von einem Dreieck ist nur Folgendes bekannt:
> a + b = 18 cm; b + c = 24 cm; c + a = 21 cm
> Wie lang sind die Seiten des Dreiecks?

a) „Woran erinnert dich die Aufgabe?" Schreibe mindestens drei verschiedene Aspekte auf und überlege, ob sie bei einer Lösung helfen können.

b) „Erstelle eine Zeichnung." Ein Tipp: Es werden bei dieser Dreiecksaufgabe drei konkrete Längenangaben gemacht. Das hat dich vielleicht an den Kongruenzsatz sss erinnert. Konstruiere ein entsprechendes Dreieck. Wie könnte das gesuchte Dreieck in das gezeichnete eingepasst werden?

c) Immer noch keine Lösung? Also zur dritten Strategie „Ausprobieren". Setze für a, b und c konkrete Werte ein. Am besten systematisch, indem du eine Tabelle erstellst.

d) „In einfachere Teilprobleme zerlegen" heißt es in der vierten Strategie.
Zum Beispiel so: Wenn man alle drei Längenangaben addiert, dann erhält man
18 + 24 + 21 = (a + b) + (b + c) + (c + a) = 2 (a + b + c).
Der Umfang des gesuchten Dreiecks lässt sich daraus schnell ermitteln. Zeichne es.

3.
> Ein Mann bringt seine Apfelernte in die Stadt. Um hinein zu kommen, muss er 7 Tore passieren. An jedem Tor steht ein Wächter und verlangt von ihm die Hälfte seiner Äpfel und einen Apfel mehr. Zum Schluss hat der Mann nur einen einzigen Apfel übrig.
> Wie viele Äpfel hatte er am Anfang?

Was Rückwärtsarbeiten hier heißt, zeigt die Skizze – womit wir auch eine weitere Problemlösestrategie befolgt haben: „Erstelle eine Zeichnung!". Ermittle die Lösung, indem du die Zeichnung vervollständigst.

4. Zum Abschluss einige Aufgaben, an denen ihr eure Problemlösefähigkeiten selbst erproben könnt. Denkt daran: Natürlich geht es auch darum, die Aufgaben zu lösen. In erster Linie aber sollt ihr versuchen, die Problemlösestrategien anzuwenden. Vielleicht kommt ihr so zu verschiedenen Lösungswegen. Stellt sie in der Klasse einander vor. Wer hat die überzeugendste Lösung? Wer die kürzeste? Bei wem kann noch verbessert werden?

a) Die Tante hat 20 Lakritzbonbons mitgebracht, von denen Babette und Fabian gleich jeder einen aufgegessen haben. Den Rest wollen sie aufteilen, wobei Fabian doppelt so viel wie Babette bekommen soll, da er Geburtstag hat.

b) Von ihrem Standpunkt aus sieht Greta die Rotoren zweier Windräder genau hintereinander. Ein Windrad ist mit 3 Sekunden pro voller Umdrehung doppelt so schnell wie das andere. Und so sieht Greta mal alle sechs Blätter der beiden Rotoren, mal nur drei, wenn sie sich überdecken. Wie lange dauert es von einer Überdeckung zur nächsten, wenn beide Rotoren gegenläufig sind bzw. wenn sie in dieselbe Richtung laufen?

c) Ein Holzwürfel wird blau angemalt und wie links abgebildet in kleine Holzwürfel zersägt. Einige der kleinen Würfel weisen drei blaue Seiten auf, einige andere nur zwei oder eine oder gar keine.
Wie viele sind das jeweils, wenn n die Anzahl der kleinen Würfel an einer Kante des großen Würfels angibt?

4.6 Bestimmen von Gleichungen linearer Funktionen

Einstieg

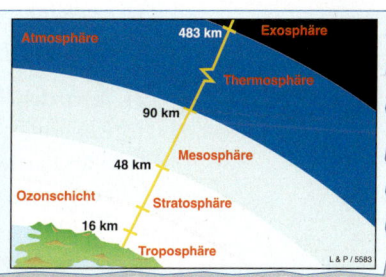

Atmosphäre

Die Atmosphäre lässt sich in verschiedene Schichten gliedern. In der untersten, der Troposphäre, sinkt die Temperatur im Mittel um einige °C pro Kilometer. Dieser Bereich ist die wolkenreichste Schicht. Die Troposphäre reicht bis zur Tropopause; diese Grenzschicht liegt etwa zwischen 16 Kilometer Höhe über tropischen Regionen und 11 Kilometer Höhe über Polargebieten.

Ein Flugzeug überquert den Nordpol in 11 km Höhe und misst als Außentemperatur −65 °C.
Ein anderes Flugzeug überquert den Nordpol zum selben Zeitpunkt in 8 km Höhe. Es misst als Außentemperatur −50 °C. Welche Temperaturen herrschen in anderen Flughöhen?
Zeichnet den Graphen der Funktion *Höhe über dem Nordpol (in km)* → *Lufttemperatur in der Troposphäre (in °C)*. Erstellt dazu auch eine Funktionsgleichung.

Aufgabe 1

Robert hat sein Aquarium gereinigt und es dafür teilweise geleert. Mithilfe einer kleinen Pumpe füllt er es wieder auf.
Nach 4 Minuten steht das Wasser 13 cm hoch. 7 Minuten nach dem Einschalten der Pumpe beträgt der Wasserstand bereits 19 cm.

a) Beschreibe den Füllvorgang mithilfe einer Funktion. Gib die Funktionsgleichung an.

b) Lies aus der Funktionsgleichung den Wasserstand beim Einschalten der Pumpe ab.

c) Die maximale Füllhöhe beträgt 38 cm.
Nach wie vielen Minuten ist das Aquarium vollständig gefüllt?

Lösung

a) Wir veranschaulichen den Füllvorgang grafisch. Dabei gehen wir davon aus, dass das Aquarium gleichmäßig gefüllt wird.
Der Graph der Funktion *Zeit x (in min)* → *Wasserhöhe y (in cm)* ist eine Gerade durch die Punkte $P_1(4|13)$ und $P_2(7|19)$.
Die zugehörige lineare Funktion hat die Form $y = m \cdot x + n$.
Wir berechnen zunächst den Anstieg m mithilfe des Differenzenquotienten: $m = \frac{y_2 - y_1}{x_2 - x_1} = \frac{19 - 13}{7 - 4} = \frac{6}{3} = 2$

Wir setzen die Koordinaten eines Punktes, z. B. $P_2(7|19)$, und den Anstieg m in die Funktionsgleichung ein und berechnen den y-Achsenabschnitt n:
$19 = 2 \cdot 7 + n$, also $n = 5$
Ergebnis: Die gesuchte Funktionsgleichung lautet: $y = 2x + 5$.

b) Die Füllhöhe beim Einschalten der Pumpe ergibt sich aus dem y-Achsenabschnitt n.
Ergebnis: Beim Einschalten der Pumpe stand das Wasser im Aquarium 5 cm hoch.

c) Das Aquarium ist vollständig gefüllt, wenn die Wasserhöhe y = 38 cm beträgt:
$38 = 2 \cdot x + 5$, also $x = 16{,}5$
Ergebnis: Nach $16\frac{1}{2}$ Minuten ist das Aquarium vollständig gefüllt.

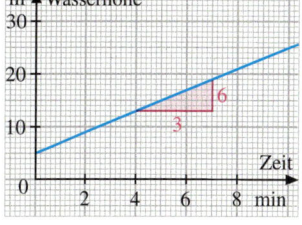

Information

Bestimmen der Gleichung einer linearen Funktion, deren Graph durch zwei gegebene Punkte verläuft

(1) Berechne den Anstieg m mithilfe des Differenzenquotienten $m = \frac{y_2 - y_1}{x_2 - x_1}$.

(2) Setze den Wert für den Anstieg m und die Koordinaten eines Punktes in die Funktionsgleichung ein und berechne dann den y-Achsenabschnitt n.

Übungsaufgaben

2. Die Gerade g verläuft durch die Punkte P_1 und P_2. Ermittle die Gleichung der Geraden rechnerisch.
   a) $P_1(1|2)$, $P_2(2|4)$ b) $P_1(2|4)$, $P_2(7|4)$ c) $P_1(-2|3)$, $P_2(8|8)$ d) $P_1(3|2)$, $P_2(-6|3)$

3. Eine Gerade verläuft durch die Punkte P und Q. Bestimme die Funktionsgleichung durch systematisches Probieren. Kontrolliere mit dem GTR. Beschreibe dein Vorgehen.
   a) $P(0|4)$, $Q(1|2)$ b) $P(0|2,5)$, $Q(-1|5,5)$ c) $P(0|3)$, $Q(-2|0)$ d) $P(-3|0)$, $Q(1|2)$

4. Familie Wagner hat einen 6 200 Liter fassenden Regenwasserspeicher, in dem sich nach einer längeren Trockenperiode nur noch 210 Liter befinden. In der Nacht beginnt zur Freude des Hausbesitzers ein lang andauernder, gleichmäßiger Regen (so genannter Landregen).
   Um abschätzen zu können, was dieser Landregen bringt, misst er morgens um 5.30 Uhr den Wasserstand von 2 100 Litern und ein zweites Mal um 6.45 Uhr 2 450 Liter.
   a) Beschreibe die Abhängigkeit der Wassermenge im Regenbehälter von der Dauer des Landregens durch eine Funktion.
   b) Bestimme, wie lange der Landregen noch andauern muss, um den Behälter komplett zu füllen.

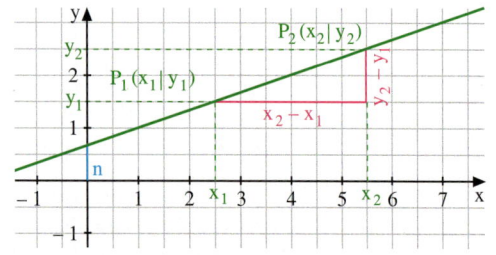

Aufgrund gestiegenen Wasserverbrauchs in den vergangenen Jahren wird das Wasser immer knapper. Statistiken belegen, dass ein Bundesbürger durchschnittlich 150 Liter kostbares Trinkwasser pro Tag verbraucht. Doch für rund 50 Prozent der Anwendungen ist die Qualität von Trinkwasser nicht zwingend erforderlich, zum Beispiel für die Toilettenspülung, die Waschmaschine, die Garten- und Grünanlagenbewässerung oder auch für Autowaschanlagen. Durch moderne Anlagen lassen sich bis zu 50% Trinkwasser sparen. Demnach ermöglicht Regenwasser-Nutzung die Einsparung von etwa 75 Liter Wasser pro Person und Tag.

5. Bestimme die Gleichung der Geraden durch die angegebenen Punkte.
   a) $A(6|2)$ b) $A(-0,5|0,25)$ c) $A(-4|3)$
      $B(-2|-5)$ $B(2|4)$ $B(-2|2)$

6. Der Luftdruck in der Atmosphäre nimmt mit zunehmender Höhe ab. Ein aufsteigender Wetterballon hat nebenstehende Messdaten aufgenommen.

Höhe (in km)	0	1	5	10
Druck (in hPa)	1013	899	540	264

Untersuche, ob diese Abhängigkeit durch eine lineare Funktion beschrieben werden kann.

Im Blickpunkt

Regressionsgeraden durch Punktwolken

Der englische Biologe und Statistiker Sir Francis Galton (1822–1911) verglich die Körpergröße von Männern mit der ihrer Väter. Er fand dabei heraus, dass Söhne von ganz kleinen Vätern nicht so klein wie der Vater sind und Söhne von großen Vätern nicht ganz so groß wie der Vater sind: So hat ein Vater, der zum Beispiel um 30 cm größer als der Durchschnitt ist, einen Sohn, der weniger als 30 cm über dem Durchschnitt der Söhne liegt. Galton formulierte das Ergebnis so, dass die Körpergröße von Söhnen extrem großer bzw. kleiner Väter wieder in Richtung zum Durchschnittswert „zurückschreitet".

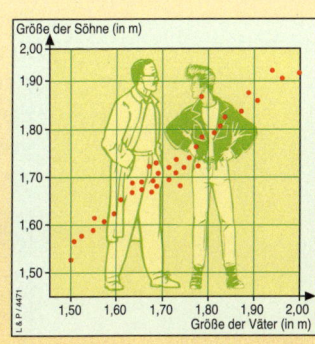

regredior, regressus sum ⟨lat.⟩ zurückgehen

1. Die Abbildung rechts zeigt entsprechende Messwerte.

   a) Finde Beispiele, an denen du Galtons Aussage verdeutlichst.

   b) Es sieht so aus, als ob man durch die Punkte eine Gerade legen kann, von der sie nur wenig abweichen. Diese Gerade nennt man *Regressionsgerade*.
   Zeichne selber für folgende Messwerte einen Graphen. Zeichne nach Augenmaß eine Gerade ein, von der die Punkte nur wenig abweichen. Ermittle die Gleichung dieser Geraden.

Größe des Vaters (in cm)	150	156	161	165	172	174	175	181	185	188	191	200
Größe des Sohnes (in cm)	152	154	159	170	174	175	175	179	186	185	189	192

   c) Triff mithilfe dieser Geraden eine Vorhersage, welche Körpergröße man für den Sohn eines 1,70 m großen Vaters erwarten kann.

   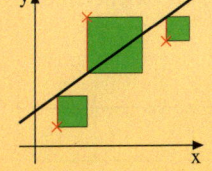

   d) Für viele Auswertungen in den Naturwissenschaften reicht es aus, die Regressionsgerade nach Augenmaß durch die Punktwolke zu legen. Bei sehr vielen Messwerten wird das aber unbequem. Man hat vereinbart, die Regressionsgerade folgendermaßen zu finden:
   Zu jedem Punkt wird der Abstand zum direkt darunter liegenden Punkt der Regressionsgeraden ermittelt und quadriert. Die Regressionsgerade ist dann diejenige, für die die Summe der Flächeninhalte dieser Quadrate möglichst klein ist. Diese Regressionsgerade kannst du auch mit deinem grafikfähigen Taschenrechner ermitteln:
   Füge zunächst Listen mithilfe des Menüpunktes **Add Lists & Spreadsheets** in dein Dokument ein. Gib dann die Koordinaten der Messpunkte in zwei Listen, z. B. A und B ein und benenne diese.
   Den Graphen der Messpunkte zeichnest du unter dem Menü **Graph Type** als Scatter Plot. Denke an die Festlegung eines geeigneten Window für den Zeichenbereich.

   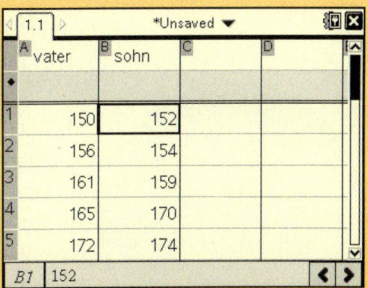

IM BLICKPUNKT: Regressionsgeraden durch Punktwolken

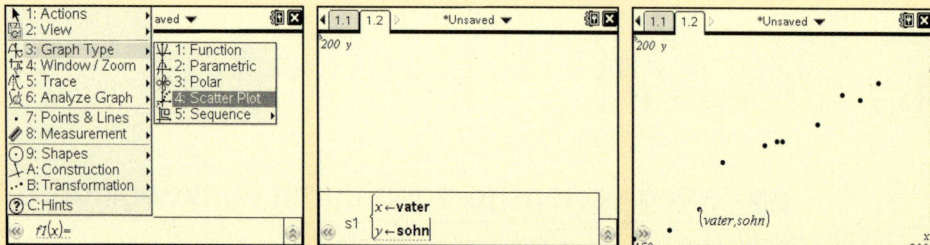

Zum Bestimmen der Funktionsgleichung der Regressionsgerade verwendest du das Menü **Statistics** der Listen, dort den Unterpunkt **Stat Calculations** und dort den Befehl **Linear Regression (mx+b)**. Bei diesem musst du angeben, welche Liste die x-Werte und welche die y-Werte enthält, und unter welchen Funktionsnamen die Regressionsgeradengleichung gespeichert werden soll.

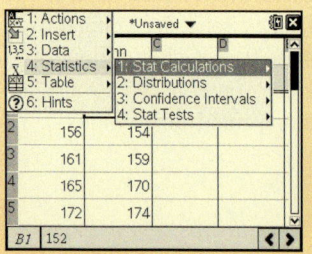 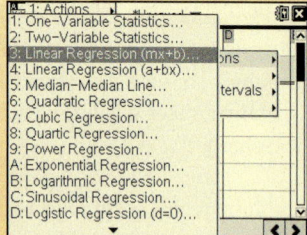 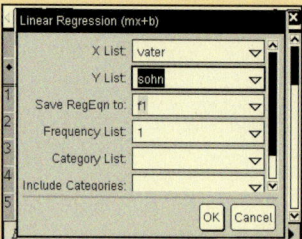

Auf dem Bildschirm erscheinen dann die Koeffizienten der Regressionsgeraden, die du aber auch unter dem Funktionsterm nachlesen kannst. Zur Kontrolle kannst du die Regressionsgerade durch die Punktwolke zeichnen lassen.

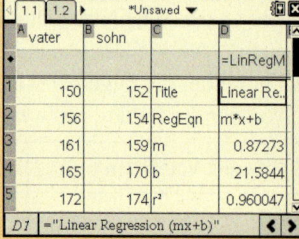 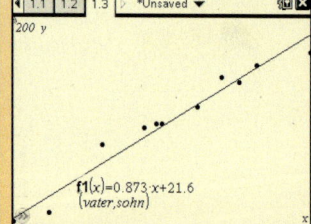

2. Temperaturen werden mit zunehmender Windstärke als wesentlich kälter empfunden als sie laut Thermometer tatsächlich sind. Daher wird in vielen Wetterberichten im Winter neben der tatsächlichen Temperatur auch die „gefühlte Temperatur" genannt. Die folgende Tabelle enthält die bei 0°C gefühlte Temperatur in Abhängigkeit von der Windstärke.

Windstärke (in Beaufort)	0	1	2	3	4	5	6	7	8
Gefühlte Temperatur (in °C)	0	−1	−2	−7	−11	−14	−17	−18	−19

a) Stelle mit deinem grafikfähigen Taschenrechner die Daten grafisch dar. Ermittle dann die Gleichung der Regressionsgeraden.

b) Triff eine Vorhersage: Welche Temperatur wird man bei 0°C und 10 Beaufort fühlen?

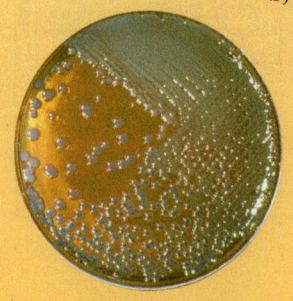

3. In einer Kultur werden Bakterien gezüchtet. Die Bakterien vermehren sich durch Zellteilung. Um optimale Wachstumsbedingungen zu gewährleisten, werden die Bakterien in eine spezielle Nährlösung gegeben. Nach einem Tag bedecken die Bakterien eine Fläche von 158 mm^2, das Gefäß ist 75 cm^2 groß. Am darauf folgenden Tag wird jeweils um dieselbe Uhrzeit die von den Bakterien bedeckte Fläche gemessen:
2. Tag: 191 mm^2 3. Tag: 231 mm^2 8. Tag: 600 mm^2 9. Tag: 726 mm^2
Prüfe, ob die Messwerte mit einer linearen Funktion beschrieben werden können.

Vermischte Übungen

4.7 Vermischte Übungen

1. Mithilfe eines Messbechers kann man für Zucker aus der Einfüllhöhe die Masse bestimmen.

Höhe (in cm)	Masse (in g)
4	16
6	54
8	128
10	250
12	432
14	686

    a) Veranschauliche die Funktion
    Höhe x (in cm) → Masse y (in g)
    durch einen Graphen.

    b) Stelle mithilfe des Graphen fest: Welche Höhen haben die Skalenstriche für 50 g, 100 g, 200 g und 500 g?

    c) Welche der Funktionsgleichungen $y = x^2$; $y = \frac{5}{2}x^2 - 6x$; $y = \frac{1}{4}x^3$ passt zu dieser Funktion?

    d) Berechne mithilfe der richtigen Funktionsgleichung die Masse des Zuckers für eine Einfüllhöhe von 15 cm.
    Prüfe mithilfe der Funktionsgleichung die Ergebnisse von Teilaufgabe b).

2. Die lineare Funktion hat die Gleichung $y = mx + 3$ [$y = \frac{2}{3}x + c$].
   Welche Zahl muss man für m [für c] einsetzen, damit der Graph durch den Punkt

   a) $P(4|7)$,   b) $P(-1|0)$,   c) $P(\frac{1}{6}|2)$,   d) $P(2|3)$ geht?

3. Berechne den Funktionswert an der Stelle 10 [-10; 0; 1; $-0{,}5$; $\frac{1}{3}$; $-\frac{2}{5}$].

   a) $y = 6x$ b) $y = -x + \frac{1}{2}$ c) $y = \frac{3}{4}x - 0{,}1$ d) $s = 1 - \frac{r}{5}$ e) $y = 4{,}5$

4. An welcher Stelle nimmt die lineare Funktion für y den Wert 1 [-1; 0; 2; -2; 2,5; $-\frac{3}{4}$] an?

   a) $y = 2x - 5$ b) $y = -2x + 5$ c) $y = 8x + 1{,}2$ d) $y = \frac{5}{6}x - 1$ e) $y = 0{,}8t + 0{,}2$

5. Jonas behauptet: „Der Graph jeder linearen Funktion ist eine Gerade. Also gibt es zu jeder Geraden im Koordinatensystem eine lineare Funktion, die diese Gerade als Graphen hat."
   Nimm Stellung zu dieser Aussage.

6. In den USA wird die Temperatur nicht in °C, sondern in °F (gesprochen: Grad Fahrenheit) gemessen. Der Physiker Daniel Gabriel Fahrenheit (Danzig 1686 – Den Haag 1736) legte die Temperatur des Gefrierpunktes von Wasser mit 32 °F fest, den Siedepunkt mit 212 °F.

    a) Zeichne einen Graphen für die Funktion
    Temperatur (in °C) → Temperatur (in °F).
    Ermittle daraus die Gleichungen für die Umwandlung von °C in °F und umgekehrt.

    b) Gibt es eine Temperatur, die auf der Celsius- und der Fahrenheit-Skala dieselbe Gradzahl hat?

    c) Moritz ist im Urlaub in den USA. Er verwendet zur Umrechnung der Temperatur in °F in die Temperatur °C eine Faustformel. Was hältst du von dieser Faustformel?

7. Liegen die folgenden Punkte auf dem Graphen einer linearen Funktion?
Falls ja, gib die Funktionsgleichung an. Falls nein, begründe die Antwort.

a) $P_1(0|4)$; $P_2(-1|3)$; $P_3(3|1)$,

b) $P_1(0|-2)$; $P_2(2|0)$; $P_3(4|4)$,

c) $P_1(0|5)$; $P_2(3|3)$; $P_3(-3|7)$,

d) $P_1(0|0)$; $P_2(4|2)$; $P_3(-6|-3)$.

8. Von vier Firmen, die Personenwagen vermieten, werden für den gleichen Wagentyp folgende Mietkosten berechnet:

Untersucht und vergleicht die Angebote. Schreibt mit euren Ergebnissen einen Bericht für eine Verbraucherzeitschrift.

9. In der Tabelle ist in jeder Spalte eine Funktion angegeben. Untersuche, ob eine lineare Funktion vorliegt. Ergänze dann die freien Felder im Heft.

Sachverhalt	Eine anfangs 8 cm hohe Kerze wird beim Brennen stündlich 1,5 cm kürzer.			
Wertetabelle		x: 0, 2, 4, 6 / y: 4, 5, 6, 7		
Funktions-gleichung			$y = 2x - 1$	
Graph				(Graph)

10. a) Erzeuge die Muster aus Geraden auf deinem GTR.

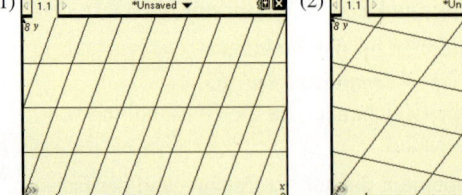 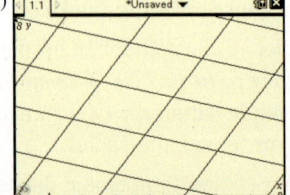 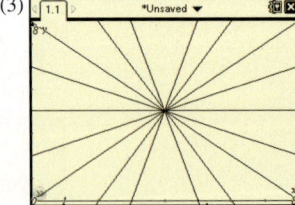

b) Findet auch eigene Muster und lasst sie von euren Partner auf dem GTR erzeugen.

11. Erkundigt euch nach aktuellen Handy- und Internet-Tarifen. Fertigt zum Vergleich grafische Darstellungen an, die ihr im Klassenraum aushängt.

4.8 Aufgaben zur Vertiefung

> Im Alltag sagt man auch Gewicht statt Masse.

1. *Stückweise lineare Funktionen*

Manche Firmen verschicken Werbematerial als Postwurfsendungen an alle Haushalte. Diese Sendungen werden nicht mit Briefmarken versehen und von der Post zu einem besonderen Preis befördert.

Postwurfsendung an alle Haushalte in Ballungszentren (Stand 01.01.2009)

Gewicht (in g)	Porto pro 1000 Stück (in €)
bis 20	90
über 20 bis 30	109
über 30 bis 40	119
über 40 bis 50	127
über 50 bis 60	141
über 60 bis 70	149
über 70 bis 80	158
über 80 bis 90	168
über 90 bis 100	174

a) Zeichne den Graphen. Beachte dabei:
 ○ markiere so einen Punkt, der nicht zum Graphen gehört.
 ● markiere so einen Punkt, der zum Graphen gehört.

b) Notiere die Funktionsgleichung für diese Funktion.

2. Eine Brennstoff-Firma bietet Heizöl frei Haus zu nebenstehenden Preisen an.

Unsere aktuellen Heizölpreise

Menge (in l)	Preis pro l (in €)
bis 1000	0,67
über 1000 bis 3000	0,61
über 3000 bis 5000	0,59
über 5000	0,57

a) Erstelle für die Funktion
 Menge (in l) → Gesamtpreis (in €)
 die Funktionsgleichung. Zeichne den Graphen der Funktion auf Millimeterpapier.

b) Erwin Knauser möchte genau 3 000 l Heizöl bestellen. Seine Nachbarin Mathilde Pfiffig rät ab. Erläutere, warum.

c) Die Firma erstellt ihre Rechnungen nicht genau nach dieser Tabelle, sondern ist bei bestimmten Abnahmemengen großzügiger, damit die Überlegungen von Frau Pfiffig nicht nötig sind. Zeichne andersfarbig den Graphen für den tatsächlichen Gesamtpreis ein.

d) Erstelle die Funktionsgleichung für den so berechneten tatsächlichen Gesamtpreis.

3. Im Internet gibt es Börsen, die den Ankauf und Verkauf von Dingen vermitteln. Jeder kann Verkaufsangebote und Verkaufsgesuche dort veröffentlichen. Diese Börsen erhalten für ihren Dienst eine Verkaufsprovision, die vom Verkäufer zu zahlen ist und vom Verkaufspreis abhängt.

a) Gib für 20 €; 40 €; 80 €; 100 €; 640 € sowie 1 000 € jeweils die Provision an.

b) Zeichne den Graphen der Provisionsfunktion und stelle die Funktionsgleichungen für jeden Abschnitt auf.

c) Zeichne zum Vergleich die Provision, die sich ergäbe, wenn einfach immer 5 % des Verkaufspreises angesetzt würden. Wofür sorgt die gestaffelte Regelung?

Buy & sell online

Verkaufspreis	Verkaufsprovision
1,00 € - 50,00 €	5,0 % des Verkaufspreises
50,01 € - 500,00 €	2,50 € plus 4,0 % des Preises ab 50,01 €
ab 500,01 €	20,50 € plus 2,0 % des Preises ab 500,01 €

Bist du fit?

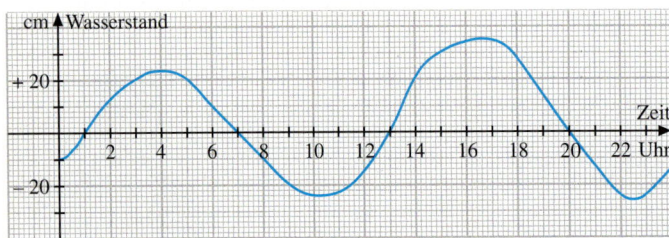

1. Das Diagramm zeigt den Wasserstand in einem Seehafen.
   a) Wie hoch ist der Wasserstand um 3.00 Uhr, 5.00 Uhr, 8.00 Uhr, 10.00 Uhr, 14.00 Uhr, 18.00 Uhr, 20.00 Uhr, 24.00 Uhr?
   b) Zu welchem Zeitpunkt beträgt der Wasserstand + 20 cm [0 cm; – 20 cm]?
   c) Welche der Zuordnungen Zeit → Wasserstand, Wasserstand → Zeit ist eine Funktion?

2. Zeichne den Graphen der Funktion, ohne eine Wertetabelle anzulegen.
   a) $y = 5x$ c) $y = \frac{5}{3}x$ e) $y = -x + 1$ g) $y = 1{,}4x - 2$ i) $y = 2 - \frac{1}{2}x$
   b) $y = -4x$ d) $y = -0{,}9x$ f) $y = x + 2{,}5$ h) $y = 3 - 3x$ j) $y = 2$

3. Gegeben ist die Funktion mit der Gleichung $y = \frac{3}{4}x + 1{,}5$. Gib eine Funktion an, deren Graph
   a) steiler verläuft;   b) flacher verläuft;   c) parallel verläuft;   d) denselben y-Achsenabschnitt hat.

4. Welche der Punkte $P_1(1|1)$, $P_2(9|-3)$, $P_3(-3|-7)$ gehören zum Graphen von $y = 2x - 1$?

5. Der Graph einer linearen Funktion geht durch P_1 und P_2. Ermittle die Funktionsgleichung. Wie muss man den Graphen verschieben, damit man den einer proportionalen Funktion erhält?
   a) $P_1(0|-2)$, $P_2(1|1)$ b) $P_1(0|-1)$, $P_2(-1|-4)$ c) $P_1(-6|0)$, $P_2(-3|1)$

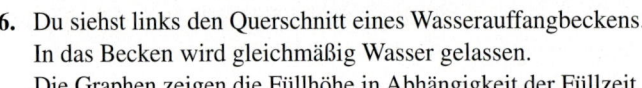

6. Du siehst links den Querschnitt eines Wasserauffangbeckens. In das Becken wird gleichmäßig Wasser gelassen. Die Graphen zeigen die Füllhöhe in Abhängigkeit der Füllzeit.
   a) Bestimme den Graphen, der zu dem Becken passt und begründe.
   b) Zeichne jeweils den Querschnitt eines Auffangbeckens, zu dem die anderen Graphen passen.

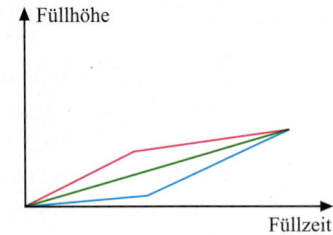

7. Gib zu jeder Geraden die Funktionsgleichung an.

8. Ein Fallschirmspringer hat 20 Sekunden nach dem Öffnen des Fallschirms noch eine Höhe von 250 m über dem Boden. Er sinkt in jeder Sekunde um 5 m.
   a) In welcher Höhe wurde der Fallschirm geöffnet?
   b) Stelle die Funktionsgleichung auf für die Funktion *Fallzeit bei geöffnetem Fallschirm (in s)* → *Höhe über dem Boden (in m)*. Wie lange dauert das Absinken bei geöffnetem Fallschirm?

9. Bestimme die Nullstellen der Funktion mit: a) $y = \frac{5}{6}x - 1$;   b) $y = 1{,}2x + 3$.

10. Entscheide rechnerisch, ob der Punkt $P(20|380)$ unterhalb oder oberhalb des Graphen zu $y = 21x - 30$ liegt.

Bleib fit im Umgang mit Zufallsexperimenten

Zum Aufwärmen

1. Krischan und Sophie würfeln mit einem Oktaeder, dessen Seitenflächen mit den Zahlen von 1 bis 8 beschriftet sind.

   a) Bestimme die Wahrscheinlichkeit dafür,
   - (1) eine 3 zu werfen,
   - (2) keine 3 zu werfen,
   - (3) mindestens 3 zu werfen,
   - (4) eine durch 3 teilbare Zahl zu werfen.

   b) Krischan erhält beim Werfen 1, 7, 6, 2, 4, 5, 8.
   Wie groß ist die Wahrscheinlichkeit, beim nächsten Wurf eine 3 zu erhalten?

   c) Sophie ist nicht sicher, ob dieser Würfel wirklich alle Zahlen mit gleicher Wahrscheinlichkeit liefert.
   Wie kann sie das überprüfen?

Zum Erinnern

(1) Wahrscheinlichkeiten von Ergebnissen bei einstufigen Zufallsexperimenten

Man kann zwei Typen von Zufallsexperimenten unterscheiden:

- Bei **LAPLACE-Experimenten** wird ein Zufallsgerät benutzt, bei dem kein Grund ersichtlich ist, warum eines der möglichen Ergebnisse eine größere Chance als ein anderes hat aufzutreten. Besitzt ein solches Zufallsexperiment n mögliche Ergebnisse, so beträgt die Wahrscheinlichkeit für das Auftreten eines bestimmten Ergebnisses $\frac{1}{n}$.

  Beispiele: Werfen einer Münze, Werfen eines Würfels, Drehen eines Glücksrades mit gleich großen Sektoren, Ziehen von gleichartigen Kugeln aus einer Urne.

- Bei **Nicht-LAPLACE-Experimenten** lassen sich die Wahrscheinlichkeiten für die einzelnen möglichen Ergebnisse nicht durch Symmetrieüberlegungen (oder Ähnliches) bestimmen.

  Beispiel: Reißnägel unterscheiden sich durch unterschiedliche Druckflächen und unterschiedliche Längen der Nägel; man kann nicht vorhersagen, wie oft ein Reißnagel beim Werfen auf der Seite liegen bleibt oder mit der Spitze nach oben zeigt.

  Weitere Beispiele: Werfen eines LEGO-Würfels oder eines Kronkorkens.

  Aufgrund von langen Versuchsreihen kann man jedoch Schätzwerte für die zugrunde liegenden Wahrscheinlichkeiten bestimmen.

Beispiel: Lego-Vierer

Ergebnis	1	2	3	4	5	6
Wahrscheinlichkeit	0,48	0,06	0,06	0,28	0,06	0,06

Keine Regel ohne Ausnahme!

Das **empirische Gesetz der Großen Zahlen** besagt, dass bei wiederholten Durchführungen die *relativen Häufigkeiten,* mit denen das betrachtete Ergebnis eines Zufallsexperiments auftritt, mit zunehmender Versuchsanzahl in der Regel immer weniger um die Wahrscheinlichkeit schwanken.

(2) Wahrscheinlichkeiten von Ereignissen bei einstufigen Zufallsexperimenten

Ergebnisse eines Zufallsexperiments kann man zu *Ereignissen* zusammenfassen.
Beispiel: Beim Werfen eines Würfels gehören zum Ereignis *gerade Augenzahl* die Ergebnisse 2, 4 und 6. Dieses Ereignis wird durch die Menge {2; 4; 6} angegeben.

> Die *Wahrscheinlichkeit eines Ereignisses* erhält man als Summe der Wahrscheinlichkeiten der zugehörigen Ergebnisse (*Summenregel*).

Bei LAPLACE-Experimenten verwendet man speziell die **LAPLACE-Regel**:

> Für die Wahrscheinlichkeit eines Ereignisses E bei einem LAPLACE-Experiment gilt:
>
> $$P(E) = \frac{\text{Anzahl der zu E gehörenden Ergebnisse}}{\text{Anzahl aller möglichen Ergebnisse}}$$
>
> *Beispiel:* Werfen eines Würfels $\quad P(\text{gerade Augenzahl}) = \frac{3}{6} = \frac{1}{2}$

Wahrscheinlichkeit,
engl.: probability
franz.: probabilité
lat.: probabilitas

Zum Trainieren

2. Bei einem Geburtstag werden kleine Gewinne mit einem Würfelspiel verteilt. Worauf würdest du setzen?
   (1) Erscheinen einer Primzahl beim Werfen des Oktaeders
   (2) Erscheinen einer geraden Zahl beim Werfen eines gewöhnlichen Würfels

3. Marc spielt mit seinen Großeltern Skat. Er denkt, dass die erste Karte, die er erhält, ein Glücks- oder Unglückszeichen ist.
   Bestimme die Wahrscheinlichkeit dafür, dass die 1. Karte

   a) der Kreuz-Bube ist;
   b) ein Bube ist;
   c) eine Kreuz-Karte ist;
   d) eine rote Karte ist;
   e) eine Karte ohne Punkte (also 7, 8 oder 9) ist.

4. Bestimme für einen Lego-Vierer mithilfe der auf Seite 141 angegebenen Wahrscheinlichkeitsverteilung die Wahrscheinlichkeit für das Werfen

   a) einer geraden Augenzahl;
   b) einer ungeraden Augenzahl;
   c) einer Augenzahl von höchstens 3;
   d) einer Augenzahl von mindestens 2;
   e) einer durch 7 teilbaren Augenzahl;
   f) einer kleineren Augenzahl als 7.

5. *Super 6* ist eine Zusatzlotterie zum gewöhnlichen Lottospiel. Bei jeder Ziehung wird eine sechsstellige Gewinnzahl von 000000 bis 999999 gezogen, die mit der Spielschein-Nummer verglichen wird. Die Teilnahme kostet 1,25 €. Bestimme für jede Gewinnhöhe die Wahrscheinlichkeit.

	Gewinnzahl	Gewinn
	6 richtige Endziffern:	100.000,00 €
	5 richtige Endziffern:	6.666,00 €
	4 richtige Endziffern:	666,00 €
	3 richtige Endziffern:	66,00 €
	2 richtige Endziffern:	2,50 €

5. DATEN UND ZUFALL

Maximilian muss auf seinem Weg zur Schule zwei Straßen überqueren und dabei das Ampelsignal beachten.

Manchmal, wenn er es besonders eilig hat, zeigen beide Ampeln Rot. An anderen Tagen lässt er sich Zeit, weil es unterwegs viel zu sehen gibt, und trotzdem zeigen beide Ampeln Grün. Es scheint also vom Zufall abzuhängen, ob Maximilian bei Grün oder bei Rot an einer Ampel ankommt.

- Was kommt öfter vor:
  Beide Ampeln zeigen Rot
  oder
  Beide Ampeln zeigen Grün?
- Schätze, wie oft es vorkommt, dass er zweimal hintereinander Rot hat.
- Wie kann man den Vorgang mit den unterschiedlich eingestellten Ampeln simulieren?

Maximilian muss zweimal nacheinander die Ampel beachten; dabei hängt es vom Zufall ab, ob sie Rot oder Grün für ihn zeigt. Hier liegt also ein zweistufiges Zufallsexperiment vor.

In diesem Kapitel beschäftigen wir uns mit der Frage, wie man Wahrscheinlichkeiten für zweistufige Zufallsexperimente berechnet. Außerdem beschäftigen wir uns mit der Darstellung von Häufigkeitsverteilungen.

DATEN UND ZUFALL

5.1 Zweistufige Zufallsexperimente – Baumdiagramme

Einstieg

In einer Fabrik werden hergestellte Porzellanbecher nacheinander auf Form und Farbe geprüft. Bei der Form unterscheidet man nach gut, mittelmäßig und schlecht, bei der Farbe nach gleichmäßig und ungleichmäßig.
Jeder Becher durchläuft beide Kontrollen. Stellt übersichtlich dar, welche Kombinationsmöglichkeiten auftreten können.

Aufgabe 1

Baumdiagramme mit gleichwahrscheinlichen Pfaden

Tetraeder, Vierflächner, dreiseitige Pyramide

Robin und Verena beginnen ein „Mensch-ärgere-dich-nicht"-Spiel. Statt eines normalen Spielwürfels verwenden sie einen Tetraeder-Würfel mit den Zahlen 1, 2, 3 und 4. Hier hat die Augenzahl Vier eine besondere Rolle:
Bevor man das erste Mal setzen darf, muss man eine Vier würfeln.

a) Verena fängt an. Sie hat bereits beim ersten Wurf eine Vier und ist im Spiel.
   Welche Wahrscheinlichkeit hat dieser Glückswurf?

b) Als Robin an die Reihe kommt, hat er nach zwei Würfen noch keine Vier erzielt und redet schon von Pech.
   Bestimme die Wahrscheinlichkeit für das Ereignis:
   „Mit zwei Tetraederwürfen keine einzige Vier"
   Was hältst du von Robins Aussage?

Lösung

a) Da für den ersten Wurf eines Tetraederwürfels ein Laplace-Experiment vorliegt, gilt für ein Ergebnis: $P(\text{Glückswurf}) = P(\text{Vier im ersten Wurf}) = \frac{1}{4} = 25\,\%$.

b) Das Zufallsexperiment besteht aus zwei Würfen, die nacheinander durchgeführt werden. Die möglichen Ergebnisse des ersten und zweiten Wurfes kann man zeichnerisch in zwei Stufen darstellen.

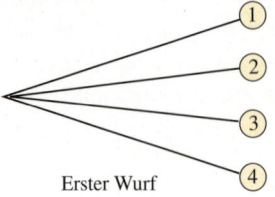

Erster Wurf

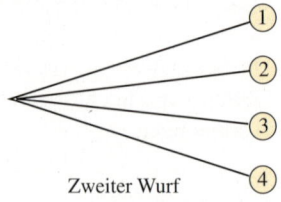

Zweiter Wurf

Zweistufige Zufallsexperimente – Baumdiagramme

Aus diesen beiden Stufen kann man das Zufallsexperiment zusammensetzen und in einem so genannten *Baumdiagramm* darstellen. Dabei muss man beachten, dass nach jedem der vier möglichen Ergebnisse des ersten Wurfs jedes Mal eines der vier Ergebnisse des zweiten Wurfs eintreten kann.

Daher ergeben sich 4 · 4, also 16 Pfade, die alle dieselbe Wahrscheinlichkeit aufweisen; es liegt also ein zweistufiges Laplace-Experiment vor.

9 Pfade führen zum Ereignis „Keinmal Vier".

Damit gilt:

P (keine Vier) = $\frac{9}{16}$ = 56,25 %.

Da die Wahrscheinlichkeit etwas über 0,5 liegt, kann man hier noch nicht von besonderem Pech reden.

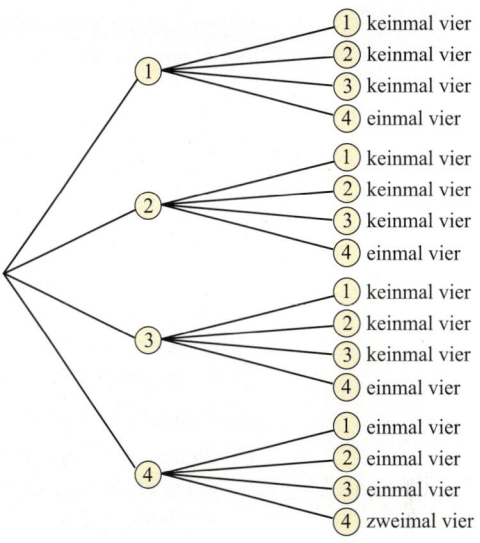

Information

(1) Zweistufige Zufallsexperimente

Manche Zufallsexperimente werden in zwei Schritten *nacheinander* durchgeführt.

Beispiele:

– Jemand wirft zweimal hintereinander eine Münze.
– Eine zweistellige Glückszahl wird so bestimmt, dass ein Glücksrad mit den Sektoren 0, 1, 2, …, 9 zweimal hintereinander gedreht wird.
– Jemand würfelt zweimal hintereinander.

Man nennt solche Zufallsexperimente **zweistufig**; die Ergebnisse werden als Paare wie z. B. (2|3) notiert.

(2) Baumdiagramme – Pfad in einem Baumdiagramm

Zweistufige Zufallsexperimente lassen sich in Form von Baumdiagrammen darstellen, um einen Überblick über alle möglichen Ergebnisse zu erhalten. Zu jedem der möglichen Ergebnisse des Zufallsexperiments gehört ein so genannter **Pfad** im Baumdiagramm. Er beginnt an der Wurzel des Baums, verläuft über die Verzweigungen und endet mit der zweiten Stufe. Jedes Ergebnis kann man als Paar notieren: (W|Z) bedeutet, erst Wappen und dann Zahl zu werfen.

Beispiel: Zweifacher Münzwurf

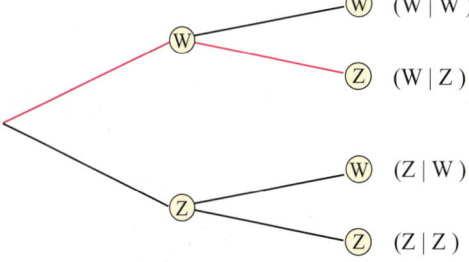

Der rote Pfad gehört zum Ergebnis (W|Z).

Aufgabe 2 *Baumdiagramme mit verschiedenen Wahrscheinlichkeiten*

Bei einem Schulfest kann man an einem Stand nacheinander an zwei Glücksrädern spielen. Gewinner ist, wer für beide Glücksräder richtig voraussagt, auf welchen Feldern die Zeiger stehen bleiben werden. Beim linken Glücksrad ist $\frac{1}{4}$ der Fläche rot gefärbt, $\frac{3}{4}$ der Fläche sind blau. Das rechte Glücksrad besteht aus gleich großen Feldern, in denen man die Nummern 1 oder 2 oder 3 findet. Im Bild steht der linke Zeiger auf „Rot", der rechte Zeiger deutet auf „1".
Dieses Ergebnis kann man als Paar (R|1) notieren.

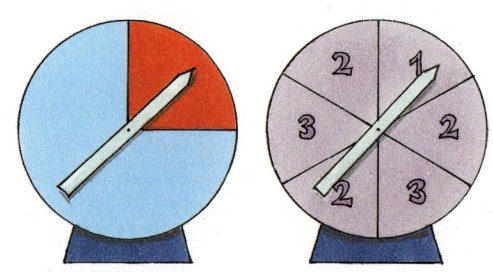

a) Welche anderen Ergebnisse sind möglich? Bestimme die Ergebnismenge.

b) Stelle das zweistufige Zufallsexperiment durch ein Baumdiagramm dar. Notiere am Ende eines jeden Pfades das zugehörige Ergebnis. Schreibe an die einzelnen Teile des Pfades die zugehörigen Wahrscheinlichkeiten.
Begründe, dass es nicht sinnvoll ist, davon auszugehen, dass alle Ergebnisse die gleiche Chance besitzen.

Lösung

a) Zu den beiden Farben „Rot" und „Blau" können jeweils die drei Zahlenergebnisse „1", „2" und „3" kommen. Damit besteht die Ergebnismenge aus 6 Paaren:
(R|1), (R|2), (R|3), (B|1), (B|2), (B|3).

b) In der ersten Stufe können die beiden Farben „R" und „B" auftreten. Zu jeder dieser Farben gibt es in der zweiten Stufe drei mögliche Zahlen. Damit entstehen in dem Baumdiagramm insgesamt 2 · 3, also 6 Pfade, die zu den 6 Paaren führen.

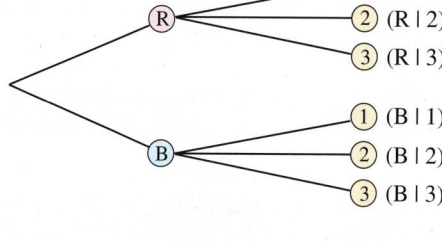

Da bei dem linken Glücksrad $\frac{1}{4}$ der Fläche rot und $\frac{3}{4}$ der Fläche blau gefärbt ist, kann man davon ausgehen, dass die Wahrscheinlichkeit für das Stoppen des Zeigers auf „Rot" $\frac{1}{4}$ ist und die für das Stoppen auf „Blau" $\frac{3}{4}$ beträgt.

Bei dem rechten Glücksrad trägt eines der sechs gleich großen Felder die Nummer „1", die zugehörige Wahrscheinlichkeit ist somit $\frac{1}{6}$. Da drei von den sechs Feldern die Nummer „2" tragen, beträgt die Wahrscheinlichkeit für „2" entsprechend $\frac{3}{6}$, also $\frac{1}{2}$. Für „3" ergibt sich die Wahrscheinlichkeit $\frac{1}{3}$.
In der ersten Stufe hat „Blau" eine höhere Wahrscheinlichkeit als „Rot", in der folgenden zweiten Stufe hat „2" die höchste Wahrscheinlichkeit. Damit ist das Ergebnis (B|2) sicher vor dem Ergebnis (R|1) bevorzugt.

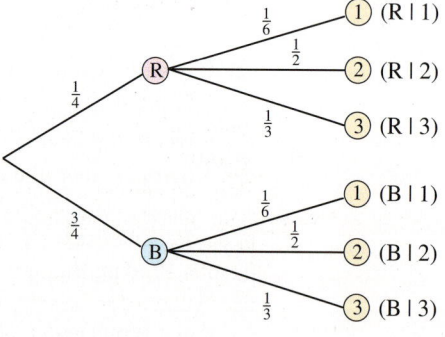

Die Ergebnisse dieses zweistufigen Zufallsexperiments sind somit nicht alle gleich wahrscheinlich. Es liegt folglich kein Laplace-Experiment vor.

Zweistufige Zufallsexperimente – Baumdiagramme

Weiterführende Aufgaben

3. *Veränderte Anordnung der Stufen eines Baumdiagramms*

Bei der Aufgabe 2 (Seite 162) ist nicht beschrieben, ob zunächst das linke und dann das rechte Glücksrad gedreht wird. Deshalb ist es auch möglich, das Zufallsexperiment durch ein Baumdiagramm zu beschreiben, bei dem zunächst die möglichen Ergebnisse des rechten Glücksrades und dann die des linken Glücksrades erfasst werden. Zeichne ein solches Baumdiagramm.

4. *Doppelter Münzwurf – nacheinander bzw. gleichzeitig*

a) Eine Münze wird zweimal geworfen. Stelle die möglichen Ergebnisse des Zufallsexperiments in einem Baumdiagramm dar.

b) Eine 5-Cent- und eine 10-Cent-Münze werden gleichzeitig geworfen. Überlege, wie sich auch dieses Zufallsexperiment in einem Baumdiagramm darstellen lässt.

c) Zwei gleichartige Münzen werden (1) gleichzeitig, (2) nacheinander geworfen. Zeichne Baumdiagramme. Vergleiche mit den Baumdiagrammen aus den Teilaufgaben a) und b).

5. *Mehrstufige Zufallsexperimente*

Man kann Zufallsexperimente auch mehr als zweimal durchführen.
Überlegt, wie man einen 3-fachen Münzwurf mithilfe eines Baumdiagramms darstellen kann. Wie kann man die einzelnen Ergebnisse notieren?

Information

(1) Summenprobe im Baumdiagramm

Trägt man in ein vollständig gezeichnetes Baumdiagramm an den einzelnen Strecken alle Wahrscheinlichkeiten ein, so ist *immer* eine Kontrolle möglich:
Die Summe der Wahrscheinlichkeiten nach jeder Verzweigung bis zur nächsten Stufe ist immer 1 (*Summenprobe*).

(2) Deutung gleichzeitig durchgeführter Zufallsexperimente als zweistufige Zufallsexperimente

Oft kann man Zufallsexperimente, bei denen Vorgänge *gleichzeitig* erfolgen, als mehrstufig auffassen. Hier spielt es dann keine Rolle, welchen Teilvorgang man als 1. oder 2. Stufe ansieht.

Beispiele: – Ein roter und ein blauer Würfel werden gleichzeitig geworfen.
– Zwei unterschiedliche Münzen werden gleichzeitig geworfen.
– Zwei Lose werden gleichzeitig aus einer Lostrommel gezogen.

(3) Mehrstufige Zufallsexperimente

Zufallsexperimente mit mehr als zwei Stufen kann man in einem **mehrstufigen Baumdiagramm** darstellen.
Bei dreistufigen Zufallsexperimenten werden die Ergebnisse als *Tripel* notiert, z. B. (W|Z|W).

Beispiel: Dreifacher Münzwurf

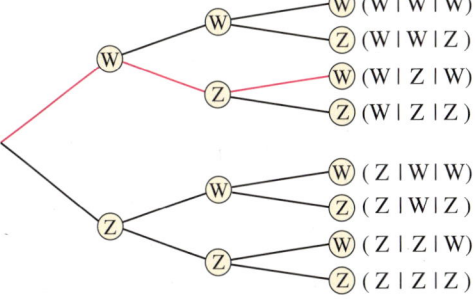

Der rote Pfad gehört zum Ergebnis (W|Z|W).

Übungsaufgaben

6. In einem Gefäß sind eine rote, zwei blaue und drei grüne Kugeln. Nacheinander werden zwei Kugeln gezogen (und nicht wieder zurückgelegt).
Stelle das Zufallsexperiment in einem Baumdiagramm dar.

7. Ein Tetraeder wird zweimal geworfen. Welche Ergebnisse gehören zu den Ereignissen? Berechne auch die Wahrscheinlichkeit dieser Ereignisse.

   E_1: Mindestens einmal Augenzahl 1.
   E_2: Beim zweiten Wurf Augenzahl 1.
   E_3: Nur beim zweiten Wurf Augenzahl 1.
   E_4: Nur ungerade Augenzahlen.
   E_5: Eine gerade, eine ungerade Augenzahl.
   E_6: Augensumme drei.

8. Eine Münze und ein Würfel werden nacheinander geworfen.

   a) Stellt das Zufallsexperiment in einem Baumdiagramm dar. Welche Ergebnisse sind möglich?

   b) Welche Baumdiagramme könnt ihr zeichnen, wenn Münze und Würfel gleichzeitig geworfen werden?

9. a) Zwei Glücksräder werden gedreht. Stelle das Zufallsexperiment in einem Baumdiagramm dar. Welche der Pfade gehören zum Ereignis *Zweimal dieselbe Farbe*? Welchem Ergebnis wird man die größte Wahrscheinlichkeit zuordnen?

   b) Zwei Glücksräder werden gedreht. Ergänze die Eintragungen am Baumdiagramm. Gib an, wie groß die verschiedenen Sektoren der beiden Glücksräder sind. Welchem Ergebnis wird man die kleinste Wahrscheinlichkeit zuordnen?

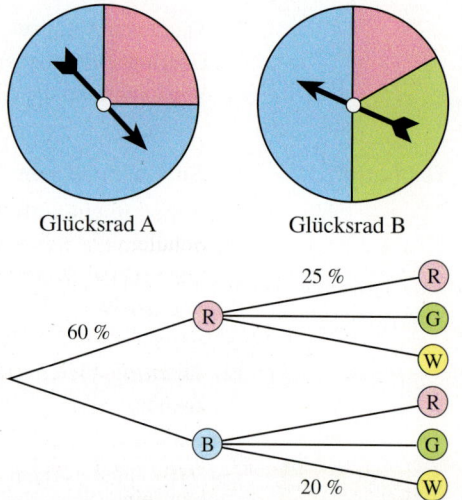

Glücksrad A   Glücksrad B

10. Mit dem Programm VU-Statistik auf der CD „Mathematik interaktiv" kann man auch Baumdiagramme zeichnen. Den Befehl findest du im Menü Wahrscheinlichkeit unter Wahrscheinlichkeitsbaum.

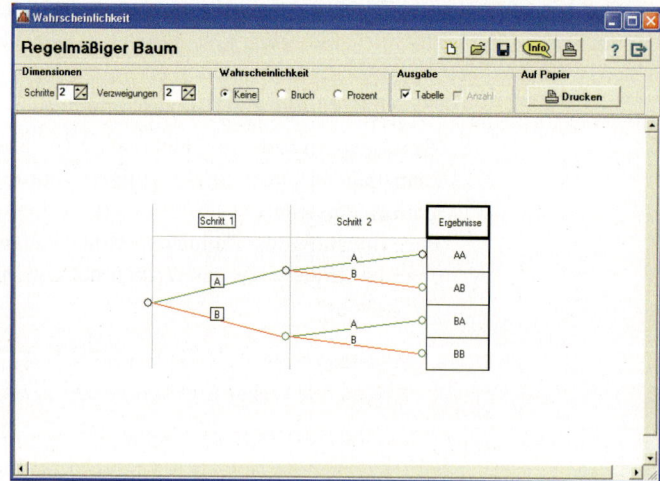

Zweistufige Zufallsexperimente – Baumdiagramme

11. Eine Münze wird zweimal geworfen. Beschreibe die Ereignisse mit Worten.
$E_1 = \{(W|W); (W|Z); (Z|W)\}$ $E_2 = \{(W|W); (Z|Z)\}$ $E_3 = \{(W|Z); (Z|W)\}$

12. In einer Urne liegen 2 rote, 2 blaue und 2 grüne Kugeln. Nacheinander werden zwei Kugeln gezogen. Gezogene Kugeln werden nicht wieder zurückgelegt.
 a) Zeichne ein passendes Baumdiagramm.
 b) Wie viele Ergebnisse sind möglich?

13. Gib ein Zufallsexperiment an, das durch das folgende Baumdiagramm beschrieben wird. Ergänze die fehlenden Wahrscheinlichkeiten. Kann man einem der Ergebnisse eine höhere Wahrscheinlichkeit als anderen zuordnen?

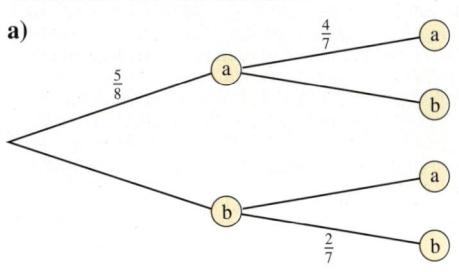

14. In einer Klasse mit 30 Schülerinnen und Schülern wird eine Erhebung durchgeführt. Die Ergebnisse der Erhebung sind durch das nebenstehende Baumdiagramm dargestellt. Ergänze die fehlenden Wahrscheinlichkeiten. Gib eine Erhebung an, die zu dem Baumdiagramm passen könnte.

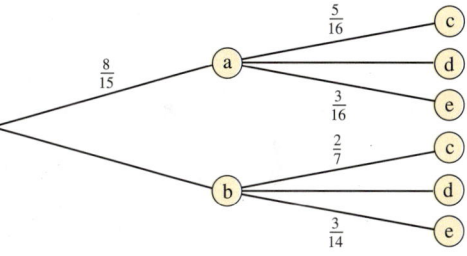

15. Robin und Verena beginnen ein „Mensch-ärgere-dich-nicht"-Spiel mit einem üblichen Spielwürfel. Nach zwei Würfen hat Robin noch keine Sechs erzielt, er beginnt wie so oft von „großem Pech" zu reden. Verena versucht, ihm mithilfe einer Tabelle Klarheit über das zweistufige Experiment zu verschaffen.

Zwei Würfe		Erster Wurf					
		1	2	3	4	5	6
Zweiter Wurf	1	Pech	Pech				Glück
	2						Glück
	3				Pech		
	4						
	5						
	6		Glück				

 a) Ergänze die Tabelle in deinem Heft.
 b) Bei wie vielen Ergebnissen hat Robin Glück, bei wie vielen Pech?
 c) Beschreibe, wie ein entsprechendes Baumdiagramm aussehen könnte.
 d) Ist Robins Meinung „großes Pech" vertretbar?

5.2 Pfadregeln

Einstieg

BLUTGRUPPEN

Zur Erklärung, dass Bluttransfusionen häufig fehlschlagen, unterschied der österreichische Mediziner Karl Landsteiner im Jahr 1901 vier verschiedene Blutgruppen: A, B, AB und 0.
Blutgruppe A enthält rote Blutkörperchen, die an ihrer Oberfläche Moleküle vom Typ A haben und außerdem Antikörper gegen die Moleküle vom Typ B, die auf der Oberfläche roter Blutkörperchen der Blutgruppe B sitzen. In Blutgruppe B wiederum sind entsprechend Antikörper gegen A enthalten. Die Blutgruppe AB weist keinen der beiden Antikörper auf, denn deren rote Blutkörperchen besitzen beide Moleküle, A und B. Die roten Blutkörperchen der Blutgruppe 0 haben weder A- noch B- Eigenschaften, es können aber Antikörper gegen beide Typen gebildet werden. Erhält ein Träger der Blutgruppe B eine Transfusion mit Blut der Gruppe A, greifen die Anti-A-Antikörper des Empfängers die übertragenen Blutkörperchen der Spenderblutgruppe A an und bewirken so eine Verklumpung der Blutkörperchen. Da Blut der Gruppe 0 keine der beiden Oberflächeneigenschaften besitzt, kann es fast jedem Menschen übertragen werden. Man nennt es daher Universalspenderblut. Träger der Blutgruppe AB besitzen keine Antikörper und können daher Bluttransfusionen aller vier Blutgruppen empfangen, sie sind Universalempfänger.
Die Verteilung der vier Blutgruppen ist in Deutschland wie folgt:

A	0	B	AB
43 %	41 %	11 %	5 %

Zwei nicht verwandte Personen kommen zur Blutspende. Wie groß ist die Wahrscheinlichkeit, dass
(1) die erste Person Blutgruppe A hat, die zweite Person Blutgruppe B,
(2) die beiden Personen gleiche Blutgruppen haben,
(3) mindestens eine der Personen die seltene Blutgruppe AB hat?

Aufgabe 1

Das Glücksrad rechts hat drei verschieden große Felder. Das blaue Feld ist doppelt so groß wie das rote Feld; das grüne Feld hat die dreifache Größe des roten Feldes.

a) Das Glücksrad wird einmal gedreht. Ordne den Einzelergebnissen „Grün", „Rot", „Blau" Wahrscheinlichkeiten zu.

b) Das Glücksrad wird zweimal hintereinander gedreht.
   (1) Stelle dieses Zufallsexperiment durch ein Baumdiagramm dar und trage die zugehörigen Wahrscheinlichkeiten ein.
   (2) Das Zufallsexperiment *Zweifaches Drehen des Glücksrades* wird 600-mal durchgeführt. Wie oft kann man dabei das Ergebnis (*Rot*|*Grün*) erwarten?
   (3) Welche Wahrscheinlichkeit kann man dem Ergebnis (*Rot*|*Grün*) zuordnen? Wie kann man diese Wahrscheinlichkeit direkt aus den Wahrscheinlichkeiten längs des Pfades bestimmen?
   (4) Welche Wahrscheinlichkeit hat das Ereignis „Beide Male dieselbe Farbe"?

Lösung

a) Das grüne Feld nimmt die Hälfte der gesamten Fläche ein:
$P(\text{Grün}) = \frac{1}{2}$.

Das rote Feld ist ein Drittel des grünen Feldes, also ein Sechstel der gesamten Fläche:
$P(\text{Rot}) = \frac{1}{6}$.

Die blaue Fläche ist doppelt so groß wie die rote Fläche, also $\frac{1}{3}$ der gesamten Fläche:
$P(\text{Blau}) = \frac{1}{3}$.

Pfadregeln

b) (1)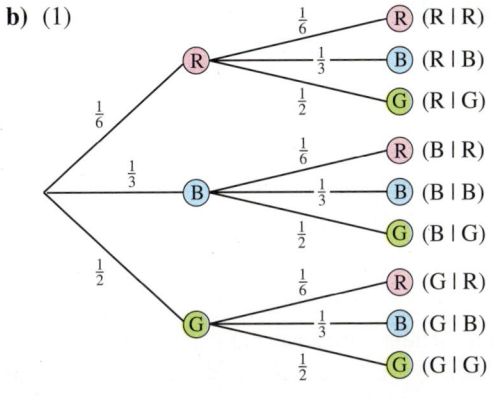

(2) Bei ungefähr $\frac{1}{6}$ aller Drehungen des Glücksrades bleibt der Zeiger auf *Rot* stehen, d. h. bei ungefähr 100 der 600 Versuchsdurchführungen. Bei ungefähr der Hälfte aller Drehungen des Glücksrades hält der Zeiger auf dem *grünen* Feld an; also auch bei der Hälfte der 100 Zufallsexperimente, bei denen er zuvor auf *Rot* stehen blieb.

Das Ergebnis (*Rot*|*Grün*) wird also bei ungefähr 50 der 600 Doppeldrehungen vorkommen.

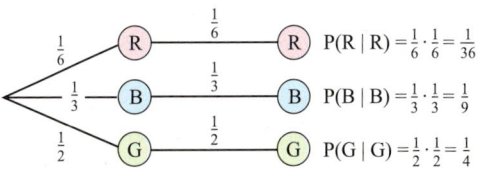

(3) Die Wahrscheinlichkeit für das Ergebnis (*Rot*|*Grün*) ist $\frac{500}{600}$, also $\frac{1}{12}$.

Die Wahrscheinlichkeit für das Ergebnis (*Rot*|*Grün*) kann man auch als Produkt aus den Wahrscheinlichkeiten für Rot ($\frac{1}{6}$) und für Grün ($\frac{1}{2}$) berechnen, denn bei einem Sechstel der Versuchsdurchführungen erscheint Rot, bei der Hälfte davon Grün. Die Hälfte von einem Sechstel ist ein Zwölftel: $\frac{1}{6} \cdot \frac{1}{2} = \frac{1}{12}$.

(4) Zum Ereignis „Beide Male dieselbe Farbe" gehören die Ergebnisse (R|R), (B|B) und (G|G). Damit ergibt sich nach der Summenregel
P(Beide Male dieselbe Farbe)
= P(R|R) + P(B|B) + P(G|G)
= $\frac{1}{36} + \frac{1}{9} + \frac{1}{4} = \frac{1}{36} + \frac{4}{36} + \frac{9}{36} = \frac{14}{36} = \frac{7}{18}$.

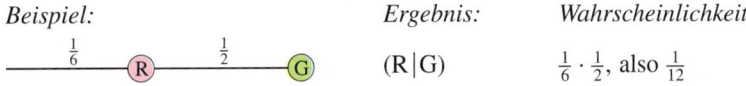

Information

(1) Pfadmultiplikationsregel

Bei einem zweistufigen Zufallsexperiment erhält man die Wahrscheinlichkeit eines Ergebnisses, das durch einen Pfad in einem Baumdiagramm dargestellt ist, folgendermaßen:

> **Pfadmultiplikationsregel**
>
> Die Wahrscheinlichkeit eines Pfades ist gleich dem Produkt der Wahrscheinlichkeiten längs des Pfades.
>
> *Beispiel:*   *Ergebnis:*   *Wahrscheinlichkeit:*
>
> —$\frac{1}{6}$—(R)—$\frac{1}{2}$—(G)   (R|G) $\frac{1}{6} \cdot \frac{1}{2}$, also $\frac{1}{12}$

(2) Pfadadditionsregel

Die Wahrscheinlichkeit eines Ereignisses wird als Summe der Wahrscheinlichkeiten der zugehörigen Ergebnisse berechnet (*Summenregel*). Da jedes Ergebnis eines mehrstufigen Zufallsexperiments mithilfe eines Pfades in einem Baumdiagramm dargestellt werden kann, gilt:

> **Pfadadditionsregel**
>
> Gehören zu einem Ereignis mehrere Pfade in einem Baumdiagramm, dann erhält man die Wahrscheinlichkeit des Ereignisses, indem man die Pfadwahrscheinlichkeiten der einzelnen zu dem Ereignis gehörenden Ergebnisse addiert.

(3) Vereinfachtes Baumdiagramm

Bei der Lösung der Teilaufgabe b) (4) haben wir nicht die Wahrscheinlichkeiten aller Pfade des Baumdiagramms berechnet, sondern nur die der Pfade mit identischen Farben bei der 1. und 2. Stufe.

Will man bei einem mehrstufigen Zufallsexperiment nur die Wahrscheinlichkeit *eines* Ereignisses bestimmen, dann genügt es, ein *vereinfachtes* Baumdiagramm zu zeichnen, das nur die interessierenden Pfade enthält. Es entfällt dann aber die Möglichkeit der Summenprobe.

Weiterführende Aufgaben

2. *Anwendung der Komplementärregel bei zweistufigen Zufallsexperimenten*

Ein Glücksrad wird zweimal gedreht. Betrachtet das Ereignis.
E: *Der Zeiger bleibt mindestens einmal auf dem roten Feld stehen.*
Wie groß ist die Wahrscheinlichkeit für dieses Ereignis?

> **Komplementärregel**
>
> Die Wahrscheinlichkeit P(E) eines Ereignisses E und die Wahrscheinlichkeit P($\bar{E}$) des zugehörigen Gegenereignisses $\bar{E}$ ergänzen sich zu 1:
>
> **P(E) + P($\bar{E}$) = 1**

3. *Anwenden der Regeln bei einem dreistufigen Zufallsexperiment*

Das Glücksrad aus Aufgabe 1a) wird dreimal gedreht.
(1) Welche Wahrscheinlichkeit hat das Ereignis *Dreimal dieselbe Farbe*?
(2) Ist es günstiger, auf das Ereignis *Dreimal dieselbe Farbe* zu wetten oder auf das Ereignis *Drei verschiedene Farben*?

Übungsaufgaben

4. Ein Glücksrad wird zweimal gedreht. Zeichne das zugehörige Baumdiagramm.

(1) 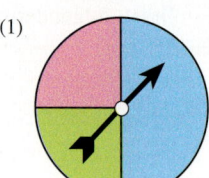 (2) 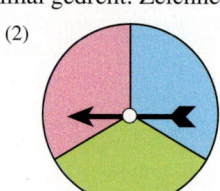 (3) 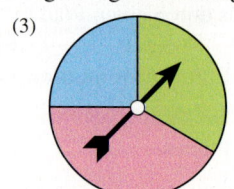 (4)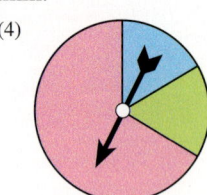

a) Welche Wahrscheinlichkeit hat das Ergebnis (Rot|Grün)?
b) Welche Wahrscheinlichkeit hat das Ereignis *Zweimal dieselbe Farbe*?
c) Bei welchem Glücksrad ist es günstig, auf das Ereignis *Zweimal dieselbe Farbe* zu setzen?

5. Bevor ein Buch gedruckt wird, werden die probeweise gedruckten Seiten auf Fehler durchgesehen. Der erste Kontrolleur findet erfahrungsgemäß 70 % der Fehler und korrigiert sie. Bei der nächsten Kontrolle werden (von übrig bleibenden Fehlern) 50 % entdeckt.
Mit welcher Wahrscheinlichkeit ist ein Fehler, der ursprünglich in einem Drucktext vorhanden war, auch nach diesen beiden Kontrollen noch nicht entdeckt?

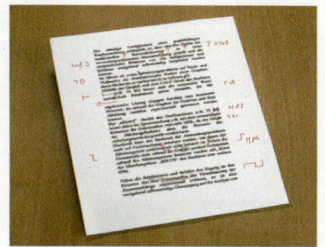

Pfadregeln

6. a) Mit dem Programm VU-Statistik auf der CD „Mathematik interaktiv" kann man auch Baumdiagramme mit Wahrscheinlichkeiten erzeugen. Den Befehl findet ihr im Menü Wahrscheinlichkeit unter Wahrscheinlichkeitsbaum.

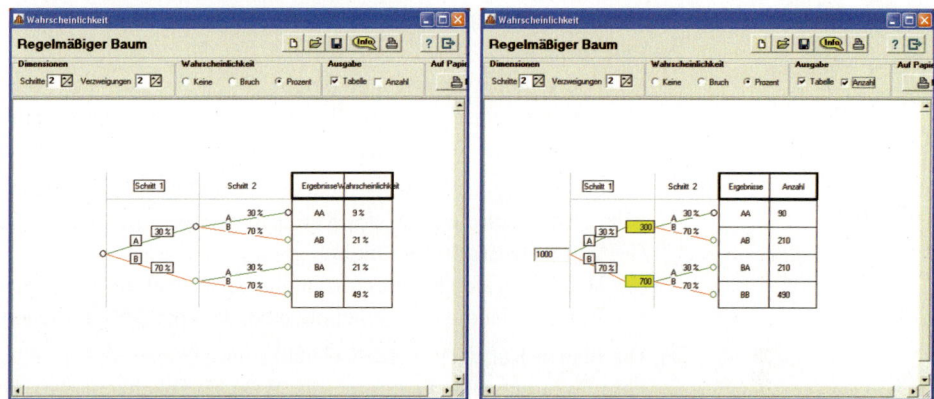

b) Benutzt das Programm, um Baumdiagramm und Wahrscheinlichkeiten von Aufgabe 1 zu bestimmen.

7. Welche der folgenden Schlussfolgerungen ist richtig? Begründe.
   (1) Ungefähr 40 % der Deutschen haben Blutgruppe 0; 30 % der Blutspender beim Deutschen Roten Kreuz sind unter 20 Jahre alt. Ein Blutspender beim DRK wird ausgelost.
   Der Leiter der Blutspendeaktion vermutet, dass die Wahrscheinlichkeit, dass diese Person unter 20 Jahre alt ist *und* Blutgruppe 0 hat, ungefähr 12 % beträgt.
   (2) 40 % der Schülerinnen und Schüler einer Klasse haben im Fach Deutsch eine gute Note (1 oder 2); im Fach Englisch sind es 30 %.
   Hieraus folgt, dass der Anteil derer, die in beiden Fächern eine gute Note haben, ungefähr 12 % beträgt.

8. Julia schlägt Maria das folgende Spiel vor:
   „Du darfst aus dem Becher 2 Kugeln nacheinander ziehen, ohne die erste zurückzulegen. Du gewinnst, wenn sie die gleichen Farben haben, sonst gewinne ich."

   a) Sollte Maria sich auf das Spiel einlassen,
      (1) wenn 3 rote und 4 blaue Kugeln in dem Becher sind;
      (2) wenn 3 rote und 3 blaue Kugeln in dem Becher sind;
      (3) wenn 6 rote und 3 blaue Kugeln in dem Becher sind?
   b) Jetzt soll die erste gezogene Kugel nach dem Ziehen zurückgelegt werden. Welche der Spielregeln (1) bis (3) sind nun günstig für Maria, welche für Julia?

9. Ein Skatspiel besteht aus 32 Karten, jeweils 8 Kreuzkarten, 8 Pikkarten, 8 Herzkarten und 8 Karokarten. Beim Austeilen erhält jeder Spieler 10 Karten, 2 Karten werden verdeckt als Skat auf den Tisch gelegt. Bestimme die Wahrscheinlichkeit, dass im Skat
   a) zwei Herzkarten liegen;
   b) zwei gleichfarbige Karten liegen;
   c) eine Herzkarte und eine Karokarte liegen.

10. Auf dem Tisch liegen verdeckt 8 Zahlkärtchen. Davon werden zwei Kärtchen gezogen und aus den Ziffern eine zweistellige Zahl gebildet.

a) Das erste gezogene Kärtchen stellt die Zehnerziffer dar. Dann wird das Kärtchen wieder zurückgelegt und nach dem Mischen wird ein zweites Kärtchen gezogen. Dies stellt die Einerziffer dar.
  (1) Wie viele Ergebnisse sind möglich?
  (2) Begründe, dass es sich bei diesem Zufallsexperiment um ein Laplace-Experiment handelt.
  (3) Wie groß ist die Wahrscheinlichkeit, dass bei diesem Ziehen eine Zahl unter 20 entsteht?

b) Das erste gezogene Kärtchen stellt die Zehnerziffer dar. Das erste Kärtchen wird nicht zurückgelegt. Dann wird ein zweites Kärtchen gezogen. Die zweite Ziffer stellt die Einerziffer dar.
  (1) Wie viele Ergebnisse sind möglich?
  (2) Handelt es sich bei diesem Zufallsexperiment um ein Laplace-Experiment? Begründe.
  (3) Wie groß ist die Wahrscheinlichkeit, dass bei diesem Ziehen eine Zahl unter 20 entsteht?

c) Die beiden Kärtchen werden gleichzeitig gezogen und so angeordnet, dass eine möglichst hohe Zahl entsteht. Bestimme die Wahrscheinlichkeit, dass bei diesem Ziehvorgang eine Zahl unter 30 entsteht.

11. Beim Roulette bleibt die Kugel in einem der Felder mit den Nummern 0, 1, …, 36 liegen. Davon sind 18 Felder rot markiert. Luiz hat noch zwei Chips, von denen er je einen in zwei aufeinander folgenden Spielen auf „Rot" setzen will. Bleibt die Kugel in einem roten Feld liegen, so erhält er seinen Einsatz und einen gleich hohen Gewinn zurück. Sonst ist der Einsatz verloren.

a) Wie viele Chips kann Luiz nach zwei Spielen besitzen?
b) Berechne für jede dieser Möglichkeiten die Wahrscheinlichkeit.
c) Warum heißt es in Spielerkreisen: „Auf Dauer gewinnt immer die Bank"?

Dränage ⟨franz.⟩ Entwässerungsleitung im Boden; med.: Ableitung von Wundflüssigkeiten.

12. In einen Schacht wird Wasser aus einer Dränage geleitet. Steht es dort zu hoch, kann es in den Keller eines Gebäudes eindringen. Daher wird das Wasser automatisch ab einem gewissen Wasserstand abgepumpt. Zur Sicherheit befinden sich im Schacht zwei unabhängig voneinander arbeitende Pumpen, damit ein Abpumpen auch dann noch erfolgt, wenn eine der beiden Pumpen versagt. Nach Werksangaben wird für die Pumpe garantiert, dass sie zu jedem Zeitpunkt mit einer Wahrscheinlichkeit von 99,9 % funktioniert.

a) Mit welcher Wahrscheinlichkeit fallen beide Pumpen zur gleichen Zeit aus?
b) Wie groß ist die Wahrscheinlichkeit für das korrekte Abpumpen?
c) Eine der beiden Pumpen soll durch eine teurere ersetzt werden, die in 99,99 % aller Fälle funktioniert. Auf welchen Wert steigt dadurch die Wahrscheinlichkeit für die einwandfreie Funktion?

Pfadregeln

13. Martin und Alexa werfen mit zwei Würfeln um Gummibärchen.

   a) Martin gewinnt ein Bärchen, wenn die Summe der beiden Augenzahlen gerade ist. Mit wie vielen Bärchen kann Martin bei 30 Doppelwürfen rechnen?

   b) Alexa gewinnt ein Bärchen, wenn das Produkt der beiden Augenzahlen ungerade ist. Mit wie vielen Bärchen kann Alexa bei 50 Doppelwürfen rechnen?

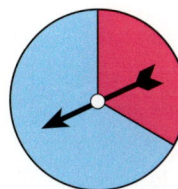

14. Ein Glücksrad wird dreimal gedreht. Stelle das Zufallsexperiment in einem Baumdiagramm dar. Welche Wahrscheinlichkeit hat das Ereignis

   (1) dreimal Rot;   (3) zweimal Rot;

   (2) dreimal dieselbe Farbe;   (4) öfter Rot als Blau?

15. Eine Münze wird dreimal nacheinander geworfen. Stelle das Zufallsexperiment in einem Baumdiagramm dar. Bestimme für das angegebene Ereignis die Wahrscheinlichkeit seines Eintretens.

   (1) zuerst Wappen, dann zweimal Zahl   (6) gleich oft Wappen und Zahl

   (2) nicht dreimal Wappen   (7) Pasch (d. h. drei gleiche Ergebnisse)

   (3) der letzte Wurf ist Zahl   (8) höchstens zweimal Zahl

   (4) mindestens einmal Wappen   (9) der erste Wurf ist Wappen

   (5) mehr Wappen als Zahl   (10) der zweite Wurf ist Zahl

16. Wirft man Reißnägel einer bestimmten Sorte, dann tritt Lage „Kopf: Spitze nach oben" mit Wahrscheinlichkeit 0,4 und Lage „Spitze zur Seite" mit Wahrscheinlichkeit 0,6 auf. Ein Reißnagel wird dreimal geworfen.

   a) Mit welcher Wahrscheinlichkeit tritt das Ergebnis (Kopf|Kopf|Seite) auf?

   b) Welche Wahrscheinlichkeit hat das Ereignis *Kopf kommt öfter als Seite*?

   c) Welche Wahrscheinlichkeit hat das Ereignis *Nur Kopf oder nur Seite*?

17. a) Die Wahrscheinlichkeit für *Wappen* beim Münzwurf ist $\frac{1}{2}$, d. h. durchschnittlich kommt auf 2 Würfe einmal Wappen. Wie groß ist die Wahrscheinlichkeit für das Ereignis *(Genau) einmal Wappen* beim zweifachen Münzwurf?

   b) Die Wahrscheinlichkeit für *Augenzahl 1 oder 2* beim Würfeln ist $\frac{1}{3}$. Wie groß ist die Wahrscheinlichkeit für das Ereignis *(Genau) einmal Augenzahl 1 oder 2* beim dreifachen Würfeln?

   c) Die Wahrscheinlichkeit für *Zweimal Wappen* beim Werfen zweier Münzen beträgt $\frac{1}{4}$. Wie groß ist die Wahrscheinlichkeit, dass bei einem vierfachen Doppelwurf von Münzen das Ergebnis *Zweimal Wappen* (genau) einmal auftritt?

18. Robin und Verena beginnen ein „Mensch-ärgere-dich-nicht"-Spiel mit einem üblichen Spielwürfel. Als Robin an die Reihe kommt, hat er nach drei Würfen noch keine einzige Sechs erzielt und ist enttäuscht. Verena stellt das dreistufige Zufallsexperiment mit den Einzel-Ergebnissen „Sechs" und „Keine Sechs" mit einem geeigneten Baumdiagramm dar. Zeichne es und erkläre damit Robin, dass noch kein Grund für eine Enttäuschung vorliegt.

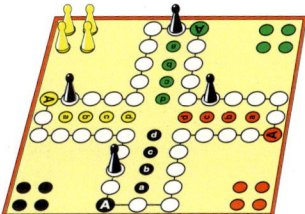

19. In Deutschland haben 43 % der Einwohner Blutgruppe A. Fünf Personen kommen zur Blutspende. Wie groß ist die Wahrscheinlichkeit, dass (genau) zwei Personen Blutgruppe A haben? Zeichne ein vereinfachtes Baumdiagramm, das nur die 10 Pfade enthält, die zum Ereignis *Zweimal Blutgruppe A* gehören.

20. Zu Annas Schulweg gehören 3 Kreuzungen mit Fußgängerampeln. Häufig, wenn sie es eilig hat, zeigen alle drei Ampeln Rot. An anderen Tagen kommt es auch vor, dass alle 3 Ampeln gerade Grün zeigen, wenn sie kommt. Zur genaueren Untersuchung dieses Sachverhalts stoppt Anna die Rot- und Grünzeiten der Ampeln.

	Ampel 1	Ampel 2	Ampel 3
Rotzeit	60 s	60 s	40 s
Grünzeit	30 s	20 s	60 s

Nimm an, dass die Ampeln nicht auf „Grüne Welle" geschaltet sind, d.h. es ist an jeder Ampel zufällig, ob man sie bei Rot oder Grün antrifft.

a) Berechne zunächst für jede Ampel einzeln die Wahrscheinlichkeit dafür, dass sie bei Annas Ankunft Rot bzw. Grün zeigt. Zeichne dann ein Baumdiagramm.

b) Wie groß ist die Wahrscheinlichkeit, dass alle 3 Ampeln bei Annas Ankunft Rot zeigen?

c) Wie groß ist die Wahrscheinlichkeit dafür, dass alle 3 Ampeln Grün zeigen?

d) Wie groß ist die Wahrscheinlichkeit dafür, dass mindestens eine Ampel Rot zeigt?

e) Wie groß ist die Wahrscheinlichkeit dafür, dass genau eine Ampel Rot zeigt?

21. Das Glücksrad rechts wird mehrfach gedreht.
Mit welcher Wahrscheinlichkeit wird der Zeiger spätestens beim 3. Mal auf *Rot* stehen bleiben?
Überlege: Welche Ergebnisse gehören zu diesem Ereignis, welche nicht?

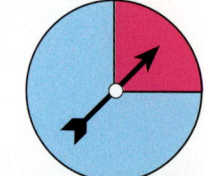

22. Laura und Katharina würfeln abwechselnd solange, bis die Augenzahl 1 gefallen ist; jeder wirft jedoch höchstens dreimal. Laura beginnt. Gewinnt Laura auf lange Sicht öfter als Katharina oder haben beide gleiche Gewinnchancen?

a) Stellt Vermutungen auf; ihr könnt das Spiel auch selbst einige Male durchführen, bevor ihr eine Vermutung aufstellt.

b) Berechnet die Wahrscheinlichkeit dafür, dass Laura gewinnt.

c) Wie groß ist die Wahrscheinlichkeit, dass es bei einer Spielrunde keinen Gewinner gibt? Wie viele von 100 Spielen müssen wiederholt werden, weil es keinen Sieger gibt?

23. Bei einem Fernsehquiz mit hohen Gewinnmöglichkeiten müssen die 10 Kandidaten zunächst unter Zeitdruck vier Begriffe in die richtige Reihenfolge bringen. Der Moderator behauptet, dass man bei einer zufällig getippten Reihenfolge eine Wahrscheinlichkeit von $\frac{1}{24}$ besteht, die richtige Reihenfolge erwischt zu haben. Hat er recht?

24. Beim Spiel „Monopoly" wird mit zwei Würfeln geworfen. Manchmal landet man während des Spiels im „Gefängnis". Man kann sich daraus selbst befreien, wenn man innerhalb der nächsten drei Spielrunden einen Pasch (zwei gleiche Augenzahlen) wirft, sonst muss man eine Strafe zahlen.
Vergleiche die Wahrscheinlichkeiten von „Selbst befreien" und „Strafe zahlen".

5.3 Aufgaben zur Vertiefung

1. Bei der Lottoziehung *6 aus 49* werden nacheinander 6 Kugeln aus einer Urne mit 49 nummerierten Kugeln ohne Zurücklegen gezogen.

   a) Begründe: Die Wahrscheinlichkeit, alle 6 Zahlen richtig vorherzusagen, beträgt:
   $$\tfrac{6}{49} \cdot \tfrac{5}{48} \cdot \tfrac{4}{47} \cdot \tfrac{3}{46} \cdot \tfrac{2}{45} \cdot \tfrac{1}{44} = \tfrac{1}{13\,983\,816}$$

   b) Begründe: Die Wahrscheinlichkeit, keine der 6 Zahlen richtig vorherzusagen, beträgt:
   $$\tfrac{43}{49} \cdot \tfrac{42}{48} \cdot \tfrac{41}{47} \cdot \tfrac{40}{46} \cdot \tfrac{39}{45} \cdot \tfrac{38}{44}$$

   c) Jede Woche werden ungefähr 100 Millionen Tipps abgegeben. Wie viele Tipps mit *6 Richtigen* [*0 Richtigen*] werden etwa dabei sein?

   d) Kontrolliere dein Ergebnis durch Recherche der letzten Wochenziehungen im Internet.

2. a) Sechs Freunde sitzen zusammen und feiern den Geburtstag von Leon. Dabei fällt ihnen auf, dass jeder von ihnen in einem anderen Monat Geburtstag hat. „Mich wundert das nicht", sagt Pascal, „schließlich gibt es doch 12 Monate und wir sind sechs!"

   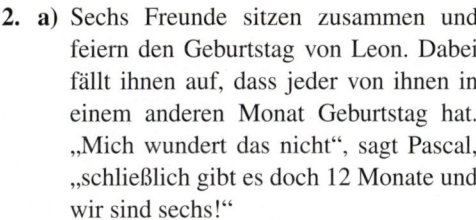

   (1) Schätze zunächst, wie häufig es vorkommt, dass 6 zufällig ausgewählte Personen in lauter verschiedenen Monaten Geburtstag haben.

   (2) Begründe dazu, warum die gesuchte Wahrscheinlichkeit gleich
   $P(E) = \tfrac{12}{12} \cdot \tfrac{11}{12} \cdot \tfrac{10}{12} \cdot \tfrac{9}{12} \cdot \tfrac{8}{12} \cdot \tfrac{7}{12}$ ist, und berechne den Term.

   (3) Welche Wahrscheinlichkeit hat also das Ereignis $\overline{E}$: *Mindestens zwei von sechs zufällig ausgewählten Personen haben im gleichen Monat Geburtstag?*

   b) (1) Wie groß ist die Wahrscheinlichkeit, dass von 10 zufällig ausgewählten Personen mindestens zwei am gleichen Tag Geburtstag haben?

   (2) Berechne die gesuchte Wahrscheinlichkeit auch für 15, 20, 25 Personen.

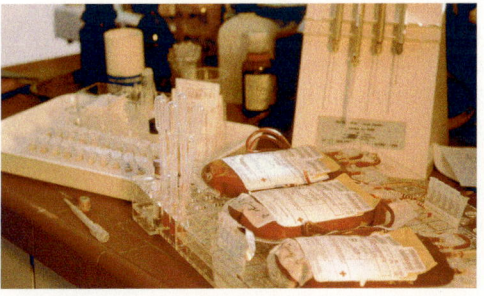

3. Bei einer Blutspende-Stelle eines Krankenhauses werden dringend Spenden der Blutgruppe B benötigt, die nur bei 11 % der Einwohner Deutschlands vorhanden ist. Nacheinander kommen einzelne Spender zum Krankenhaus.

   a) Berechne die Wahrscheinlichkeit, dass unter 5 Blutspendern auch mindestens einer mit Blutgruppe B ist.

   b) Wie viele Spender sind notwendig, damit die Wahrscheinlichkeit für das Ereignis *Mindestens ein Spender hat Blutgruppe B* größer ist als 90 %?

Im Blickpunkt

Klassische Probleme aus der Geschichte der Wahrscheinlichkeitsrechnung

1. Warum lohnt es sich, beim 4-fachen Würfeln darauf zu wetten, dass mindestens eine Sechs fällt, aber nicht darauf, dass beim 24-fachen Würfeln mit zwei Würfeln mindestens ein Sechser-Pasch auftritt?

   BLAISE PASCAL (1623–1662) und PIERRE FERMAT (1607–1665) korrespondierten 1654 über die Lösung dieses Problems des CHEVALIER DE MÉRÉ – dies gilt als die „Geburtsstunde" der Wahrscheinlichkeitsrechnung.
   Betrachte zur Lösung das Ereignis
   E_1: *Beim 4-fachen Würfeln fällt keine Sechs* bzw.
   E_2: *Beim 24-fachen Würfeln mit zwei Würfeln fällt keine Doppelsechs*
   und jeweils das zugehörige Gegenereignis. Vergleiche die berechneten Wahrscheinlichkeiten.

2. Bei einem Glücksspiel, das aus mehreren Runden besteht, gewinnt derjenige von zwei Mitspielern den gesamten Spieleinsatz, der als erster eine bestimmte Punktzahl erreicht. Das Spiel muss bei einem gewissen Zwischenstand abgebrochen werden. Wie ist die gerechte Aufteilung des Spieleinsatzes?

   Dieses so genannte *Problème des partis* findet sich im Buch „Della Summa de Arithmetica Geometria Proportioni et Proportionalita" von LUCA PACIOLI (1445–1514). PACIOLI gab eine Lösung an, die von GERONIMO CARDANO (1501–1576) und von NICCOLO TARTAGLIA (1449–1557) kritisiert wurde. PIERRE DE FERMAT und BLAISE PASCAL lösten das Problem 1654 mithilfe eines Baumdiagramms.
   PASCAL und FERMAT sahen es als gerecht an, wenn die ausgefallenen Runden des abgebrochenen Spiels durch Münzwurf ersetzt werden.

   Angenommen, eine Mannschaft gewinnt das Spiel, wenn sie 6-Punkte erreicht hat; das Spiel musste beim Stand von 5 : 2 abgebrochen werden. Zeichne ein Baumdiagramm für die ausstehenden Runden und bestimme die Wahrscheinlichkeit dafür, dass die führende Mannschaft gewinnt.

3. Der holländische Mathematiker CHRISTIAN HUYGENS (1629–1695) nahm 1657 verschiedene bekannte Probleme in das erste große Lehrbuch der Wahrscheinlichkeitsrechnung „Van reeckening in spelen von geluck" (lateinisch: „De ratiociniis in ludo aleae") auf. HUYGENS löste viele Aufgaben, indem er Gewinnerwartungen berechnete.
   Wir betrachten die in Aufgabe 2 beschriebene Situation eines Spiels, das beim Stand von 5 : 2 abgebrochen wurde und das eigentlich solange hätte dauern sollen, bis eine Mannschaft 6 Punkte erreicht hat. Wie oft muss man im Mittel noch die Münze werfen, um das unterbrochene Spiel zu Ende zu bringen?

IM BLICKPUNKT: Klassische Probleme aus der Geschichte

4. Beim Würfeln mit 2 Würfeln tritt die Augensumme 11 genauso häufig auf wie Augensumme 12. Beide Augensummen kommen dreimal so häufig vor wie Augensumme 7.

Dem großen Mathematiker GOTTFRIED WILHELM LEIBNIZ (1646–1716) werden diese Behauptungen nachgesagt. Überprüfe dies. Bestimme dazu allgemein die Wahrscheinlichkeit für die Augensummen 2, 3, 4, …, 12 beim zweifachen Würfeln.

5. Die Wahrscheinlichkeit für eine Sechs ist $\frac{1}{6}$; also lohnt es sich darauf zu wetten, dass eine Sechs in drei Würfen auftritt.

Diese Aussage findet man im Buch „Liber de ludo aleae" (Über das Glücksspiel) von GERONIMO CARDANO (1501–1576). Überprüfe diese Behauptung.

6. Erhält man beim Werfen mit 3 Würfeln Augensumme 10 häufiger als Augensumme 9?

GALILEO GALILEI (1564–1642) wurde diese Aufgabe von seinem Fürsten vorgelegt. Überprüfe diese Behauptung.

7. Aus einem Kartenspiel mit 32 Karten [52 Karten] werden zufällig 4 Karten ohne Zurücklegen gezogen. A wettet mit B, dass dies 4 Karten mit verschiedenen Symbolen sind (Kreuz, Pik, Herz, Karo). Bei welchem Wetteinsatz ist dies eine faire Wette?

Aufgaben dieser Art schickte PIERRE DE FERMAT (1607–1665) an CHRISTIAN HUYGENS (1629–1695). Was müsste B zahlen, wenn A einen Euro setzen würde?

8. 13 Karten werden gut gemischt und eine Karte nach der anderen abgehoben. Stimmt kein Kartenwert mit der Ziehungsnummer überein, so gewinnt der Spieler, andernfalls die Bank.

Dieses so genannte *Rencontre-Problem* findet sich zum ersten Mal im „Essai d'Analyse sur les Jeux de Hazard" von PIERRE RÉMOND DE MONTMORT (1678–1719). Seit einer Arbeit von LEONHARD EULER (1707–1783) wird das Problem als Rencontre-Problem bezeichnet („Calcul de la probabilité dans le jeu de rencontre", 1751). Löse dieses Problem für ein Kartenspiel mit 3 Karten [4 Karten]. Mit welcher Wahrscheinlichkeit stimmt bei keiner Karte der Kartenwert mit der Nummer überein [bei einer Karte; bei zwei Karten; bei drei Karten; bei vier Karten]?

Hinweis: Nimm für das Ass den Kartenwert 1.

9. A und B spielen mit einem Würfel. Derjenige von beiden hat gewonnen, der als Erster eine Sechs wirft. Welche Chancen hat A zu gewinnen?
(1) A beginnt; dann würfelt B; danach ist A wieder an der Reihe usw.
(2) A beginnt und wirft einmal; dann folgt B; anschließend darf A zweimal würfeln, dann B zweimal usw.
(3) A beginnt und wirft einmal; dann würfelt B zweimal; anschließend darf A dreimal würfeln, dann B viermal usw.

Aufgaben dieser Art findet man im Buch „Ars conjectandi" („Mutmaßungskunst") des Schweizer Mathematikers JACOB BERNOULLI (1655–1705). Berechne die Wahrscheinlichkeiten für einen Gewinn von A bzw. B innerhalb der ersten 10 Runden.

Bist du fit?

1. **a)** Das abgebildete Glücksrad wird zweimal gedreht.
   Bestimme die Wahrscheinlichkeit für das Ereignis:
   E_1: Zweimal die gleiche Farbe
   E_2: Zwei verschiedene Farben

   b) In einer Urne befinden sich 12 gleichartige Kugeln, davon 5 rote, 4 blaue, 2 grüne und 1 gelbe. Zwei Kugeln werden ohne Zurücklegen gezogen. Bestimme die Wahrscheinlichkeiten der Ereignisse E_1 und E_2 aus Teilaufgabe a).

2. Bei einer Geburtstagsfeier wird für eine Verlosung eine Glückszahl bestimmt: Zunächst dreht man das Glücksrad rechts und erhält eine Zahl. Danach wirft man eine Münze; bei Zahl wird die Glücksradzahl verdoppelt, bei Wappen bleibt sie unverändert.
   Welche Glückszahlen sind möglich? Bestimme ihre Wahrscheinlichkeiten.

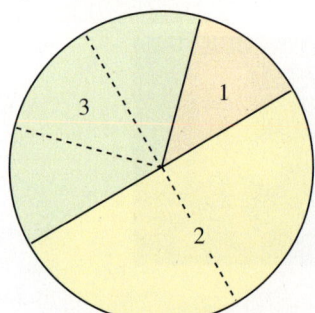

3. Das Büro einer Firma ist mit einer Sicherung an der Haupttür und einem Bewegungsmelder im Kassenraum gegen Einbruch gesichert. Nach Werksangaben wird garantiert, dass die Türsicherung in 99,5 %, der Bewegungsmelder in 98,5 % aller Störungen funktioniert.

   a) Welche Wahrscheinlichkeit wird für das gleichzeitige Funktionieren beider Sicherungssysteme garantiert?

   b) Bestimme die Wahrscheinlichkeit, dass beim Einbruch beide Sicherungen versagen können.

   c) Die Firma möchte einen anderen Bewegungsmelder installieren, sodass die Wahrscheinlichkeit für ein ungehindertes Eindringen bei höchstens 1 : 100 000 liegt. Mit welcher Wahrscheinlichkeit müsste dann das Funktionieren des Melders garantiert sein?

4. Beim Spiel „Monopoly" wird mit zwei Würfeln geworfen. Manchmal landet man während des Spiels im „Gefängnis". Man kann sich daraus selbst befreien, wenn man innerhalb der nächsten drei Spielrunden einen Pasch (zwei gleiche Augenzahlen) wirft, sonst muss man eine Strafe zahlen.
   Vergleiche die Wahrscheinlichkeiten von „Selbst befreien" und „Strafe zahlen".

Bleib fit im ...
Umgang mit Flächen- und Volumenberechnungen

Zum Aufwärmen

1. Bestimme den Flächeninhalt folgender Figuren.

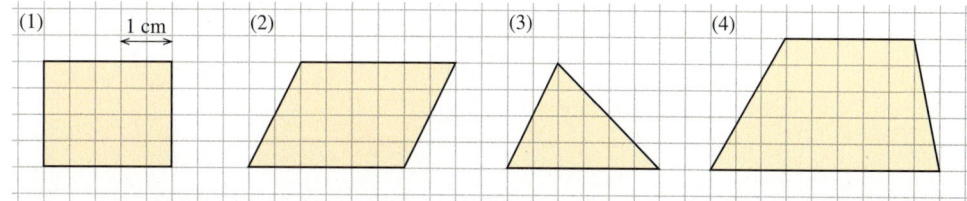

$\pi \approx 3{,}14$

2. Bestimme Umfang und Flächeninhalt der Kreise.

(1) 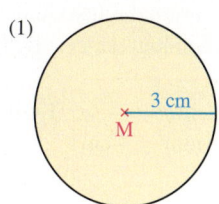 3 cm

(2) 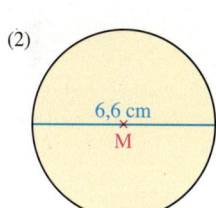 6,6 cm

3. Aus Pappe sollen die abgebildeten Quader hergestellt werden.
   Für welchen braucht man mehr Pappe?
   In welchen passt mehr hinein?

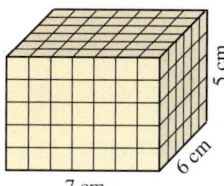 5 cm, 7 cm, 6 cm

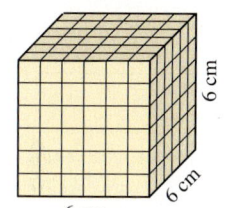 6 cm, 6 cm, 6 cm

4. a) Erläutere am Quadrat rechts den Zusammenhang zwischen den Flächeninhaltseinheiten mm^2 und cm^2.

   b) Erläutere ebenso am Würfel rechts den Zusammenhang zwischen den Volumeneinheiten mm^3 und cm^3.

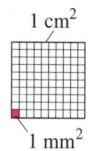 $1\ cm^2$ / $1\ mm^2$

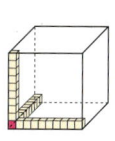

Zum Erinnern

(1) Flächeninhalt und Umfang von Figuren

Der Flächeninhalt A einer Figur gibt an, wie viele Einheitsquadrate in der Figur enthalten sind. Das Rechteck links enthält 6 Quadrate der Seitenlänge 1 cm, sein Flächeninhalt beträgt 6 cm^2. Will man andere Figuren lückenlos überdecken, muss man die Einheitsquadrate geeignet zerteilen.

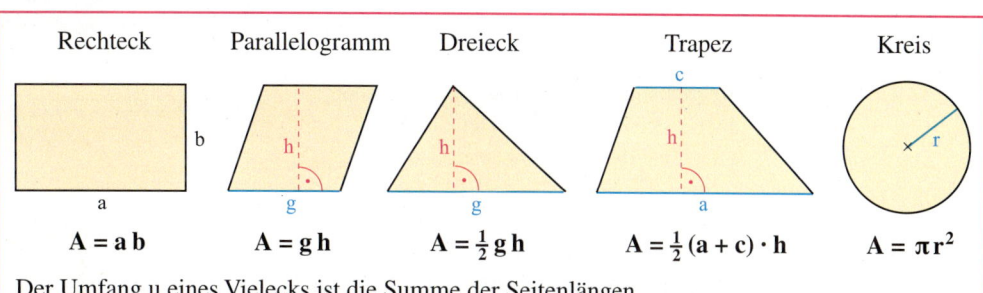

Rechteck	Parallelogramm	Dreieck	Trapez	Kreis
$A = a\,b$	$A = g\,h$	$A = \frac{1}{2} g\,h$	$A = \frac{1}{2}(a+c)\cdot h$	$A = \pi r^2$

Der Umfang u eines Vielecks ist die Summe der Seitenlängen.
Für den Kreis gilt: $u = 2\pi r$

(2) Oberflächeninhalt und Volumen von Quadern

Die Seitenflächen eines Quaders bilden seine *Oberfläche*. Deren Flächeninhalt ist z. B. ein Maß dafür, wie viel Pappe man zur Herstellung benötigt.
Die Anzahl der Einheitswürfel, die in einen Quader lückenlos passen, gibt sein Volumen an. Wählt man Würfel mit der Kantenlänge 1 cm, dann erhält man das Volumen in der Einheit cm³.

> Sind a, b und c die Kantenlängen eines Quaders, dann gilt für Volumen und Größe der Oberfläche des Quaders:
>
> $V = a \, b \, c$
>
> $A_O = 2ab + 2ac + 2bc$

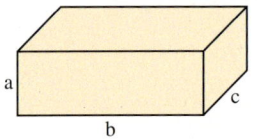

(3) Umwandlung von Flächeninhalts- und Volumeneinheiten

Die Umwandlungszahl der Längeneinheiten ist 10 (z. B. 10 mm = 1 cm; 10 dm = 1 m).
Man benötigt daher z. B. 100 Quadrate der Größe 1 dm², um ein 1 m² großes Quadrat auszulegen.

$$1\,\text{mm}^2 \xrightarrow{\cdot 100} 1\,\text{cm}^2 \xrightarrow{\cdot 100} 1\,\text{dm}^2 \xrightarrow{\cdot 100} 1\,\text{m}^2 \xrightarrow{\cdot 100} 1\,\text{a} \xrightarrow{\cdot 100} 1\,\text{ha} \xrightarrow{\cdot 100} 1\,\text{km}^2$$

100 mm² = 1 cm²
100 cm² = 1 dm²
100 dm² = 1 m²
100 m² = 1 a
100 a = 1 ha
100 ha = 1 km²

Bei Flächeninhaltseinheiten: Umwandlungszahl 100

Man benötigt 10 · 10 · 10 Würfel der Kantenlänge 1 mm³, um einen 1 cm³ Würfel zu füllen.

$$1\,\text{mm}^3 \xrightarrow{\cdot 1\,000} 1\,\text{cm}^3 \xrightarrow{\cdot 1\,000} 1\,\text{dm}^3 \xrightarrow{\cdot 1\,000} 1\,\text{m}^3$$

1 000 mm³ = 1 cm³
1 000 cm³ = 1 dm³
1 000 dm³ = 1 m³

1 *l* = 1 dm³
1 ml = 1 cm³
1 *l* = 1 000 ml

Beim Volumen: Umwandlungszahl 1 000

Zum Trainieren

5. a) Die Insel Rügen ist 977 km² groß. Gib die Seitenlänge eines Rechtecks an, das etwa so groß wie Rügen ist.

   b) Thüringen ist 1 617 250 ha groß [Erfurt 269 170 000 m²]. Gib die Seitenlängen eines Rechtecks an, das etwa so groß ist wie Thüringen [Erfurt].

6. Rechts sind Grundstücke eines Neubaugebietes skizziert. 1 m² kostet 110 €.
   Berechne die Preise der vier Grundstücke.

7. Ein Fußballfeld ist mindestens 90 m lang und 45 m breit und höchstens 120 m lang und 90 m breit. Wie groß ist ein Fußballfeld mindestens, wie groß höchstens?

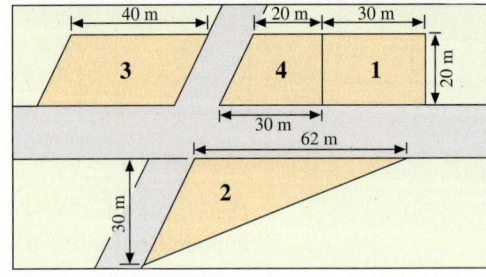

Bleib fit im Umgang mit Flächen- und Volumenberechnungen

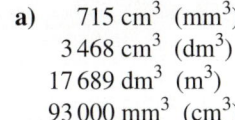

8. Schreibe in der in Klammern angegebenen Einheit.

   a) 715 cm³ (mm³)
      3 468 cm³ (dm³)
      17 689 dm³ (m³)
      93 000 mm³ (cm³)

   b) 147 l (ml)
      9 000 cm³ (l)
      1 234 l (dm³)
      399 ml (l)

   c) 642 cm³ (dm³)
      63 dm³ (ml)
      9 mm³ (cm³)
      49 ml (l)

   d) 0,643 m³ (dm³)
      63,4 dm³ (cm³)
      4,02 m³ (dm³)
      92,009 l (ml)

9. Kontrolliere Kevins Hausaufgaben.

   $7,9\ m^3 = 79\ dm^3$ $7\ cm^3 = 0,07\ dm^3$ $9\ m = 9\,000\ dm$
   $0,7\ l = 7\ ml$ $6\ cm^2 = 600\ mm^2$ $0,4\ l = 0,4\ dm^3$
   $850\ mm^3 = 0,85\ cm^3$ $453,7\ m^2 = 45,37\ dm^2$ $0,75\ l = 750\ cm^3$

10. Die Fläche soll neu getäfelt werden. Berechne die Kosten. Runde sinnvoll.

    a) *Wohnzimmerdecke*
    87,90 € pro m²

    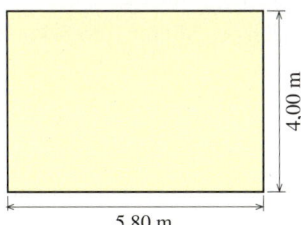

    b) *Trennwand Dachgiebelzimmer*
    55,70 € pro m²

    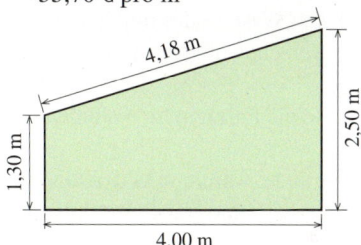

    c) *Treppenhauswand*
    64,20 € pro m²

    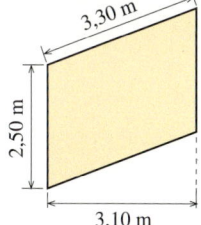

11. Zeichne das Parallelogramm ABCD und ermittle den Flächeninhalt.

    a) A(1|2), B(7|4), C(10|8), D(4|6)   b) $\overline{AD}$ = 4,5 cm; $\overline{DC}$ = 7,3 cm; ∢ADC = 100°

12. Zeichne das Dreieck ABC und ermittle den Flächeninhalt.

    a) A(−1,5|2), B(5|−2), C(2|5,5)   b) a = 5,4 cm; b = 8,7 cm; c = 4,3 cm

13. Berechne den Flächeninhalt eines Kreises mit dem Radius r bzw. Durchmesser d. Gib das Ergebnis auch in der in eckigen Klammern angegebenen Einheit an. Runde sinnvoll.

    a) r = 7,4 cm [dm²]   b) d = 83 cm [m²]   c) d = 12 m [a]   d) r = 398 m [ha]

14. Die Baumsatzung mancher Städte schreibt vor:
    Bäume (außer Obstbäume) mit einem Durchmesser von mindestens 19 cm (in 1 m Höhe) dürfen nur mit behördlicher Genehmigung gefällt werden.
    Auf einem Grundstück stehen verschiedene Bäume, deren Umfang mit einem Meterband festgestellt wurde:

    (1) Eiche: 151 cm   (2) Buche: 65 cm   (3) Birke: 56 cm   (4) Pappel: 61 cm
    Welche dieser Bäume dürfen nur mit Genehmigung gefällt werden?

15. Um einen Baum wird eine kreisrunde Pflanzscheibe mit Durchmesser 1,60 m angelegt.

    a) Berechne den Flächeninhalt der Pflanzscheibe.

    b) Berechne die Länge des Randes der Pflanzscheibe, die mit Kantsteinen eingefasst wird.

16.

Reifenbezeichnungen
und was sie bedeuten

Eigenschaften eines Reifens sind in einer weltweit geltenden Verschlüsselung am Reifen eingeprägt. Am Beispiel 175/65 R 14 82 T im Foto sehen Sie, wie Sie diese Bezeichnung lesen können:

175	Reifenbreite beträgt 175 mm
65	Verhältnis Reifenhöhe : Reifenbreite in % (Reifenhöhe = 65 % von 175 mm)
R	Radialreifen
14	Felgendurchmesser in Zoll (1 Zoll = 25,4 mm)
82	Kennzahl für Reifentragfähigkeit (z. B. 82 für 475 kg pro Reifen)
T	Symbol für zulässige Geschwindigkeit (z. B. T für bis zu 190 km/h)

a) Rechne mit den Daten nach, dass der äußere Durchmesser dieses Reifens 583 mm beträgt.

b) Wie lang ist der Weg, den ein Fahrzeug mit diesem Reifen bei einer Radumdrehung zurücklegt?

c) Der Wagen hat einen Weg von 1 km zurückgelegt. Wie oft hat sich das Rad gedreht?

d) Der Wagen fährt mit einer Geschwindigkeit von $150 \frac{km}{h}$.
Berechne die Anzahl der Radumdrehungen pro Minute [pro Sekunde].

17. Stelle die Formeln für Volumen und Oberflächeninhalt eines Würfels der Kantenlänge s auf.

18. Begründe, warum man den Oberflächeninhalt und das Volumen eines Quaders mit den Kantenlängen a, b und c auch mit folgender Formel berechnen kann: $A_O = 2(ab + ac + bc)$

19. Berechne jeweils den Oberflächeninhalt eines Quaders mit den angegebenen Kantenlängen.

a) 2,4 cm; 1,8 cm; 5,7 cm b) 1,30 m; 70 cm; 90 cm c) 34 cm; 2,75 m; 3,60 m

20. Der Pappbehälter von 1 l H-Milch ist 9 cm lang und 6 cm breit.
Wie viel Pappe wird zu seiner Herstellung mindestens benötigt?

21. Ein Quader mit dem Oberflächeninhalt 249 cm² ist 8 cm lang und 5 cm breit.
Welches Volumen hat er?

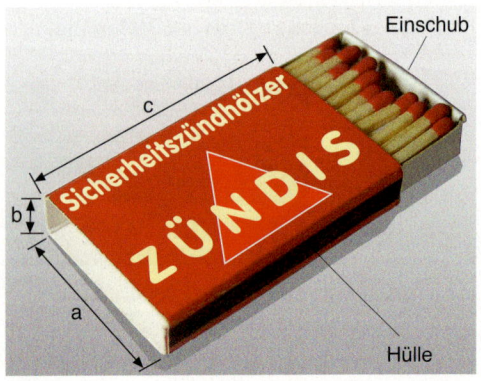

22. Streichholzschachteln bestehen aus einer Hülle und einem Einschub. Die Kantenlängen a, b und c sind je nach Fabrikat unterschiedlich groß.

a) Wie viel Pappe wird für die Herstellung einer Streichholzschachtel benötigt?
Stelle eine Formel auf.

b) In einer Schachtel mit den Maßen a = 3,3 cm, b = 1,3 cm, c = 5,1 cm befinden sich 41 Streichhölzer. Jedes Streichholz ist 4,5 cm lang und hat eine quadratische Querschnittsfläche mit der Seitenlänge 2,5 mm.
Welches Volumen nehmen die Streichhölzer im Vergleich zur Schachtel ein? (Vernachlässige die etwas dickeren Streichholzköpfe.)
Wie viel Prozent der Schachtel ist mit Luft gefüllt?

6. BERECHNUNGEN AN KÖRPERN

Der Turm befindet sich in Luzern/Schweiz neben einer überdachten Holzbrücke über den Fluss Reuss. Der Turm hat eine sechseckige Grundfläche und ein pyramidenförmiges Dach mit einer sechseckigen Grundfläche.

Der Vergnügungspark „Disney World" in Florida (USA) bietet in diesem kugelförmigen Gebäude eine Reise durch die Entstehungsgeschichte der Erde an. Die Kugel ist ungefähr 55 m hoch und die Ummantelung besteht aus 11 324 Dreiecken aus Aluminium und Plastik.

In Griechenland und Spanien haben viele zylinderförmige Windmühlen ein kegelförmiges Dach. Solche Dächer findet man auch bei Türmen von Kirchen, Schlössern und Moscheen.

- Suche nach Gebäuden oder Gebäudeteilen, die die Form eines Prismas, eines Zylinders, einer Pyramide, eines Kegels oder einer Kugel haben.
- Überlege, warum man diese Formen gewählt hat.

In diesem Kapitel lernst du, wie man das Volumen und den Oberflächeninhalt von Prisma, Zylinder, Pyramide, Kegel und Kugel berechnen kann.

6.1 Prismen

6.1.1 Netz und Oberflächeninhalt eines Prismas

Einstieg

Zerschneiden von Quadern – Prismen

Von einem Quader aus Schaumstoff kann man Stücke abschneiden. Schneidet man parallel zu einer Seitenkante, so entstehen Körper der folgenden Art. Beschreibt die entstandenen Körper; achtet auf gemeinsame Eigenschaften.

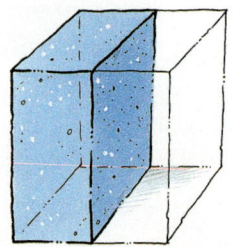  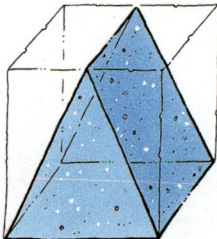 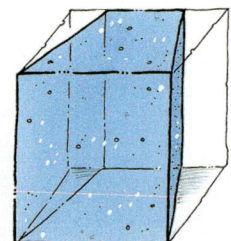

Information

> Ein (gerades) **Prisma** ist ein Körper, der von zwei zueinander parallelen und kongruenten Vielecken sowie von Rechtecken begrenzt wird.
>
>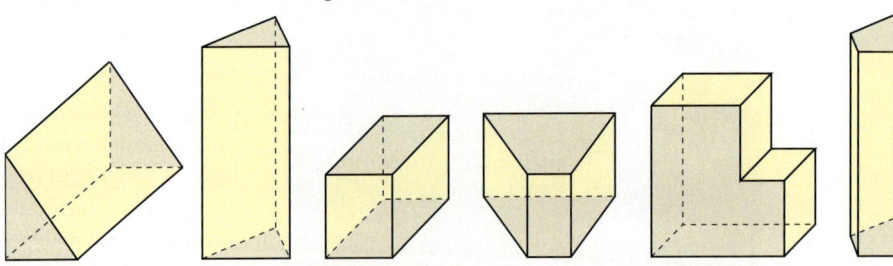
>
> Die beiden zueinander parallelen und deckungsgleichen Vielecke heißen **Grundflächen**, die Rechtecke heißen **Seitenflächen**.
> Die Seitenflächen bilden zusammen die **Mantelfläche** des Prismas.
> Ist die Grundfläche ein Dreieck (Viereck, …), so heißt das Prisma dreiseitiges (vierseitiges, …) Prisma. Der Abstand der beiden Grundflächen voneinander heißt **Höhe** des Prismas.
> Prismen nennt man auch *Säulen*. Man kann sie durch Zerschneiden von Quadern erhalten.
> *Beachte:* Quader sind besondere Prismen.

Aufgabe 1

Netz und Oberflächeninhalt eines Prismas

Der Körper rechts ist ein Prisma mit den Maßen a = 28 cm, b = 23 cm, c = 30 cm, h_c = 20 cm, h = 35 cm.
Ein Kunsthandwerker benötigt für eine Wandverzierung eine größere Zahl von Körpern aus Blech, die die Form dieses Prismas haben.
Wie viel Blech benötigt man für ein solches Prisma?

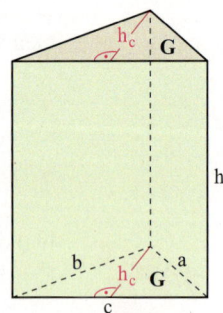

Prismen

Lösung

Der Oberflächeninhalt ist die Größe der Oberfläche.

(1) Zeichne ein Netz des Prismas. Es besteht aus drei Rechtecken, die die Mantelfläche bilden, und den beiden dreieckigen Grundflächen.

(2) Zur Berechnung des Blechbedarfs bestimmst du den Oberflächeninhalt A_O des Prismas.

Flächeninhalt A_G einer Grundfläche (Grundflächeninhalt):
$A_G = \frac{1}{2} \cdot c \cdot h_c = \frac{1}{2} \cdot 30 \text{ cm} \cdot 20 \text{ cm} = 300 \text{ cm}^2$

Flächeninhalt A_M der Mantelfläche (Mantelflächeninhalt):
$A_I = a \cdot h = 28 \text{ cm} \cdot 35 \text{ cm} = 980 \text{ cm}^2$
$A_{II} = b \cdot h = 23 \text{ cm} \cdot 35 \text{ cm} = 805 \text{ cm}^2$
$A_{III} = c \cdot h = 30 \text{ cm} \cdot 35 \text{ cm} = 1050 \text{ cm}^2$

$A_M = A_I + A_{II} + A_{III}$
$ = 980 \text{ cm}^2 + 805 \text{ cm}^2 + 1050 \text{ cm}^2$
$ = 2835 \text{ cm}^2$

Du kannst auch zunächst den Umfang der Grundfläche berechnen:
$u = 28 \text{ cm} + 23 \text{ cm} + 30 \text{ cm} = 81 \text{ cm}$
Damit erhältst du dann sofort für den Mantelflächeninhalt A_M:
$A_M = 81 \text{ cm} \cdot 35 \text{ cm}$
$ = 2835 \text{ cm}^2$

Oberflächeninhalt A_O des Prismas:
$A_O = 2 \cdot A_G + A_M$
$A_O = 2 \cdot 300 \text{ cm}^2 + 2835 \text{ cm}^2$
$ = 3435 \text{ cm}^2$
$ = 34{,}35 \text{ dm}^2$

Ergebnis: Der Kunsthandwerker benötigt für jedes Prisma ungefähr 35 dm² Blech.

Information

Für den **Oberflächeninhalt A_O eines Prismas** mit dem Grundflächeninhalt A_G, dem Mantelflächeninhalt A_M, der Höhe h und dem Umfang u der Grundfläche gilt:

$A_O = 2A_G + A_M$ bzw. $A_O = 2A_G + u \cdot h$

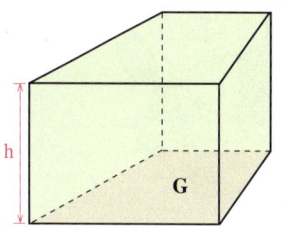

Übungsaufgaben

2. Süßigkeiten und Pralinen werden in unterschiedlichen Verpackungen angeboten. Beschreibe und vergleiche folgende Schachteln.

3. Sammelt Gegenstände aus dem Alltag, die die Form eines Prismas haben. Bereitet damit eine Ausstellung vor.

4. Welche der Körper sind Prismen? Gib bei den Prismen auch die Grundfläche und die Höhe an.

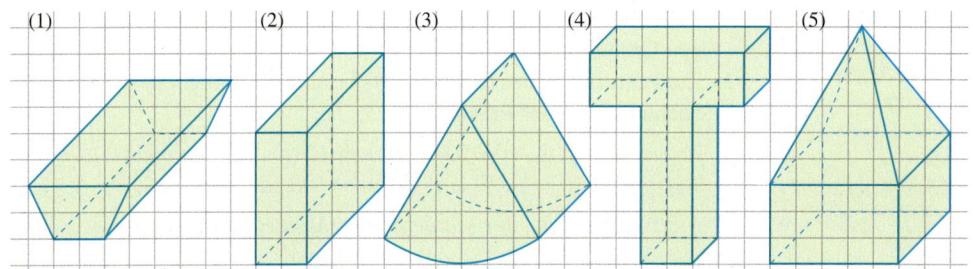

5. Aus dem Quader wird durch Schneiden längs der angegebenen Linien ein Prisma erzeugt. Zeichne ein Netz des Prismas.

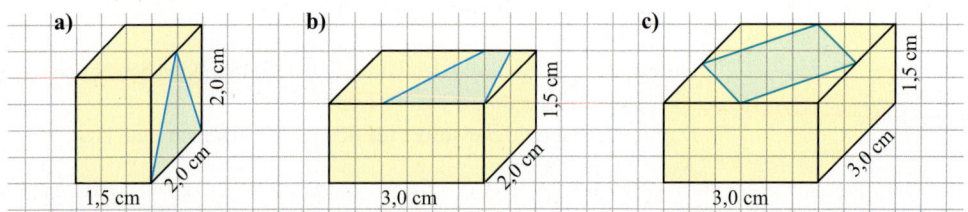

6. Ein Quader soll die Seitenlängen 3 cm, 4 cm und 5 cm haben. Wähle eine Grundfläche als Standfläche aus. Zeichne dann ein Schrägbild und gib die Höhe an. Verfahre ebenso mit den übrigen Möglichkeiten für die Grundfläche.

7. Marie hat für verschiedene Prismen das Netz gezeichnet. Kontrolliere.

8. a) Wie viel Karton braucht man für die abgebildete Verpackung von Schokolade (ohne Abfall)?
   b) Stelle ein Papiermodell der Verpackung her.
   c) Wie viel Draht benötigt man für das Kantenmodell dieses Prismas?

Prismen

9. Ein Prisma ist 15 cm hoch; eine Grundfläche ist

   a) ein Dreieck;   **b)** ein Parallelogramm;   **c)** ein Trapez;   **d)** ein Drachenviereck.

   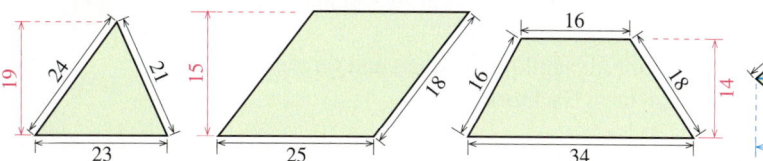

   Berechne den Oberflächeninhalt des Prismas (Maße im Bild in mm).

Flächeninhalt eines gleichseitigen Dreiecks:
$A = \frac{a^2}{4}\sqrt{3}$

10. Zur Verpackung von Lebkuchen benutzt eine Firma Kartons mit einer sechseckigen (regelmäßigen) Grundfläche.

    a) Es soll ein Papiermodell hergestellt werden. Fertige dazu ein Netz des Prismas an.

    b) Berechne den Materialbedarf (ohne Verschnitt); stelle zunächst eine Formel auf.

11. Die abgebildeten Kartons werden als Verpackungsmaterial benutzt (Maße in mm). Skizziere ein Netz des Kartons und berechne den Materialbedarf.

12. Der Umfang u der Grundfläche eines Prismas ist 50 cm lang. Das Prisma ist 12 cm hoch. Wie groß ist die Mantelfläche des Prismas?

13. Bei einem Prisma sind u der Umfang, A_G der Flächeninhalt einer Grundfläche, h die Höhe, A_M der Mantelflächeninhalt und A_O der Oberflächeninhalt. Berechne die fehlenden Größen.

    a) h = 9,5 dm
    A_G = 94,5 dm²
    u = 56,8 dm

    b) h = 22,5 cm
    A_M = 518,75 cm²
    A_G = 63,8 cm²

    c) u = 6,35 cm
    A_M = 36,83 cm²
    A_O = 54,63 cm²

    d) u = 42 cm
    h = 23 cm
    A_O = 1 225 cm²

14. Ein Prisma besitzt eine quadratische Grundfläche mit der Seitenlänge a. Der Körper ist doppelt so hoch [halb so hoch] wie breit. Wie lautet die Formel für den Oberflächeninhalt?

15. **a)** Wie verändert sich der Oberflächeninhalt eines Würfels, wenn man die Kantenlänge verdoppelt [verdreifacht]?

    b) Wie verändert sich der Oberflächeninhalt eines Quaders, wenn man die Länge jeder Kante verdoppelt [verdreifacht]?

    c) Bei einem dreiseitigen Prisma ist der Flächeninhalt der Grundfläche A_G = 25 cm² und der Mantelflächeninhalt A_M = 50 cm².
    Wie verändert sich der Oberflächeninhalt, wenn man die Höhe verdoppelt [verdreifacht]?

    d) Stelle selbst Fragen und untersuche die Veränderungen bei weiteren Prismen.

6.1.2 Schrägbild eines Prismas

Einstieg

Aus dem Quader rechts wird mit zwei Schnitten ein Prisma hergestellt.
Zeichne ein Schrägbild des Prismas und vergleiche mit deinem Nachbarn.

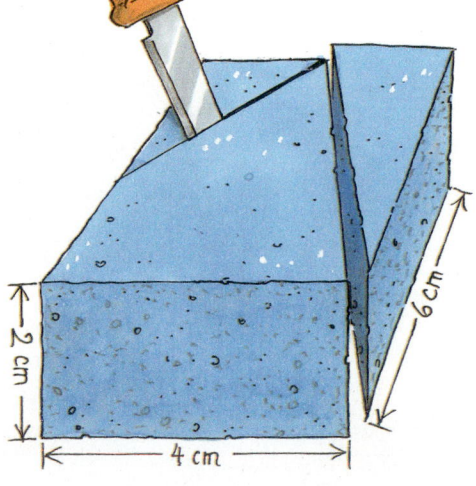

Einführung

Ein dreiseitiges Prisma ist 1,3 cm hoch und hat nebenstehende Grundfläche.
Wir zeichnen ein Schrägbild dieses Prismas mit dem Verzerrungswinkel 45° und dem Verkürzungsfaktor $\frac{1}{2}$.
Das Prisma soll auf einer Grundfläche stehen.

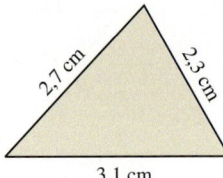

Nicht sichtbare Kanten werden gestrichelt gezeichnet.

1. Schritt:

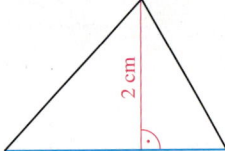

Zeichne in die Grundfläche eine geeignete Hilfslinie als Tiefenstrecke (rot) ein. Miss ihre Länge.
Tiefenstrecken verlaufen orthogonal zur Vorderkante.

2. Schritt:

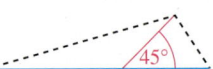

Zeichne die Vorderkante (blau) in wahrer Größe und die Tiefenstrecke (rot) unter einem Winkel von 45° und auf die Hälfte verkürzt. Ergänze fehlende Grundkanten.

3. Schritt:

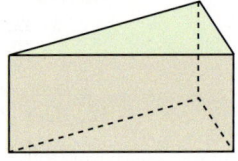

Zeichne die nach oben verlaufenden Seitenkanten in wahrer Länge und ergänze die fehlenden Kanten.

Weiterführende Aufgaben

1. *Schrägbilder von liegenden Prismen*

   Ein Prisma kann auch auf einer Seitenfläche liegen. Ein Prisma ist 11 cm hoch und die Seiten der gleichseitigen Dreiecke sind 3 cm lang. Zeichne das Prisma auf einer Seitenfläche liegend.
   Beachte: Wähle als vordere Fläche das Dreieck.

Prismen

2. Verschiedene Verzerrungswinkel – verschiedene Verkürzungsfaktoren

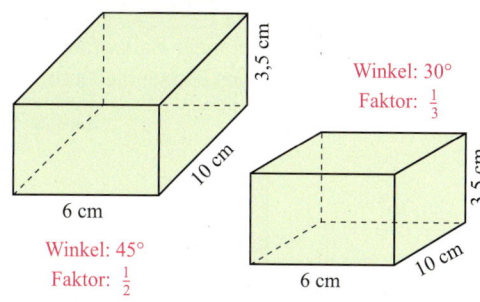

In der Einführung wurde 45° als Verzerrungswinkel und $\frac{1}{2}$ als Verkürzungsfaktor gewählt. Dabei erhält man oft, aber nicht in jedem Fall, ein informatives Schrägbild (siehe linken Quader). In solchen Fällen kann man andere Verzerrungswinkel und Verkürzungsfaktoren wählen, um ein besseres Bild zu erhalten (siehe rechten Quader). Zeichnet Schrägbilder eines Würfels (4 cm Kantenlänge). Wählt für die Tiefenstrecken
(1) Winkel 45°, Faktor $\frac{1}{2}$; (2) Winkel 30°, Faktor $\frac{1}{3}$; (3) Winkel 60°, Faktor $\frac{2}{3}$.
Beurteilt die Bilder.

Übungsaufgaben

3. Ergänze das Schrägbild des Prismas so, dass ein Schrägbild eines Quaders entsteht.

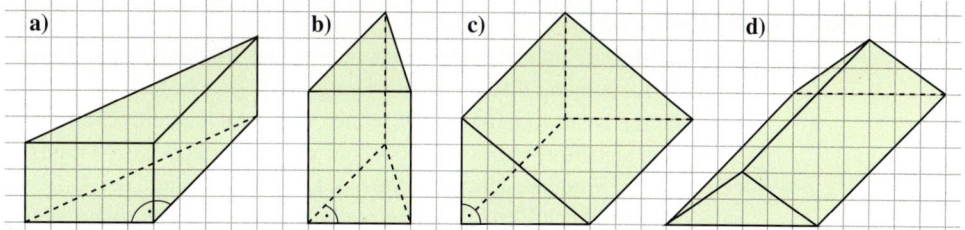

4. Zeichne ein Schrägbild des Prismas (Maße in mm)
  a) auf einer Grundfläche stehend;   b) auf einer Seitenfläche liegend.

Grundfläche	(1) 40, 25	(2) 36, 20	(3) 30, 10 30	(4) 30, 10 30 10
Höhe	25	30	35	32
Winkel	45°	30°	60°	60°
Verkürzung	$\frac{1}{2}$	$\frac{2}{3}$	$\frac{2}{3}$	$\frac{1}{2}$

5. Was kannst du über die Länge einer Strecke im Schrägbild eines Körpers im Vergleich zur wirklichen Länge aussagen, wenn die Strecke in Wirklichkeit
  a) parallel zur Vorderfläche ist;   b) senkrecht zur Vorderfläche ist;
  c) weder parallel noch senkrecht zur Vorderfläche ist?

6. Das Standardverfahren zum Zeichnen von Schrägbildern erzeugt Bilder, die den Eindruck vermitteln, als „sehe" man den Körper von „vorn, rechts, oben". Zeichne für ein Prisma aus der Einführung drei Schrägbilder so, dass der Eindruck entsteht, man sehe es
  (1) von vorne, links, oben;   (2) von vorne, rechts, unten;   (3) von vorne, links, unten.

6.1.3 Zweitafelbild eines Prismas

Einstieg  Bei einer Ballonfahrt sieht Tom nur das Dach eines Hauses aus seinem Wohnviertel. Zu welchem Haus könnte die Draufsicht (der Grundriss) passen?

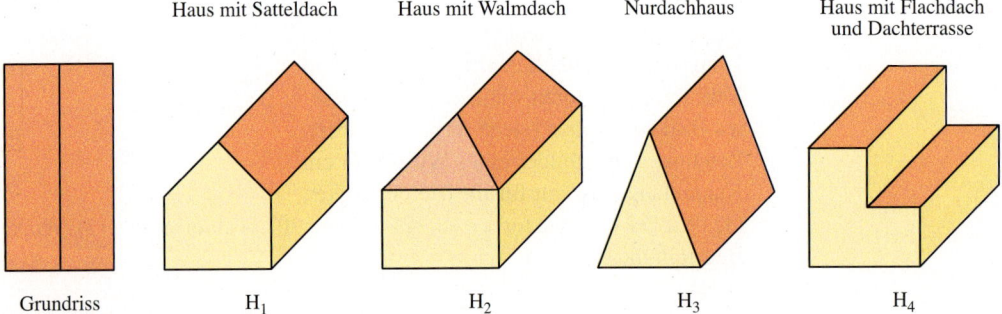

Information

Zweitafelbild

Schrägbilder vermitteln einen guten räumlichen Eindruck eines Körpers. Allerdings sind schräg liegende Kanten und Flächen verzerrt dargestellt.
Eine Alternative dazu liefert das Zeichnen von Ansichten eines Körpers.
Man kann sich Körper besser vorstellen, wenn man außer der Draufsicht noch die Vorderansicht zeichnet. Die Vorderansicht heißt Aufriss. Der Grundriss und der Aufriss werden in zwei zueinander senkrechten Ebenen E_1 und E_2 dargestellt (*senkrechte Zweitafelprojektion*).
Damit Grundriss und Aufriss eines Körpers in der Zeichenebene dargestellt werden können, denkt man sich die Aufrissebene in die Grundrissebene geklappt.

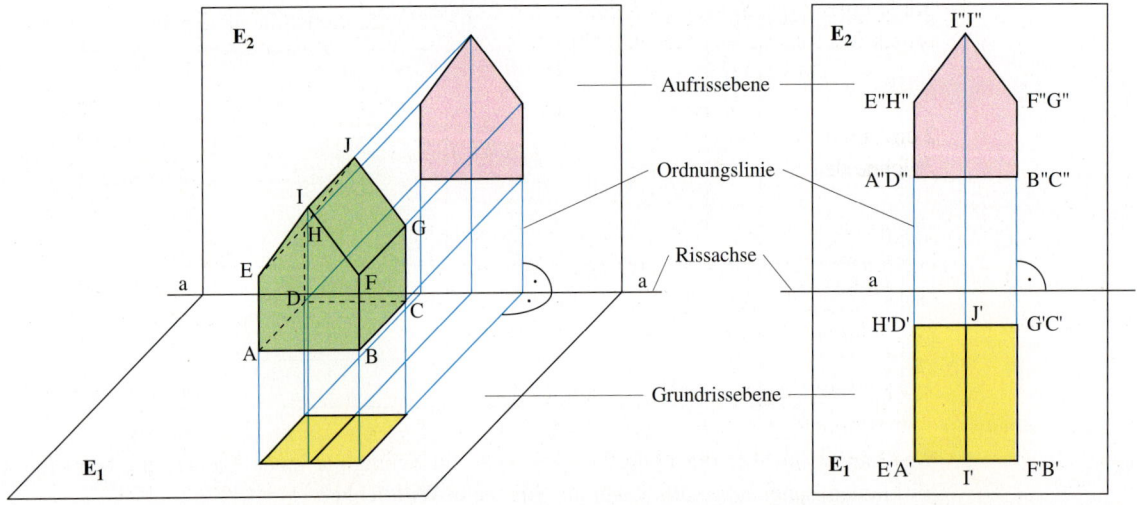

Grundriss (Draufsicht) und **Aufriss** (Vorderansicht) nennt man zusammen das **Zweitafelbild** des Körpers.
Die Schnittgerade beider Ebenen (Tafeln) ist die **Rissachse**.
Grund- und Aufriss eines Punktes liegen auf einer Ordnungslinie, die senkrecht zur Rissachse verläuft.

> Punkt A im Grundriss: A'   Punkt A im Aufriss: A''

Prismen

Weiterführende Aufgabe

1. *Verschiedene Zweitafelbilder eines Körpers*

   Zeichne ein Zweitafelbild dieses dreiseitigen Prismas. Bezeichne die Bildpunkte.

   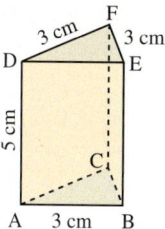

   a) Das Prisma steht auf der Grundfläche ABC, die Grundkante $\overline{AB}$ verläuft parallel zur Rissachse.

   b) Das Prisma liegt auf der Fläche ABED, die Kante $\overline{AD}$ verläuft parallel zur Rissachse.
   Beachte: Bestimme die Höhe der Grundflächen zeichnerisch oder rechnerisch.

Übungsaufgaben

2. Betrachte das Haus auf dem Foto rechts.
   Es soll auf verschiedene Weise zeichnerisch dargestellt werden. Wähle dafür den Maßstab 1 : 100, d.h. zeichne für 100 cm = 1 m in der Wirklichkeit nur 1 cm.

   a) Zeichne ein Schrägbild des Hauses.
   b) Zeichne eine Ansicht des Hauses
      (1) von oben,
      (2) von vorne,
      (3) von links.
   c) Vergleiche Vor- und Nachteile der Darstellungen die du zu den Teilaufgaben a) und b) angefertigt hast.

3. Stelle einen Quader mit den Seitenlängen 6 cm, 5 cm und 7 cm mittels senkrechter Zweitafelprojektion dar. Beginne mit dem Grundriss. Bezeichne alle Bildpunkte.

4. Der Körper rechts ist aus sechs Würfeln mit der Kantenlänge 2 cm zusammengesetzt.
   Zeichne den Grundriss und den Aufriss des Körpers.

5. Zeichne das Zweitafelbild eines Würfels. Vergleiche die Form und die Größe von Grund- und Aufriss. Was fällt dir auf? Gibt es noch andere Körper, die in dieser Darstellung dieselbe Eigenschaft haben?

6. Zeichne das begonnene Zweitafelbild in dein Heft und vervollständige es. Entnimm die Maße (in mm) dem Schrägbild.

   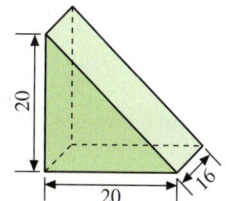
   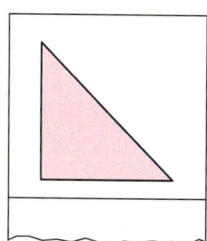

7. Skizziert das Zweitafelbild eines Körpers. Tauscht die Blätter aus und skizziert dann ein passendes Schrägbild.

8. Verschiedene Körper können den gleichen Grundriss oder den gleichen Aufriss haben. Skizziere zu der angegebenen Ansicht das Schrägbild von zwei passenden Körpern und ergänze zu einem Zweitafelbild.

a) Aufriss b) Grundriss c) Grundriss

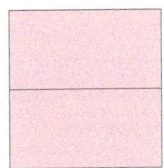 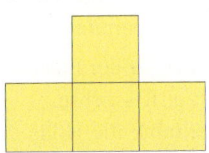 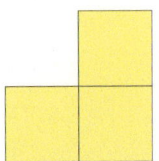

9. a) Jana meint, dass hier ein Würfel in Zweitafelprojektion dargestellt wurde. Susi sieht aber einen anderen Körper. Was meinst du dazu? Fallen dir weitere Körper dazu ein?

b) Gegeben ist der Grundriss eines Körpers. Zeichne mögliche Aufrisse dazu.

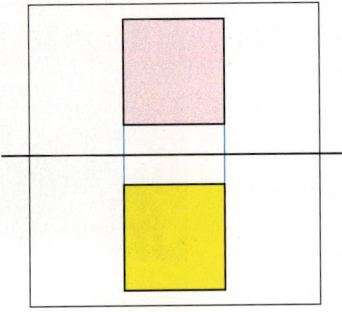 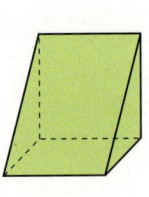 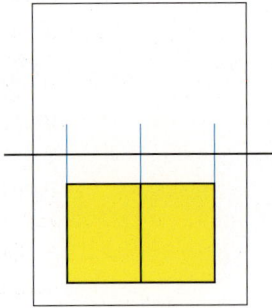

10. Zeichne das Schrägbild eines Körpers mit dem angegebenen Zweitafelbild.

a) b) c) d)

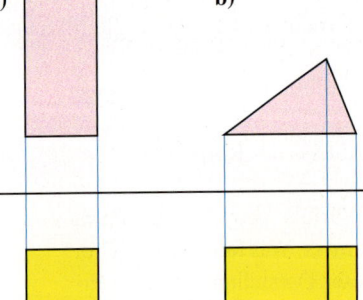 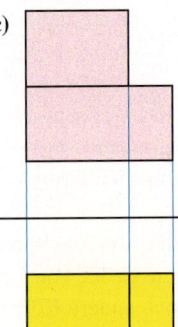 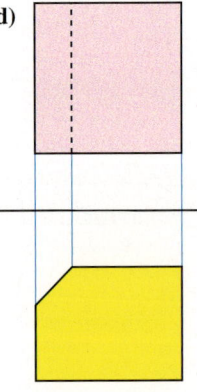

11. Ein Prisma besitzt die abgebildete Grundfläche und ist 6 cm hoch. Zeichne Schrägbild und Zweitafelbild des Körpers
    (1) auf der Grundfläche stehend; (2) auf einer Seitenfläche liegend.

a) b) c)

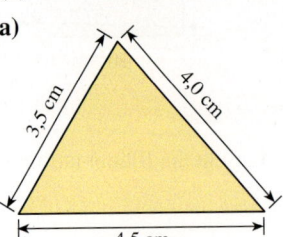 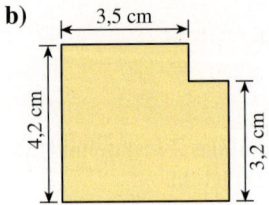 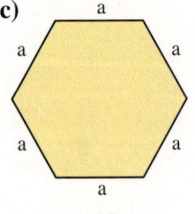

a = 4,0 cm

Prismen

6.1.4 Volumen eines Prismas

Einstieg
Zerlegt das Prisma so, dass ihr die Teilkörper zu einem Quader zusammensetzen könnt. Skizziert das Schrägbild in eurem Heft und zeichnet die Schnittlinien ein.
Berechnet dann das Volumen.

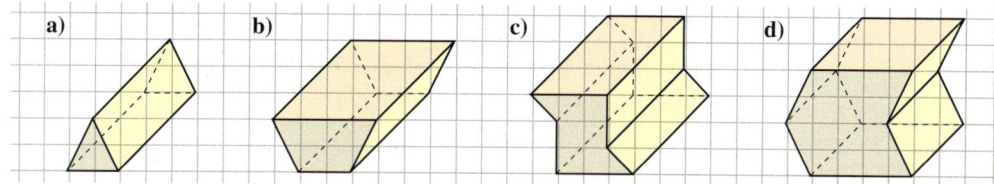

Einführung

Die Baugrube eines Ausstellungspavillons hat die Form eines dreiseitigen Prismas P. Die dreieckige Grundfläche hat a = 30 m als eine Seitenlänge mit der zugehörigen Höhe h_a = 40 m. Die Höhe des Prismas beträgt h = 6 m.
Wie viel Erde muss ausgebaggert werden?

Es ist also das Volumen des Prismas P zu berechnen.
Bisher können wir nur das Volumen von Quadern berechnen. Daher versuchen wir, das Prisma P in Teilprismen zu zerlegen, die wir dann zu einem Quader zusammensetzen können.
Parallel zu einer Seitenwand zerschneiden wir das Prisma in ein dreiseitiges Prisma und ein Prisma mit trapezförmiger Grundfläche. Das abgeschnittene dreiseitige Prisma zerlegen wir durch einen Schnitt durch die Dreieckshöhe in zwei kleine dreiseitige Prismen. Die drei Teilprismen können wir dann zu einem Quader zusammenlegen.

Verwendete Strategien
• Zerlegen
• Zurückführen auf Bekanntes

Prisma P   *Quader Q*

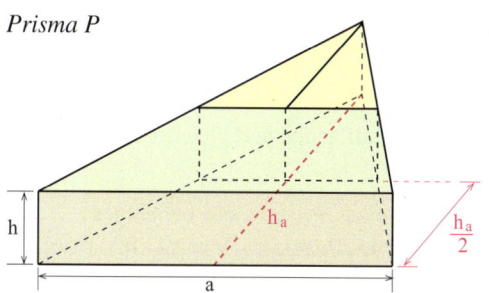 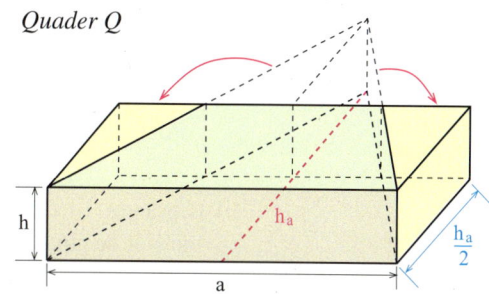

Das dreiseitige Prisma P hat dasselbe Volumen wie der entstandene Quader Q. Der Quader hat die Seitenlängen a, $\frac{h_a}{2}$ und h. Damit ergibt sich für das Volumen des Prismas:

$V_P = V_Q$
$V_P = a \cdot \frac{h_a}{2} \cdot h$
$V_P = 30 \text{ m} \cdot \frac{40 \text{ m}}{2} \cdot 6 \text{ m}$
$V_P = 3600 \text{ m}^3$

Ergebnis: Es müssen 3 600 m³ Erde ausgebaggert werden.

Information

Die oben durchgeführte Zerlegung eines dreiseitigen Prismas ist stets möglich. Damit ergibt sich die Volumenformel:

$V = a \cdot \frac{h_a}{2} \cdot h$

Das Produkt der ersten beiden Faktoren ist gerade der Flächeninhalt A_G einer Grundfläche. Daher kann man das Volumen des dreiseitigen Prismas auch folgendermaßen angeben:

> Für das **Volumen V eines dreiseitigen Prismas** mit dem Grundflächeninhalt A_G und der Höhe h gilt:
>
> $V = A_G \cdot h$

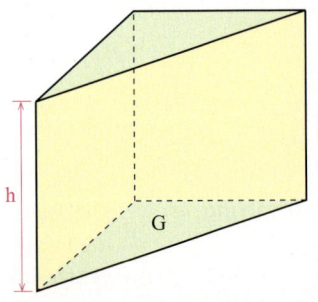

Statt Volumen sagt man auch Rauminhalt.

Weiterführende Aufgabe

1. *Formel zur Volumenberechnung eines beliebigen Prismas*

   a) Folgende Prismen haben alle die gleiche Höhe. Ferner liegen ihre Grundflächen in einem gemeinsamen Streifen.

   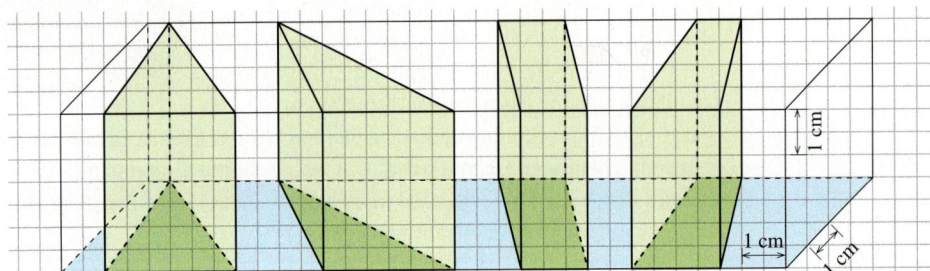

   Berechne das Volumen der Prismen. Berechne auch jeweils die Größe der Grundfläche. Was fällt dir auf?

   > Prismen mit gleich großen Grundflächen und gleicher Höhe haben dasselbe Volumen.

Strategie: Zerlegen des Körpers

   b) Begründe: Ist die Grundfläche eines Prismas ein beliebiges Vieleck, so gilt für das Volumen des Prismas: $V = A_G \cdot h$.

   Größe der Grundfläche mal Höhe

   > Für das **Volumen V eines Prismas** mit dem Grundflächeninhalt A_G und der Höhe h gilt:
   >
   > $V = A_G \cdot h$

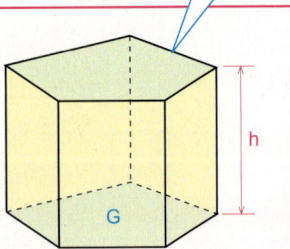

Statt Volumen sagt man auch Rauminhalt.

Prismen

Übungsaufgaben

Bruttorauminhalt (früher auch *Umbauter Raum*): Volumen eines Gebäudes

2. a) Durch einen Fehler einer Baufirma wurde die Baugrube in der Einführung (Seite 191) um 1,5 m zu tief ausgebaggert.
   Wie viel Erde wurde zu viel ausgebaggert?
   b) Die Höhe des Pavillons (ab Oberkante der Baugrube) beträgt 8 m.
   Berechne den Bruttorauminhalt des ganzen Gebäudes.

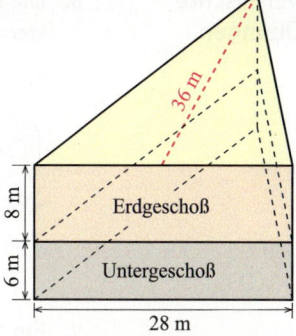

3. Berechne das Volumen des dreiseitigen Prismas.

	a)	b)	c)	d)	e)
Länge der Grundseite	6 cm	12,4 dm	27,3 m	8,7 dm	0,45 m
Höhe der Grundfläche	4 cm	8,6 dm	15,8 m	83 cm	3,8 dm
Höhe des Prismas	5 cm	5,3 dm	8,5 m	4,5 dm	47 cm

4. Ordnet die Prismen nach dem Volumen.

5. Der Flächeninhalt der Grundfläche eines Prismas beträgt 27,8 dm². Das Prisma hat das Volumen 180,7 dm³. Wie hoch ist das Prisma?

6. Berechne das Volumen der Körper.

a) 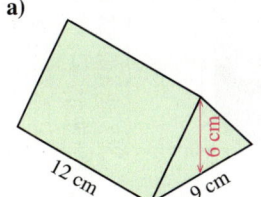   b) 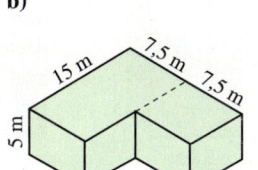   c) 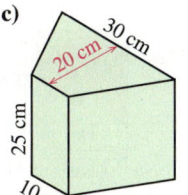   d)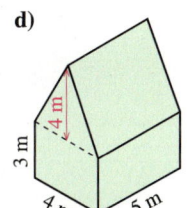

7. Wie verändert sich das Volumen eines Prismas, wenn man die Höhe verdoppelt [verdreifacht; halbiert] und die Größe der Grundfläche nicht verändert?

Vermischte Übungen

8. Die Körper sind oben offen. Wie viel Liter fasst der Körper? Wie viel Blech benötigt man für die Herstellung (Maße in cm)?

a) 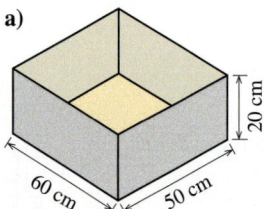   b) 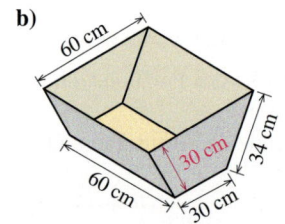   c)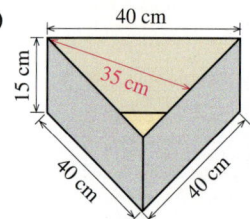

9. Ein Couchtisch hat eine Marmorplatte von 1,38 m Länge, 98 cm Breite und 3 cm Dicke. 1 cm³ Marmor wiegt 2,7 g. Wie viel wiegt die Platte?

Bruttorauminhalt (früher auch *Umbauter Raum*): Volumen eines Gebäudes

10. Berechne den Bruttorauminhalt des Gebäudes.

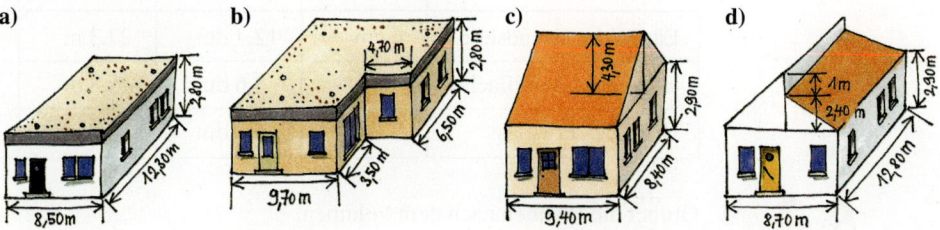

11. Berechne das Volumen und den Oberflächeninhalt des Körpers (Maße in cm).

a) 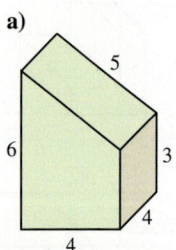   b) 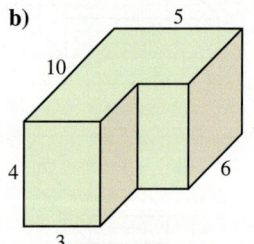   c) 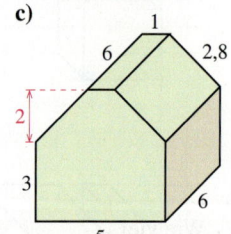   d)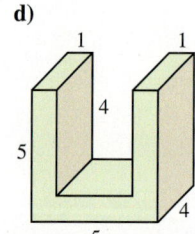

12. Parfüm, Badeöl, Cremes und ähnliche Kosmetikartikel werden in der Regel in Fläschchen oder Dosen verkauft, die zusätzlich in einer Schachtel aus Feinkarton verpackt sind. Dabei wird die Verpackung oft recht großzügig gestaltet. Berechne zu den Artikeln den Anteil des Volumens des Inhalts am Gesamtvolumen der Verpackung. Gib diesen Anteil auch in Prozent an.

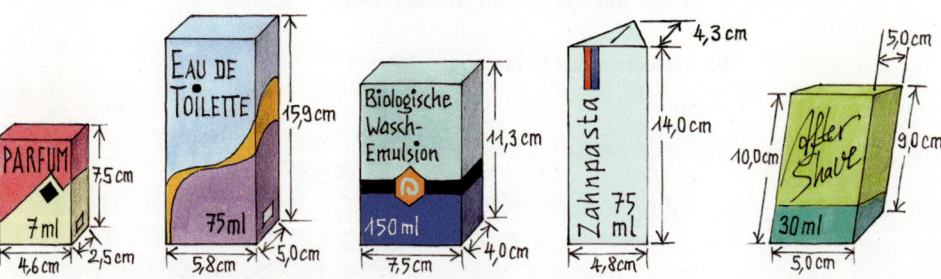

13. Sammelt Verpackungen von aufwändig verpackten Produkten. Berechnet, welchen Anteil der Inhalt an dem Gesamtvolumen der Verpackung einnimmt. Stellt die Ergebnisse in der Klasse aus.

Prismen

Dichte von Metallen (in $\frac{g}{cm^3}$)	
Eisen	7,5
Kupfer	8,9
Silber	10,5
Zinn	7,3

14. Im Bild sind die Querschnitte von Eisenträgern gegeben (Maße in cm). Die Länge jedes Trägers beträgt 3,5 m.
Schätze zunächst: Welcher Eisenträger wiegt am wenigsten, welcher am meisten? Berechne anschließend genau.

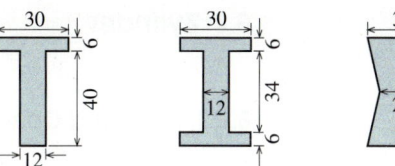

15. Berechne das Volumen, den Oberflächeninhalt und die gesamte Kantenlänge des Prismas (Maße in mm). Berechne fehlende Kantenlängen oder Höhen. Zeichne ein Schrägbild des Prismas (Winkel: 45°, Verkürzung auf die Hälfte).

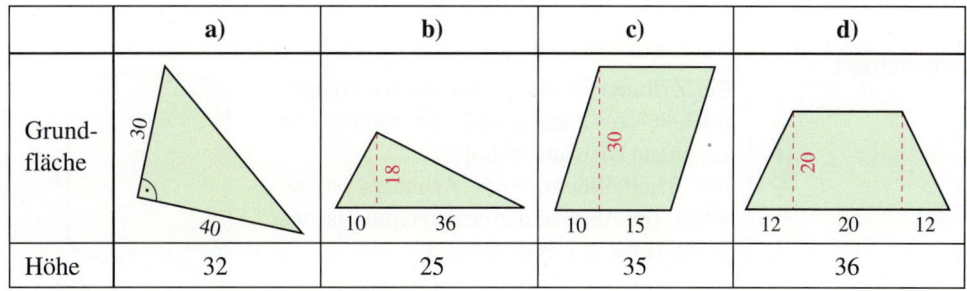

	a)	b)	c)	d)
Grundfläche				
Höhe	32	25	35	36

16. a) Wie verändert sich der Oberflächeninhalt bzw. das Volumen eines Würfels, wenn man die Kantenlänge verdoppelt [die Kantenlänge verdreifacht]?

b) Wie verändert sich der Oberflächeninhalt eines Quaders bzw. das Volumen, wenn man die Länge jeder Kante verdoppelt [die Länge jeder Kante verdreifacht]?

c) Von einem dreiseitigen Prisma kennt man den Grundflächeninhalt $A_G = 25$ cm² und den Mantelflächeninhalt $A_M = 50$ cm².
Wie verändert sich der Oberflächeninhalt bzw. das Volumen, wenn man die Höhe verdoppelt [die Höhe verdreifacht]?

17. Das Werkstück besteht aus Grauguss (Angaben im Bild in cm). 1 cm³ Grauguss wiegt 7,3 g. Wie viel wiegt das Werkstück?

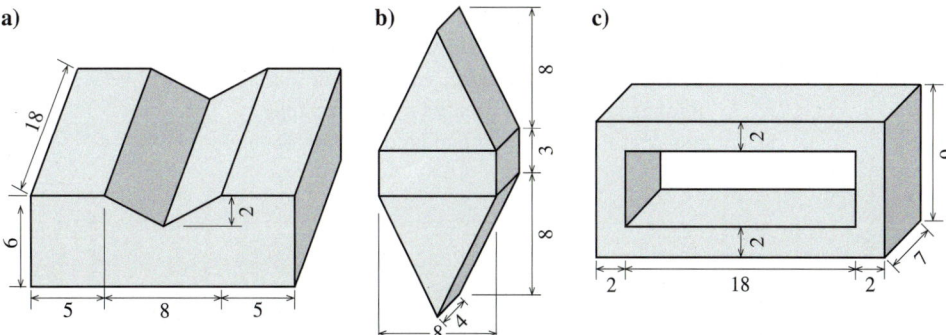

Erkundige dich nach den aktuellen Mehrwertsteuersätzen!

18. a) Wie viel Wasser wird für eine Füllung des Schwimmbeckens bis zum Rand benötigt?

b) Das Becken soll neu gefliest werden. Eine Firma berechnet pro m² Fliesen 44,90 €. Dazu kommt die Mehrwertsteuer. Wie hoch ist der Rechnungsbetrag?

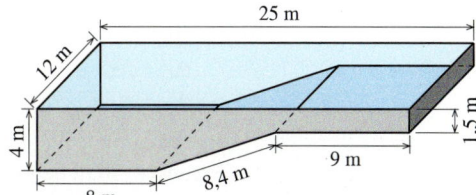

6.2 Zylinder

6.2.1 Netz und Oberflächeninhalt eines Zylinders

Einstieg   Poster werden zum Versand in zylinderförmigen Rollen verpackt. Der Durchmesser der Grundfläche ist 5,2 cm und die Höhe beträgt 52,0 cm.
Wie viel Pappe wird zur Herstellung einer Posterrolle benötigt? Ihr könnt auch eine Rolle herstellen.

Information

Ein **Zylinder** ist ein Körper, dessen **Grundflächen** Kreisflächen sind, die parallel und kongruent zueinander sind.
Die **Mantelfläche** eines Zylinders ist gewölbt. Der Abstand der beiden Grundflächen ist die **Höhe** des Zylinders.

Aufgabe 1 Zur Verpackung von Lebkuchen benutzt eine Firma auch zylinderförmige Blechdosen (Maße im Bild).

a) Es soll ein Papiermodell hergestellt werden. Fertige dazu ein Netz des Zylinders an.

b) Berechne den Materialbedarf (ohne Verschnitt); stelle zunächst eine Formel auf.

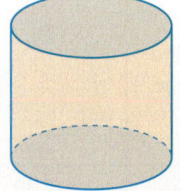
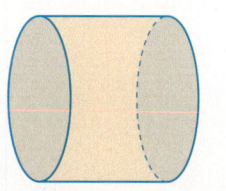

Lösung Die Dose hat die Form eines Zylinders.

a) Wenn man die Mantelfläche des Zylinders in die Ebene abwickelt, erhält man ein Rechteck. Das Netz des Zylinders besteht aus dem Rechteck und den beiden kreisförmigen Grundflächen.

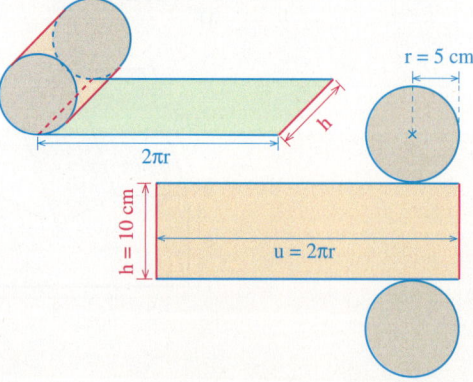

b) (1) *Grundflächeninhalt* (2) *Mantelflächeninhalt* (3) *Oberflächeninhalt*

$A_G = \pi r^2$ $A_M = u \cdot h = 2\pi r \cdot h$ $A_O = 2 \cdot A_G + A_M$
$A_G = \pi \cdot (5\,\text{cm})^2$ $A_M = 2\pi \cdot 5\,\text{cm} \cdot 10\,\text{cm}$ $A_O \approx 2 \cdot 78{,}5\,\text{cm}^2 + 314{,}2\,\text{cm}^2$
$A_G \approx 78{,}5\,\text{cm}^2$ $A_M \approx 314{,}2\,\text{cm}^2$ $A_O \approx 471{,}2\,\text{cm}^2$

Ergebnis: Man benötigt ungefähr 472 cm² Blech.

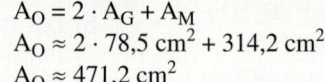

Zylinder

Information

Satz

Für den **Oberflächeninhalt A_O eines Zylinders** mit dem Grundflächeninhalt A_G, dem Mantelflächeninhalt A_M, dem Umfang u der Grundfläche und der Höhe h gilt:

$A_O = 2 A_G + A_M$ bzw. $A_O = 2 A_G + u \cdot h$

Bezeichnet r den Radius bzw. d den Durchmesser des Grundkreises des Zylinders, so gilt insbesondere:

$A_O = 2\pi r^2 + 2\pi r \cdot h$ bzw. $A_O = \frac{\pi}{2} d^2 + \pi d \cdot h$

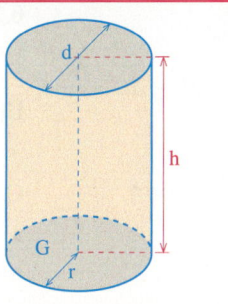

Weiterführende Aufgabe

2. *Weitere Formeln zur Oberflächenberechnung eines Zylinders*

In Formelsammlungen findet man für den Oberflächeninhalt eines Zylinders häufig auch nebenstehende Formeln.
Begründe diese Formeln.

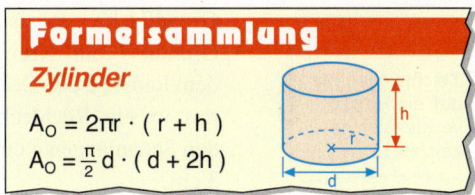

Formelsammlung
Zylinder
$A_O = 2\pi r \cdot (r + h)$
$A_O = \frac{\pi}{2} d \cdot (d + 2h)$

Übungsaufgaben

3. Berechne den Mantelflächeninhalt und den Oberflächeninhalt des Zylinders.

   a) r = 21,3 cm
   h = 15,7 cm

   b) d = 12,6 cm
   h = 4,9 cm

   c) d = 3,7 dm
   h = 64 cm

   d) r = 3,7 cm
   h = 14 m

   e) u = 13,7 cm
   h = d

4. Sucht Gegenstände aus eurer Umwelt, die zylinderförmig sind. Gestaltet damit ein Plakat für den Klassenraum.

5. Ein zylindrischer Behälter aus Stahlblech ist oben offen. Er hat einen Durchmesser von 1,40 m und eine Höhe von 2,50 m. 1 m² Stahlblech wiegt 36,5 kg. Wie viel wiegt der leere Behälter?

6. Ein Zylinder hat den Radius r = 6,5 cm. Der Oberflächeninhalt beträgt $A_O = 551{,}35$ cm². Wie hoch ist der Zylinder?

7. a) Ein Zylinder hat eine Höhe von 20 cm und einen Radius von 20 cm. Wie viel Prozent des Oberflächeninhalts entfallen auf den Grundflächeninhalt?
   b) Untersuche, ob das Ergebnis von Teilaufgabe a) bei allen Zylindern gültig ist, bei denen Radius r und Höhe h übereinstimmen? Begründe deine Aussage.

8. Ein Zylinder hat einen Oberflächeninhalt von 1 dm².
   a) Berechne seinen Radius, wenn seine Höhe 0,5 cm beträgt.
   b) Berechne seine Höhe, wenn sein Durchmesser 0,5 cm beträgt.

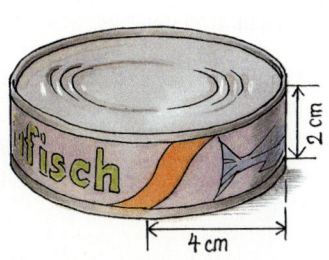

9. a) Vergleiche die Größe der rundherum aufgeklebten Etiketten.
   b) Vergleiche den Materialverbrauch für beide Konservendosen.
   c) Verändere entweder Radius oder Höhe so, dass beide Dosen gleichen Materialverbrauch haben.

6.2.2 Zweitafelbild und Schrägbild eines Zylinders

Einstieg   Prismen könnt ihr auf verschiedene Weisen zeichnerisch darstellen.
Überlegt euch Darstellungen für Zylinder.

Aufgabe 1 Gegeben ist ein 3 cm hoher Zylinder. Der Radius der Grundfläche beträgt 2 cm.
a) Zeichne ein Zweitafelbild des Zylinders.
b) Zeichne ein Schrägbild des Zylinders mit dem Verzerrungswinkel 45° und dem Verkürzungsfaktor $\frac{1}{2}$. Zeichne geeignete Tiefenstrecken ein.

Lösung

Zeichnungen hier auf die Hälfte verkleinert gezeichnet.

a) Steht der Zylinder auf der Grundfläche, so ist der Grundriss ein Kreis mit dem Radius 2 cm. Der Aufriss ist ein Rechteck mit den Seitenlängen 4 cm und 3 cm.

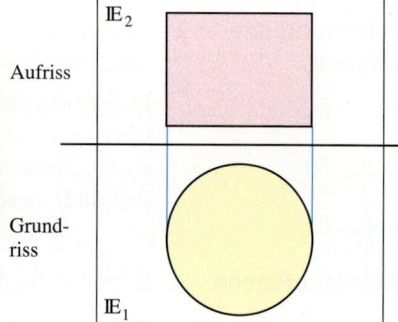

b)

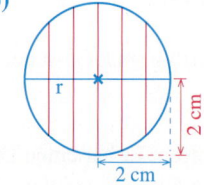

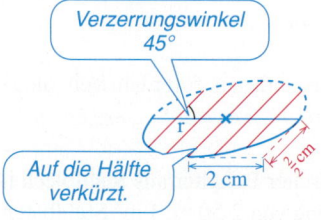

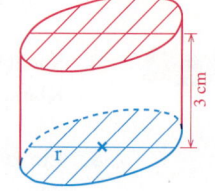

Zeichne zunächst einen Kreis mit dem Radius 2 cm. Zeichne geeignete Tiefenstrecken (rot) ein.

Zeichne den parallel zur Vorderseite verlaufenden Durchmesser (blau) unverkürzt sowie die Tiefenstrecken (rot) unter einem Winkel von 45° und auf die Hälfte verkürzt.

Zeichne senkrecht nach oben verlaufende Strecken unverkürzt. Ergänze die Deckfläche. Verdeckte Kanten werden gestrichelt gezeichnet.

Übungsaufgaben

2. Gegeben ist ein Zylinder mit dem Radius 4 cm und der Höhe 7 cm.
   a) Zeichne ein Zweitafelbild.
   b) Zeichne ein Schrägbild mit dem Verzerrungswinkel 45° und dem Verkürzungsfaktor $\frac{1}{2}$.

3. Entnimm die Maße des Zylinders dem *Zweitafelbild* rechts.
   a) Vergleiche den Aufriss des Zylinders mit einem Achsenschnitt des Zylinders. Zeichne einen Achsenschnitt in den Grundriss ein.
   b) Zeichne ein Schrägbild des Zylinders.

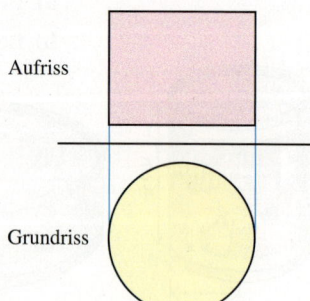

Zylinder

4. Für das Schrägbild eines Zylinders wählt man oft als Verzerrungswinkel 90°, weil dadurch das Zeichnen erleichtert wird.
Zeichne ein Schrägbild des Zylinders aus Aufgabe 1 mit dem Verzerrungswinkel 90° und dem Verkürzungsfaktor $\frac{1}{2}$.

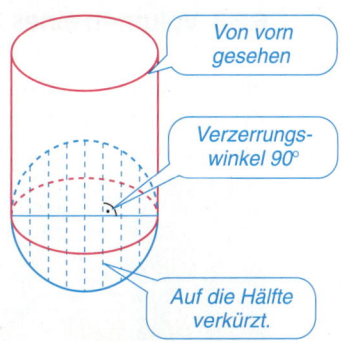

Von vorn gesehen

Verzerrungswinkel 90°

Auf die Hälfte verkürzt.

5. In Aufgabe 2 steht der Zylinder auf einer Grundfläche. Zylinder werden aber häufig auch liegend dargestellt. Man sieht dann die Grundfläche von vorn und es ist einfacher das Schrägbild zu zeichnen.
Zeichne den Zylinder aus Aufgabe 1 liegend.

6. Die Abbildung zeigt die Grundfläche eines Werkstücks, das aus einem Zylinder mit der Höhe h = 4 cm hergestellt wurde.
Zeichne ein Schrägbild des Werkstücks.

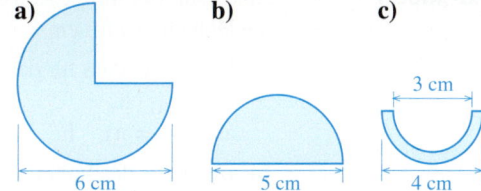

a) b) c)

7. a) Zeichne ein Schrägbild eines liegenden Zylinders mit r = 2 cm und h = 5 cm.
   b) Zeichne ein Zweitafelbild dieses Zylinders.

8. Fertige von einem Zylinder mit dem Radius r und der Höhe h eine Handskizze an.
Anleitung: Skizziere zunächst einen Quader, der (wie in der Zeichnung links) auf einer quadratischen Grundfläche mit der Seitenlänge 2r steht und die Höhe h hat.

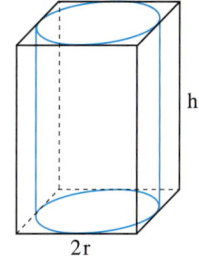

9. Rechts seht ihr Zylinderdiagramme zu den typischen Skater-Verletzungen und den Lieblingsbrotsorten der Deutschen im Jahr 2009.
Führt in eurer Klasse eine Befragung durch und zeichnet die dazugehörigen Zylinderdiagramme.

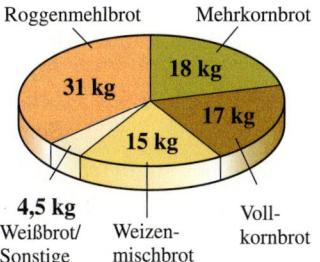

6.2.3 Volumen eines Zylinders

Einstieg Mithilfe der beiden Fotos mit den Schmelzkäse-Ecken könnt ihr eine Formel für das Volumen eines Zylinders ermitteln. Beschreibt die unterschiedlichen Anordnungen. Stellt euch dann auch noch eine Unterteilung des Zylinders in mehr schmalere Käse-Ecken vor.

Aufgabe 1

Eine zylinderförmige Konservendose hat den Radius r = 5 cm und die Höhe h = 11,5 cm.

a) Begründe, dass für das Volumen des Zylinders gilt:
$V_Z = A_G \cdot h$,
also $V_Z = \pi r^2 \cdot h$.

b) Berechne das Volumen der Dose.

Lösung

a) Den Flächeninhalt A_K einer Kreisfläche kann man mithilfe von einbeschriebenen bzw. umbeschriebenen regelmäßigen n-Ecken bestimmen. Als Formel für den Inhalt des Kreises kennst du: $A_K = \pi r^2$.
Ist die Kreisfläche die Grundfläche eines Zylinders Z, so kannst du jedes der n-Ecke als Grundfläche eines einbeschriebenen Prismas P_1 bzw. eines umbeschriebenen Prismas P_2 betrachten.
Es gilt: $V_{P_1} < V_Z < V_{P_2}$.

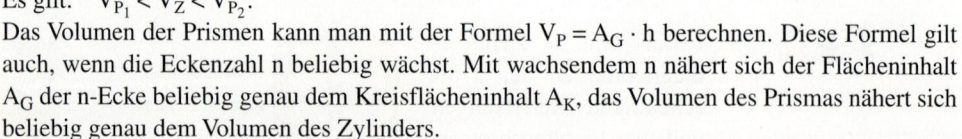

Das Volumen der Prismen kann man mit der Formel $V_P = A_G \cdot h$ berechnen. Diese Formel gilt auch, wenn die Eckenzahl n beliebig wächst. Mit wachsendem n nähert sich der Flächeninhalt A_G der n-Ecke beliebig genau dem Kreisflächeninhalt A_K, das Volumen des Prismas nähert sich beliebig genau dem Volumen des Zylinders.
Somit muss auch für den Zylinder gelten:
$V_Z = A_G \cdot h = \pi r^2 \cdot h$

b) $V = \pi r^2 \cdot h = \pi \cdot (5 \text{ cm})^2 \cdot 11,5 \text{ cm}$
$= \pi \cdot 287,5 \text{ cm}^3$
$\approx 903 \text{ cm}^3$

Ergebnis: Die Konservendose hat ein Volumen von ungefähr 903 cm³.

Zylinder

Information

Satz

Für das **Volumen V eines Zylinders** mit dem Grundflächeninhalt A_G und der Höhe h gilt:

$V = A_G \cdot h$

Bezeichnet r den Radius bzw. d den Durchmesser des Grundkreises des Zylinders, so gilt insbesondere:

$V = \pi r^2 \cdot h$ bzw. $V = \frac{\pi}{4} d^2 \cdot h$

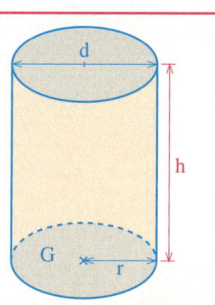

Weiterführende Aufgabe

2. *Volumen eines Hohlzylinders*

   Ein Eisenring hat die Form eines Hohlzylinders.

   a) Berechne das Volumen des Ringes für $r_1 = 19$ cm; $r_2 = 23$ cm und h = 8 cm.

   b) Begründe die Formel aus der Formelsammlung für das Volumen eines Hohlzylinders.

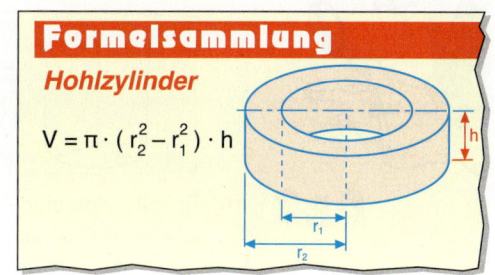

Formelsammlung

Hohlzylinder

$V = \pi \cdot (r_2^2 - r_1^2) \cdot h$

Übungsaufgaben

3. Berechne das Volumen des Zylinders.

   a) r = 17,2 cm
      h = 23,8 cm

   b) d = 8,2 cm
      h = 11,2 cm

   c) r = 25 mm
      h = 7,2 m

   d) d = 4,8 dm
      h = 2 · d

   e) h = 35 cm
      r = 3 · h

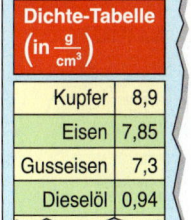

Dichte-Tabelle (in $\frac{g}{cm^3}$)	
Kupfer	8,9
Eisen	7,85
Gusseisen	7,3
Dieselöl	0,94

4. Wie viel wiegt ein 100 m langer Kupferdraht mit dem Durchmesser 1 mm?

5. Jeder Rundstahl einer bestimmten Sorte ist 4,70 m lang und hat einen Durchmesser von 12 mm. Wie viel wiegt ein Bund mit 20 Stück?

6. Der Durchmesser eines 1,40 m langen Fasses für Dieselöl beträgt 90 cm (Innenmaße). Das leere Fass wiegt 26 kg. Wie viel wiegt das Dieselölfass, wenn es halb gefüllt ist?

7. a) Wie viel wiegt das im Bild dargestellte Rohr aus Gusseisen (Maße in mm)?

   b) Wie viel wiegt das Rohr, wenn es vollständig mit Wasser gefüllt ist?

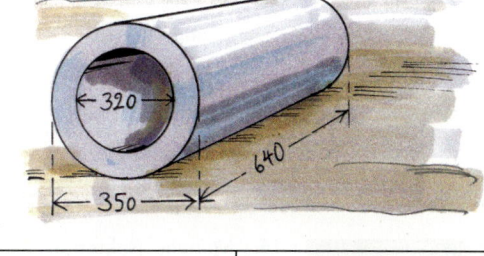

8. Kosmetik wird oft aufwändig verpackt. Welche Verpackung übertreibt am meisten?

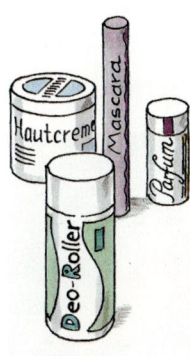

Artikel	Durchmesser	Höhe	Inhaltsangabe
Hautcreme	5,5 cm	5,0 cm	50 ml
Deo-Roller	3,5 cm	10,0 cm	50 ml
Mascara	1,4 cm	12,0 cm	10 ml
Parfüm	2,6 cm	5,4 cm	5 ml

BERECHNUNGEN AN KÖRPERN

9. Verschiedene zylinderförmige Verpackungen für Nougatkonfekt sollen alle das Volumen 150 cm³ haben. Stelle für die gesuchte Größe zunächst eine Formel auf; berechne dann.
Der Radius ist 1,5 cm [2 cm; 2,5 cm]. Wie hoch sind die Verpackungen?

10. Für integrierte Schaltungen in Computern werden extrem dünne Drähte verwandt. Ein solcher Draht hat einen Durchmesser von 0,01 mm.

    a) Wie lang muss dieser Draht sein, damit er ein Volumen von 1 cm³ besitzt?

    b) Der Draht besteht aus fast reinem Gold. 1 cm³ Gold wiegt 19,1 g.
    Wie viel wiegt ein 1 m langer Draht?

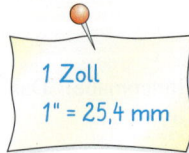

11. a) Janice hat Formeln zum Zylinder umgeformt. Kontrolliere.

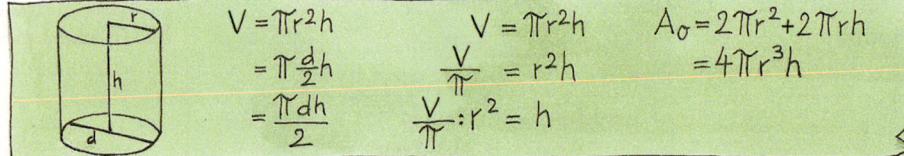

   b) Erstellt selbst eine Zusammenstellung der Formeln beim Zylinder. Denkt dabei beispielsweise an eine Plakatwand, eine Lernkarte zur nächsten Klassenarbeit oder eine Mind-map.

12. a) Wie verändert sich das Volumen des Zylinders, wenn man den Radius verdoppelt [verdreifacht] und die Höhe unverändert bleibt?

    b) Wie verändert sich das Volumen eines Zylinders, wenn man den Radius verdoppelt und die Höhe halbiert?

    c) Stellt euch Fragen und untersucht die Veränderung des Volumens.

Vermischte Übungen

1 Zoll
1" = 25,4 mm

13. Der Flachkollektor einer Solaranlage enthält ein Kupferrohr mit 20 m Länge und einem Innendurchmesser von $\frac{3}{4}$ Zoll. In diesem Rohr wird Wasser erwärmt. Wie viel Liter Wasser können im Flachkollektor gleichzeitig erwärmt werden?

14. In einen zylinderförmigen Blechbehälter mit dem Durchmesser 60 cm und der Höhe 1 m werden 50 l Wasser eingefüllt.

    a) Wie viel Blech benötigt man für die Herstellung des Behälters (ohne Deckel und ohne Verschnitt)?

    b) Wie viel Prozent des Behälters sind gefüllt?

    c) In den Behälter werden weitere 30 l Wasser eingefüllt. Um wie viel wird er schwerer?

    d) In dem Behälter steht das Wasser 20 cm unter dem Rand. Wie viele 10-l-Gießkannen können mit dem Wasser gefüllt werden?

15. Manche Bakterien wie die Erreger von Tuberkulose haben die Gestalt eines Zylinders. Der Durchmesser einer Bakterie beträgt 0,000094 mm und die Länge 0,00038 mm. Gib das Volumen und die Größe der Oberfläche der Bakterie an.

16. Eine Litfaßsäule hat den Durchmesser 1,30 m. Sie ist 3,20 m hoch. Der 50 cm hohe Sockel soll nicht beklebt werden. 1 m² Werbefläche kostet 99 € zuzüglich Mehrwertsteuer.

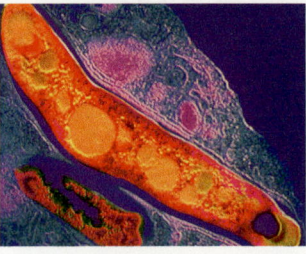

Zylinder

17. Eine über 100 Jahre alte Rotbuche musste gefällt werden. Der annähernd zylinderförmige Stamm war 25 m hoch und hatte einen Umfang von 4,5 m. Wie viele Lkw-Fahrten waren zum Abtransport des Stammes bei einer Tragfähigkeit von 6 t nötig?

18. Zwei Zylinder haben beide ein Volumen von 1 dm³. Zylinder 1 ist 0,5 cm hoch und Zylinder 2 hat einen Durchmesser von 0,5 cm. Vergleiche die Oberflächeninhalte.

19. Deutschlands längste Autobahnröhre, der Rennsteigtunnel, besteht aus zwei getrennten Röhren, die annähernd die Form von Halbzylindern besitzen. Eine Röhre ist 7 920 m lang und in Höhe der Fahrbahn 9,50 m breit.

Verschalen mit Brettern verkleiden

  a) Wie viel Gestein musste etwa herausgebohrt werden? Welche Kantenlänge hätte ein Würfel mit dem gleichen Volumen?

  b) Die Innenwände des Tunnels wurden verschalt. Wie groß war die zu verschalende Fläche?

20. Eine Konservenfabrik benötigt zylinderförmige Blechdosen mit dem Fassungsvermögen 850 ml, 425 ml und 314 ml.
Gib für jede Sorte zwei verschiedene Entwürfe an.
Entscheide dich für jeweils ein Modell und begründe deine Entscheidung.

21. Wie viel wiegt das Werkstück aus Stahl (Maße in mm)? 1 cm³ Stahl wiegt 7,9 g.

a) 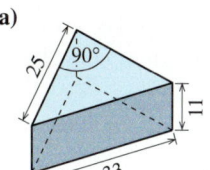   b) 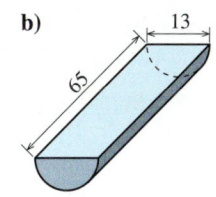   c) 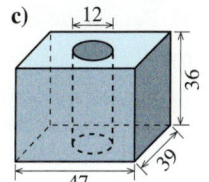   d)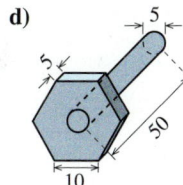

22. Schraubenlinien wirken sehr kompliziert. Auf den ersten Blick erscheint es schwer möglich, ihre Länge zu bestimmen.

  a) Zeichne auf einem DIN-A4-Blatt eine Diagonale ein und bilde einen Zylinder. Beschreibe den Verlauf der Diagonalen am Zylinder (Bild (1)).

  b) Stelle entsprechend einen Zylinder mit zweifach gewundener Schraubenlinie her (siehe Bild (2)).

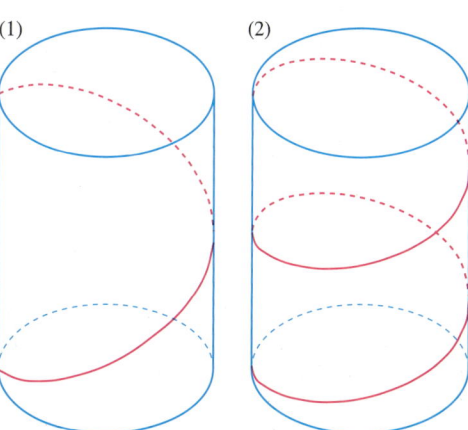

23. Eine Wendeltreppe hat einen Durchmesser von 2,50 m und eine Höhe von 9 m. Sie windet sich genau dreimal. Wie lang ist der Handlauf für das Treppengeländer?

Auf den Punkt gebracht:
Modellieren

Konservendosen

sind heute aus dem Alltag als Verpackung für viele Lebensmittel nicht mehr weg zu denken. Eine solche Dose wird aus Weißblech hergestellt. Weißblech ist ein ca. 0,2 mm dünnes Blech, das zum Schutz vor Korrosion mit einer sehr dünnen Schicht Zinn (0,3 µm) versehen ist. Auf der Innenseite der Dose trägt das Blech zusätzlich noch einen Kunststoffüberzug, der eine chemische Reaktion des Metalls mit dem Doseninhalt verhindert.
Die Konservendose wurde 1810 von dem britischen Kaufmann Peter Durand erfunden. Die erste Konservenfabrik wurde 1813 von den Engländern Bryan Donkin und John Hall eröffnet. Sie versorgten die britische Armee mit Konserven. Die damals vergleichsweise dickwandigen Dosen wurden mit starken Messern, aber auch mit Hammer und Meißel oder einem Beil geöffnet. Ein spezielles Gerät zum Dosenöffnen, der Dosenöffner, wurde erst 1855 von Robert Yeates aus England erfunden.

Im Folgenden soll untersucht werden, wie viel Weißblech für die Herstellung einer 850-cm³-Konservendose benötigt wird.

1. *Einfachstes Modell*

   Wir betrachten die Konservendose als Zylinder.

   a) Beschreibe anhand einer realen Dose, was bei dieser Betrachtung alles vernachlässigt wird.

   b) Wir messen bei einer handelsüblichen 850-cm³-Dose eine Höhe von $h_1 = 11{,}2$ cm und einen Kreis-Durchmesser von $d_1 = 10{,}0$ cm.
   Berechne daraus das Volumen der Dose. Überlege, warum es zu einer Abweichung von dem vom Hersteller angegebenen Fassungsvermögen von 850 cm³ kommt.

   c) Welches Volumen ergibt sich, wenn wir oben und unten jeweils 3 mm für die Falzränder abziehen?

   d) Berechne den Materialbedarf für die Dose als Oberflächeninhalt des Zylinders.

2. *Verbessertes Modell unter Berücksichtigung der Falze*

   Der Mantel einer Dose (der so genannte Dosenrumpf) entsteht, indem ein rechteckiges Blechstück aus einem Stück Blech herausgestanzt wird. Dieses wird zunächst rundgebogen; dann werden die beiden gegenüberliegenden Kanten umgebogen und miteinander verschweißt.
   Auch die beiden anderen Kanten des Dosenrumpfs werden umgebogen, damit sie mit dem Dosenboden und dem Dosendeckel verbunden werden können. Für Boden und Deckel werden also größere Kreisscheiben benötigt als man beim ersten Hinschauen vermutet: Boden und Deckel werden mit den Kanten des Dosenrumpfs gefalzt und dann zusammengepresst.

   a) Begründe anhand der Abbildung, dass der Mehrbedarf an Material für den Dosenrumpf aufgrund der Schweißnaht mit der doppelten Falzbreite abgeschätzt werden kann.

   b) Wie kann man den Mehrbedarf für die Falznaht am Dosendeckel und -boden abschätzen? Für den Radius des Deckels muss also auch die dreifache Falz berücksichtigt werden.

   c) Wir messen, dass alle Falze 3 mm breit sind. Wie viel cm² Weißblech benötigt man tatsächlich, um die Konservendose (Dosenrumpf, Deckel und Boden) herzustellen?

   d) Wie viel Prozent mehr sind dies im Vergleich zu unserem einfachen Modell?

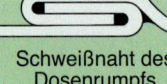
Schweißnaht des Dosenrumpfs

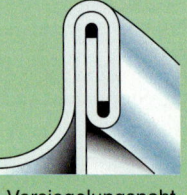
Versiegelungsnaht Dosenrumpf / Deckel

AUF DEN PUNKT GEBRACHT: Modellieren

3. *Weiter verbessertes Modell unter Berücksichtigung der Rillen*

Die Oberfläche der Dosen ist nicht glatt, sondern gerillt. Diese Querrillen dienen dazu, die Stabilität der Dosen zu erhöhen; ohne diese Rillen im Dosenrumpf und in Deckel und Boden müsste wesentlich dickeres Weißblech verwendet werden. Jede Rille vergrößert den Bereich mit Rillen jeweils um ca. 20 %.

a) Schätze, wie sich der Materialverbrauch für Deckel und Boden durch drei Rillen erhöht.
b) Schätze, wie sich der Materialverbrauch für den Dosenrumpf durch 15 Rillen erhöht.
c) Weißblech hat eine Dichte von ca. $7{,}3\ \frac{g}{cm^3}$. Berechne, wie viel Gramm Weißblech man insgesamt für die Herstellung einer 850 cm^3-Konservendose benötigt.
d) Kontrolliere die Rechnung durch Wiegen einer leeren Konservendose. Müssen Schätzwerte für den Mehrbedarf für die Rillen korrigiert werden?

Mathematisches Modellieren

Wir haben am Beispiel der Konservendose gesehen, wie man sich – ausgehend von der *idealen* geometrischen Form des Zylinders – schrittweise dem *realen* Objekt einer Konservendose „nähern" kann. Aus gemessenen Werten konnten wir Volumina oder Flächeninhalte bestimmen und diese berechneten Werte mit den Vor-Informationen abgleichen. Erste einfache Annahmen über die Form wurden schrittweise präzisiert, um so abschließend zu einer realistischen Einschätzung des Materialverbrauchs zu kommen.

Prozess des mathematischen Modellierens

Anfangs versucht man, die Wirklichkeit mithilfe eines einfachen mathematischen Modells zu beschreiben. Rechnungen (also mathematische Operationen) geben Hinweise auf Abweichungen, die interpretiert werden müssen. Man wird so veranlasst, das ursprüngliche mathematische Modell abzuändern, aufgrund von neuen Berechnungen auch dieses gegebenenfalls wieder zu korrigieren, bis man schließlich eine befriedigende, für die Anwendung akzeptable Beschreibung der Realität gefunden hat.

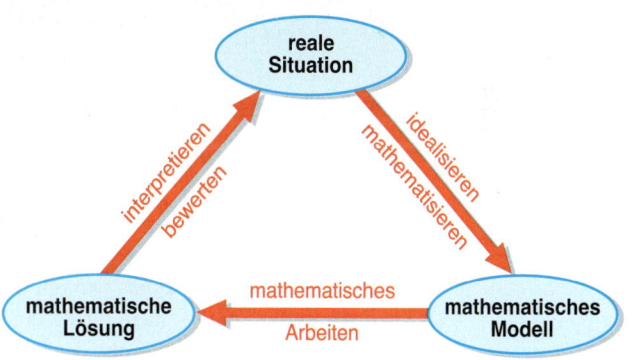

4. Betrachte die folgenden Verpackungen, die eine bekannte geometrische Form haben: Welcher Materialaufwand ist tatsächlich notwendig, um sie herzustellen? Notiere die Schritte, die schließlich zu einer angemessenen Beschreibung der Verpackung führen.

6.3 Pyramiden

6.3.1 Netz und Oberflächeninhalt einer Pyramide

Einstieg

a) Betrachtet die oben abgebildeten Körper. Beschreibt ihre Form. Welche Gemeinsamkeiten, welche Unterschiede weisen sie auf?

b) Für eine Schaufensterdekoration werden viele Exemplare der Pyramide rechts benötigt.
Wie viel Pappe ist zur Herstellung einer Pyramide nötig?

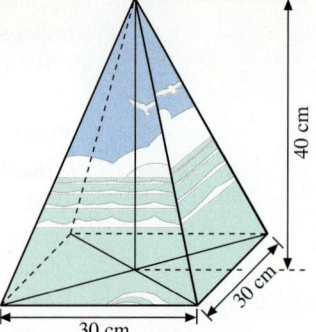

Information

Eine **Pyramide** ist ein Körper, der von einem Vieleck und weiteren Dreiecken begrenzt wird. Die Dreiecke treffen sich in einem Punkt, der *Spitze* der Pyramide, und grenzen alle an das Vieleck. Das Vieleck heißt **Grundfläche** der Pyramide, die Dreiecke heißen **Seitenflächen**. Die Seitenflächen bilden zusammen die **Mantelfläche** der Pyramide.

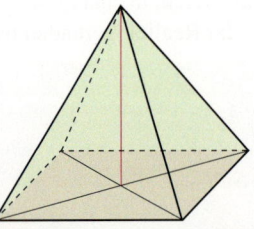
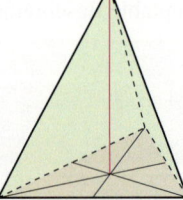
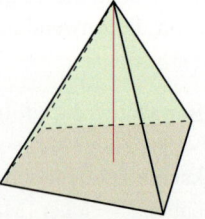
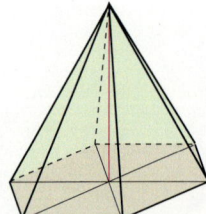

quadratische Pyramide   dreiseitige Pyramide   vierseitige Pyramide   sechsseitige Pyramide

Der Abstand der Spitze von der Grundfläche ist die **Höhe** der Pyramide.
Eine **quadratische Pyramide** ist eine besondere Pyramide, sie hat ein Quadrat als Grundfläche; ihre Spitze liegt senkrecht über dem Schnittpunkt der Diagonalen des Quadrats.

Pyramiden

Aufgabe 1

Biberschwanzziegel

Der **Biberschwanzziegel** ist ein flacher, an der Unterkante oft halbrund geformter Dachziegel. Seine Form erinnert insofern an den Schwanz eines Bibers, da er in einer Rundung endet und in der Mitte durch einen leicht erhobenen Strich längs halbiert wird. Neben der halbrunden Ausformung der Unterkante kommen Biberschwanzziegeln traditionell auch in zahlreichen anderen Varianten vor, z. B. mit Segmentbogen, mit geradem Abschluss, geschweift oder spitz zulaufend („Rautenspitzbiber"). Jede dieser Formen bewirkt eine andere, charakteristische Strukturierung der Dachfläche.
Es gibt Anzeichen dafür, dass die Dachziegelform Biberschwanz im 14. Jahrhundert in den Lehmgruben um Nürnberg herum entstand. Weite Teile der Nürnberger Altstadt sind mit solchen Ziegeln eingedeckt.
Der Biberschwanz wird in zwei überlappenden, seitlich jeweils um einen halben Ziegel versetzten Lagen auf den Dachstuhl gelegt und haftet noch bei steilen Dächern ohne zusätzliche Verankerung sehr gut. Dadurch entsteht der typische „Fischschuppen-Eindruck".

Das Bild zeigt einen Turm mit quadratischer Grundfläche und einem pyramidenförmigen Dach. Die Länge der Grundkante des Daches beträgt 9 m, die Höhe des Daches 6 m.
Das Turmdach soll mit Biberschwanz-Ziegeln (siehe oben) neu gedeckt werden. Für 1 m² Dachfläche werden 36 Ziegel benötigt.
Wie viele Dachziegel müssen geliefert werden?

Lösung

(1) Berechnen der Größe der Dachfläche

Die Dachfläche besteht aus vier zueinander kongruenten gleichschenkligen Dreiecken. Jedes dieser Dreiecke hat den Flächeninhalt $\frac{a \cdot h_s}{2}$.

Somit folgt für die Dachfläche:

$$A = 4 \cdot \frac{a \cdot h_s}{2} = 2 \cdot a \cdot h_s$$

Die Kantenlänge a der Pyramide ist bekannt. Die Dreieckshöhe h_s der Seitenfläche müssen wir noch berechnen; sie ist die Hypotenuse in dem grün gefärbten Dreieck.
Nach dem Satz des Pythagoras gilt dann:
$h_s^2 = (6 \text{ m})^2 + (4{,}5 \text{ m})^2$
$\quad = 36 \text{ m}^2 + 20{,}25 \text{ m}^2 = 56{,}25 \text{ m}^2$,
also:
$h_s = 7{,}5 \text{ m}$

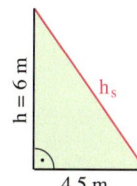

Damit erhalten wir für die Größe der Dachfläche:
$A = 2 \cdot 9 \text{ m} \cdot 7{,}5 \text{ m} = 135 \text{ m}^2$

(2) Berechnen der Anzahl der Dachziegel

Für 1 m² Dachfläche werden 36 Ziegel benötigt. Für 135 m² sind es dann $135 \cdot 36 = 4860$ Dachziegel.
Ergebnis: Für das Decken des Daches müssen mindestens 4 860 Dachziegel bestellt werden.

Information

> **Satz**
>
> Für den **Oberflächeninhalt A_O einer Pyramide** mit dem Grundflächeninhalt A_G und dem Mantelflächeninhalt A_M gilt:
>
> $A_O = A_G + A_M$

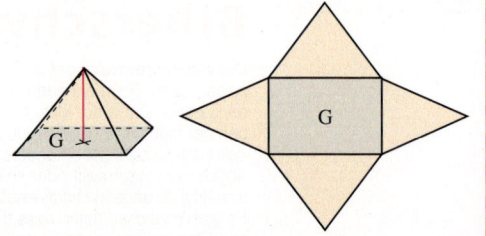

Übungsaufgaben

2. Der Fuß einer Stehlampe hat die Form einer quadratischen Pyramide. Er wird aus Stahlblech gefertigt und pulverbeschichtet. Wie groß ist die zu beschichtende Fläche? Entnimm die Abmessungen aus dem Schrägbild.

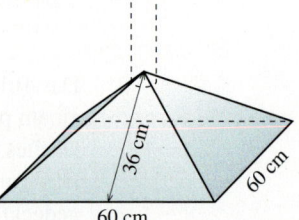

 3. Nennt Gegenstände aus eurer Umwelt, die pyramidenförmig sind. Gestaltet damit ein Plakat für den Klassenraum.

4. Eine quadratische Pyramide hat die Grundkante a = 4 cm und die Seitenkante s = 6 cm.
   a) Zeichne ein Netz und stelle den Körper her.
   b) Berechne die Seitenhöhe sowie den Mantelflächeninhalt und den Oberflächeninhalt.
   c) Berechne die Körperhöhe.

 5. Moritz hat für verschiedene Pyramiden ein Netz gezeichnet. Kontrolliere.

6. Die auf Seite 206 abgebildete gläserne Pyramide steht vor dem Louvre in Paris. Sie ist 21,6 m hoch und hat eine quadratische Grundfläche, deren Seite 35,4 m lang ist. Die Außenfläche wird regelmäßig von Fensterputzern gereinigt.
   Wie groß ist diese Fläche?

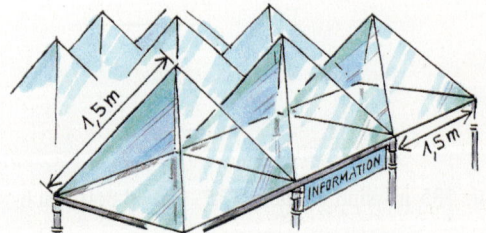

7. Die Überdachung eines Informationsstandes besteht aus 9 quadratischen Glaspyramiden ohne Boden. Diese sind aus Fensterglas von 1 cm Dicke hergestellt worden, das 2,5 g pro cm^3 wiegt. Wie schwer ist das Glasdach?

8. Gegeben ist eine quadratische Pyramide mit der Grundkante a und der Seitenhöhe h_s. Gib eine Formel für den Oberflächeninhalt A_O an. Löse nach der Variablen h_s [der Variablen a] auf.

Pyramiden

9. Eine quadratische Pyramide hat die Grundkante $a = 8$ cm und die Höhe $h = 7$ cm. Berechne die Länge s einer Seitenkante, die Seitenhöhe h_s sowie den Mantelflächeninhalt A_M und den Oberflächeninhalt A_O.

10. a) Vergleiche den Materialverbrauch für die beiden quadratischen Pyramiden.

b) Verändere entweder die Länge der Grundkante oder die Seitenhöhe so, dass beide Pyramiden gleichen Materialverbrauch haben.

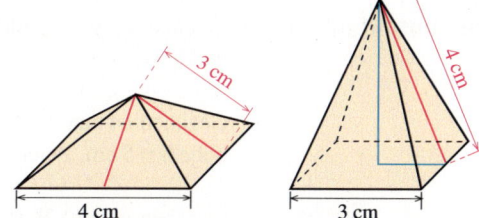

11. Gegeben ist eine Pyramide mit rechteckiger Grundfläche ($a = 6$ cm; $b = 4$ cm) und der Körperhöhe $h = 5$ cm. Die Spitze soll senkrecht über dem Schnittpunkt der Diagonalen des Rechtecks liegen.
Beachte: Diese Pyramide hat zwei verschiedene Seitenhöhen.

a) Zeichne ein Netz der Pyramide.

b) Berechne den Oberflächeninhalt A_O. Leite zunächst eine Formel für die zu berechnende Größe her.

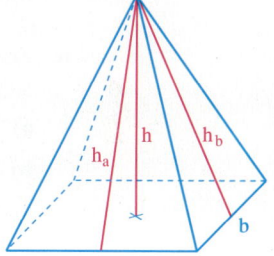

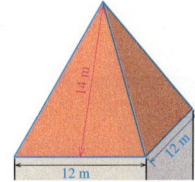

12. Links ist das pyramidenförmige Dach eines Turmes abgebildet. Es soll mit Schindeln gedeckt werden. Von einer Firma wird die Arbeit für 105 € pro m² übernommen.
Wie teuer sind die Dacharbeiten, wenn noch die Mehrwertsteuer dazukommt und bei Bezahlung innerhalb von 10 Tagen 3 % Rabatt gewährt werden?

6.3.2 Schrägbild und Zweitafelbild einer Pyramide

Einstieg Körper kann man im Schrägbild und im Zweitafelbild darstellen. Stelle eine quadratische Pyramide mit der Grundkantenlänge 5 cm und der Höhe 4 cm zeichnerisch dar.

Aufgabe 1 Zeichne ein Schrägbild einer quadratischen Pyramide mit der Grundkantenlänge $a = 2{,}7$ cm und der Höhe $h = 2{,}1$ cm. Wähle den Verzerrungswinkel $\alpha = 45°$ und den Verkürzungsfaktor $q = \frac{1}{2}$.

Lösung

Unsichtbare Kanten werden gestrichelt gezeichnet.

1. Schritt:
Zeichne ein Schrägbild der Grundfläche.

2. Schritt: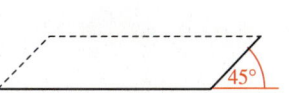
Zeichne vom Mittelpunkt der Grundfläche aus die Höhe ein.

3. Schritt: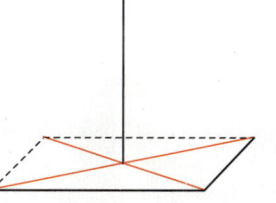
Verbinde die Spitze der Pyramide mit den Eckpunkten der Grundfläche.

Weiterführende Aufgabe

2. *Zweitafelbild einer Pyramide*
Zeichne ein Zweitafelbild einer quadratischen Pyramide, die die Grundkantenlänge a = 4 cm und die Höhe h = 5 cm hat. Beschreibe dein Vorgehen.

Übungsaufgaben

3. Zeichne ein Schrägbild einer quadratischen Pyramide mit a = 6 cm und h = 7 cm. Wähle α = 45° und $q = \frac{1}{2}$.

4. Gegeben ist eine Pyramide mit rechteckiger Grundfläche (a = 6 cm; b = 4 cm) und der Körperhöhe h = 5 cm. Zeichne ein Schrägbild mit α = 45° und $q = \frac{1}{2}$.

5. Gegeben ist eine Pyramide mit einem gleichseitigen Dreieck als Grundfläche. Die Grundkantenlänge soll 5 cm betragen, die Körperhöhe 7 cm.

6. Zeichne ein Zweitafelbild einer Pyramide, deren Grundfläche ein Quadrat mit der Seitenlänge 5 cm ist. Überlege, welche Körperkanten und Höhen in wahrer Länge abgebildet werden.
  a) Die Spitze liegt 6 cm senkrecht über dem Schnittpunkt der Diagonalen des Quadrats.
  b) Die Spitze liegt 6 cm senkrecht über einem Eckpunkt des Quadrats.
  c) Die Spitze liegt 6 cm senkrecht über dem Mittelpunkt einer Quadratseite.

7. Laura hat für verschiedene Pyramiden Zweitafelbilder gezeichnet. Kontrolliere.

 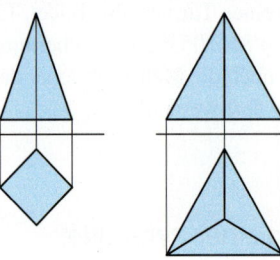 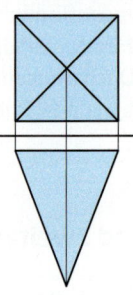 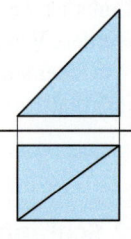 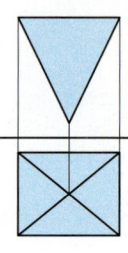

8. Skizziert das Schrägbild einer Pyramide. Tauscht die Blätter aus und skizziert dann ein passendes Zweitafelbild. Beschreibt die Körper.

6.3.3 Volumen einer Pyramide

Einstieg

Ermittelt durch Umfüllversuche eine Vermutung zur Volumenformel für Pyramiden.

Pyramiden

Information

Die Formel für das Volumen der Pyramide ist nicht einfach herzuleiten. Wir verzichten auf einen Beweis.

> **Satz**
> Für das **Volumen V einer Pyramide** mit der Grundflächengröße A_G und der Höhe h gilt:
> $$V = \tfrac{1}{3} A_G \cdot h$$

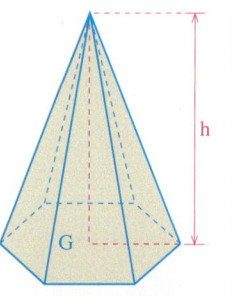

Aufgabe 1

Jeder Würfel lässt sich durch geeignete Schnitte in sechs gleiche Pyramiden zerlegen. Begründe für diese Pyramiden die Gültigkeit der Formel für das Volumen einer Pyramide.

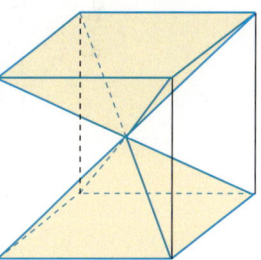

Lösung

Wir bezeichnen die Kantenlänge des Würfels mit a. Jede dieser sechs Pyramiden hat die Grundkantenlänge a und die Höhe $\tfrac{a}{2}$. Nach der Formel für das Volumen einer Pyramide ergibt sich:
$V = \tfrac{1}{3} A_G \cdot h = \tfrac{1}{3} a^2 \cdot \tfrac{a}{2} = \tfrac{1}{6} a^3$, also $\tfrac{1}{6}$ des Volumens des Würfels.

Übungsaufgaben

2. Berechne das Volumen V der Pyramide mit der Höhe h = 9,8 cm und zeichne ein Schrägbild.
   a) Die Grundfläche ist ein Quadrat mit a = 6,3 cm.
   b) Die Grundfläche ist ein Rechteck mit a = 11,3 cm und b = 7,2 cm.
   c) Die Grundfläche ist ein gleichschenkliges Dreieck mit a = b = 5,9 cm und c = 9,3 cm.
   d) Die Grundfläche ist ein gleichseitiges Dreieck mit a = 10,8 cm.
   e) Die Grundfläche ist ein Trapez mit a = 6,8 cm, c = 4,2 cm und h_a = 5,3 cm.

3. Ein Marmordenkmal besteht aus einem quadratischen Prisma mit der Höhe h = 1,20 m und der Grundkantenlänge a = 90 cm sowie einer aufgesetzten Pyramide von 1,50 m Höhe. 1 cm³ Marmor wiegt 2,6 g. Wie viel wiegt das Denkmal?

4. Die größte Pyramide ist die um 2600 v. Chr. erbaute Cheops-Pyramide. Sie war ursprünglich 146 m hoch, die Seitenlänge der quadratischen Grundfläche betrug ca. 233 m.
   a) Berechne das Volumen der Cheopspyramide.
   b) Heute beträgt die Länge der Grundseite nur noch ungefähr 227 m, die Höhe nur ungefähr 137 m. Wie viel m³ Stein sind inzwischen verwittert? Gib diesen Anteil auch in Prozent an.
   c) Von der heutigen Pyramide soll ein maßstabsgerechtes Modell aus Pappe hergestellt werden. Wähle einen geeigneten Maßstab aus und berechne den Materialverbrauch für das Modell.

5. Berechne das Volumen und den Oberflächeninhalt. Zeichne auch ein Zweitafelbild.

a) 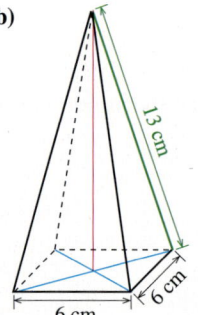 b) c) 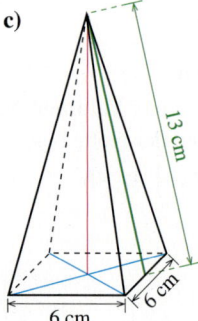 d)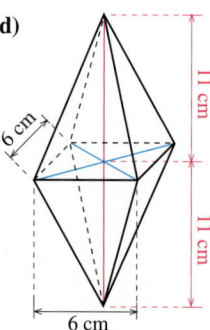

6. Eine quadratische Pyramide hat das Volumen 216 cm³ und die Höhe 8 cm. Stelle für die Länge der Grundkante zunächst eine Formel auf; berechne sie dann.

7. Entscheide, ob die Aussage wahr oder falsch ist. Begründe.
   (1) Wenn die Größe der Grundfläche einer Pyramide verdoppelt [verdreifacht] wird, so wird auch das Volumen der Pyramide verdoppelt [verdreifacht].
   (2) Werden alle Grundkanten einer Pyramide halbiert und dafür die Höhe verdoppelt, so bleibt das Volumen gleich.
   (3) Wird die Höhe einer Pyramide halbiert, so wird auch das Volumen halbiert.
   (4) Wird das Volumen einer Pyramide verdoppelt, so wird auch die Höhe verdoppelt.
   (5) Verkürzt man jede Kantenlänge einer Pyramide um 10 %, so nimmt das Volumen auch um 10 % ab.

8. Ein *Tetraeder* ist eine von vier gleichseitigen, kongruenten Dreiecken begrenzte Pyramide.

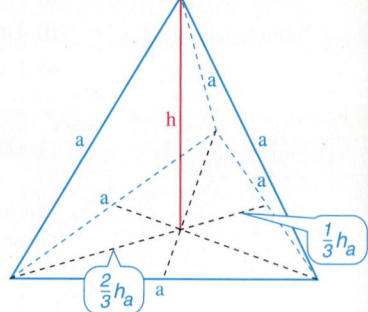

   a) Berechne die Höhe h des Tetraeders aus der Kantenlänge a. Beachte, wie der Höhenschnittpunkt H die Seitenhalbierenden im Dreieck teilt.
   b) Gegeben ist ein Tetraeder mit der Kantenlänge a = 4 cm. Wie hoch ist das Tetraeder?
   Berechne auch die Höhe einer Seitenfläche sowie die Größe der Oberfläche.
   c) Zeichne ein Netz und ein Zweitafelbild des Tetraeders.
   d) Gegeben ist ein Tetraeder mit der Körperhöhe h = 6 cm. Berechne Kantenlänge und Höhe einer Seitenfläche.

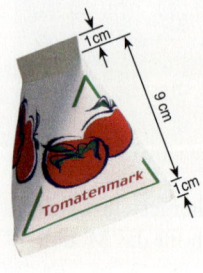

9. Beschreibe, wie die abgebildete Tomatenmark-Verpackung hergestellt wird. Modelliere ihre Form mithilfe eines einfachen Körpers und berechne dessen Materialbedarf und Volumen.

10. Zwei quadratische Pyramiden haben beide ein Volumen von 1 dm³. Die eine Pyramide ist 1 dm hoch und die andere Pyramide hat eine Grundkante von 1 dm Länge. Vergleiche die Oberflächeninhalte.

Kegel

6.4 Kegel

6.4.1 Netz und Oberflächeninhalt eines Kegels

Einstieg Wie viel Verpackungspapier wird für die Eistüte benötigt?

Aufgabe 1 Das kegelförmige Dach eines alten Wehrturms soll neu mit Schiefer gedeckt werden. Der Radius r des Daches beträgt 5,60 m, die Höhe h des Daches beträgt 7,50 m. Für die Bestellung der Schieferplatten wird die Größe der Dachfläche benötigt. Berechne diese.

Lösung Die Dachfläche ist die Mantelfläche eines Kegels. Bei der Berechnung der Größe A_M der Mantelfläche gehen wir folgendermaßen vor:

(1) Wir stellen uns vor: Der Mantel wird entlang einer Mantellinie aufgeschnitten und in die Ebene abgewickelt. Wir erhalten einen Kreisausschnitt mit dem Radius s und dem Bogen b. Die Länge b des Bogens ist gleich dem Umfang der Grundfläche des Kegels: $b = 2\pi r$

Beachte: r ist hier der Radius der Grundfläche des Kegels.

Der zu diesem Kreisausschnitt gehörende Kreis hat den Umfang $2\pi s$. Somit beträgt der Anteil des Bogens vom Umfang $\frac{2\pi s}{2\pi r} = \frac{r}{s}$.

Entsprechend gilt für den Flächeninhalt des Kreisausschnitts also: $A = \frac{r}{s} \cdot A_{Kreis} = \frac{r}{s} \cdot \pi s^2 = \pi r s$

Also gilt für den Mantelflächeninhalt A_M:

$A_M = \frac{1}{2} \cdot 2\pi r \cdot s = \pi r s$

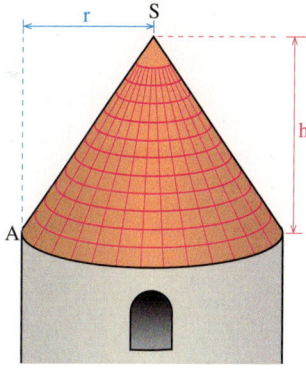

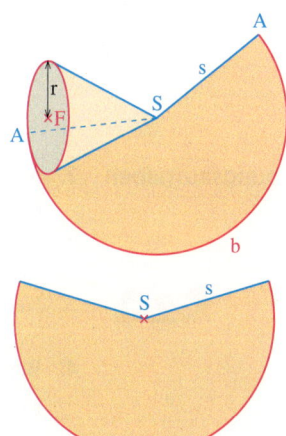

(2) Nach dem Satz des Pythagoras gilt im grünen Dreieck für die Länge s der Mantellinie des Kegels:
$s^2 = r^2 + h^2$
$s^2 = (5{,}60 \text{ m})^2 + (7{,}50 \text{ m})^2$
$s = \sqrt{87{,}61 \text{ m}^2} \approx 9{,}36 \text{ m}$

(3) Wir setzen die Werte in die Formel für den Mantelflächeninhalt ein:
$A_M = \pi r s \approx \pi \cdot 5{,}60 \text{ m} \cdot 9{,}36 \text{ m}$
$A_M \approx 164{,}67 \text{ m}^2$

Ergebnis: Es müssen Schieferplatten für eine Dachfläche von 165 m² bestellt werden. Dabei muss noch berücksichtigt werden, dass sich die Schieferplatten überlappen und Verschnitt anfällt.

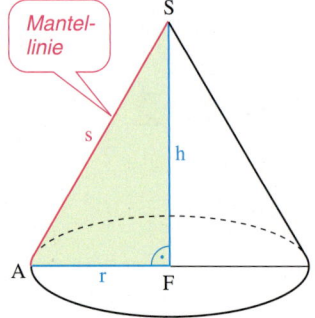

Information

(1) Kegel – Bezeichnungen

Ersetzt man das Vieleck der Grundfläche einer Pyramide durch einen Kreis, so erhält man einen mit der Pyramide verwandten Spitzkörper:

> Ein **Kegel** ist ein Körper, dessen **Grundfläche** eine Kreisfläche (*Grundkreis*) ist.
> Die **Mantelfläche** eines Kegels ist gewölbt.
> Der Abstand der Spitze von der Grundfläche ist die **Höhe** des Kegels.
> Eine Verbindungsstrecke vom Kreisrand zur Spitze heißt **Mantellinie**.

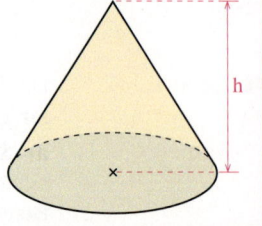

(2) Oberflächeninhalt eines Kegels

> **Satz**
>
> Für den **Mantelflächeninhalt A_M eines Kegels** mit dem Grundkreisradius r und der Länge s einer Mantellinie gilt:
>
> $A_M = \pi \cdot r \cdot s$
>
> Für den **Oberflächeninhalt A_O** dieses Kegels gilt:
>
> $A_O = A_G + A_M = \pi r^2 + \pi r s = \pi r \cdot (r + s)$

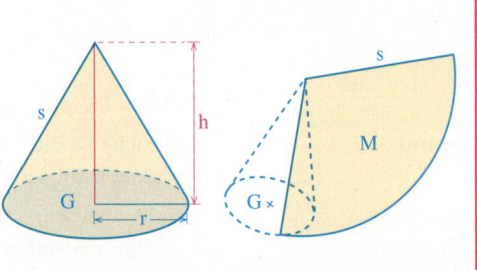

Übungsaufgaben

2. Aus Pappe soll eine Zuckertüte hergestellt werden. Wie viel dm² sind für die Herstellung erforderlich, wenn für Verschnitt und Klebefalze 9 % dazu gerechnet werden?

3. Nennt Beispiele für Kegel aus eurer Umwelt.

4. Berechne Mantelflächeninhalt und Oberflächeninhalt des Kegels.

    a) r = 4 cm   **b)** d = 46 dm   **c)** r = 2,7 m   **d)** s = 9,75 m
        s = 6 cm   s = 15 m   h = 2,3 m   h = 7,25 m

Kegel

5. Gegeben ist ein Kegel mit dem Radius r = 3 cm und der Höhe h = 5 cm.
   a) Berechne die Länge s der Mantellinie sowie den Oberflächeninhalt A_O.
   b) Zeichne ein Netz des Kegels und stelle den Körper her.

6. Der Turm hat ein annähernd kegelförmiges Dach, das neu gedeckt werden soll. Das Turmdach ist 13,80 m hoch und sein Umfang beträgt 27,75 m. Pro Quadratmeter werden 93 € gerechnet; dazu kommt noch die Mehrwertsteuer. Wie teuer wird das Decken des Daches?

7. Von einem Kegel sind die Länge der Mantellinie s = 18 cm und die Größe der Mantelfläche M = 345 cm² bekannt. Berechne den Oberflächeninhalt A_O.

6.4.2 Zweitafelbild und Schrägbild eines Kegels

Einstieg   Stelle einen Kegel mit dem Grundkreisradius 3 cm und der Höhe 7 cm im Zweitafelbild und im Schrägbild dar.

Aufgabe 1 Gegeben ist ein Kegel mit dem Radius r = 2,4 cm und der Körperhöhe h = 5,0 cm.
   a) Zeichne ein Zweitafelbild des Kegels.
   b) Zeichne ein Schrägbild des Kegels. Wähle als Verzerrungswinkel 90°.

Lösung a) Steht der Kegel auf der Grundfläche, so ist der Grundriss ein Kreis mit dem Radius 2,4 cm. Der Aufriss ist ein gleichschenkliges Dreieck mit 4,8 cm langer Basis und der Höhe 5,0 cm.

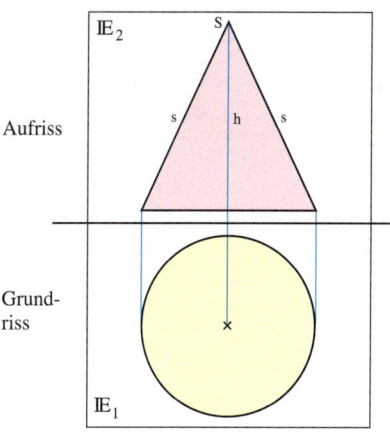

b)

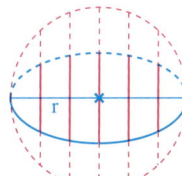

Zeichne zunächst den Kreis sowie einige Hilfstiefenstrecken. Verkürze diese dann auf die Hälfte.

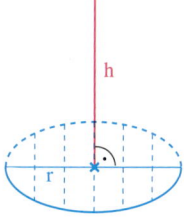

Zeichne vom Mittelpunkt der Grundfläche aus die Höhe h = 3,2 cm ein.

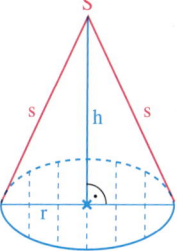

Verbinde die Spitze des Kegels mit der Grundfläche.

Übungsaufgaben

2. Gegeben ist ein Kegel mit dem Radius r = 2,5 cm und der Höhe h = 4,5 cm.
   a) Zeichne ein Zweitafelbild des Kegels.
   b) Zeichne ein Schrägbild des Kegels.
   c) Berechne die Länge der Mantellinie des Kegels.

3. Gegeben ist ein Kegel mit den Radius r = 1,8 cm und der Mantellinie s = 5,6 cm.
   a) Berechne die Höhe h des Kegels.
   b) Zeichne ein Zweitafelbild des Kegels.
   c) Zeichne ein Schrägbild des Kegels.

4. Fertige von einem Kegel mit dem Radius r und der Höhe h eine Freihandskizze an.
   Anleitung: Skizziere wie in der Zeichnung zunächst ein Prisma mit quadratischer Grundfläche mit der Seitenlänge 2r und der Höhe h.

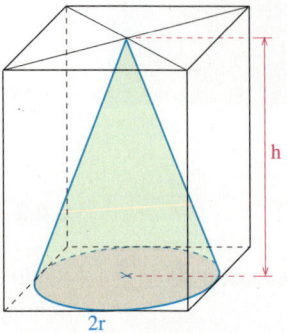

6.4.3 Volumen eines Kegels

Einstieg

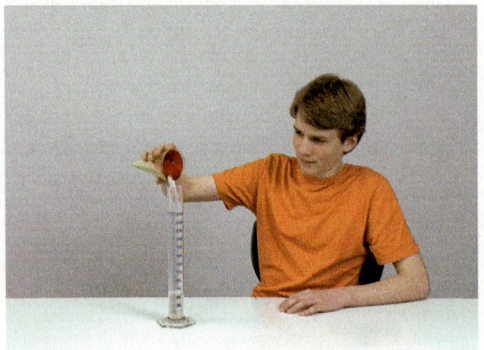

Ermittelt durch Umfüllversuche eine Vermutung zur Volumenformel für Kegel.

Einführung

Zeichnet man in die Grundfläche eines Kegels ein Vieleck und verbindet man dessen Eckpunkte mit der Spitze, so erhält man eine Pyramide. Je mehr Eckpunkte das Vieleck hat, desto besser stimmt es mit dem Kegel überein.

Für jede dieser Pyramiden gilt $V = \frac{1}{3} A_G \cdot h$, wobei sich A_G

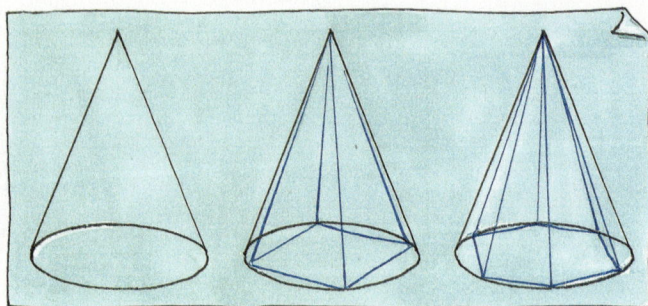

mit zunehmender Eckenzahl immer weniger vom Flächeninhalt des Grundkreises unterscheidet. Folglich gilt für das Volumen eines Kegels:

$V = \frac{1}{3} \pi r^2 \cdot h$

Kegel

Information

Satz

Für das **Volumen V eines Kegels** mit der Grundflächengröße A_G und der Höhe h gilt:

$V = \frac{1}{3} A_G \cdot h$

Bezeichnet r den Radius des Grundkreises des Kegels, so gilt insbesondere:

$V = \frac{1}{3} \pi r^2 \cdot h$

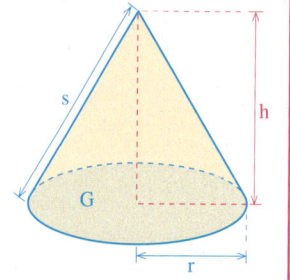

Weiterführende Aufgabe

1. *Eine weitere Formel zur Volumenberechnung eines Kegels*

    In einer Formelsammlung findest du die Formel rechts.
    Begründe sie.

Formelsammlung

Für die Größe des Volumens eines Kegels mit dem Durchmesser d des Grundkreises und der Höhe h gilt:

$V = \frac{1}{12} \pi d^2 \cdot h$

Übungsaufgaben

2. Eine Kerze hat die Form eines Kegels mit dem Grundkreisradius r = 2,9 cm und der Höhe h = 11,6 cm.
   Berechne das Volumen der Kerze.

3. Berechne das Volumen des Kegels.

    a) r = 5 cm
       h = 9 cm

    b) d = 7,6 dm
       h = 9,3 dm

    c) r = 3,9 dm
       h = 1,2 m

    d) r = 4 cm
       s = 8 cm

4. Ein kegelförmiges Werkstück aus Grauguss hat einen Grundkreisdurchmesser d = 153 mm und eine Mantellinienlänge s = 193 mm. 1 cm³ Grauguss wiegt 7,3 g.
   Wie viel wiegt das Werkstück?

5. Berechne das Volumen. Gib die Kantenlänge eines Würfels an, der das gleiche Volumen hat.

    a) Dach

    b) Sandhaufen

    c) Vulkankrater des Poás in Costa Rica

Durchmesser: 6,40 m
Länge der Dachsparren: 5,80 m

Umfang: 20,50 m
Mantellinie: 3,90 m

Umfang des Kraterrandes: 4,7 km
Tiefe des Kraters: 300 m

6. Leite zunächst eine Formel zur Berechnung der gesuchten Größe her.

    a) Ein Kegel hat das Volumen V = 26,461 cm³ und den Radius r = 3,4 cm.
       Berechne die Höhe des Kegels.

    b) Ein Kegel hat das Volumen V = 346,739 dm³ und die Höhe h = 6,7 dm.
       Berechne den Radius der Grundfläche.

7. a) Entscheide, ob die Aussage wahr oder falsch ist. Begründe.
  (1) Wird der Radius der Grundfläche eines Kegels verdoppelt, so verdoppelt sich auch das Volumen.
  (2) Wird der Radius der Grundfläche verdoppelt und dafür die Mantellinie halbiert, so bleibt das Volumen gleich.
  (3) Wird das Volumen eines Kegels verdoppelt, so wird auch die Höhe verdoppelt.
  (4) Wird die Mantellinie eines Kegels um 10 % verlängert und der Radius der Grundfläche bleibt unverändert, so nimmt das Volumen um 10 % zu.

b) Untersuche weitere Zusammenhänge.

8. Bei einem Kegel bezeichnet r den Grundkreisradius, h die Höhe, s die Länge einer Mantellinie, V das Volumen und A_O den Oberflächeninhalt. Berechne die anderen Größen.

a) r = 7,5 cm	b) r = 45 cm	c) h = 63 cm	d) r = 5,6 cm	e) s = 3,6 cm
h = 1,35 m	s = 78 dm	s = 7,9 dm	V = 426,9 cm³	A_O = 135,2 cm²

9. Ein zylindrischer und ein kegelförmiger Messbecher besitzen einen Grundkreisradius von 6 cm. In welcher Höhe müssen die Markierungen für $1\,l$, $\frac{1}{2}\,l$, $\frac{1}{4}\,l$, $\frac{1}{8}\,l$, und $\frac{3}{4}\,l$ angebracht werden?

10. Bei der Herstellung eines Sortiments von kegelförmigen Sektgläsern soll jedes Glas dasselbe Volumen von 120 ml fassen. Stellt in einer Tabelle zusammen, welche Maße möglich und sinnvoll sind, falls das Glas bis zum Rand [bis 1 cm unter dem Rand] gefüllt wird.
Überlegt zunächst, wie ihr geschickt vorgehen könnt. Ihr könnt z. B. auch ein Tabellenkalkulationsprogramm nutzen.

11. Zu wie viel Prozent ist ein 12 cm hohes Sektglas mit dem oberen Durchmesser 5 cm gefüllt, wenn der Sekt 6 cm [4 cm; 3 cm; 8 cm; 10 cm] hoch steht?

12. In verschiedene Werkstücke werden kegelförmige Hohlräume gebohrt. Berechne das Volumen und die Größe der Oberfläche des Restkörpers.

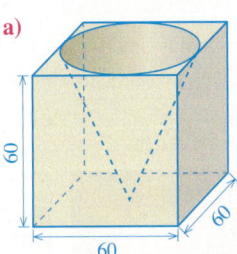 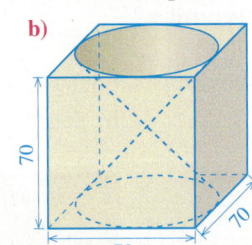 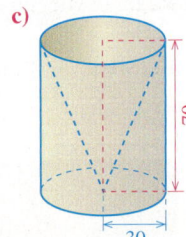 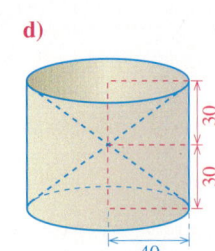

13. Aus einem kegelförmigen Metallteil $\left(r = 10\text{ cm};\, h = 25\text{ cm};\, \text{Dichte } 8{,}4\,\frac{g}{cm^3}\right)$ wird ein möglichst großes Metallteil hergestellt, das die Form einer regelmäßigen sechseckigen Pyramide hat.

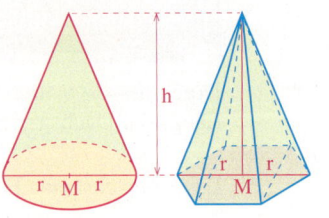 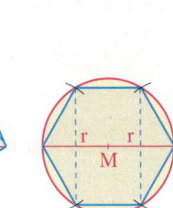

a) Wie groß ist der Massenunterschied der beiden Körper?
Schätze zuerst, rechne dann genau.

b) Die beiden Körper sollen auch als Hohlkörper aus Blech hergestellt werden. Das Blech ist 1 mm dick $\left(\text{Dichte von Blech: } 7{,}6\,\frac{g}{cm^3}\right)$. Berechne den Massenunterschied der Hohlkörper.

Kugel – Volumen und Oberflächeninhalt

6.5 Kugel – Volumen und Oberflächeninhalt *Zum Selbstlernen*

Ziel Hier lernst du, wie man das Volumen und den Oberflächeninhalt von Kugeln berechnet.

Zum Erarbeiten

 Volumen einer Kugel

Die Fotos zeigen einen Umfüllversuch. Ermittle daraus eine Formel für das Volumen einer Kugel.

Der verwendete Zylinder, der Kegel und die Halbkugel haben alle denselben Radius r. Dieser entspricht auch der Höhe des Zylinders und des Kegels. Da der Zylinder nach dem Umschütten des Wassers aus der Halbkugel und aus dem Kegel ganz gefüllt ist, gilt für das Volumen der Halbkugel:

$V_{Halbkugel} = V_{Zylinder} - V_{Kegel} = \pi r^2 \cdot r - \frac{1}{3} \pi r^2 \cdot r = \pi r^3 - \frac{1}{3} \pi r^3 = \frac{2}{3} \pi r^3$

Die Kugel ist doppelt so groß wie die Halbkugel, also gilt für ihr Volumen: $V_{Kugel} = \frac{4}{3} \pi r^3$

 Oberflächeninhalt einer Kugel

Ermittle eine Abschätzung für den Oberflächeninhalt einer Kugel durch Vergleich einer Halbkugel mit einem Kegel und mit einem Zylinder.

Wir vergleichen eine Halbkugel mit dem Radius r mit einem Kegel und einem Zylinder, die ebenfalls den Radius r und die Höhe r haben.

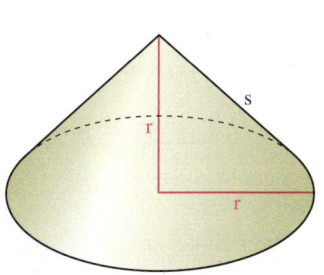 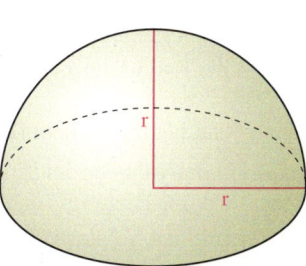 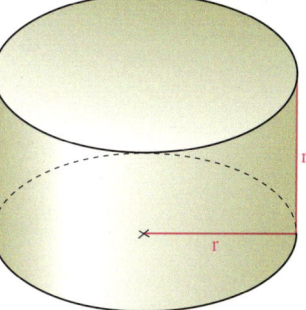

Für den Vergleich mit der Halbkugel betrachten wir die Mantelfläche des Kegels. Für die Mantellinie s des Kegels gilt:

$s^2 = r^2 + r^2 = 2r^2$, also $s = \sqrt{2} \cdot r$

Für den Mantelflächeninhalt des Kegels gilt:

$A_M = \pi r s = \pi r \cdot \sqrt{2} \cdot r = \sqrt{2} \pi r^2$

Für den Vergleich mit der Halbkugel betrachten wir die obere Grundfläche und die Mantelfläche des Zylinders.

$A_G + A_M = \pi r^2 + 2 \pi r \cdot r$
$= \pi r^2 + 2 \pi r^2$
$= 3 \pi r^2$

Da eine Kugel aus zwei Halbkugeln zusammengesetzt werden kann, folgt für den Oberflächeninhalt A_O der Kugel die Abschätzung $2\sqrt{2} \pi r^2 < A_O < 3 \cdot \pi r^2$, also gerundet: $2{,}8 \pi r^2 < A_O < 6 \pi r^2$.

BERECHNUNGEN AN KÖRPERN

Information

Man kann ohne Verwendung von Experimenten beweisen:

> **Satz**
> Für das **Volumen V einer Kugel** mit dem Radius r gilt:
> $V = \frac{4}{3} \pi r^3$
> Für den **Oberflächeninhalt A_O einer Kugel** mit dem Radius r gilt: $A_O = 4 \pi r^2$

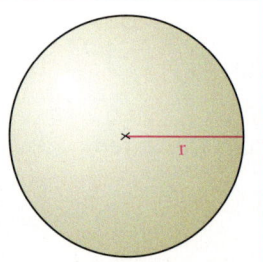

Zum Üben

1. Berechne das Volumen der Kugel.
   a) r = 38,6 cm   b) d = 16,9 dm   c) d = 0,09 m   d) r = 214,6 dm   e) r = 6,33 cm

2. Berechne das Volumen des Himmelskörpers.
   (1) Sonne: $r = 7 \cdot 10^5$ km   (2) Venus: $r = 6,2 \cdot 10^3$ km   (3) Mars: $r = 3,43 \cdot 10^3$ km

3. Sven behauptet: „Das Volumen einer Kugel kann man ohne großen Fehler schneller mit der Näherung $V \approx 4 \cdot r^3$ berechnen."
   Um wie viel Prozent weicht die Näherung vom korrekten Wert ab?

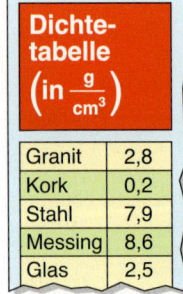

Dichte-tabelle (in $\frac{g}{cm^3}$)	
Granit	2,8
Kork	0,2
Stahl	7,9
Messing	8,6
Glas	2,5

4. Auf dem Foto siehst du einen Brunnen, in dessen Mitte sich eine Kugel aus Granit befindet. Die Kugel hat einen Durchmesser von 1,20 m.
   Wie viel wiegt die Kugel?

5. Das Volumen einer Kugel beträgt 647 cm³. Berechne den Radius der Kugel. Leite zunächst eine Formel her.

6. Kork ist ein besonders leichtes Material.
   a) Kannst du eine Kugel aus Kork mit einem Durchmesser von 1 m tragen? Schätze zuerst, rechne dann.
   b) Wie groß ist der Radius einer Stahlkugel, die genau so viel wiegt wie die Korkkugel?

7. In der Technik wird häufig mit dem Durchmesser d gerechnet.
   a) Begründe: Für das Volumen der Kugel mit dem Durchmesser d gilt: $V = \frac{1}{6} \pi d^3$.
      Berechne damit das Volumen der Kugellager-Kugel mit dem Durchmesser d = 8 mm.
   b) Berechne den Durchmesser einer Kugel mit V = 8 dm³.

8. Kontrolliere Leonards Hausaufgaben.

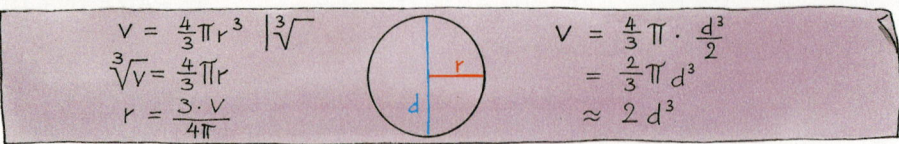

Kugel – Volumen und Oberflächeninhalt

9. *Volumen einer Hohlkugel*

   Wie viel wiegt eine Hohlkugel aus Gusseisen (Radius des Hohlraumes: $r_1 = 8$ cm, äußerer Radius: $r_2 = 10$ cm, Dichte: $7{,}3 \frac{g}{cm^3}$)?
   Leite zunächst eine Formel für das Volumen der Hohlkugel her.

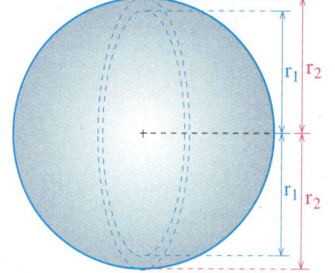

10. Berechne den Oberflächeninhalt der Kugel.

    a) $r = 17$ cm   c) $r = 0{,}09$ dm   e) $V = 8{,}27$ dm^3
    b) $d = 3{,}9$ dm   d) $V = 615$ mm^3 f) $d = 7$ cm

11. a) Berechne die Größe der Dachfläche eines Kuppeldaches mit dem Radius $r = 60$ m.
    b) Überprüfe die in dem Zeitungsartikel angegebene Behauptung.

KUPPELZELT
Die Dachfläche des Kuppelzeltes ist genau doppelt so groß wie die Fläche des Zeltbodens.

12. In der Technik wird häufig mit dem Durchmesser d gerechnet.

    a) Begründe: Für den Oberflächeninhalt einer Kugel mit dem Durchmesser d gilt: $A_O = \pi d^2$
    b) Berechne den Durchmesser einer Kugel mit $A_O = 8$ dm^2.

13. Der Oberflächeninhalt einer Kugel beträgt 803,84 cm^2. Wie groß ist der Radius? Leite zunächst eine Formel zur Berechnung des Radius r her.

14. a) Wie viel Stoff braucht man für die Hülle eines kugelförmigen Freiballons mit dem Durchmesser 12,75 m?
    b) Für die Hülle eines kugelförmigen Freiballons wurden 415 m^2 Stoff verbraucht. Wie viel m^3 Gas fasst der Ballon?

15. Aus einem Wasserhahn tropft alle 3 Sekunden ein kugelförmiger Wassertropfen mit dem Durchmesser 4 mm. Wie viel Liter Wasser werden dadurch in einem Jahr verschwendet?

16. Die Lunge eines Menschen enthält ungefähr $4 \cdot 10^8$ Lungenbläschen; jedes hat einen Durchmesser von 0,2 mm.

    a) Wie groß ist die Oberfläche aller Lungenbläschen eines Menschen?
    b) Welchen Durchmesser hätte eine einzige Kugel mit dem gleichen Oberflächeninhalt?
    c) Welchen Oberflächeninhalt hätte eine Kugel, deren Volumen so groß ist wie das Volumen aller Lungenbläschen zusammen?

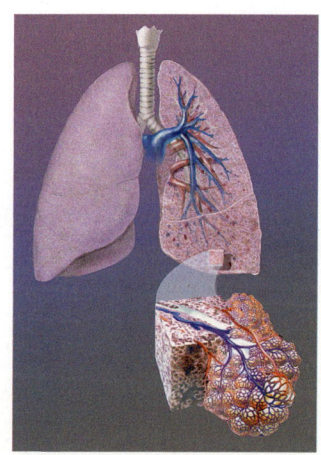

Im Blickpunkt

Dreitafelprojektion

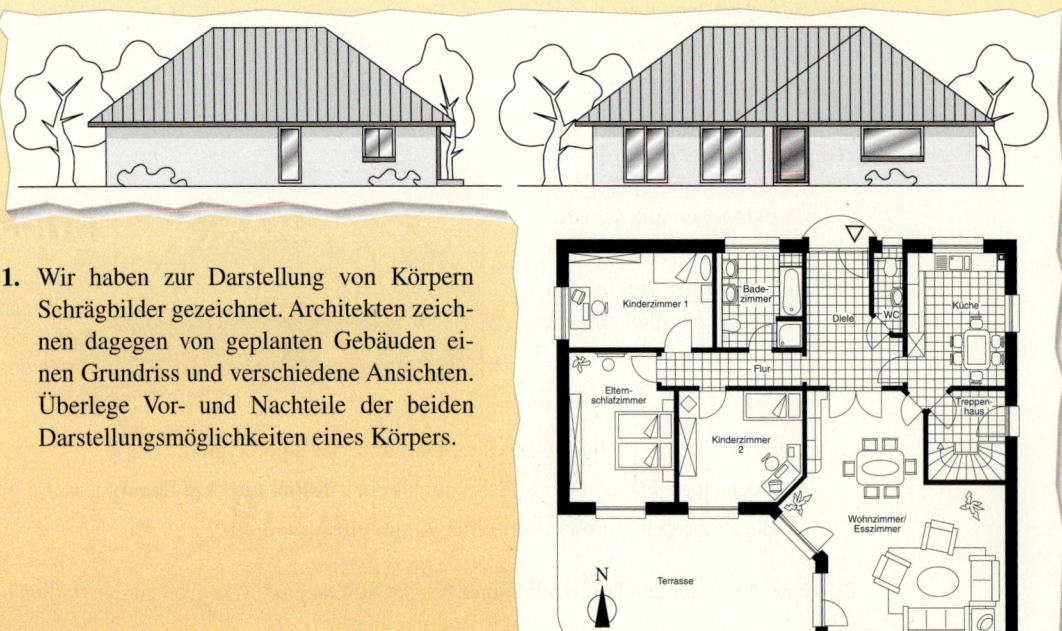

1. Wir haben zur Darstellung von Körpern Schrägbilder gezeichnet. Architekten zeichnen dagegen von geplanten Gebäuden einen Grundriss und verschiedene Ansichten. Überlege Vor- und Nachteile der beiden Darstellungsmöglichkeiten eines Körpers.

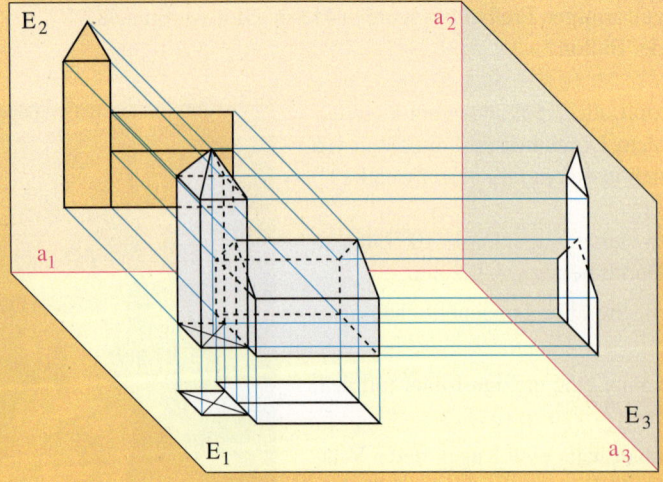

2. Für technische Zeichnungen verwendet man oft statt eines Schrägbildes eine so genannte Dreitafelprojektion.
Der Körper wird aus drei verschiedenen Blickrichtungen (von oben, von vorne und von links) mit parallelen Lichtstrahlen beschienen, die dann auf drei zueinander orthogonalen Tafeln Schattenbilder liefern:
Das Bild in der Ebene E_1 heißt **Grundriss**; es vermittelt den Eindruck, man sehe den Körper von oben.
Das Bild in der Ebene E_2 heißt **Aufriss**; es vermittelt den Eindruck, man sehe den Körper von vorne.
Das Bild in der Ebene E_3 heißt **Seitenriss**, es vermittelt den Eindruck, man sehe den Körper von links.

IM BLICKPUNKT: Dreitafelprojektion

Um Grundriss, Aufriss und Seitenriss in einer Zeichenebene darstellen zu können, dreht man die Seitenrissebene E_3 zunächst in die Aufrissebene und klappt sie anschließend in die Grundrissebene um. Diese Darstellung nennt man **Dreitafelprojektion**.
Vergleiche die Dreitafelprojektion mit der Darstellung eines Architekten.

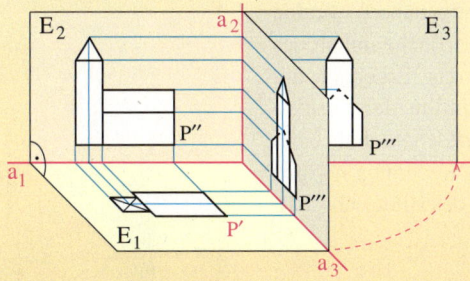
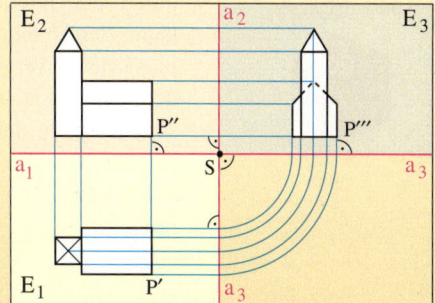

3. Zeichne eine Dreitafelprojektion des Körpers.

a) 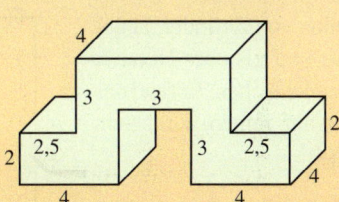   b) 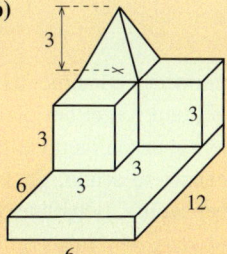   c)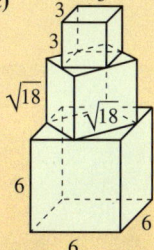

4. Konstruiere zu den beiden Rissen den dritten Riss. Skizziere auch ein Schrägbild des Körpers.

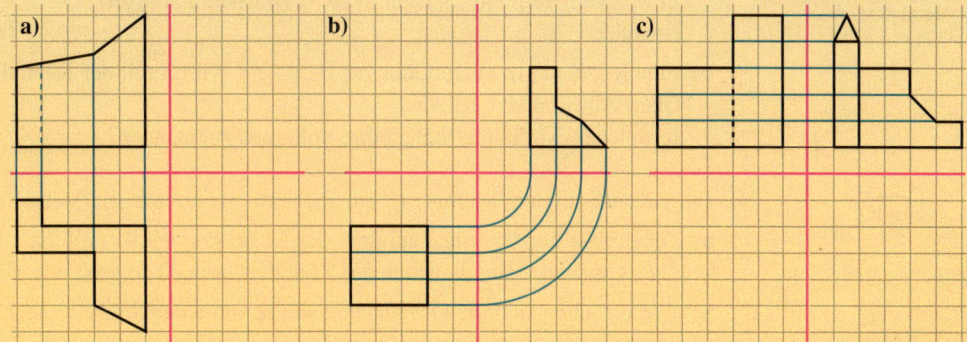

5. Verschiedene Körper können sowohl in ihren Grundrissen als auch in ihren Aufrissen übereinstimmen. Das Bild rechts zeigt ein Beispiel an. Gib einen weiteren Körper mit demselben Grundriss und Seitenriss an.

6. Das Logo des Bundeswettbewerbs Mathematik kann man als Dreitafelprojektion eines Körpers auffassen. Beschreibe den Körper.

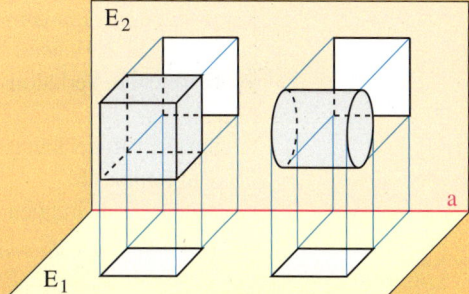

6.6 Aufgaben zur Vertiefung

Ikosaeder, Zwanzigflächner

1. Die Fotomontage zeigt, wie eine Kugel durch ein Ikosaeder angenähert werden kann. Berechnet den Oberflächeninhalt des Ikosaeders. Vergleicht das Ergebnis mit dem Wert, den man mithilfe der Formelsammlung für den Oberflächeninhalt einer Kugel erhält. Die für die Rechnung nötigen Werte könnt ihr mithilfe des Bildes abschätzen.

Archimedes, griechischer Mathematiker und Physiker, 287–212 v. Chr.

2. Archimedes erkannte, dass die Volumina von Zylinder, Halbkugel und Kegel bei gleichem Radius und gleicher Höhe in einem ganzzahligen Vielfachen zueinander stehen. Er fand das Ergebnis so schön, dass er die Figur auf seinem Grabstein haben wollte. Berechne die Verhältnisse.

3. a) Eine Kugel mit dem Durchmesser d und ein Würfel mit der Kantenlänge a sollen dasselbe Volumen besitzen.
   In welchem Verhältnis stehen ihre Oberflächeninhalte zueinander?

   b) Eine Kugel mit dem Durchmesser d und ein Würfel mit der Kantenlänge a sollen denselben Oberflächeninhalt besitzen.
   In welchem Verhältnis stehen ihre Volumina zueinander?

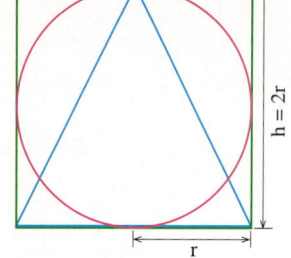

4. Einer Kugel mit dem Radius r ist ein Zylinder einbeschrieben (siehe Bild links).
   a) Zeige, dass der Oberflächeninhalt der Kugel doppelt so groß ist wie der Oberflächeninhalt des Zylinders, wenn die Höhe des Zylinders doppelt so groß wie sein Durchmesser ist.
   b) Wie verhalten sich die Oberflächeninhalte von Kugel und Zylinder, wenn die Höhe des Zylinders genau so groß ist wie sein Durchmesser?

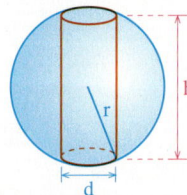

5. Einem Kegel mit dem Radius r und der Höhe h wird eine quadratische Pyramide einbeschrieben und umbeschrieben.
   In welchem Verhältnis stehen die Volumina der drei Körper zueinander?

6. Bei einer Kugel hängt der Oberflächeninhalt und auch das Volumen nur von einer Variablen, z. B. dem Radius ab.
   Zeichne den Graphen der Funktion, beschreibe ihn und gib auch die Gleichung an.
   a) *Radius → Volumen*   b) *Radius → Oberflächeninhalt*

Bist du fit?

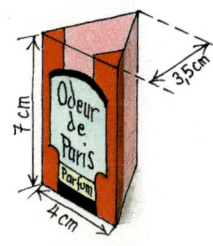

1. a) Betrachte die Verpackung links mit einem gleichseitigen Dreieck als Grundfläche. Zeichne ein Netz und berechne den Materialbedarf (ohne Falze). Berechne auch das Volumen.
   b) Zeichne ein Schrägbild und ein Zweitafelbild der Verpackung.

2. Berechne Volumen, Mantelflächeninhalt und Oberflächeninhalt sowie die gesamte Kantenlänge des Prismas mit der angegebenen Grundfläche (Maße in cm). Das Prisma ist 23 cm hoch. Zeichne auch ein Zweitafelbild in einem geeigneten Maßstab.

   a) 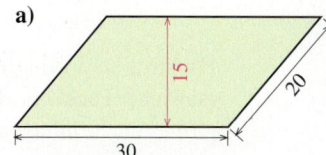 b) 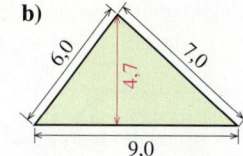 c)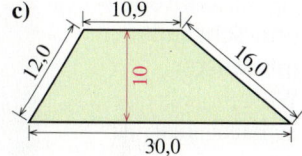

3. Berechne den Oberflächeninhalt und das Volumen des Zylinders mit r = 7 cm und h = 4 cm [r = 12 dm und h = 1,4 m; r = 5,6 cm und h = 0,7 dm].

4. Eine Rolle Kupferdraht $\left(\text{Dichte } 8{,}9 \, \frac{g}{cm^3}\right)$ wiegt 17,5 g. Der Draht hat einen Durchmesser von 2,7 mm. Wie lang ist der Draht?

5. Berechne die Größe der Dachfläche und die Größe des Dachraumes. Zeichne ein Netz in einem geeigneten Maßstab.

   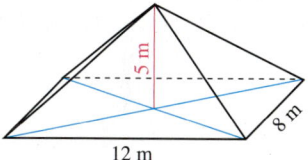

6. Ein kegelförmiger Sandhaufen mit einer Höhe von 2,5 m und einem Umfang von 22,8 m soll abgefahren werden. 1 cm³ Sand wiegt 1,6 g.
   a) Ein Lkw hat eine Tragfähigkeit von 3,5 t. Wie viele Fahrten sind nötig?
   b) Damit der Sand bis zum Abtransport nicht dem Wetter ausgesetzt ist, soll er mit einer Folie abgedeckt werden. Berechne dazu die Mantelfläche des kegelförmigen Sandhaufens.

7. Die Abbildung zeigt Netze von Körpern.

   (1) 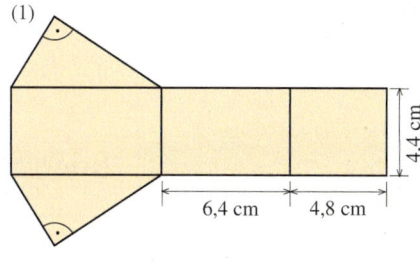   (2) 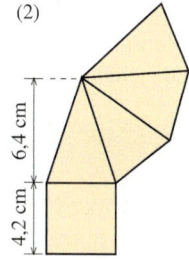   (3)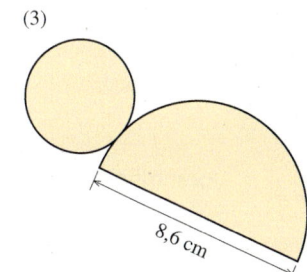

   a) Gib den Namen der Körper an und zeichne ihre Zweitafelbilder.
   b) Berechne Volumen und Oberflächeninhalt.

Projekt

Funktionen – Messen und Darstellen

Vorschlag 1: Schraubenfeder und Schrauben mit Mutter

Wisst ihr, was eine Schraubenfeder ist? Was passiert, wenn ihr an diese Schraubenfeder ein Gewichtsstück hängt? Was passiert, wenn ihr das Gewicht verdoppelt? Legt eine Messtabelle an und übertrage das Ergebnis in ein Diagramm. Könnt ihr den Zusammenhang mathematisch beschreiben? Wiederholt den Versuch mit anderen dehnbaren Materialien.

Vorschlag 2: Lottogewinn und Spielplatzwippe

Könnt ihr euch vorstellen, was die Aufteilung des Gewinns bei einem Sechser im Lotto und das Spiel mit der Wippe auf dem Spielplatz gemeinsam haben? Vielleicht hilft euch die Antiproportionalität. Findet noch weitere Zuordnungen aus eurer Umgebung, die antiproportional sind, und stellt sie grafisch dar.

Vorschlag 3: Schaut euch um in eurer Umwelt!

Findet interessante Zuordnungen in eurer Umwelt. Was wird alles wem zugeordnet? Kann man alle Zuordnungen und Funktionen mathematisch beschreiben? Vielleicht findet ihr neue Zusammenhänge und ihr könnt diese mit einer Formel beschreiben. Ein einfaches Beispiel wären die Parkplatzpreise in einem Parkhaus. Oder Ihr bestimmt den Zusammenhang zwischen Fallzeit und Fallhöhe eines Gegenstandes.

Funktion und Zuordnung sind zwar mathematische Fachbegriffe, aber Zuordnungen gibt es auch im täglichen Leben. Ihr wurdet zum Beispiel einer bestimmten Klasse zugeordnet. Die Telefongesellschaft hat jedem Telefonanschluss eine oder mehrere Telefonnummern zugeordnet. Wenn ihr den Tisch deckt, ordnet ihr jedem Gast einen Teller und ein Glas zu. Es ist jedem Auto genau ein Kennzeichen durch die Zulassungsbehörde zugeordnet. Man kann aber Zuordnungen auch mathematisch fassen und durch Funktionen beschreiben. So lässt sich leicht der Preis für einige Kugeln Eis bestimmen, wenn man den Preis für eine Kugel weiß. Oder es ist möglich, durch eine Zuordnungsvorschrift die Preisaufteilung bei einem Lottogewinn für die Tippgemeinschaft zu regeln.

Auch beim naturwissenschaftlichen Arbeiten werden Funktionen gebraucht, um Natur-

---

Parkgebühren:
Mindestgebühr:
0,50 EUR = 30 Minuten

Gebührenpflichtige Parkzeit an Werktagen:
Mo – Fr 9.00 bis 19.00 Uhr
Sa 9.00 bis 16.00 Uhr

Höchstdauer: **2** Stunden

PROJEKT: Funktionen – Messen und Darstellen

227

Vorschlag 4:
Flächenmessung mit der Waage

Wisst ihr, wie man die Fläche von Grundstücken, Landkreisen, ja sogar von Bundesländern bestimmen kann? Wenn ihr eine genaue Karte von den Ländereien auftreiben könnt, sind dazu gar keine komplizierten mathematischen Formeln mehr nötig. Ihr braucht nur noch Papier, Schere und eine genaue Waage. Bestimmt z.B. das Gewicht von 10 cm² der Fläche und wiegt anschließend die gesamte Fläche. Habt ihr jetzt eine Idee, wie es weiter gehen könnte? Überprüft eure Ergebnisse durch offizielle Daten.

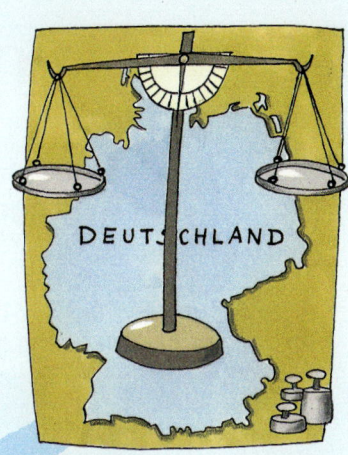

gesetze zu beschreiben. Ihr seht, Funktionen und Zuordnungen können in eurem Leben eine große Rolle spielen. Es wäre schön, wenn ihr eure Funktions- und Messideen in einer kleinen Ausstellung im Schulhaus den Mitschülern zeigt. Wenn ihr dazu ein kleines Quiz entwerft, habt ihr viele Zuschauer eurer Ausstellung. Ihr könnt natürlich auch die Ergebnisse im Rahmen einer kleinen Vortragsrunde vor der Klasse präsentieren. Auch ein kleiner Artikel in der Lokalpresse über besonders interessante Zuordnungen wie Vergleiche von Telefon- und Stromtarifen oder Parkplatzkosten ist denkbar. Hier hilft vielleicht eure Deutschlehrerin oder euer Deutschlehrer.

Wir haben hier für euch ein paar Ideen und Fragen rund um das Funktionenprojekt vorbereitet, die ihr aufgreifen könnt.
Im Internet findet ihr das Projekt unter:
www.elemente-der-mathematik.de

Vorschlag 5:
Wisst ihr, wie viel Sternlein stehen?

Wie viele Sterne könnte man am Himmel sehen? Was wiegt eigentlich ein Reiskorn oder eine Fliege oder ein Sandkorn? Wie kann man ganz leichte Sachen mit einer großen Waage wiegen? Welches Zuordnungsprinzip steckt hinter all diesen Ideen? Könnt ihr noch andere ganz leichte Sachen wiegen?

Vorschlag 6:
Tarife

Auch Preise gehorchen Zuordnungen. Untersucht doch einmal Telefonkosten bei Mobilfunkanbietern oder Stromtarife verschiedener Gesellschaften. Lassen sich die Preise grafisch darstellen? Welche Zuordnungsvorschriften gelten denn?

Projekt

Pythagoras

Vorschlag 1:
Das Leben des Pythagoras

Wer war Pythagoras? Was hat er so den ganzen Tag gemacht? Womit hat er sein Geld verdient? Wo hat er gelebt? Wann hat er gelebt? War er verheiratet?
Fragen über Fragen, wisst ihr noch mehr?

Pythagoras, das griechische Allroundtalent von der Insel Samos, hat sich vor gut 2600 Jahren nicht nur mit Mathematik beschäftigt. Pythagoras interessierte sich auch für Musik, für Dichtkunst und für Religion.
Pythagoras gründete sogar eine Art mathematischer Glaubensgemeinschaft und die Mitglieder dieser Gemeinschaft nannten sich Pythagoreer.
Bei diesem Projekt sollt ihr euch näher mit dem Forscher Pythagoras befassen und einen Teil seines damaligen Wissens aufbereiten. Ihr könntet euch entweder der zentralen Satzgruppe des Pythagoras widmen oder den Zahlverhältnissen seiner Musiktheorie. Hier hilft vielleicht eure Musiklehrerin oder euer Musiklehrer.
Neben der Musik hat sich Pythagoras auch intensiv mit den reinen Zahlen beschäftigt, so sind für euch vielleicht die pythagoreischen Zahlentripel interessant.
Ihr könnt auch untersuchen, wie seine mathematischen Entdeckungen bzw. Erkenntnisse

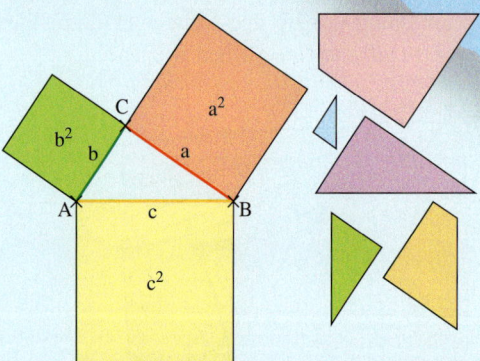

Vorschlag 2:
Rund um den Satz des Pythagoras

Findet ihr weitere, schöne Erklärungen für die Richtigkeit des Satzes des Pythagoras?
Es gibt chinesische und indische Beweise.
Könnt ihr die Beweise so aufschreiben, dass sie auch eure Mitschüler verstehen?

Vorschlag 3:
Pythagoras und seine Zahlen

„Alles ist Zahl." Pythagoras sieht in den Zahlen das eigentliche Geheimnis und die Bausteine der Welt. Jede der Grundzahlen hat ihre eigene Kraft und Bedeutung.
Mit welchen Zahlen beschäftigte sich Pythagoras noch?
Was ist das besondere an einem pythagoreischen Zahlentripel?
Wie viele gibt es davon?

PROJEKT: Pythagoras

Vorschlag 4:
Pythagoras und seine Musik

Pythagoras ordnete jedem Ton seine eigene Schwingungsfrequenz zu. Ist das immer noch so?
Mit welchem Musikinstrument hat sich Pythagoras beschäftigt?

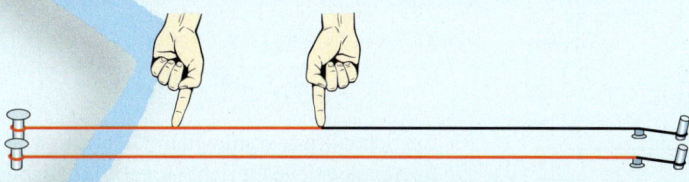

in der Technik Anwendung fanden. So wird der Satz des Pythagoras z.B. beim Vermessen angewendet.
Sich mit Pythagoras zu beschäftigen, lohnt sich wirklich. Der 20. Präsident der Vereinigten Staaten, J. Garfield, hat sich so intensiv damit beschäftigt, dass sogar ein Beweis nach ihm benannt wurde. Na, wenn das kein Ansporn ist.
Es wäre schön, wenn ihr eure pythagoreischen Ideen in einer kleinen Ausstellung im Schulgebäude zeigen könntet. Ihr könnt natürlich auch die Ergebnisse vor der Klasse präsentieren. Auch ein kleiner Artikel in der Lokalzeitung über ein besonders interessantes Abenteuer des Pythagoras ist denkbar. Hier hilft vielleicht eure Deutschlehrerin oder euer Deutschlehrer.
Wir haben hier für euch ein paar Ideen und Fragen rund um das Pythagorasprojekt vorbereitet, die ihr aufgreifen könnt.
Im Internet findet ihr das Projekt unter
www.elemente-der-mathematik.de

Vorschlag 5:
Die Seilspanner

Was sind denn Harpenodapten?
Was haben denn die ägyptischen Seilspanner gemacht?
Wird so ein Verfahren heute noch verwendet?
Beschreibe es.
Führe es selber durch.

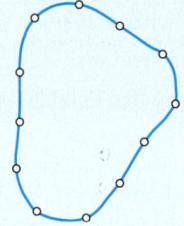 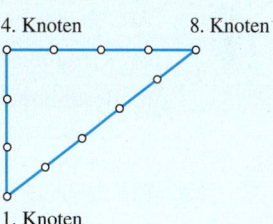

Vorschlag 6:
Anwendungen

Wofür kann man denn den Satz des Pythagoras gebrauchen?
Gibt es Einsatzmöglichkeiten außerhalb der Schule?
Wie weit ist es eigentlich bis zum Horizont?
Wie steckt man rechte Winkel im Gelände ab?

Teste dich – Vermischte Übungen 1

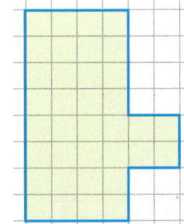

1. Zerlege die Figur links in drei zueinander kongruente Teilfiguren.

2. Vereinfache.
   a) $2x \cdot (3x - 4y)$
   b) $\frac{2}{3}pq \cdot (-\frac{1}{2}p^2) \cdot pq^2$
   c) $(a^2 - ab - b^2)(a + b)$
   d) $(2a - 3b)^2$
   e) $(4v - w)(4v + w)$
   f) $(x + y)^2 - (x - y)^2$
   g) $4(x - 3y)^2$
   h) $(2c + 5d)^2 : 2$

3. Ein Schnellrestaurant will mit der Aktion „Spare bis zu 50 %" den Umsatz erhöhen. Dazu werden für verschiedene Gerichte unterschiedlich ermäßigte Preise angeboten.
   Vervollständige die Tabelle mit den Lockangeboten:

Gericht	Chicken-Menü	2 Burger	Burger-Menü	Käse-Menü	Familien-Menü
Alter Preis	6,70 €	5,98 €	6,70 €		
Ermäßigung	2,68 €			0,89 €	
Ermäßigung	40 %	50 %			36 %
Neuer Preis			3,99 €	2,99 €	9,99 €

4. In einem gleichschenkligen Dreieck ist der Winkel an der Spitze 58° groß. Welche Seite ist länger, die Basis oder ein Schenkel? Begründe deine Antwort.

5. Alle Kanten einer quadratischen Pyramide sind 4 cm lang.
   a) Wie groß ist der Oberflächeninhalt der Pyramide?
   b) Bestimme die Entfernung des Fußpunkts F der Höhe von den Ecken der Pyramide.

6. Ein Rechteck ist dreimal so breit wie lang. Verkürzt man die längere Seite um 5 cm und verlängert man gleichzeitig die kürzere Seite um dieselbe Länge, so vergrößert sich der Flächeninhalt um 35 cm².
   Welchen Flächeninhalt hatte das Rechteck?

7. Das Beet der Geschwister Ina und Martin ist rechteckig, eine Seite ist länger als die andere. Sie wollen eine Seite eines Beetes um 0,5 m, die andere um 1,5 m verlängern, um mehr ernten zu können. „Welche Seite sollen wir um einen halben Meter und welche um 1,50 m verlängern?" fragt Martin. „Das könnt ihr euch selber aussuchen", sagt ihre Mutter.
   Wie können Ina und Martin berechnen, in welchem Fall der Flächeninhalt des neuen Beetes der größere ist, ohne die Seitenlängen des ursprünglichen Beetes auszumessen?

8. Setze geeignete Vorzeichen und Rechenzeichen bzw. Klammern ein.

Teste dich – Vermischte Übungen 2

1. Gegeben ist der Term $x(4x + 5) - 2x(7 - 3x) + 10x$. Berechne jeweils den Wert des Terms für:
   $x = -7$; $x = -3$; $x = \frac{1}{2}$; $x = 25$; $x = 100$

2. Der Umfang eines rechteckigen Bilderrahmens beträgt 86 cm. Die eine Seite ist um 9 cm länger als die andere. Wie lang sind die beiden Seiten des Rahmens?

3. In der Tabelle rechts sind mehrere Funktionswerte einer linearen Funktion f zusammengestellt.

x	2	4	8
f(x)	5	6	8

   a) Erkläre, wieso es sich nicht um eine proportionale Funktion handeln kann.

   b) Welche Funktionswerte sind beim Erweitern der Tabelle den Stellen $x = 0$ und $x = -5$ zugeordnet?

   c) Ermittle die Gleichung der Funktion in der Form $y = f(x)$.

4. Zwei Geraden werden von drei Parallelen geschnitten. Für die Winkel α und β gilt: $α = 60°$, $β = 40°$.
   Bestimme die Größen der übrigen 20 markierten Winkel. Begründe durch Stichworte.

5. a) Berechne: $5 \cdot 3$, $3 \cdot 5$, 5^3, 3^5

   b) Erkläre, warum $(-3)^4$ und -3^4 verschiedene Werte haben.

   c) Berechne: $(-5)^3 - 3^5 - 5^3 - (-3)^5$

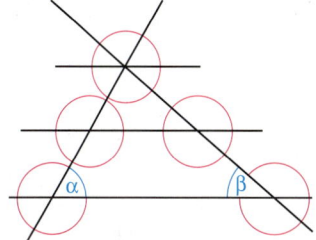

6. a) Herr Knaps tankt Autogas bei einem Literpreis von 0,849 €. An der Tanksäule liest er eine Menge von 31,15 Liter und einen Preis von 26,45 € ab. Wie kommt der Preis zustande?

   b) Ein anderer Kunde tankt unmittelbar nach Herrn Knaps und muss ebenfalls 26,45 € bezahlen. Kann dieser Kunde eine andere Dieselmenge als Herr Knaps getankt haben? Erkläre.

7. a) Im Großhandel sind die Warenpreise netto, d.h. ohne Mehrwertsteuer ausgezeichnet. Hendrik sieht im Großhandel einen MP3-Player zu 149 €. Wie viel kostet dieser einschließlich 19 % Mehrwertsteuer?

   b) Robins MP3-Player hat im Einzelhandel 199 € gekostet. Wie viel Mehrwertsteuer ist im Preis enthalten?

   c) Ein Elektro-Shop-Markt startet eine große Werbeaktion mit der rechts abgebildeten Anzeige. Überprüfe diese.

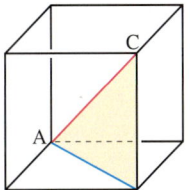

8. Für eine Theatervorführung wird ein 2 m hohes Gestell aus Metallstangen zusammengesteckt, das einen Würfel mit der Kantenlänge 2 m bildet. Innen soll diagonal ein Dreieck ABC aus Stoff gespannt werden. Dazu werden die Ecken A, B und C mit Drähten verbunden.

   a) Konstruiere das Dreieck ABC im Maßstab 1:20.

   b) Wie lang ist der Draht in Wirklichkeit insgesamt? Wie viel Quadratmeter Stoff benötigt man in der Wirklichkeit?

Teste dich – Vermischte Übungen 3

1. Prüfe, ob die Wertetabellen zu proportionalen Funktionen gehören. Gib gegebenenfalls eine entsprechende Funktionsgleichung an.

   a)
x	−2	4	−1,5	−6
y	3,5	−7	2,625	10,5

   b)
x	−2	4	−1,5	0
y	5	−7	4	1

2. In einem Zweizylinder-Motorrad-Motor bewegen sich die Kolben in zylindrischen Verbrennungskammern auf und ab. Das Gesamtvolumen, das in die Verbrennungskammern passt, nennt man Hubraum des Motors. Nach seiner Größe richtet sich die Fahrzeugsteuer.
   Berechne den Hubraum.

   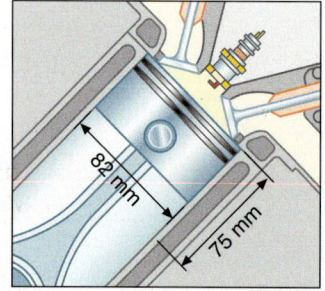

3. Berechne die Größe der Innenwinkel in einem regelmäßigen Siebeneck.

4. Berechne.

   a) $\frac{1}{2} - \frac{1}{3} + \frac{1}{6}$ b) $\frac{1}{2} \cdot \frac{1}{3} + \frac{1}{6}$ c) $\frac{1}{2} - \frac{1}{3} \cdot \frac{1}{6}$ d) $\left(\frac{1}{3} - \frac{1}{6}\right) : 0{,}6$ e) $\frac{1}{2} : \left(-\frac{1}{3}\right) + 0{,}6$

5. Schon vor etwa 2000 Jahren sollen griechische Mathematiker für bestimmte Quadratwurzeln aus natürlichen Zahlen näherungsweise Bruchzahlen angegeben haben.

   $$\sqrt{x^2 - 1} \approx x - \frac{1}{2x-1} + \frac{1}{(2x-1)(2x+1)}$$

   a) Zeige, dass man mit der obigen Formel die rationale Näherung $\sqrt{3} \approx \frac{26}{15}$ erhält.
   b) Bestimme entsprechend eine Näherung für $\sqrt{8}$.
   c) Leite aus der Näherung für $\sqrt{8}$ eine rationale Näherung für $\sqrt{2}$ ab.

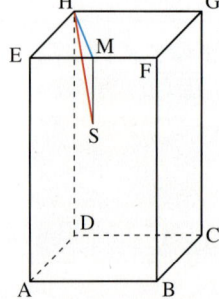

6. Eine quadratische Säule hat ein Grundquadrat ABCD mit einer Seitenlänge von 10 cm und eine Höhe von 17 cm. Der Punkt M ist Mittelpunkt der Kante $\overline{EF}$; der Punkt S liegt 2 cm unter M.

   a) Wie groß ist die Entfernung $\overline{HM}$?
   b) Die Punkte H und S werden auf der Oberfläche des Körpers durch eine Schnur kürzester Länge verbunden. Wie lang wird diese Schnur?

7. In D und B befinden sich zwei Anlegestellen eines Ausflugdampfers. Um ihre Entfernung zu bestimmen, werden die Strecken $\overline{AC}$, $\overline{BC}$ und $\overline{DC}$ gemessen:
   $\overline{AC} = 570$ m, $\overline{BC} = 1\,190$ m, $\overline{DC} = 514$ m
   Berechne die Entfernung der beiden Anlegestellen bei D und B voneinander.

   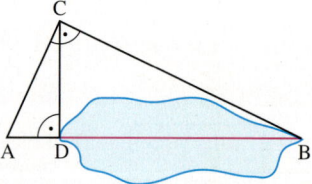

8. Ein Fernseher kostet anfangs 500 €. Er wird zunächst um 20 % verteuert; dann wird der neue Preis um 20 % verbilligt. Was kostet er schließlich?
   Um wie viel Prozent ist er bezüglich des ursprünglichen Preises teurer oder billiger geworden?

Teste dich – Vermischte Übungen 4

1. Eine Kiste mit 32 Äpfeln wiegt 12 kg. 8 % davon entfallen auf die Verpackung. Wie viel wiegt ein Apfel durchschnittlich?

2. Forme die folgenden Terme mit Klammern in möglichst einfache Summen um:
   a) $(x + 1)(x + 2) + (x + 3)(x + 4)$ c) $(2a - 3b)(4a + 5b) - (6b - 4a)(b + a)$
   b) $(x - 1)(x - 2) - (x - 3)(x - 4)$ d) $(p + 2u)^2 - (p - 2u)^2$

3. Berechne die Funktionsgleichungen für die Gerade, die durch die angegebenen Punkte verläuft, falls dies *möglich* ist.
   a) $A(3|4)$, $B(5|2)$ b) $P(2|3)$, $Q(7|3)$ c) $S(4|1)$, $T(4|5)$

4. a) Fettarme Bratwürste enthalten nur 6 % Fett. Wie viel Fett sind in einer 85 g schwere Bratwurst enthalten?
   b) Eine andere Bratwurst ist 120 g schwer und enthält 15 g Fett. Berechne den prozentualen Fettanteil.
   c) Wie viel darf man von einer Bratwurst mit 16 % Fettanteil essen, wenn man nur 24 g Fett zu sich nehmen möchte?

5. Übertrage die Figuren in dein Heft.
   a) Zerlege jede der drei Figuren in mehr als zwei zueinander kongruente Teilfiguren.
   b) Erläutere in Sätzen, wann zwei Figuren zueinander kongruent heißen.
   c) Zwei Dreiecke sollen zueinander kongruent sein. Gib mögliche Bedingungen dafür an, wie du das überprüfen kannst.

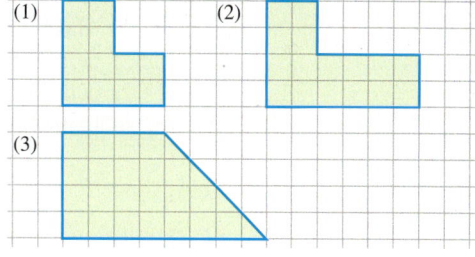

6. a) Konstruiere das Dreieck ABC mit $a = 5$ cm, $c = 6$ cm und $\alpha = 50°$. Was stellst du fest?
   b) Ändere eine der Seitenlängen oben ab, so dass es kein Dreieck mit den dann geforderten Eigenschaften gibt.
   c) Ändere eine der Seitenlängen oben ab, so dass es dann – bis auf Kongruenz – nur ein Dreieck mit den dann geforderten Eigenschaften gibt. Begründe mit einem Kongruenzsatz.

7. Versuche, folgende Fragen über das links dargestellte Brot zu beantworten.
   a) Wird das Brot in 24 gleich dicke Scheiben geschnitten, dann ist jede Scheibe 1,2 cm dick. Wie dick wird jede Scheibe, wenn das Brot in 32 gleich dicke Scheiben geschnitten wird?
   b) 7 gleich dicke Scheiben des Brotes wiegen 210 g. Wie viel g wiegen 19 Scheiben?

8. Können sich zwei Winkelhalbierende in einem Dreieck rechtwinklig schneiden? Begründe.

Teste dich – Vermischte Übungen 5

1. Bei einem Stoppschild betragen die Längen der Seiten 37,0 cm. Das Schild ist 3 mm dick. Berechne die Größer der Oberfläche und das Volumen des Schildes.

2. Um wie viel Prozent ändert sich das Volumen eines Würfels, wenn man die Kantenlänge um 15 % vergrößert? Runde auf Zehntelprozent.

3. Gegeben ist die Funktionsgleichung $y = -\frac{3}{5}x + 4$ für die Gerade g. Begründe *rechnerisch*, ob der Punkt A(100|47) unterhalb, auf oder oberhalb von g liegt.

4. Eine Klasse mietet für einen Ausflug einen Bus für 480 €. Da zwei Schüler(innen) erkrankt sind, muss jeder Schüler(in) 1 € mehr bezahlen.
Wie viele Schüler(innen) sind in der Klasse?

5. Rechts ist ein drehsymmetrisches Werkstück für eine Maschine abgebildet. Das Werkstück ist 5 mm dick.
Bestimme den Materialbedarf und den Umfang.

6. Bei einer Sonderaktion wird ein LCD-Bildschirm 15 % billiger verkauft. Da das Gerät leichte Gebrauchsspuren zeigt, gewährt der Händler auf den reduzierten Preis 2 % Abzug. Der Kunde bezahlt mit einem 500-Euro-Schein und erhält 274,40 € zurück.
Wie viel sollte der Monitor ursprünglich kosten?

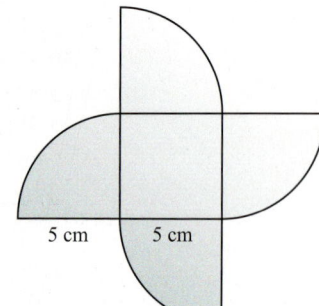

7. Eine zylinderförmige Regentonne hat innen einen Durchmesser von 78 cm und ist 1,30 m hoch.
   a) Berechne, wie viel Material zur Herstellung der Tonne benötigt wird.
   b) Herr Prädel sagt: „Dank der kräftigen Regenfälle ist meine Tonne zu $\frac{3}{4}$ gefüllt".
   Wie viel Wasser enthält sie?
   c) Die leere Tonne wird mit 300 *l* Regenwasser gefüllt. Wie hoch steht das Wasser?

8. In einem Getränkemarkt stehen 3 Stapel mit je 5 Kisten Mineralwasser. Jede Kiste enthält 12 Flaschen mit 0,7 *l* Mineralwasser.
   a) Wie viel Liter Mineralwasser sind vorrätig?
   b) Wie viele gleichartige Stapel müssten noch angeliefert werden, damit ein Vorrat von mindestens 1 m³ Mineralwasser vorhanden ist?
   c) Erkläre, ob es sich bei der Zuordnung *Anzahl der Flaschen → Menge Mineralwasser* um eine „Je-mehr-desto-mehr"-Zuordnung oder um eine proportionale Zuordnung handelt.

9. Vereinfache:
   a) $2x^2 \cdot (-3x^2) \cdot (-5x)$
   b) $\frac{7}{15}a \cdot \frac{25}{3}a^2 \cdot \left(-\frac{3}{2}a\right)$
   c) $x(8 - 5x) + 3(x - 3x^2) - 3(2x - 3) \cdot x$

Teste dich – Vermischte Übungen 6

1. **a)** Eine Dosenmilchsorte enthält 4 % Fett. Wie viel Fett befindet sich in 102 g Milch?
   b) In einem Waldstück mit 1 250 Bäumen gibt es 400 Nadelbäume. Wie groß ist der prozentuale Anteil der Nadelbäume?
   c) Herr Brendt zahlt 865,26 € Steuern. Das sind 19 % seines Gehaltes. Wie hoch ist es?
   d) Ein Geschäft verkauft an einem „Aktionstag" alle Waren um 15 % billiger. Henning kauft einen Zirkel für 6,63 Euro. Was kostet der Zirkel an anderen Tagen?

2. An einer unfallträchtigen Kreuzung wird ein Kreisel neu geplant.
   a) Wie groß ist das Beet in der Mitte? Wie lang ist seine Begrenzung?
   b) Berechne, wie groß die neu zu pflasternde Fläche ist.

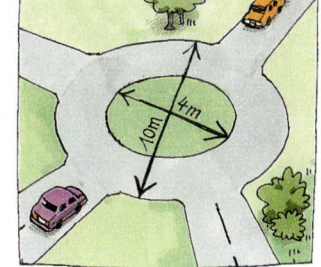

3. Eine Spiegelgerade g und ein Punkt P, der nicht auf g liegt, sind gegeben. Konstruiere einen Punkt Q so, dass das Viereck PP'Q'Q ein Quadrat ist.

4. Gegeben sind die Funktionsterme $f(x) = 2x - 3$ und $g(x) = -\frac{3}{5}x + 4$.
   a) Zeichne die Graphen von f und g. (Verdeutliche, wie du den Graphen erhalten hast.)
   b) Berechne die Schnittpunkte des Graphen von f mit den Koordinatenachsen.
   c) Bestimme die Funktion h, deren Graph parallel zu dem von g durch $N(1|0)$ verläuft.

5. **a)** Ein Taschenrechner zeigt für $\sqrt{7}$ den Wert 2,6457513 an. Begründe, wieso der angezeigte Wert nicht exakt sein kann.
   b) Gib jeweils eine reelle Zahl an, sodass ihr Produkt mit $\sqrt{7}$ exakt
   (1) den Wert 14 hat;   (2) den Wert $-\sqrt{14}$ hat;   (3) den Wert $\frac{1}{\sqrt{7}}$ hat.

6. In einem Koordinatensystem bilden die Punkte $A(-3|4)$; $B(11|2)$; $C(9|-12)$ ein Dreieck.
   a) Welche Dreieckseite ist am längsten?
   b) Welcher Dreieckswinkel ist am größten?

7. Vereinfache die Wurzelterme.
   a) $\sqrt{12} \cdot \sqrt{3}$ **b)** $\sqrt{28} : \sqrt{7}$ **c)** $(\sqrt{80} + \sqrt{5})^2$ **d)** $\sqrt{64a^2}$ **e)** $\sqrt{1{,}69x^2y}$ **f)** $\sqrt{5a^2b^3}$

8. **a)** Berechne den Winkel α.
   b) Begründe:
   Wenn $g \parallel u$ und $h \parallel v$, dann gilt:
   $\alpha + \beta = 180°$

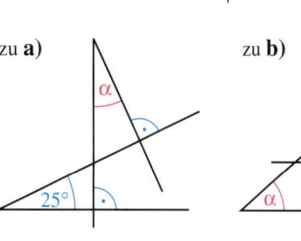
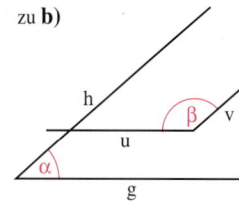

9. **a)** Zeichne ein Schrägbild, ein Netz sowie ein Zweitafelbild der Schokoladenschachtel links.
   b) Berechne den Materialbedarf und das Fassungsvermögen.

Bist du fit? – Lösungen

Seite 52

1. a) $21ab + 3ac$ d) $-2r^2 + rs$ g) $27a + 9ab + 2b + 6$ j) $4x^2 + 12x + 9$
   b) $72xy - 96xz$ e) $-x + 3$ h) $14p + 7pq - q^2 - 2q$ k) $16a^2 - 16ab + 4b^2 + 166a$
   c) $2x^3 + 2x$ f) $6a^2 - 5a$ i) $3u^2 - 14uv + 8v^2$ l) $p^2 - 4q^2$

2. a) $-129b$ c) $8u - uv - 1$ e) $13ab - 16b^2$
   b) $4r - 24rs - 4s$ d) 0 f) $35x + 40xy - 60y - 3$

3. a) $L = \{0\}$ c) $L = \{1\}$ e) $L = \{-4\}$ g) $L = \{x \in \mathbb{R} \mid x \geq -5{,}6\}$
   b) $L = \{-1\}$ d) $L = \{4\}$ f) $L = \{4\}$ h) $L = \left\{x \in \mathbb{R} \mid x \geq -\frac{6}{11}\right\}$

4. a) *Beispiele:* $2 \cdot a \cdot b + 2 \cdot b \cdot c$ bzw. $2 \cdot b \cdot (2 \cdot a + c) - 2 \cdot a \cdot b$
   b) $84\,\text{cm}^2$ [$67{,}2\,\text{cm}^2$]   c) $2 \cdot b \cdot (2 \cdot a + c) - 2 \cdot a \cdot b = 4 \cdot a \cdot b + 2 \cdot b \cdot c - 2 \cdot a \cdot b = 2 \cdot a \cdot b + 2 \cdot b \cdot c$
   d) $2b \cdot (a + b) = 2 \cdot a \cdot b + 2 \cdot b^2$ Der Term ist falsch.   e) $8\,\text{cm}$
   f) $a + c + a + b + a + b + c + b + a + b$ oder $4a + 4b + 2c$; $52\,\text{cm}$ [$38\,\text{cm}$]

5. a) $b(12a + 7c)$ b) $5x(8y - 5z)$ c) $9(5 - 3ab + 4x^2)$ d) $0{,}9u(2 - u)$
   $-4(x + y)$ $-5x(x + 2y)$ $12(-2a + 3b)$ $\frac{1}{2}r(1 + r - 3s)$

6. a) $(4x + 5y)(4x - 5y)$ b) $(8x - 12y)^2 = 16(2x - 3y)^2$ c) $5(x + y)^2$

7. Länge der neuen Quadratseite (in cm): x Länge der ursprünglichen Quadratseite (in cm): $x + 1$
   Gleichung: $(x + 1)^2 = x^2 + 57$; $x = 28$
   Das Grundstück ist nun $28\,\text{m} \cdot 28\,\text{m} = 784\,\text{m}^2$ groß (ursprüngliche Größe: $29\,\text{m} \cdot 29\,\text{m} = 841\,\text{m}^2$).

8. Wir wählen zunächst als Beispiel, dass wir 500 ml Essigessenz mit gewöhnlichem Essig zu 10%-igem Essig vermischen wollen.
   x ist die Menge an gewöhnlichem Essig (in ml).
   $500 \cdot 0{,}20 + x \cdot 0{,}05 = (500 + x) \cdot 0{,}10$; $L = \{1\,000\}$
   Man muss in diesem Beispiel 1 000 ml Essig, also 1 l Essig zugeben. Das ist doppelt so viel gewöhnlicher Essig wie Essigessenz. Das ist im Verhältnis 1 : 2. Allgemein erhält man z. B. für die Menge 1 an Essigessenz die Gleichung:
   $1 \cdot 0{,}20 + x \cdot 0{,}05 = (1 + x) \cdot 0{,}10$; $L = \{2\}$
   Man erhält auch hier das Verhältnis 1 : 2.

Seite 88

1. a) 9 b) $0{,}5$ c) $\frac{8}{11}$ d) 200 e) $2{,}5$

2. a) $7\,\text{cm}$ b) $2{,}7\,\text{cm}$ c) $\sqrt{8}\,\text{m} = 2\sqrt{2}\,\text{m} \approx 2{,}83\,\text{m}$ d) $\sqrt{150\,\text{ha}} = \sqrt{1\,500\,000\,\text{m}^2} = 500\sqrt{6}\,\text{m} \approx 1225\,\text{m}$

3. a: Kantenlänge des Würfels (in m); A_O: Größe der Oberfläche (in m²)
   $A_O = 6a^2 = 3$, mit $a > 0$, also $a = \sqrt{\frac{3}{6}} = \sqrt{\frac{1}{2}} = \frac{1}{2}\sqrt{2} \approx 0{,}71$
   Volumen (in m³): $a^3 = \left(\frac{1}{2}\sqrt{2}\right)^3 = \frac{1}{8} \cdot 2 \cdot \sqrt{2} = \frac{1}{4}\sqrt{2} \approx 0{,}354$
   Ergebnis: Der Würfel hat eine Kantenlänge von ungefähr 71 cm und ein Volumen von ungefähr 354 dm³.

4. a) Zum Beispiel mit Intervallschachtelung.
   $2^2 < 7 < 3^2$, also liegt $\sqrt{7}$ im Intervall $[2; 3]$
   $2{,}6^2 < 7 < 2{,}7^2$, also liegt $\sqrt{7}$ im Intervall $[2{,}6; 2{,}7]$
   $2{,}64^2 < 7 < 2{,}65^2$, also liegt $\sqrt{7}$ im Intervall $[2{,}64; 2{,}65]$
   $2{,}645^2 < 7 < 2{,}646^2$, also liegt $\sqrt{7}$ im Intervall $[2{,}645; 2{,}646]$
   b) Da man Endnullen weglässt, hätte ein endlicher Dezimalbruch für $\sqrt{7}$ die möglichen Endziffern 1, 2, ..., 9. Beim Quadrieren erhält man die Endziffern 1, 4, 9, 6, 5, 6, 9, 4, 1.
   Wir erhalten beim Quadrieren also nie die natürliche Zahl 7. $\sqrt{7}$ kann also kein endlicher Dezimalbruch sein.
   c) *Annahme:* $\sqrt{7} = \frac{m}{n}$, wobei $\frac{m}{n}$ ein gekürzter gemeiner Bruch ist.
   Der Nenner ist ungleich 1, da es keine natürliche Zahl gibt, deren Quadrat 7 ist: $2^2 = 4 < 7$ und $3^2 = 9 > 7$.
   Also kann $\sqrt{7}$ keine natürliche Zahl sein und n ist somit ungleich 1.
   Quadriert man beide Seiten der Gleichung, so ergibt sich $\frac{m}{n} \cdot \frac{m}{n} = 7$.
   Da der Nenner $n \cdot n$ ungleich 1 ist und der gemeine Bruch bereits gekürzt ist, kann $\frac{m}{n} \cdot \frac{m}{n}$ nicht gleich der natürlichen Zahl 7 sein.
   $\sqrt{7}$ ist nicht als gewöhnlicher Bruch darstellbar, also keine rationale Zahl, also irrational.

Bist du fit? – Lösungen

Seite 88

5. a) $3,4 = 3\frac{4}{10} = 3\frac{2}{5}$ d) $3,39 = 3\frac{39}{100}$ g) $\sqrt{4} = 2$ j) $3,\overline{04044} = 3\frac{4044}{99999} = 3\frac{1348}{33333}$

   b) $3,\overline{4} = 3\frac{4}{9}$ e) $3,40 = 3\frac{40}{100} = 3\frac{4}{10} = 3\frac{2}{5}$ h) irrational   k) $3,04 = 3\frac{4}{100} = 3\frac{1}{25}$

   c) irrational   f) irrational   i) $3 \cdot \sqrt{4} = 3 \cdot 2 = 6$ l) $3,040 = 3\frac{40}{1000} = 3\frac{4}{100} = 3\frac{1}{25}$

6. Eine Zahl ist rational, wenn der Dezimalbruch endlich oder periodisch ist.
   [Eine Zahl ist irrational, wenn der Dezimalbruch nicht endlich und nicht periodisch ist.]

7. a) L = {−12, 12}   b) L = {−1,3; 1,3}   c) L = { }   d) L = {0}

8. a) $D = \{x \in \mathbb{R} \mid x \geq 3\}$ b) $D = \mathbb{R}$ c) $D = \{x \in \mathbb{R} \mid |x| \leq 3\}$ d) $D = \{x \in \mathbb{R} \mid x > -1\}$

9. a) $\sqrt{20} \cdot \sqrt{5} = \sqrt{100} = 10$
   b) $\sqrt{20} : \sqrt{5} = \sqrt{4} = 2$
   c) $(\sqrt{20} + \sqrt{5})^2 = (\sqrt{20})^2 + 2\sqrt{20} \cdot \sqrt{5} + (\sqrt{5})^2 = 20 + 2\sqrt{100} + 5 = 20 + 2 \cdot 10 + 5 = 45$
   d) $\sqrt{20} + \sqrt{5} = \sqrt{4 \cdot 5} + \sqrt{5} = \sqrt{4} \cdot \sqrt{5} + \sqrt{5} = 2\sqrt{5} + \sqrt{5} = 3\sqrt{5}$

10. a) $3 \cdot |a|$ e) $0,9 \cdot |x| \cdot y^2$ i) $3\sqrt{a} - 3 \cdot a \cdot \sqrt{a} = 3\sqrt{a}(1-a)$ für $a \geq 0$
    b) $5x$ für $x \geq 0$ f) x^6 für $x \geq 0$ j) $a + \sqrt{a}$ für $a \geq 0$
    c) 6 g) $y\sqrt{y}$ für $y \geq 0$ k) $a + 2\sqrt{3ab} + 3b$ für $a \geq 0, b \geq 0$
    d) $12uv$ für $u \geq 0, v \geq 0$ h) $\frac{13 \cdot |a|}{2 \cdot |b| \cdot |c|}$ für $b \neq 0, c \neq 0$ l) $\sqrt{(5-z)^2} = |5-z| = |z-5|$

11. a) $2 \cdot \sqrt{3}$ c) $|a| \cdot \sqrt{5}$ e) $1,2 \cdot |x| \cdot \sqrt{y}$ (für $y > 0$)
    b) $3 \cdot \sqrt{5}$ d) $13a^2 \cdot |b| \cdot \sqrt{c}$ (für $c > 0$)

12. a) $\frac{5}{\sqrt{3}} = \frac{5 \cdot \sqrt{3}}{\sqrt{3} \cdot \sqrt{3}} = \frac{5}{3}\sqrt{3}$ d) $\frac{7}{4-\sqrt{2}} = \frac{7 \cdot (4+\sqrt{2})}{(4-\sqrt{2})(4+\sqrt{2})} = \frac{28+7\sqrt{2}}{16-2} = \frac{28+7\sqrt{2}}{14} = 2 + \frac{1}{2}\sqrt{2}$

    b) $\frac{6}{\sqrt{2}} = \frac{\sqrt{6} \cdot \sqrt{2}}{\sqrt{2} \cdot \sqrt{2}} = \frac{6 \cdot \sqrt{2}}{2} = 3\sqrt{2}$ e) $\frac{a}{b-\sqrt{c}} = \frac{a \cdot (b+\sqrt{c})}{(b-\sqrt{c})(b+\sqrt{c})} = \frac{ab+a\sqrt{c}}{b^2-c}$ (für $c \geq 0$ und $b^2 \neq c$)

    c) $\frac{a}{\sqrt{z}} = \frac{a \cdot \sqrt{z}}{\sqrt{z} \cdot \sqrt{z}} = \frac{a}{z}\sqrt{z}$ (für $z > 0$)   f) $\frac{\sqrt{2}}{\sqrt{3}-\sqrt{5}} = \frac{\sqrt{2} \cdot (\sqrt{3}+\sqrt{5})}{(\sqrt{3}-\sqrt{5})(\sqrt{3}+\sqrt{5})} = \frac{\sqrt{6}+\sqrt{10}}{3-5} = -\frac{1}{2}\sqrt{6} - \frac{1}{2}\sqrt{10}$

13. 4 cm; $\sqrt[3]{100}$ dm ≈ 4,642 dm

14. 3; 1; 0; $\frac{1}{5}$; $\frac{4}{5}$

Seite 112

1. a) (1) Thaleskreis über $\overline{AB}$ mit $\overline{AB} = c = 7,8$ cm.
      (2) Kreis um A mit Radius $b = 3,4$ cm.
          Ein Schnittpunkt dieses Kreises mit dem Thaleskreis ist der Eckpunkt C des Dreiecks ($a \approx 7,0$ cm).
   b) (1) Thaleskreis über $\overline{BC}$ mit $\overline{BC} = a = 8,3$ cm.
      (2) Parallele zu $\overline{BC}$ im Abstand $h_a = 3,1$ cm.
          Ein Schnittpunkt der Parallelen mit dem Thaleskreis ist der Eckpunkt C des Dreiecks (Seitenlängen 8,3 cm; 7,6 cm; 3,4 cm).

2. M ist der Mittelpunkt des Kreises mit $r = 3,7$ cm. Die Schnittpunkte des Thaleskreises über $\overline{MP}$ mit dem Kreis um M sind die Berührpunkte der Tangenten.

3. a) $c = \sqrt{a^2 - b^2} = 100$ cm   b) $b = \sqrt{c^2 + a^2} = 75$ cm   c) $b = \sqrt{c^2 - a^2} = 39$ cm   d) $r = \sqrt{s^2 - t^2} = 28$ m

4. a) $h = \sqrt{s^2 - \left(\frac{g}{2}\right)^2} = 77$ cm; $A = \frac{g \cdot h}{2} = 2772$ cm²
   b) $h = \frac{a}{2}\sqrt{3} = 13$ cm $\cdot \sqrt{3} \approx 22,5$ cm; $A = \left(\frac{a}{2}\right)^2 \cdot \sqrt{3} = 169 \cdot \sqrt{3}$ cm² ≈ 292,72 cm²

5. a) $d = \sqrt{(2 \text{ cm})^2 + (2 \text{ cm})^2} = 2 \cdot \sqrt{2}$ cm ≈ 2,8 cm   c) $d = \sqrt{(3 \text{ cm})^2 + (1 \text{ cm})^2} = \sqrt{13}$ cm ≈ 3,6 cm
      $e = \sqrt{d^2 + (2 \text{ cm})^2} = 2\sqrt{3}$ cm ≈ 3,5 cm $e = \sqrt{d^2 + (1 \text{ cm})^2} = \sqrt{14}$ cm ≈ 3,7 cm
   b) $d = \sqrt{(3 \text{ cm})^2 + (3 \text{ cm})^2} = 3\sqrt{2}$ cm ≈ 4,2 cm
      $e = \sqrt{d^2 + (2 \text{ cm})^2} = \sqrt{22}$ cm ≈ 4,7 cm

LÖSUNGEN

Seite 112

6. $l = 4 \cdot \sqrt{(60\text{ m})^2 + (\frac{3}{4} \cdot 120\text{ m})^2} = 4 \cdot \sqrt{(60\text{ m})^2 + (90\text{ m})^2}$
$= 4 \cdot 30 \cdot \sqrt{13}\text{ m} \approx 432{,}67\text{ m} \approx 433\text{ m}$

7. a) $s = \sqrt{(3{,}50\text{ m})^2 + (3{,}50\text{ m})^2} = 3{,}5 \cdot \sqrt{2}\text{ m} \approx 4{,}95\text{ m}$

b) $K = 2 \cdot s \cdot 60\text{ m} \cdot 36\frac{€}{m^2} \cdot 1{,}19 \approx 25\,447\,€ \approx 25\,400\,€$

Bild zu Aufgabe 7:

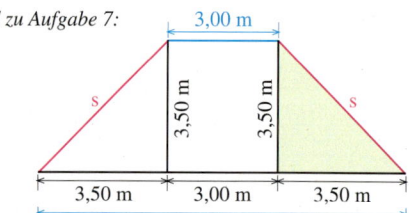

Seite 156

1. a) +20 cm; +20 cm; −10 cm; −24 cm; +20 cm; +28 cm; 0 cm; −14 cm

b) +20 cm um 3.00 Uhr, 5.00 Uhr, 14.00 Uhr, 18.30 Uhr [0 cm um 1.00 Uhr, 7.00 Uhr, 13.00 Uhr, 20.00 Uhr; −20 cm um 9.00 Uhr, 11.30 Uhr, 21.30 Uhr, 23.30 Uhr]

c) Jedem Zeitpunkt ist eindeutig ein Wasserstand zugeordnet; *Zeit → Wasserstand* ist eine Funktion.
Zu einem bestimmten Wasserstand gibt es mehrere Zeitpunkte; *Wasserstand → Zeit* ist keine Funktion.

2. Es sind jeweils zwei Punkte angegeben, die auf der gesuchten Geraden liegen.

a) Gerade durch P(0 | 0) und Q(1 | 5)
b) Gerade durch P(0 | 0) und Q(1 | −4)
c) Gerade druch P(0 | 0) und Q(3 | 5)
d) Gerade durch P(0 | 0) und Q(5 | −4,5)
e) Gerade durch P(0 | 1) und Q(5 | −4)
f) Gerade durch P(0 | 2,5) und Q(5 | 7,5)
g) Gerade durch P(0 | −2) und Q(5 | 5)
h) Gerade durch P(0 | 3) und Q(1 | 0)
i) Gerade durch P(0 | 2) und Q(4 | 0)
j) Gerade durch P(0 | 2) und Q(5 | 2)

3. *Beispiele:* **a)** $y = x + 1{,}5$ **b)** $y = \frac{1}{2}x + 1{,}5$ **c)** $y = \frac{3}{4}x + 1$ **d)** $y = -x + 1{,}5$

4. P_1 und P_3

5. a) $m = 3$; $b = −2$; $y = 3x − 2$, also um 2 nach oben
b) $m = 3$; $b = −1$; $y = 3x − 1$, also um 1 nach oben
c) $m = \frac{1}{3}$; $y = \frac{1}{3}x + 2$, also um 2 nach unten

6. a) Der rote Graph passt am besten.
b) Zum blauen Graphen könnte ein Auffangbecken mit dem Querschnitt rechts gehören.  Zum grünen Graphen könnte ein Auffangbecken mit dem Querschnitt rechts gehören.

7. (1) $y = 3$ (2) $y = \frac{5}{2}x - 1$ (3) $y = -\frac{3}{4}x$ (4) $y = -\frac{4}{3}x - \frac{8}{3}$

8. a) $250\text{ m} + 20 \cdot 5\text{ m} = 350\text{ m}$ **b)** $y = -5x + 350$; Das Absinken dauert 70 s = 1 min 10 s.

9. a) $x = \frac{6}{5} = 1{,}2$ **b)** $x = -2{,}5$

10. Für $x = 20$ erhält man $y = 21 \cdot 20 - 30 = 390$. Der Punkt P liegt also unterhalb der Geraden.

Seite 176

1. a) $P(E_1) = \left(\frac{5}{12}\right)^2 + \left(\frac{4}{12}\right)^2 + \left(\frac{2}{12}\right)^2 + \left(\frac{1}{12}\right)^2 = \frac{46}{144} = \frac{23}{72} \approx 0{,}3194$

$P(E_2) = 1 - P(E_1) = \frac{49}{72} = 0{,}6806$

b) $P(E_1) = \frac{5}{12} \cdot \frac{4}{11} + \frac{4}{12} \cdot \frac{3}{11} + \frac{2}{12} \cdot \frac{1}{11} + \frac{1}{12} \cdot \frac{0}{11} = \frac{17}{66} \approx 0{,}2576$

$P(E_2) = 1 - \frac{17}{66} = \frac{49}{66} \approx 0{,}7424$

2. Mögliche Glückszahlen sind 1, 2, 3, 4 und 6.

$P(1) = \frac{1}{16} = 0{,}0625$

$P(2) = \frac{1}{16} + \frac{1}{4} = \frac{5}{16} = 0{,}3125$

$P(3) = \frac{3}{16} = 0{,}1875$

$P(4) = \frac{1}{4} = 0{,}25$

$P(6) = \frac{3}{16} = 0{,}1875$

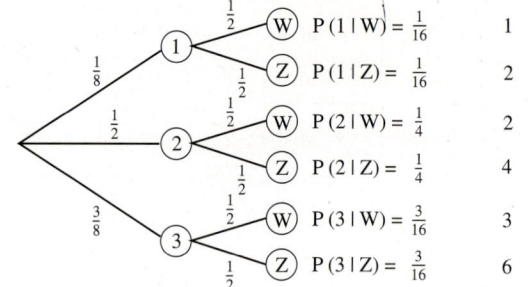

Bist du fit? – Lösungen

Seite 176

3. a) P(beide Systeme funktionieren) = 99,5 % · 98,5 % = 0,995 · 0,985 = 0,980075 = 98,0075 % ≈ 98 %
   b) P(beide Systeme versagen) = 0,5 % · 1,5 % = 0,005 · 0,015 = 0,000075 = 0,0075 %
   c) P(Türsicherung funktioniert nicht) · P(Bewegungsmelder funktioniert nicht) = $\frac{1}{100\,000}$
      $0,005 \cdot x = \frac{1}{100\,000}$; $x = \frac{1}{500} = 0,002 = 0,2 \%$
      Der Bewegungsmelder müsste in 99,8 % aller Fälle funktionieren.

4. Die Wahrscheinlichkeit für einen Pasch in einer Spielrunde beträgt $\frac{6}{36} = \frac{1}{6}$.
   Die Wahrscheinlichkeit für keinen Pasch in einer Spielrunde beträgt also $\frac{5}{6}$.
   Die Wahrscheinlichkeit für keinen Pasch in drei Spielrunden beträgt dann: $\frac{5}{6} \cdot \frac{5}{6} \cdot \frac{5}{6} = \frac{125}{216} \approx 0,5787 \approx 57,9\%$.
   Die Wahrscheinlichkeit für (mindestens) einen Pasch in drei Spielrunden beträgt: $1 - \frac{125}{216} = \frac{91}{216} \approx 0,4213 \approx 42,1\%$

Seite 225

1. a) $A_O = 2\,A_G + A_M$
      $= 2 \cdot \frac{1}{2} \cdot 4\text{ cm} \cdot 3,5\text{ cm} + 3 \cdot 4,0\text{ cm} \cdot 7,0\text{ cm} = 98\text{ cm}^2$
      $V = A_G \cdot h$
      $= \frac{1}{2} \cdot 4\text{ cm} \cdot 3,5\text{ cm} \cdot 7,0\text{ cm} = 49\text{ cm}^3$

   b) *Schrägbild:*   *Zweitafelbild:*   *Netz:*

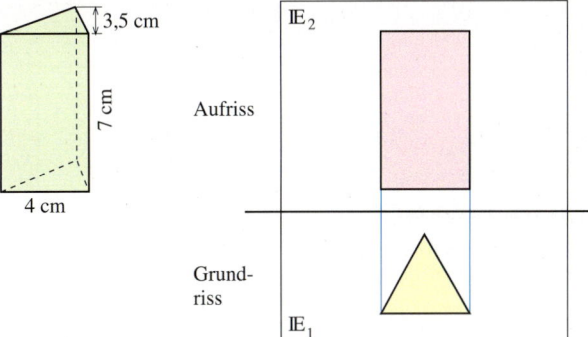

2. a) $A_G = 450\text{ cm}^2$
      $V = 10\,350\text{ cm}^3$
      $A_M = 2\,300\text{ cm}^2$
      $A_O = 3\,200\text{ cm}^2$
      $k = 292\text{ cm}$

   b) $A_G = 21,15\text{ cm}^2$
      $V = 486,45\text{ cm}^3$
      $A_M = 506\text{ cm}^2$
      $A_O = 548,3\text{ cm}^2$
      $k = 113\text{ cm}$

   c) $A_G = 204,5\text{ cm}^2$
      $V = 4703,5\text{ cm}^3$
      $A_M = 1\,584,7\text{ cm}^2$
      $A_O = 1\,993,7\text{ cm}^2$
      $k = 229,8\text{ cm}$

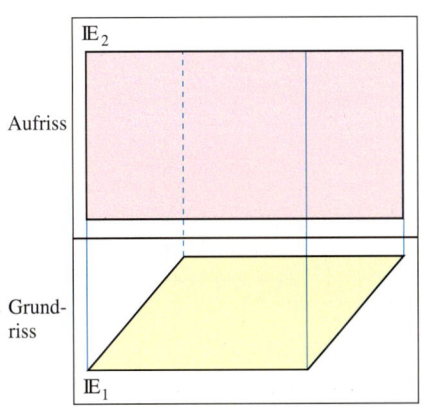
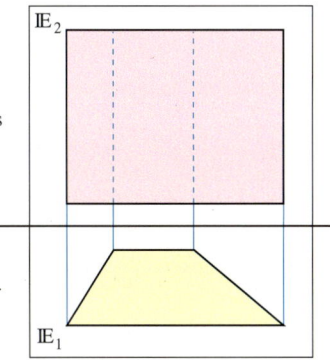

3. $A_O \approx 483,81\text{ cm}^2$ [1 960,35 dm² ≈ 19,6 m²; 443,34 cm² ≈ 4,43 dm²]
   $V \approx 615,752\text{ cm}^3$ [6 333,451 dm³ ≈ 6,333 m³; 689,642 cm³ ≈ 0,69 dm³]

Seite 225

4. $V = 17{,}5\text{ g} : 8{,}9\,\frac{g}{cm^3} \approx 1{,}966\text{ cm}^3 = 1966\text{ mm}^3$

   Länge des Drahtes:
   $V : A_G = V : \left(\frac{\pi \cdot d^2}{4}\right) = \frac{4V}{\pi d^2} \approx 343\text{ mm} = 34{,}3\text{ cm}$

5. Größe der Dachfläche:
   $$A = 2 \cdot \left(\tfrac{1}{2} \cdot 8\text{ m} \cdot \sqrt{(5\text{ m})^2 + (6\text{ m})^2}\right)$$
   $$+ 2 \cdot \left(\tfrac{1}{2} \cdot 12\text{ m} \cdot \sqrt{(5\text{ m})^2 + (4\text{ m})^2}\right)$$
   $$\approx 139{,}32\text{ m}^2$$

   Größe des Dachraumes:
   $V = \tfrac{1}{3} \cdot 12\text{ m} \cdot 8\text{ m} \cdot 5\text{ m} = 160\text{ m}^3$

   Bild zu Aufgabe 5

   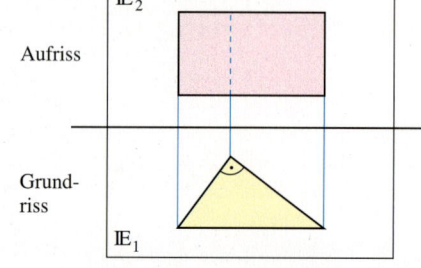

6. **a)** Es gilt: $r = \frac{u}{2\pi}$.

   Volumen des Sandhaufens:
   $V = \tfrac{1}{3}\pi \cdot \left(\tfrac{u}{2\pi}\right)^2 \cdot h = \tfrac{1}{12\pi} \cdot u^2 \cdot h \approx 34{,}473\text{ m}^3$

   Masse des Sandhaufens: $m = 34{,}473 \cdot 1{,}6\text{ t} \approx 55{,}157\text{ t}$
   Anzahl der Fahrten: $55{,}157 : 3{,}5 \approx 15{,}8$
   Es sind 16 Fahrten nötig.

   b) $A_M = \pi \cdot \tfrac{u}{2\pi} \cdot s = \tfrac{u}{2} \cdot \sqrt{\left(\tfrac{u}{2\pi}\right)^2 + h^2} \approx 50{,}23\text{ m}^2$

7. **(1) a)** Prisma mit einem rechtwinkligen Dreieck als Grundfläche mit den Längen der Katheten $a = 6{,}4\text{ cm}$, $b = 4{,}8\text{ cm}$ und der Hypotenuse $c = \sqrt{a^2 + b^2} = 8{,}0\text{ cm}$
   (Schrägbilder siehe rechts.)

   b) $V = \tfrac{1}{2} a \cdot b \cdot h = 67{,}584\text{ cm}^3$
   $A_O = 2 \cdot \tfrac{1}{2} a \cdot b + (a + b + c) \cdot h = 115{,}2\text{ cm}^2$

   (2) a) Pyramide mit quadratischer Grundfläche und der Höhe
   $h = \sqrt{(6{,}4\text{ cm})^2 - (2{,}1\text{ cm})^2} \approx 6{,}05\text{ cm}$
   (Schrägbild siehe unten.)

   b) $V = \tfrac{1}{3} a^2 h \approx 35{,}548\text{ cm}^3$
   $A_O = a^2 + 4 \cdot \tfrac{1}{2} \cdot a \cdot h_s = 71{,}4\text{ cm}^2$

   (3) a) Kegel mit dem Grundkreisradius
   $r = \tfrac{1}{2} \cdot \pi \cdot 8{,}6\text{ cm} : 2\pi = 2{,}15\text{ cm}$,
   der Mantellinie $s = 8{,}6\text{ cm} : 2 = 4{,}3\text{ cm}$
   und der Höhe $h = \sqrt{s^2 - r^2} \approx 3{,}72\text{ cm}$
   (Schrägbild siehe unten.)

   b) $V = \tfrac{1}{3}\pi r^2 h = 18{,}026\text{ cm}^3$;
   $A_O = \pi r^2 + \pi r s \approx 43{,}57\text{ cm}^2$

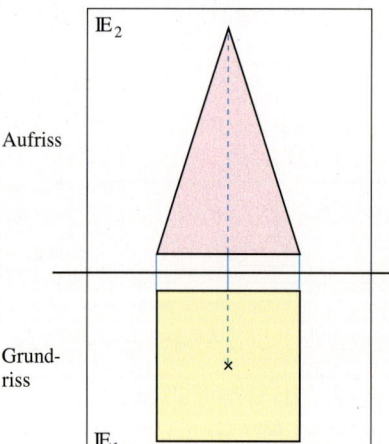

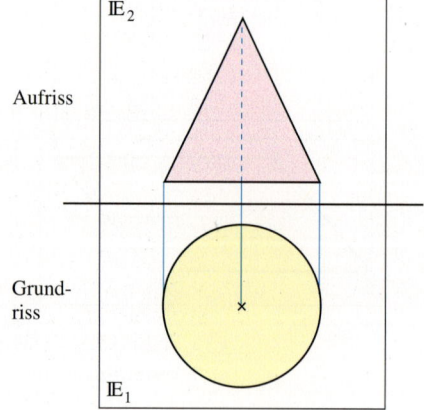

Lösungen zu Teste dich – Vermischte Übungen

Seite 230

1. Siehe Bild rechts.

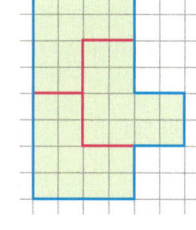

2. **a)** $6x^2 - 8xy$ **e)** $16v^2 - w^2$
   b) $-\frac{1}{3}p^4q^3$ **f)** $4xy$
   c) $a^3 - 2ab^2 - b^3$ **g)** $4x^2 - 24xy + 36y^2$
   d) $4a^2 - 12ab^2 + 9b^2$ **h)** $2c^2 + 10cd + 12{,}5d^2$

3. Chicken-Menü: 4,02 €
   2 Burger: 2,99 €; 2,99 €
   Burger-Menü: 2,71 €; 40 %
   Käse-Menü: 3,88 €; 23 %
   Familien-Menü: 15,61 €; 5,62 €

4. Die Basiswinkel sind 61° groß. Da dem größeren Winkel die längere Seite gegenüberliegt, ist ein Schenkel länger als die Basis.

5. **a)** $A_O = 4 \cdot \frac{a^2}{4}\sqrt{3} + a^2 = 16 \cdot \sqrt{3} + 16 = 16\,(\sqrt{3} + 1)$
   Der Oberflächeninhalt beträgt $16\,(\sqrt{3} + 1)$ cm², also ungefähr 43,71 cm².
   b) $a^2 = \left(\frac{a}{2}\sqrt{2}\right)^2 + x^2 \quad x^2 = \frac{a^2}{2} \quad x = \frac{a}{2}\sqrt{2}$
   Der Fußpunkt ist von allen Ecken $\frac{a}{2}\sqrt{2}$ aus entfernt.

6. Länge der kürzeren Seite des Rechtecks (in cm): x
   Länge der längeren Seite des Rechtecks (in cm): 3x
   Gleichung: $3x \cdot x + 35 = (3x - 5)(x + 5)$
   $3x^2 + 35 = 3x^2 + 10x - 25$
   $60 = 10x$
   $x = 6$
   Die Seiten des ursprünglichen Rechtecks sind 18 cm und 6 cm lang, die Seiten des zweiten Rechtecks 13 cm und 11 cm lang. Die Flächeninhalte betragen 108 cm² und 143 cm².

7. Länge der kürzeren Seite des Beetes (in m): x
   Länge der längeren Seite des Beetes (in m): x + a (mit a > 0)
   Terme für die Flächeninhalte:
   $(x + 1{,}5)(x + a + 0{,}5) = x^2 + ax + 2x + 1{,}5a + 0{,}75$ (kürzere Seite um 1,5 m, längere um 0,5 m verlängert)
   $(x + 0{,}5)(x + a + 1{,}5) = x^2 + ax + 2x + 0{,}5a + 0{,}75$ (kürzere Seite um 0,5 m, längere um 1,5 m verlängert)
   Die Terme unterscheiden sich nur in den Gliedern 1,5a und 0,5a. Wegen a > 0 gilt: 1,5a > 0,5a
   Es ist also günstiger, die kürzere Seite um 1,5 m und die längere Seite um 0,5 m zu verlängern.

8. *Beispiele:* $6 : (-6) + 6 = -1 + 6 = 5$; $\quad 6 \cdot 6 : 6 = 36 : 6 = 6$; $\quad 6 : 6 + 6 = 1 + 6 = 7$;
   $(6 + 6) \cdot (-6) = 12 \cdot (-6) = -72$; $\quad (-6) \cdot 6 + 6 = -36 + 6 = -30$

Seite 231

1. Vereinfachter Term: $10x^2 + x$
   Werte: 483; 87; 3; 6 275; 100 100

2. Länge der kürzeren Seite des Rahmens (in cm): x
   Länge der längeren Seite des Rahmens (in cm): x + 9
   Gleichung: $2 \cdot (x + x + 9) = 86$
   $4x + 18 = 86$
   $4x = 68$
   $x = 17$
   Die kürzere Seite ist 17 cm, die längere Seite 26 cm lang.

3. **a)** Bei einer proportionalen Funktion verdoppelt sich der Funktionswert, wenn der Wert für x verdoppelt wird.
   b) Vermindert man x um 1 so vermindert sich der Funktionswert um 0,5.
   $f(0) = 4$ und $f(-5) = 1{,}5$
   c) $y = \frac{1}{2}x + 4$

Seite 231

4. Scheitelwinkel sind gleich groß.
Nebenwinkel ergänzen sich zu 180°.
Stufenwinkel bzw. Wechselwinkel an geschnittenen Parallelen sind gleich groß.

5. a) $5 \cdot 3 = 15$; $3 \cdot 5 = 15$; $5^3 = 125$; $3^5 = 243$
   b) $(-3)^4 = (-3) \cdot (-3) \cdot (-3) \cdot (-3) = 81$;
   $-3^4 = -(3 \cdot 3 \cdot 3 \cdot 3) = -81$
   c) $(-5)^3 - 3^5 - 5^3 - (-3)^5 =$
   $-125 - 243 - 125 - (-243) = -250$

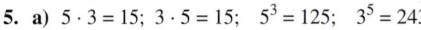
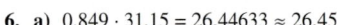
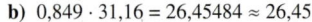

6. a) $0{,}849 \cdot 31{,}15 = 26{,}44633 \approx 26{,}45$
   Da man nur mit vollen Geldbeträgen zahlen kann, wird der Preis in Euro auf zwei Stellen nach dem Komma gerundet.
   b) $0{,}849 \cdot 31{,}16 = 26{,}45484 \approx 26{,}45$
   Durch die Rundung auf zwei Stellen nach dem Komma können bei unterschiedlichen Benennungen gleiche Preise angezeigt werden.

7. a) 149 € · 1,19 = 177,31 €
   b) 199 € : 1,19 = 167,23 € (Preis ohne Mehrwertsteuer)
   Mehrwertsteuer: 199 € − 167,23 € = 31,77 €
   c) Die Aussage „Alle Produkte dadurch 19 % billiger" ist falsch, da 19 % Mehrwertsteuer von dem Preis ohne Mehrwertsteuer berechnet wird.
   Beispiel: Preis ohne Mehrwertsteuer: 100 €
   Mehrwertsteuer: 19 €
   Ersparnis: 19 € von 119 € ≈ 16,0 %

8. a) Siehe Bild rechts; Zeichnung verkleinert
   b) Mit dem Satz des Pythagoras erhält man für die Drahtlänge:
   $l = |AB| + |BC| + |AC|$
   $\approx 2{,}8\text{ m} + 2{,}0\text{ m} + 3{,}5\text{ m}$
   $= 8{,}3\text{ m}$

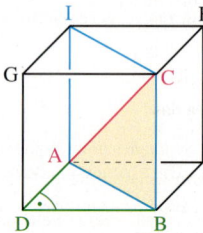
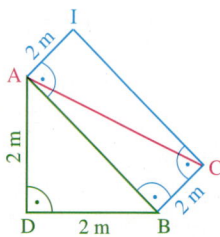

Seite 232

1. a) Die Wertetabelle gehört zu einer proportionalen Funktion, da die Quotienten der Wertepaare immer gleich sind:
   $y : x = -\frac{7}{4} = -1{,}75$; *Funktionsgleichung:* $y = -1{,}75\,x$
   b) Die Wertetabelle gehört nicht zu einer proportionalen Funktion, da die Quotienten der Wertepaare verschieden sind.
   Funktionsgleichung: $y = -2x + 1$

2. Volumen eines Zylinders: $V = \pi \cdot (41\text{ mm})^2 \cdot 75\text{ mm} \approx 396\,076\text{ mm}^3 \approx 400\text{ dm}^3$
   Der Motor hat einen Hubraum von knapp 800 dm³.

3. Man kann ein Siebeneck in fünf Dreiecke zerlegen. Die Winkelsumme beträgt also: $5 \cdot 180° = 900°$.
   Die sieben Innenwinkel sind gleich groß, also: $900° : 7 = 128\frac{4}{7}° \approx 128{,}6°$

4. a) $\frac{1}{3}$ b) $\frac{1}{3}$ c) $\frac{4}{9}$ d) $\frac{5}{18}$ e) $-\frac{9}{10}$

5. a) Für $x = 2$ gilt: $\sqrt{x^2 - 1} = \sqrt{3} \approx 2 - \frac{1}{4 \cdot 1} + \frac{1}{3 \cdot 5} = 2 - \frac{1}{3} + \frac{1}{15} = \frac{26}{15} \approx 1{,}733$
   b) Für $x = 3$ gilt: $\sqrt{x^2 - 1} = \sqrt{8} \approx 3 - \frac{1}{6 \cdot 1} + \frac{1}{5 \cdot 7} = 3 - \frac{1}{5} + \frac{1}{35} = \frac{99}{35} \approx 2{,}829$
   c) $\sqrt{2} = \frac{\sqrt{8}}{2} \approx \frac{99}{70} \approx 1{,}414$

6. a) $|\overline{HM}|^2 = 10^2 + 5^2 = 125$ $|\overline{HM}| = \sqrt{125} \approx 11{,}2$ (in cm)
   b) $|\overline{HS}|^2 = 2^2 + (5 \cdot \sqrt{5})^2 = 129$ $|\overline{HS}| = \sqrt{129} \approx 11{,}4$ (in cm)

7. $|\overline{DB}| = \sqrt{(1\,190\text{ m})^2 - (514\text{ m})^2} \approx 1\,073\text{ m}$

8. Schrittweise Berechnung des neuen Preises: 500 € · 1,2 = 600 €;   600 € · 0,8 = 480 €
   Berechnung des neuen Preises in einem Schritt: 500 € · 1,2 · 0,8 = 480 €
   Der Fernseher ist 20 € billiger geworden, das sind 4 %.

Lösungen zu Teste dich – Vermischte Übungen

Seite 233

1. 12 kg · 0,08 = 0,96 kg;   11,04 kg : 32 = 0,345 kg   Ein Apfel wiegt 345 g.

2. a) $2x^2 + 10x + 14$ b) $4x - 10$ c) $12a^2 - 4ab - 21b^2$ d) $8\,p\,u$

3. a) $f(x) = -x + 7$ b) $f(x) = 3$ c) Gerade parallel zur y-Achse durch x = 4; kein Funktionsterm

4. a) 85 g · 0,06 = 5,1 g   In 85 g Bratwurst sind 5,1 g Fett enthalten.
   b) 15 g : 120 g = 0,125 = 12,5 %   Der Fettanteil der Bratwurst beträgt 12,5 %.
   c) 24 g : 0,16 = 150 g   Die Bratwurst darf 150 g wiegen.

5. a)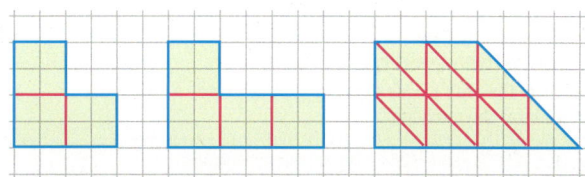

   b) Zwei Figuren heißen zueinander kongruent, wenn man sie durch Drehen und Wenden passgenau aufeinander legen kann. (Zwei Figuren heißen zueinander kongruent, wenn sie deckungsgleich sind.)
   c) Durch Messen von Seiten und Winkeln und Überprüfen mithilfe der Kongruenzsätze sss, sws, wsw und Ssw.

6. a) Es gibt zwei nicht zueinander kongruente Dreiecke:
   $a_1 = 5$ cm; $b_1 \approx 5,8$ cm; $c_1 = 6$ cm; $\alpha_1 = 50°$; $\beta_1 \approx 63°$; $\gamma_1 \approx 67°$
   $a_2 = 5$ cm; $b_2 \approx 1,9$ cm; $c_2 = 6$ cm; $\alpha_2 = 50°$; $\beta_2 \approx 17°$; $\gamma_1 \approx 113°$
   b) Zum Beispiel c = 7 cm.
   c) Zum Beispiel a = 7 cm. Man erhält nach dem Kongruenzsatz Ssw nur ein Dreieck.
   a = 7 cm;   b ≈ 9,1 cm;   c = 6 cm;   α = 50°;   β ≈ 89°;   γ ≈ 41°

7. a) $\frac{24 \cdot 1,2}{32} = 0,9$;   0,9 = 9 mm
   b) Da das Brot nicht überall gleich groß ist, sind die Scheiben nicht alle gleich schwer. Die Zuordnung ist nicht proportional. Man kann also nur sagen, dass 19 Scheiben 570 g wiegen, wenn alle Scheiben gleich viel wiegen würden.

8. *Annahme:* Die Winkelhalbierenden w_α und w_β schneiden sich unter einem rechten Winkel im Punkt W.
   Dann erhält man mit den Winkelsummensatz im Dreieck ABW: $\frac{\alpha}{2} + \frac{\beta}{2} = 90°$
   Dann ist aber α + β = 180°, also γ = 0°.
   Man erhält kein Dreieck. Die Winkelhalbierenden können sich also nicht rechtwinklig schneiden.

Seite 234

1. Nach dem Satz des Pythagoras gilt:
   $a^2 + a^2 = s^2$, also $a = \sqrt{\frac{s^2}{2}} = \frac{s}{2} \cdot \sqrt{2} \approx 26,2$ cm
   Grundflächeninhalt: $A_G = (s + 2a)^2 - 4 \cdot \frac{1}{2} \cdot a^2 \approx 6610$ cm^2
   Mantelflächeninhalt: $A_M = 8 \cdot 37$ cm · 0,3 cm ≈ 89 cm^2
   Oberflächeninhalt: $A_O = 2 \cdot A_G + A_M \approx 13.309$ cm^2
   Volumen: $V = A_G \cdot 0,3$ cm ≈ 1 983 cm^3

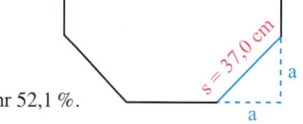

2. $\frac{V_{neu}}{V_{alt}} = \frac{1,15^3 \cdot a^3}{a^3} = 1,15^3 = 1,520875$ Das Volumen vergrößert sich um ungefähr 52,1 %.

3. Einsetzen von x = 100 ergibt: $y = -\frac{3}{5} \cdot 100 + 4 = -56$ Der Punkt A(100|47) liegt oberhalb des Graphen.

4. Anzahl der Schüler(innen) in der Klasse: x   Preis pro Person (in €):   y
   Gleichung: $xy = (x-2)(y+1) = xy + x - 2y - 2$
   $x = 2y + 2$
   Es gilt also: $xy = 480$
   $(2y + 2)y = 480$
   $2y^2 + 2y = 480$
   $y^2 + y = 240$
   y = 15 oder y = –16 (y = –16 entfällt als Lösung, da Geldbeträge nicht negativ sind)
   Mit y = 15 erhält man x = 32
   In der Klasse sind 32 Schüler(innen), die 15 € pro Person zahlen müssten. Die 30 Schüler(innen) müssen 16 € pro Person zahlen.

Seite 234

5. $V = ((5\text{ cm})^2 + 4 \cdot \frac{1}{4} \cdot \pi \cdot (5\text{ cm})^2) \cdot 0{,}5\text{ cm} \approx 51{,}77\text{ cm}^3 \approx 52\text{ cm}^3$
$u = 4 \cdot 5\text{ cm} + 4 \cdot \frac{1}{4} \cdot 2\pi \cdot 5\text{ cm} \approx 51{,}4\text{ cm}$

6. Reduzierter Preis: 500 € – 274,40 € = 225,60 €
Ursprünglicher Preis: 225,60 € : 0,98 : 0,85 = 270,83 €

7. a) Man gibt das Material hier in m² an, nicht als Volumen in m³ bzw. dm³, da man davon ausgeht, dass die Tonne aus einer Blechplatte hergestellt wird. Man berechnet also die Oberfläche der Tonne (mit Deckel).
b) $A_O = 2 \cdot \pi \cdot (39\text{ cm})^2 + \pi \cdot 78\text{ cm} \cdot 130\text{ cm} \approx 41\,412\text{ cm}^2$
Man benötigt also mindestens 4,15 m² Blech.
$V_{\text{Tonne}} = \pi \cdot (39\text{ cm})^2 \cdot 130\text{ cm} \approx 621\,187\text{ cm}^3 \approx 621\text{ dm}^3$
In der zu $\frac{3}{4}$ gefüllten Tonne sind ungefähr 466 l Wasser.
c) $h = 300\text{ dm}^3 : (\pi \cdot (39\text{ cm})^2) = 300\,000\text{ cm}^3 : (\pi \cdot (39\text{ cm})^2) \approx 62{,}8\text{ cm}$
Das Wasser steht fast 63 cm hoch.

8. a) $0{,}7 \cdot 12 \cdot 5 \cdot 3 = 126$. Es sind 126 l Mineralwasser vorrätig.
b) $1\text{ m}^3 = 1\,000\text{ dm}^3 = 1\,000\, l$; $0{,}7 \cdot 12 \cdot 5 = 42$. Ein Stapel enthält 42 l Mineralwasser.
$(1\,000 - 126) : 42 \approx 20{,}8$. Es müssten noch 21 Stapel geliefert werden.
c) Es handelt sich um eine proportionale Zuordnung (zum Doppelten gehört das Doppelte, …), also auch um eine „Je-mehr-desto-mehr"-Zuordnung.

9. a) $30x^5$ **b)** $-5\frac{5}{6}a^4$ **c)** $-20x^2 + 20x = 20x(1-x)$

Seite 235

1. a) $102\text{ g} \cdot 0{,}04 = 4{,}08\text{ g}$ **c)** $865{,}26\text{ €} : 0{,}19 = 4\,554\text{ €}$
b) $400 : 1\,250 = 0{,}32 = 32\,\%$ **d)** $6{,}63\text{ €} : 0{,}85 = 7{,}80\text{ €}$

2. a) $A = \pi \cdot (2\text{ m})^2 \approx 12{,}6\text{ m}^2$; $u = \pi \cdot 4\text{ m} \approx 12{,}6\text{ m}$ **b)** $A = \pi \cdot ((10\text{ m})^2 - (2\text{ m})^2) \approx 301{,}59\text{ m}^2 \approx 300\text{ m}^2$

3. *Konstruktionsbeschreibung*
(1) Konstruiere den Bildpunkt P′ von P bei Spiegelung an g.
(2) Konstruiere die Parallele durch P zu g; nenne die Parallele h.
(3) Konstruiere um P den Kreis mit dem Radius r = |PP′|. Einen Schnittpunkt mit der Parallelen h nenne Q.
(4) Konstruiere den Bildpunkt Q′ von Q bei Spiegelung an g.

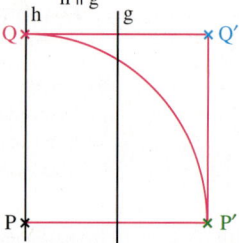

4. a) Der Graph zu f geht durch den Punkt P(0|–3) und hat die Steigung 2.
Der Graph zu g geht durch den Punkt Q(0|4) und hat die Steigung $-\frac{3}{5}$.
b) $S_y(0|-3)$; $S_x(1{,}5|0)$
c) $h(x) = -\frac{3}{5}x + c$; $0 = -\frac{3}{5} \cdot 1 + c$; $c = \frac{3}{5}$, also $h(x) = -\frac{3}{5}x + \frac{3}{5}$

5. a) $|\overline{AB}|^2 = 14^2 + 2^2 = 200$ $|\overline{AB}| = \sqrt{200} \approx 14{,}1$
$|\overline{AC}|^2 = 12^2 + 16^2 = 400$ $|\overline{AC}| = \sqrt{400} \approx 20$
$|\overline{BC}|^2 = 2^2 + 14^2 = 200$ $|\overline{BC}| = \sqrt{200} \approx 14{,}1$
$\overline{AC}$ ist die längste Seite des Dreiecks.
b) Der größte Winkel liegt der längsten Seite gegenüber, also beim Eckpunkt B. Es ist der Winkel $\beta = \sphericalangle CBA$.

6. a) Das Quadrat von 2,6457513 ist nicht gleich 7.
Es enthält als letzte Ziffer die 9, denn $3 \cdot 3 = 9$.
b) (1) $2 \cdot \sqrt{7} \cdot \sqrt{7} = 2 \cdot 7 = 14$ (2) $-\sqrt{2} \cdot \sqrt{7} = -\sqrt{2 \cdot 7} = -\sqrt{14}$ (3) $\frac{1}{7} \cdot \sqrt{7} = \frac{\sqrt{7}}{\sqrt{7} \cdot \sqrt{7}} = \frac{1}{\sqrt{7}}$

7. a) $\sqrt{36} = 6$ **d)** $8 \cdot |a|$
b) $\sqrt{4} = 2$ **e)** $1{,}3 \cdot |x| \cdot \sqrt{y}$ (für $y \geq 0$)
c) $(\sqrt{80})^2 + 2 \cdot \sqrt{80} \cdot \sqrt{5} + (\sqrt{5})^2 = 80 + 2\sqrt{400} + 5 = 80 + 2 \cdot 20 + 5 = 125$ **f)** $|a| \cdot |b| \cdot \sqrt{5b}$ (für $b \geq 0$)

Seite 235

8. a) $\gamma_2 = 180° - 90° - 25° = 65°$
(Winkelsumme im Dreieck)
$\gamma_2 = \gamma_1 = 65°$ (Scheitelwinkel)
$\alpha = 180° - 90° - \gamma_2 = 25°$
(Winkelsumme im Dreieck)

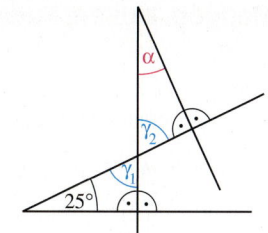

b) Das Viereck ABCD ist wegen AB‖CD und BC‖AD ein Parallelogramm.
$\beta_1 = \beta$ (Stufenwinkel an geschnittenen Parallelen)
Im Parallelogramm ABCD gilt: $\alpha + \beta_1 = 180°$
Also auch $\alpha + \beta = \alpha + \beta_1 = 180°$

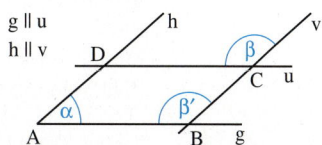

9. a)

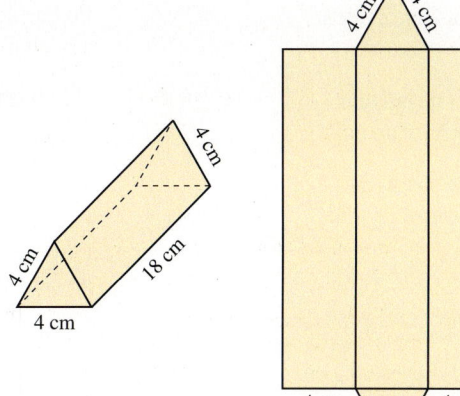

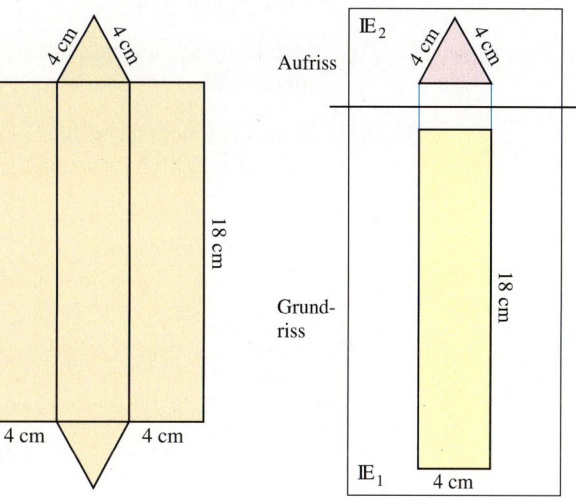

b) $A_O = 2 \cdot A_G + A_M \approx 2 \cdot \frac{1}{2} \cdot 4 \text{ cm} \cdot \sqrt{(4 \text{ cm})^2 - (2 \text{ cm})^2} + 3 \cdot 4 \text{ cm} \cdot 18 \text{ cm} \approx 230 \text{ cm}^2$

$V = A_G \cdot h \approx \frac{1}{2} \cdot 4 \text{ cm} \cdot \sqrt{(4 \text{ cm})^2 - (2 \text{ cm})^2} \cdot 18 \text{ cm} \approx 124{,}7 \text{ cm}^3 \approx 125 \text{ cm}^3$

Mengen, Zahlen, Funktionen

$a \in M$	a ist Element der Menge M, a gehört zu M	$\mathbb{R}\ [\mathbb{R}^*]$	Menge der reellen Zahlen [ohne null]
$\mathbb{N}\ [\mathbb{N}^*]$	Menge der natürlichen Zahlen [ohne null]	$\mathbb{R}_+\ [\mathbb{R}_+^*]$	Menge der nicht negativen reellen Zahlen [ohne null]
$\mathbb{Z}$	Menge der ganzen Zahlen	$\mathbb{R}_-\ [\mathbb{R}_-^*]$	Menge der nicht positiven reellen Zahlen [ohne null]
$\mathbb{Z}_+\ [\mathbb{Z}_+^*]$	Menge der nicht negativen ganzen Zahlen [ohne null]	$\{1, 2, 3\}$	Menge mit den Elementen 1, 2, 3
$\mathbb{Z}_-\ [\mathbb{Z}_-^*]$	Menge der nicht positiven ganzen Zahlen [ohne null]	$\{\ \}$	leere Menge
		$|a|$	Betrag von a
$\mathbb{Q}\ [\mathbb{Q}^*]$	Menge der rationalen Zahlen [ohne null]	a^n	Potenz aus Basis a und Exponent n; a hoch n
$\mathbb{Q}_+\ [\mathbb{Q}_+^*]$	Menge der nicht negativen rationalen Zahlen [ohne null]	$\sqrt{a}$	Quadratwurzel aus a ($a \geq 0$)
		$\sqrt[3]{a}$	Kubikwurzel aus a ($a \geq 0$) 3. Wurzel aus a ($a \geq 0$)
$\mathbb{Q}_-\ [\mathbb{Q}_-^*]$	Menge der nicht positiven rationalen Zahlen [ohne null]	$f(x)$	Funktionsterm der Funktion f, Funktionswert der Funktion f an der Stelle x

Geometrie

AB	Verbindungsgerade durch die Punkte A und B; Gerade durch A und B	$P(x|y)$	Punkt mit den Koordinaten x und y
$\overline{AB}$	Verbindungsstrecke der Punkte A und B; Strecke mit den Endpunkten A und B; Länge der Strecke $\overline{AB}$	ABC	Dreieck mit den Eckpunkten A, B und C
		$ABCD$	Viereck mit den Eckpunkten A, B, C und D
$\overrightarrow{AB}$	Strahl mit dem Anfangspunkt A durch den Punkt B	$\sphericalangle ASB$	Winkel mit dem Scheitel S und den Schenkeln $\overrightarrow{SA}$ und $\overrightarrow{SB}$, der bei Linksdrehung von $\overrightarrow{SA}$ auf $\overrightarrow{SB}$ entsteht
$g \parallel h$	g ist parallel zu h		
$g \nparallel h$	g ist nicht parallel zu h		
$g \perp h$	g ist orthogonal zu h	$h_a\ [h_b; h_c]$	Höhe eines Dreiecks zur Seite a [Seite b; Seite c]
$g \not\perp h$	g ist nicht orthogonal zu h	$w_\alpha\ [w_\beta; w_\gamma]$	Länge der Abschnitte der Winkelhalbierenden im Dreieck
$F \cong G$	F ist kongruent zu G	$s_a\ [s_b; s_c]$	Länge der Seitenhalbierenden eines Dreiecks

Stichwortverzeichnis

Achsenabschnitt 136
Additionsregel 10, 46
algebraische Summe 15
Algorithmus 60
Anstieg 132
–, -sdreieck 132
äquivalent 10
Aufriss 188

Baumdiagramm 161, 163
–, vereinfachtes 168
beschreibende Form 46
binomische Formeln 29
Bruchterm 49 f.

Definitionsbereich 50, 70, 118
Dezimalbruch 63, 68
Divisionsregel 10, 46

empirisches Gesetz der
großen Zahlen 157
Ergänzung, quadratische 32

faktorisieren 23, 32
Flächeninhalt 177
Funktion 118
–, lineare 136
–, proportionale 126
Funktionsgleichung 119
Funktionsterm 119
Funktionswert 118

gleichartig 10
Graph 119
Grundriss 188

Heronverfahren 65 f.
Hypotenuse 99

Intervall 57
– halbierungsverfahren 60
– schachtelung 57
irrational 63

Kathete 99
Kegel 214
Kehrwert 8
Koeffizient 10
Komplementärregel 168
Kubikwurzel 83
Kugel 219

Laplace
– Experiment 157
– Regel 158

Lösung 10
– smenge 10
– svariable 42

Mantelflächeninhalt
– eines Kegels 214
– eines Prismas 183
– einer Pyramide 207
– eines Zylinders 196
Minusklammer 21
monoton 137
Multiplikationsregel 10, 46

Nullstelle 144

Oberflächeninhalt
– eines Kegels 214
– einer Kugel 220
– eines Quaders 178
– eines Prismas 192
– einer Pyramide 208
– eines Zylinders 198
Ordinatenabschnitt 136

Parameter 42
Pascal'sches Dreieck 36
Pfadadditionsregel 167
Pfadmultiplikationsregel 167
Prisma 182
proportional 113
Prozent 89
Punktprobe 120
Pyramide 206
–, quadratische 206
Pythagoras
–, Satz des 99
–, Umkehrung des Satzes des 110

Quadratwurzel 54
Quotientengleichheit 127

Radikand 54
Regressionsgerade 151
Restmenge 50
Rissachse 188

Schrägbild
– eines Kegels 217
– eines Prismas 186
– einer Pyramide 209
– eines Zylinders 198
Stelle 118
Subtraktionsregel 10, 46
Summenprobe 163
Summenregel 158

Termumformung 9
Thales 96
– kreis 93
–, Satz des 93
–, Umkehrung des Satzes
von Thales 94

Umfang 177
umgekehrt proportional 113
Ungleichung 46 f.

Volumen
– eines Kegels 217
– einer Kugel 220
– eines Quaders 178
– eines Prismas 192
– einer Pyramide 211
– eines Zylinders 201

Wahrscheinlichkeit 158
Wenn-dann-Satz 94
Wertebereich 119
Wurzel 54
–, dritte 83
Wurzelexponent 83
Wurzelgesetze 74
Wurzelterm 71, 78
Wurzelzeichen 54
Wurzelziehen 54
–, teilweises 75

Zahlen
–, irrationale 63, 68, 82
–, rationale 63, 80, 81
–, reelle 63, 80, 81
Zahlfaktor 10
Zufallsexperiment 157, 161
Zuordnungsvorschrift 119
Zwei-Punkte-Form 150
Zweitafelbild 188
– eines Kegels 217
– eines Prismas 188
– einer Pyramide 210
– eines Zylinders 198
Zweitafelprojektion 188
Zylinder 196
– -s, Grundfläche eines 196
– -s, Höhe eines 196
– -s, Mantelfläche eines 196
– -s, Netz eines 196
– -s, Oberflächeninhalt eines 197
– -s, Schrägbild eines 198
– -s, Volumen eines 201
– -s, Zweitafelbild eines 198

Bildquellenverzeichnis

|akg-images GmbH, Berlin: 82.1, 86.1, 99.1, 175.4, 224.2; Battaglini, Orsi 175.2; Erich Lessing 36.1. |Alamy Stock Photo (RMB), Abingdon/Oxfordshire: Artepics 174.1; DanitaDelimont/Bibikow, Walter 131.1. |Arco Images GmbH, Iserlohn: J. Pfeiffer 181.1. |argum Fotojournalismus, München: Thomas Einberger 160.1. |bpk-Bildagentur, Berlin: 96.1. |Bricks, Prof. Wolfgang, Erfurt: 217.4. |Damm, Köln: 203.2. |DRK e.V., Berlin: 12.1, 166.1. |Fabian, Michael, Hannover: 18.1, 35.1, 52.1, 58.1, 69.1, 84.1, 109.3, 110.1, 113.2, 122.1, 122.2, 122.3, 122.4, 122.5, 123.1, 127.1, 157.1, 157.2, 157.3, 158.1, 158.2, 158.3, 160.2, 168.1, 170.2, 171.1, 171.2, 172.1, 186.1, 186.2, 198.1, 199.1, 200.1, 200.2, 200.3, 203.1, 204.1, 204.2, 205.1, 205.2, 205.3, 205.4, 206.2, 210.1, 210.2, 212.1, 215.2, 216.1, 216.2, 217.1, 219.1, 219.2, 219.3, 224.1, 233.1, 234.1, 234.2, 235.1. |Getty Images, München: H. G. Rossi/zefa 173.2; Rose 109.1; Scott Markewitz Titel. |Graphix, RK Amsterdam: 95.1. |GS Werbung, Gießen: 217.3. |Helga Lade Fotoagenturen GmbH, Frankfurt/M.: Otto 217.2. |Imago, Berlin: Leemage 174.3. |Köcher, Ulrike, Hannover: 149.1. |Ladenthin, Werner, Berlin: 125.1. |Langner & Partner Werbeagentur GmbH, Hemmingen: 38.1, 39.1, 39.2, 90.1, 107.1, 207.1. |mauritius images GmbH, Mittenwald: 109.2; age 206.1, 220.2; André Pöhlmann 170.1; Bernhard Lehn 176.1; Bordis 156.1; Frei 138.1; Hackenberg 112.1; Hänel 143.1; ib/Joerg Reuther 181.3; Otto 215.1; Phototake 152.9, 202.1, 221.1; Schrempp 113.1; Steve Vidler 146.1; Vidler 106.1, 181.2, 211.1. |Microsoft Deutschland GmbH, München: 41.1, 49.1, 60.1, 61.1, 66.1, 66.2, 70.1. |Picture-Alliance GmbH, Frankfurt a.M.: akg-images/Lessing, Erich 174.2; dpa 131.2, 173.1, 175.1, 202.2; dpa/dpaweb/Keystone Steffen Schmidt 51.1; dpa/Winter 207.2; Leemage 175.5. |Shutterstock.com, New York: Marzolino 175.3. |Stadt Hof: 220.1. |Suhr, Friedrich, Lüneburg: 123.2, 123.3, 123.4, 123.5, 123.6, 124.1, 124.2, 124.3, 124.4, 124.5, 124.6, 124.7, 124.8, 124.9, 124.10, 180.1, 189.1. |Tegen, Hans, Hambühren: 130.2, 130.3. |Texas Instruments Education Technology GmbH, Freising: 16.1, 17.1, 22.1, 25.1, 27.1, 31.1, 33.1, 40.1, 72.1, 72.2, 73.1, 75.1, 78.1, 129.1, 129.2, 129.3, 129.4, 129.5, 129.6, 130.1, 134.1, 144.1, 144.2, 144.3, 144.4, 144.5, 144.6, 144.7, 145.1, 151.1, 152.1, 152.2, 152.3, 152.4, 152.5, 152.6, 152.7, 152.8, 154.1, 154.2, 154.3, 219.4, 220.3, 221.2. |The Art Archive, Berlin: Alfredo Dagli Orti 91.2. |Ullrich, Petra, Schwerin: 91.1. |ullstein bild, Berlin: The Granger Collection, New York 228.1. |UV-Statistik: 164.1, 169.1, 169.2. |Visum Foto GmbH, München: Aufwind-Luftbilder 178.1. |Warmuth, Torsten, Berlin: 57.1, 135.1, 179.1, 196.1. |Werbefoto van Eupen, Babenhausen: 140.1.